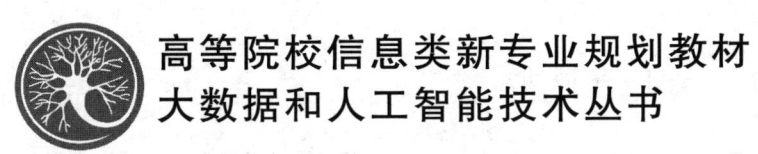

高等院校信息类新专业规划教材
大数据和人工智能技术丛书

人工智能与大数据处理技术

刘 刚 杨檬嘉 曲泓润 编著

北京邮电大学出版社
www.buptpress.com

内 容 简 介

本书分为两个部分：人工智能和大数据处理技术。在人工智能部分，本书介绍了机器学习和深度学习的基本概念、模型和算法。为了更好地解决数据隐私问题，本书进一步介绍了联邦学习的概念和模型，并在系统级别上介绍了知识图谱和专家系统的构建等。人工智能与大数据应用密不可分，因此在大数据处理技术部分，本书重点介绍了大数据处理的相关算法和数据可视化技术。此外，本书还提供了一些相关算法和应用的案例。

本书适合作为大部分与信息和人工智能相关的本科专业的教材，也适合作为非信息类专业研究生的教材。

图书在版编目（CIP）数据

人工智能与大数据处理技术 / 刘刚，杨檬嘉，曲泓润编著．－－北京：北京邮电大学出版社，2025.
ISBN 978-7-5635-7569-5

Ⅰ．TP18；TP274

中国国家版本馆 CIP 数据核字第 2025XN7301 号

策划编辑：刘纳新　　责任编辑：刘春棠　　责任校对：张会良　　封面设计：七星博纳

出版发行：北京邮电大学出版社
社　　址：北京市海淀区西土城路 10 号
邮政编码：100876
发 行 部：电话：010-62282185　　传真：010-62283578
E-mail：publish@bupt.edu.cn
经　　销：各地新华书店
印　　刷：保定市中画美凯印刷有限公司
开　　本：787 mm×1 092 mm　1/16
印　　张：19.5
字　　数：523 千字
版　　次：2025 年 7 月第 1 版
印　　次：2025 年 7 月第 1 次印刷

ISBN 978-7-5635-7569-5　　　　　　　　　　　　　　　　　　　　定价：59.00 元

·如有印装质量问题，请与北京邮电大学出版社发行部联系·

前言

近年来,我们的科研团队承担了十余项与人工智能相关的企业项目研发任务。由于招收的研究生来自五湖四海,专业背景各不相同,并且即使是同一专业,不同院校毕业的学生之间也存在较大的基础知识差异,因此我们每年都会针对新生组织多轮知识和技术技能再学习,以便让新生在入学后能够在一个起点上上手一些工程项目。因此,在人工智能和大数据处理技术方面,我们逐步形成了一套较为完整的教学内容体系,并萌生了编写一本教材的想法。

然而,撰写一本教材并不是一项轻松的工作。虽然本书介绍的都是经典的模型和算法,但是将这些模型和算法按一定的逻辑顺序组织起来,并结合案例进行讲解,仍需要花费大量的时间和精力。经过两年的努力,我们终于完成了本书的编写。然而,信息技术的发展日新月异,目前ChatGPT技术已经火爆全球,遗憾的是,我们未能在成稿后增加这部分内容。

人工智能和大数据处理技术已经引起了全世界的关注。虽然我国在这个领域取得了前所未有的进步,但是我们也应该看到,在技术总体层面上,我国与西方发达国家仍然存在一定的差距。无论是在硬件(芯片)、基础软件方面还是在算法创新、数据聚合平台方面,我国都还有着很大的进步空间,并且在某些方面经常被"卡脖子"。要想走出一条突围之路,人才培养是不可或缺的。人才培养首先要有好的教材。教材是培根铸魂、启智增慧的重要载体,是人才培养的重要支撑。本书可以为初学者提供一个很好的入门学习素材,能够使初学者比较全面地了解人工智能与数据科学发展的历史进程和主流技术路线,也算为国家人才培养做出了一点贡献,这也是编写本书的原因之一。

随着社会的不断发展,人工智能和数据科学也在不断发展。人类社会将从"互联网+"进入"人工智能+"的时代。但是无论人工智能和数据科学如何发展,基础内容永远具有其合理的历史地位和永存的学术价值。

由于作者水平有限,书中难免存在不妥、疏漏或错误之处,恳请广大读者批评指正。

目　　录

第1章　人工智能与数据处理概述 ……………………………………………… 1

1.1　人工智能概述 …………………………………………………………………… 1
　　1.1.1　人工智能是什么 …………………………………………………………… 1
　　1.1.2　人工智能的发展背景 ……………………………………………………… 1
　　1.1.3　为什么要研究人工智能 …………………………………………………… 6
　　1.1.4　中国人工智能的发展现状和未来 ………………………………………… 7
1.2　信息处理概述 …………………………………………………………………… 10
　　1.2.1　信息处理技术是什么 ……………………………………………………… 11
　　1.2.2　信息处理技术的发展 ……………………………………………………… 12
　　1.2.3　信息处理技术的国内外研究现状和发展趋势 …………………………… 13

第2章　机器学习概述 …………………………………………………………… 17

2.1　什么是机器学习 ………………………………………………………………… 17
　　2.1.1　对机器学习的感性认识 …………………………………………………… 17
　　2.1.2　机器学习的本质 …………………………………………………………… 17
　　2.1.3　对机器学习的全面认识 …………………………………………………… 18
　　2.1.4　机器学习、深度学习与人工智能之间的关系 …………………………… 18
2.2　机器学习的基本概念 …………………………………………………………… 19
　　2.2.1　数据集、特征和标签 ……………………………………………………… 19
　　2.2.2　监督式学习和非监督式学习 ……………………………………………… 20
　　2.2.3　强化学习和迁移学习 ……………………………………………………… 21
　　2.2.4　特征数据的类型 …………………………………………………………… 21
　　2.2.5　训练集、验证集和测试集 ………………………………………………… 21
　　2.2.6　机器学习的任务流程 ……………………………………………………… 22
2.3　机器学习的语言、框架和库 …………………………………………………… 22
　　2.3.1　Python语言工具 …………………………………………………………… 22
　　2.3.2　框架 ………………………………………………………………………… 23
　　2.3.3　机器学习库 ………………………………………………………………… 25
2.4　机器学习的主流框架 …………………………………………………………… 25
　　2.4.1　深度学习框架Caffe ………………………………………………………… 25
　　2.4.2　开源软件库TensorFlow …………………………………………………… 26
　　2.4.3　上层接口Keras ……………………………………………………………… 28

2.4.4　百度飞桨 …………………………………………………………………… 30
　　2.4.5　深度学习框架的对比 …………………………………………………… 32

第3章　机器学习模型 …………………………………………………………… 34

3.1　什么是模型 ………………………………………………………………………… 34
3.2　模型与算法的区别 ………………………………………………………………… 37
3.3　模型的训练 ………………………………………………………………………… 37
　　3.3.1　数据集 …………………………………………………………………… 37
　　3.3.2　探索性数据分析 ………………………………………………………… 38
　　3.3.3　数据预处理 ……………………………………………………………… 38
　　3.3.4　数据分割 ………………………………………………………………… 39
　　3.3.5　模型建立 ………………………………………………………………… 40
　　3.3.6　机器学习任务 …………………………………………………………… 42
　　3.3.7　分类任务的直观说明 …………………………………………………… 44
3.4　模型拟合效果 ……………………………………………………………………… 45
　　3.4.1　欠拟合和过拟合 ………………………………………………………… 45
　　3.4.2　出现欠拟合和过拟合的原因及解决方案 ……………………………… 46
3.5　模型的评估与改进 ………………………………………………………………… 47
　　3.5.1　评估方法 ………………………………………………………………… 47
　　3.5.2　性能度量 ………………………………………………………………… 50
　　3.5.3　机器学习算法与人类表现的比较 ……………………………………… 55
　　3.5.4　改进策略 ………………………………………………………………… 55

第4章　机器学习算法 …………………………………………………………… 57

4.1　有监督学习和无监督学习 ………………………………………………………… 57
4.2　半监督学习 ………………………………………………………………………… 58
　　4.2.1　基本概念 ………………………………………………………………… 58
　　4.2.2　分类 ……………………………………………………………………… 59
4.3　决策树算法 ………………………………………………………………………… 59
4.4　朴素贝叶斯算法 …………………………………………………………………… 59
4.5　回归算法 …………………………………………………………………………… 60
　　4.5.1　线性回归 ………………………………………………………………… 60
　　4.5.2　逻辑回归 ………………………………………………………………… 61
4.6　集成算法 …………………………………………………………………………… 62
　　4.6.1　简述 ……………………………………………………………………… 62
　　4.6.2　Bagging …………………………………………………………………… 62
　　4.6.3　Boosting …………………………………………………………………… 63
4.7　聚类算法 …………………………………………………………………………… 64
　　4.7.1　均值漂移聚类 …………………………………………………………… 65
　　4.7.2　基于密度的聚类——DBSCAN ………………………………………… 65

4.7.3	用高斯混合模型的最大期望聚类	65
4.7.4	图团体检测	66

4.8 学习向量量化 68
4.9 KNN 算法 68
    4.9.1 KNN 算法介绍 69
    4.9.2 使用 KNN 算法要注意的问题 70
    4.9.3 KNN 算法的优缺点 71
4.10 支持向量机 71
    4.10.1 支持向量机简述 71
    4.10.2 支持向量机的应用 72
4.11 时间序列预测算法 72
    4.11.1 Prophet 算法 72
    4.11.2 Arima 算法 76
    4.11.3 Arimax 算法 77

第 5 章 深度学习算法 78

5.1 深度学习概述 78
    5.1.1 深度学习的起源 78
    5.1.2 从感知机到神经网络 79
    5.1.3 神经网络之后的又一突破——深度学习 83
    5.1.4 什么是深度学习 84
    5.1.5 深度学习的研究现状 85
5.2 神经网络 85
    5.2.1 从生物神经网络到人工神经网络 85
    5.2.2 什么是神经网络 87
    5.2.3 神经网络的训练 89
    5.2.4 神经网络的优化和改进 90
5.3 卷积神经网络 92
    5.3.1 卷积运算 92
    5.3.2 卷积层 94
5.4 反向传播神经网络 94
    5.4.1 BP 网络特性分析 95
    5.4.2 BP 网络的设计 97
    5.4.3 BP 网络的局限性 98
    5.4.4 BP 网络的改进 98

第 6 章 TensorFlow 99

6.1 TensorFlow 简介 99
6.2 TensorFlow 的安装 101
6.3 TensorFlow 的核心组件和工作原理 103

6.4 TensorFlow 的部署 ··· 116
6.5 TensorFlow 的安全性 ··· 117
6.6 TensorFlow 生态系统 ··· 118
   6.6.1 TensorFlow 社区 ··· 118
   6.6.2 TensorFlow 项目 ··· 118
   6.6.3 应用开发 ··· 118
   6.6.4 TensorFlow 面向研究 ·· 118
6.7 TensorFlow 版本介绍 ··· 119

第 7 章 联邦学习 ··· 120

7.1 背景介绍 ·· 120
7.2 联邦学习概述 ·· 122
   7.2.1 联邦学习的定义 ··· 122
   7.2.2 联邦学习的分类 ··· 122
   7.2.3 联邦学习系统的架构 ·· 125
   7.2.4 核心挑战 ··· 128
7.3 联邦学习的相关概念 ·· 129
7.4 现状分析 ·· 130
   7.4.1 沟通效率 ··· 130
   7.4.2 系统异质性 ·· 132
   7.4.3 统计异质性 ·· 132
   7.4.4 隐私 ·· 133
   7.4.5 激励机制 ··· 134
7.5 联邦学习的发展方向 ·· 134
7.6 联邦学习的应用 ·· 135
7.7 企业联邦学习与数据联盟 ··· 135
7.8 结论与展望 ··· 136

第 8 章 知识图谱 ··· 137

8.1 知识图谱概述 ·· 137
   8.1.1 知识图谱的定义 ··· 138
   8.1.2 知识图谱的架构 ··· 138
   8.1.3 开放知识图谱 ·· 139
8.2 知识图谱的发展历史 ·· 140
   8.2.1 人工智能的三大学派 ·· 140
   8.2.2 知识图谱的发展路径 ·· 140
8.3 知识图谱的价值 ·· 142
8.4 知识图谱的构建 ·· 144
   8.4.1 知识提取 ··· 145
   8.4.2 语义类提取 ·· 145

	8.4.3	属性和属性值抽取	146
	8.4.4	关系抽取	146
	8.4.5	知识表示	147
	8.4.6	知识融合	147

8.5 知识图谱相关技术 148
  8.5.1 知识图谱与数据库系统 149
  8.5.2 知识图谱与智能问答 149
  8.5.3 知识图谱与机器推理 150
  8.5.4 知识图谱与推荐系统 152
  8.5.5 区块链与去中心化的知识图谱 153
8.6 国内外典型的知识图谱项目 153
  8.6.1 早期的知识库项目 153
  8.6.2 互联网时代的知识图谱 154
  8.6.3 中文开放知识图谱 155
  8.6.4 垂直领域知识图谱 156

第9章 专家系统 158

9.1 专家系统的定义 158
9.2 专家系统的发展历史 159
  9.2.1 孕育时期 159
  9.2.2 形成期 159
  9.2.3 暗淡期 159
  9.2.4 蓬勃发展期 160
  9.2.5 集成发展期 161
9.3 专家系统的分类 161
9.4 专家系统的结构 164
9.5 专家系统的特点和优点 166
9.6 构建专家系统的步骤 170
9.7 传统程序设计与专家系统开发之间的区别 171
9.8 人在专家系统中的作用 172

第10章 大数据 174

10.1 大数据简介 174
  10.1.1 大数据的应用 174
  10.1.2 国内大数据发展现状 175
10.2 大数据平台技术 176
  10.2.1 大数据技术的演进 177
  10.2.2 分布式计算系统概述 177
  10.2.3 Hadoop 178
  10.2.4 Spark 181

10.2.5	Storm	182
10.2.6	Kafka	184
10.2.7	各类技术平台的比较	185

10.3 大数据存储与计算技术 187
    10.3.1 数据存储和计算 188
    10.3.2 大数据管理技术 190
    10.3.3 数据安全 191
    10.3.4 数据质量 192

第 11 章 数据挖掘 193

11.1 数据挖掘概述 193
    11.1.1 数据挖掘的概念 193
    11.1.2 数据挖掘产生的背景 193
    11.1.3 数据挖掘与数据分析的区别 193

11.2 数据的采集 194
    11.2.1 数据采集的概念 194
    11.2.2 数据采集的特点 194
    11.2.3 数据采集的数据源 195
    11.2.4 数据采集方法 195

11.3 数据预处理技术 201
    11.3.1 数据清洗 201
    11.3.2 数据转换 202
    11.3.3 数据脱敏 204

11.4 数据挖掘与知识发现 207
    11.4.1 知识发现 208
    11.4.2 关联规则挖掘与非相关文献知识发现的差异性 208
    11.4.3 数据挖掘与知识发现的关系 208
    11.4.4 知识挖掘与文本挖掘 209

11.5 机器学习和数据挖掘算法 210
    11.5.1 分类 210
    11.5.2 聚类 210
    11.5.3 回归分析 210
    11.5.4 关联规则 211
    11.5.5 协同过滤 214

第 12 章 模式识别 215

12.1 模式识别的概念 215
    12.1.1 模式的描述方法 215
    12.1.2 模式识别系统 215
    12.1.3 统计模式识别研究的主要问题 216

  12.1.4 模式、模式类和模式识别 ··· 216
 12.2 模式系统概述 ·· 216
  12.2.1 模式识别的步骤 ·· 216
  12.2.2 模式识别的典型应用 ··· 217
  12.2.3 监督模式识别和非监督模式识别 ·· 218
  12.2.4 模式识别系统的典型组成 ··· 218
 12.3 统计模式识别 ·· 220
  12.3.1 距离分类法（最小距离分类法） ·· 220
  12.3.2 判别函数法 ·· 221
  12.3.3 概率分类法 ·· 224
 12.4 概率密度函数估计 ··· 225
  12.4.1 最大似然估计 ··· 226
  12.4.2 贝叶斯估计与贝叶斯学习 ··· 229
  12.4.3 概率密度估计的非参数方法 ·· 232
 12.5 线性分类器 ··· 237
  12.5.1 线性判别函数的基本概念 ··· 237
  12.5.2 Fisher 线性判别分析 ··· 239
  12.5.3 感知器 ··· 242
  12.5.4 最小平方误差判别 ·· 244
  12.5.5 最优分类超平面与线性支持向量机 ···································· 246
  12.5.6 多类线性分类器 ··· 252

第 13 章 自然语言处理 ··· 255

 13.1 自然语言处理简介 ··· 255
  13.1.1 自然语言处理的基本概念 ··· 255
  13.1.2 自然语言处理的方法 ··· 257
  13.1.3 学派之分 ··· 262
 13.2 基于规则的自然语言理解 ··· 262
  13.2.1 简单句理解 ·· 262
  13.2.2 复合句理解 ·· 264
  13.2.3 转化文法和转换网络 ··· 264
 13.3 统计语言模型 ·· 265
  13.3.1 语言模型 ··· 265
  13.3.2 n-gram 模型 ·· 267
  13.3.3 神经网络语言模型 ·· 268

第 14 章 数据可视化技术 ·· 275

 14.1 数据可视化技术的发展 ·· 275
  14.1.1 可视化技术的发展历程 ·· 275
  14.1.2 数据可视化表示 ··· 276

14.2 数据可视化技术概述……276
　14.2.1 数据分析方法……277
　14.2.2 数据可视化工具……280
　14.2.3 数据可视化技术在行业中的应用……284
14.3 GIS 技术……287
　14.3.1 简介……287
　14.3.2 环境应用……287
　14.3.3 主要问题……288
　14.3.4 发展趋势……289
　14.3.5 相关技术……290
14.4 虚拟现实、增强现实数据交互与呈现技术……291
　14.4.1 9 种 AR/VR 交互方式……292
　14.4.2 VR 关键技术……293
　14.4.3 AR 关键技术……294
14.5 平台技术……295
　14.5.1 D3……295
　14.5.2 Date-V……295
　14.5.3 ECharts……295
　14.5.4 Beiyoucharts……295
14.6 可视化平台示例……296

参考文献……298

第1章
人工智能与数据处理概述

1.1 人工智能概述

科技的不断发展推动了人们对宇宙和异类文明的探索,也催生了人工智能这一创造性的技术。自1956年约翰·麦卡锡(John McCarthy)在达特茅斯会议上提出"人工智能(Artificial Intelligence,AI)"的概念以来,科技工作者一直努力揭示大脑的工作原理,探索记忆、学习、推理等过程。

人工智能分为强人工智能和弱人工智能两类,前者旨在实现机器的智能模仿和自我完善,后者则专注于解决特定问题。将弱人工智能组合形成大模型以实现强人工智能,便是未来研究的重点。现如今,人工智能正引领第四次工业革命,带领各行各业大步向前。在此背景下,本书旨在介绍人工智能的概念、技术和应用案例,以帮助读者更好地理解其实用价值。

1.1.1 人工智能是什么

人工智能是研究、开发用于模拟、延伸和扩展人的智能的科学技术。它是一门具有挑战性的学科,涵盖诸多理论、方法、技术及应用系统。在理解人工智能时,可以将其分为"人工"和"智能",其研究往往首先涉及对人自身智能的研究。

虽然不同的学者对人工智能有不同的定义,但这些定义都涉及探究人类智能活动规律,并以此构建具有一定智能的人工系统,最终让计算机完成需要人类智力才能胜任的任务。人工智能是运用计算机软硬件来模拟人类智能行为的学科。它已经在航天、工业、金融、交通、气象、医疗、法律等领域发挥作用,如改善生产和物流、提出投资建议、辅助交通和气象分析、帮助医疗诊断和疗效评估、提供法律帮助等。

1.1.2 人工智能的发展背景

1. 人工智能始终伴随人类的发展

《易经》是中国古代的哲学著作,使用阴阳和八卦阐述自然和社会规律。阴(" --")和阳

("-")可视作原始的二进制表示符号,类似于现代计算机中的二进制编码,如图1-1所示。

图1-1 太极八卦图

墨子在公元前400年成功使用推演工具阻止战争。中国神话和希腊神话中都有"人造人"的故事,如哪吒的复活和黄金机器人。在中世纪的传说中,巫术和炼金术能赋予物质意识,如贾比尔的Takwin和魔像(Golem)。19世纪的小说《弗兰肯斯坦》和剧作《罗素姆的万能机器人》探讨了人造人和能思考的机器的可能性。塞缪尔·巴特勒(Samuel Butler)的文章《机器中的达尔文》讨论了机器通过自然选择进化智能的可能性。人工智能至今仍是科幻小说的重要元素。

人工智能发展到今天基本可以分为两大分支,即形式推理与机器学习。

我们浅谈一下形式推理的发展历程。人工智能假设人的思考过程可以机械化。形式推理的研究历史悠久,公元前1000年,中国、印度和希腊哲学家就提出了形式推理方法。亚里士多德的三段论逻辑、欧几里得的《几何原本》是形式推理的典范。拉蒙·柳利开发了逻辑机,莱布尼茨、霍布斯和笛卡儿试图将思考系统化。柳利的逻辑机使用逻辑操作生成知识,影响了莱布尼茨,后者进一步发展了这个想法。20世纪,布尔的《思维的定律》(*The Laws of Thought*)、弗雷格的《概念文字》等著作推动了数理逻辑研究。希尔伯特提出数学推理能否形式化的难题,这一问题最终由哥德尔不完备定理、图灵机理论和λ演算给出了回答。1955年,艾伦·纽厄尔和赫伯特·西蒙开发了"逻辑理论家"程序,该程序能证明《数学原理》中的38个定理,其中一些定理的证明方式比原著更新颖。此方向仍有许多科学家继续工作。

2. 人工智能的诞生(1943—1955年)

图1-2展示了人工智能从1943年诞生至今的发展历程。这个过程包括AI的诞生、发展、两次低谷以及两次崛起。1943年,AI的概念初步形成。随后,AI领域经历了1974年和1987年的两次低谷,这些时期由于技术限制和资金问题,研究进展受到了阻碍。AI研究在1980年和1993年分别迎来了两次崛起,这些转折点标志着AI技术的突破和应用的扩展。时至今日,AI的发展仍在继续,其影响力和应用范围不断扩大。

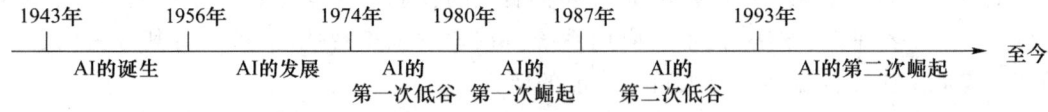

图1-2 人工智能的发展历程

计算机科学的进步推动了人工智能的发展。计算机在算盘等古老设备中已有雏形,19世纪初,查尔斯·巴贝奇设计的可编程计算机(分析机)是对计算机的创新,但其未被制造出来。二战期间,现代计算机如Z3、ENIAC(图1-3)和Colossus诞生,它们都是基于图灵和冯·诺伊曼的理论发展起来的。

科学性的人工智能研究源于20世纪30—50年代,一些数学、心理学、工程学、计算机学、经济学和政治学领域的科学家开始探讨制造人工大脑的可能性。神经学发现,大脑如同电子网络一样,神经元只有"有"和"无"两种激励状态。维纳的控制论描绘了电子网络的控制与稳定性,香农的信息论描述了数字信号,图灵的计算理论证明了数字信号能描述所有计算,这些成果为电子类人大脑的出现提供了可能性。图 1-4 所示为第一代人工智能研究者使用的计算机——IBM 702。

图 1-3　ENAIC

图 1-4　IBM 702

3. 人工智能的发展（1956—1974 年）

在 20 世纪 50 年代，人工智能科学在一些重要人物如图灵、闵斯基和麦卡锡等的推动下获得了发展。1956 年，由闵斯基、麦卡锡等人组织的达特茅斯会议正式提出了人工智能的概念，在此之后到 20 世纪 60 年代末期，涌现了大批新的研究方向和成功的人工智能程序。下面列举其中几个最具影响力的。

（1）搜索式推理

许多人工智能程序使用相同的基本算法。为实现一个目标（如赢得游戏或证明定理），这些人工智能程序一步步地前进，就像在迷宫中寻找出路一般；如果遇到了死胡同，则进行回溯。这就是搜索式推理。这一思想遇到的主要困难是，在很多问题中"迷宫"里可能的路线总数是一个天文数字（指数爆炸）。于是，研究者使用启发式算法去掉那些不太可能导出正确答案的支路，从而缩小搜索范围。Newell 和 Simon 试图通过"通用解题器（General Problem Solver）"程序，将这一算法推广到一般情形。一些基于搜索算法证明几何与代数问题的程序也给人们留下了深刻的印象，如 Herbert Gelernter 的几何定理证明机（1958 年）和 Minsky 的学生 James Slagle 开发的 SAINT（1961 年）。还有一些程序通过搜索目标和子目标作出决策，如斯坦福大学为控制机器人 Shakey 而开发的 STRIPS 系统。

（2）自然语言处理

人工智能研究的一个重要目标是使计算机能够通过自然语言（如英语）进行交流。早期的一个成功范例是 Daniel Bobrow 的程序 STUDENT,它能够解答高中水平的代数应用题。

1968 年,Ross Quillian 提出了语义网络(Semantic Network)的概念,并开发了相应的程序。如果用节点表示语义概念(如房子、门),用节点间的连线表示语义关系,就可以构造出语义网络。图 1-5 所示是一个语义网络的例子。20 世纪 70 年代,耶鲁大学的 Roger Schank 及其同事建立了概念关联(Conceptual Dependency)的模型,并在随后几年建立了基于案例的推理模型,它是未来神经网络的基础。Joseph Weizenbaum 开发了第一个英语聊天机器人,并为其取名为 ELIZA。与 ELIZA 聊天的用户有时会误以为自己是在和人类而不是一个程序在交谈。但实际上,ELIZA 根本不知道自己在说什么,它只是按固定套路作答,或者用符合语法的方式将问题复述一遍。

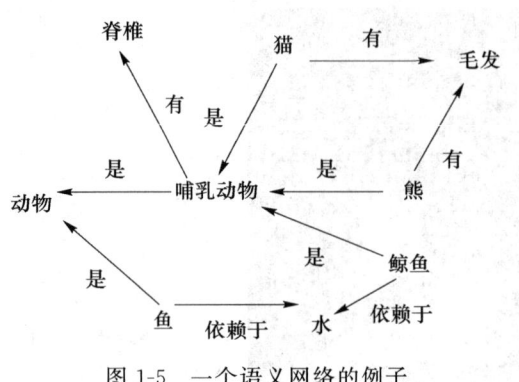

图 1-5 一个语义网络的例子

(3) 微世界场景的研究

20 世纪 60 年代后期,麻省理工学院人工智能实验室的 Marvin Minsky 和 Seymour Papert 建议人工智能研究者们专注于被称为"微世界"的简单场景的研究。他们认为,在成熟的学科中往往使用理想化的模型来说明一些基础性原理,例如,物理学中的光滑平面、完全的刚体和完美的黑体等模型,以搭积木的方式完成理论的阐述。在这一指导思想下,Gerald Sussman、Adolfo Guzman、David Waltz("约束传播(Constraint Propagation)"的提出者),特别是 Patrick Winston 等人在机器视觉领域做出了创造性贡献。同时,Minsky 和 Papert 制作了一个会搭积木的机器臂,从而将"积木世界"变为现实。微世界程序的最高成就是 Terry Winograd 的 SHRDLU,它能用普通的英语句子与人交流,还能做出决策并执行。

4. 人工智能的第一次低谷(1975—1980 年)

到了 20 世纪 70 年代,人工智能的发展遭遇了瓶颈。即使是最杰出的人工智能程序也只能解决它们尝试解决的问题中最简单的一部分。人工智能不仅开始遭到批评,随之而来的还有资金上的困难。人工智能的发展陷入低谷的主要原因有以下几点。

① 计算机的运算能力低。
② 计算复杂性和时间指数爆炸。
③ 缺少常识与推理能力。
④ 莫拉维克悖论。
⑤ 框架和资格问题。
⑥ 来自学者的批评。
⑦ 感知器与联结研究遇冷。

5. 人工智能的第一次崛起(1981—1986 年)

20 世纪 80 年代,人工智能研究的焦点转向了"知识处理",人工智能开始应用于各大公司的"专家系统"。日本政府积极投资人工智能的研发,推动第五代计算机的发展。同时,John Hopfield 和 David Rumelhart 的研究使"联结"再次引起人们的关注,主要表现在以下几个方面。

(1) 专家系统的推广

专家系统是一种基于逻辑规则从专业知识中推导出解答或解决问题的程序。早期专家系统的例子包括 Dendral 和 MYCIN 等系统，它们分别用于识别化合物和诊断血液传染病。这些系统在较小的知识领域内使用，并且设计简单、易于修改。实践证明了它们的实用性，例如，CMU 设计的专家系统 XCON 每年可以节省 4 000 万美元。1985 年，全球许多公司已经在人工智能领域投入了数十亿美元，并催生了一些硬件和软件公司。

(2) 知识革命

专家系统的能力源于存储的专业知识，这一事实成为 20 世纪 70 年代以来人工智能研究的一个新方向。人们开始认识到智能行为与知识处理间的密切关系，以及在特定领域内细致的知识处理的重要性。知识库系统和知识工程成为 20 世纪 80 年代人工智能研究的主要方向。

(3) 拨款增加

1981 年，日本经济产业省拨款 8.5 亿美元支持第五代计算机项目，旨在开发与人类对话、语言翻译、图像解释和推理能力相当的机器。其他国家也做出了响应，如英国的 Alvey 工程、美国的 MCC(微电子与计算机技术集团)和 DARPA(战略计算促进会)等。

(4) 联结研究的重生

1982 年，John Hopfield 提出了一种称为"Hopfield"网络的新型神经网络，其具有全新的学习和信息处理方式。图 1-6 所示为一个四节点的 Hopfield 网络。与此同时，David Rumelhart 推广了"反向传播"这种神经网络训练方法。这些发现使得之前冷门的联结研究重新受到关注。1986 年，Rumelhart 和 James McClelland 主编的论文集《分布式并行处理》统一和推动了这一领域。20 世纪 90 年代，神经网络在商业上取得了成功，并被应用于光学字符识别和语音识别软件等领域。

6. 人工智能的第二次低谷(1987—1993 年)

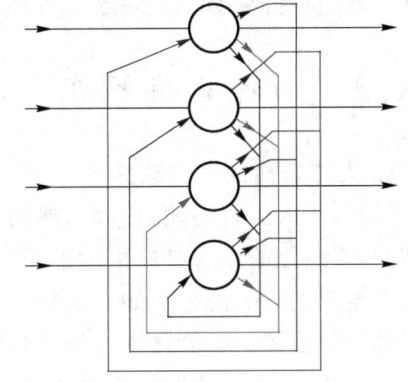

图 1-6 一个四节点的 Hopfield 网络

1987 年，Apple 和 IBM 的台式机性能超越高价 Lisp 机，导致人工智能硬件市场需求下降，产业崩溃。与此同时，DARPA 由于青睐看似容易成功的项目而削减对人工智能的资金支持。1991 年，日本的第五代计算机工程宏图也未实现。此时，有科学家提出机器人需要躯体，感知和运动对智能至关重要，由此重提控制论。机器人研究者 Rodney Brooks 提出"物理符号系统假设"，认为符号是次要的，世界是最好的模型，只需正确且频繁地感知环境，机器人就能有效地与世界互动。

在这个低谷期，科学界的反思、经验总结和方向调整为人工智能的再次崛起积累了能量。

7. 人工智能的第二次崛起(1994 年到现在)

近年来，科技的迅猛发展推动了人工智能的进步，并完成了一些里程碑事件。1997 年，

IBM的"深蓝"战胜国际象棋世界冠军,这是人工智能在游戏领域取得的重要突破。2005年,斯坦福大学的机器人成功完成了DARPA挑战赛,在沙漠小径上自主驾驶了131英里。2009年,蓝脑计划通过模拟部分鼠脑实现了重要突破。

从20世纪90年代开始,"智能代理"范式被广泛接受,它将人工智能定义为能够感知环境并最大化成功概率的系统。智能代理的范围从简单的程序到复杂的人类都有,这扩展了研究智能的领域。这一范式提供了一种通用语言,有助于描述问题和分享解决方案。如今,越来越多的人工智能研究者开始使用复杂的数学工具,因为人工智能需要解决的问题已成为数学、经济学和运筹学等学科的研究课题。数学语言的共享不仅推动了人工智能与其他学科的深度合作,使研究结果更容易评估和证明,也让使人工智能成为一个更严格的科学分支。

人工智能研究者开发的算法正在成为更大系统的一部分,并在解决复杂问题方面取得了成功。在当今社会,人工智能在工业界已得到广泛应用,如数据挖掘、工业机器人、物流、语音识别、银行软件、医疗诊断和搜索引擎等领域。

尽管人工智能取得了巨大的成就,但这些成就并不能直接归功于人工智能本身。许多人工智能创新只被视为计算机科学的工具,而不被称为人工智能。20世纪90年代的一些人工智能研究者使用其他术语来描述他们的工作,如信息学、知识系统、认知系统或计算智能,这是因为他们认为自己的领域与人工智能有根本区别,同时也有助于他们获取资金支持。

关于为何尚未实现全人类水平的人工智能,人们有不同的观点。一些人认为研究者忽视了核心问题,一些人归咎于计算机性能的限制,还有些人则认为简单的模型只能解决简单的问题。无论观点如何,对于实现全人类水平的人工智能的研究都在进行中,尽管结果尚不确定,但科学家们将继续努力实现这一目标。

1.1.3 为什么要研究人工智能

1. 人工智能的研究意义

目前,弱人工智能能力有限,然而计算机作为最有效的信息处理工具,随着社会需求的增加,对其智能化的需求必然更加迫切。人工智能的发展能使计算机完成更多复杂的任务,这体现了人类智能的一部分功能。在信息化社会中,人工智能在处理海量信息方面至关重要,尤其在互联网等领域。智能化本身就是自动化发展的必然趋势,也是人类社会生产和生活的必然方向。此外,人工智能的研究揭示了人类智能的奥秘,例如,通过模拟研究大脑揭示智能活动的规律,这不仅有助于理解人脑的工作原理,也有助于发现自然智能的源头。总之,人工智能的发展对多个领域的研究和应用具有深远的影响,推动了技术的发展,并为理解人类智能提供了新的视角。

2. 人工智能的发展目标

简言之,人工智能旨在使计算机具备自己发现问题,找出规律,解决问题的"人类能力",从而延伸人的智能,实现人类社会的全面智能化。

3. 我国人工智能发展的政策支撑

自2015年起,我国将人工智能视为国家战略重点,出台了多项相关政策。例如,2015年,《"互联网+"人工智能三年行动实施方案》的出台,计划到2018年形成千亿元级人工智能市场。2017年7月,《新一代人工能智能发展规划》印发,指出人工智能产业未来将持续获得国家支持,加速需求落地。2017年12月,《促进新一代人工智能产业发展三年行动计划(2018—2020年)》出台,主张新一代人工智能技术的产业化和集成应用,推进人工智能和制造业深度融合,加快制造强国和网络强国建设,根据"系统布局、重点突破、协同创新、开放有序"的原则,提出4个方面的主要任务,包括培育智能产品、发展关键环节、深化智能制造、构建产业公共支撑体系。

1.1.4 中国人工智能的发展现状和未来

人工智能虽已经是人们熟识的概念,但其定义并未统一。在人工智能的早期发展中,人们尝试让机器学习人的思考方式,而现代更强调机器解决问题的能力。人工智能从科幻进入现实,得益于核心算法突破、计算能力提升及海量数据支撑。自2016年AlphaGo战胜李世石后,各国开始布局人工智能发展战略,以抢占科技革命制高点。对于中国来说,人工智能的发展是历史性机遇,关乎老龄化压力、可持续发展挑战及经济结构转型升级。

1. 我国人工智能取得的成绩

在国家政策引导下,我国在人工智能领域取得了不俗的成绩,具体体现在以下几个方面。

① 科技论文:我国人工智能论文总量和高被引论文数量均居全球首位。高校是主力,顶尖高校表现出众。在企业论文产出中,我国只有国家电网进入全球前20名。科技论文主要覆盖计算科学、工程和自动控制系统等学科。国际合作对高水平论文的产出影响很大,其在中国人工智能高被引论文中占42.64%。

② 专利申请:我国人工智能专利最多,略领先于美国和日本。专利申请集中于语音识别、图像识别、机器人及机器学习等领域。科研院所、大学和企业的表现相当。

③ 人才投入:我国人工智能人才总量位居全球第二,但杰出人才占比低,仅为美国的1/5。人工智能人才主要由高校和科研院所培养,华为为唯一进入全球前20名的中国企业。人工智能人才集中在模式识别、计算视觉、数据挖掘、语音识别等领域,在算法、自然语言处理和人机交互领域人才稀缺。

④ 企业规模:我国人工智能企业的数量位居全球第二,北京为人工智能企业最多的城市。2023年第一季度,新增人工智能企业17万家,年增长6.8%;新增人工智能产业融资事件143起,融资金额超800亿元。

⑤ 产品应用:人工智能产品应用范围广泛,语音和视觉类产品最为成熟。伴随着算法、算力的不断演进和升级,基于语音识别、自然语言处理和计算机视觉技术,越来越多的人工智能应用落地。比较典型的人工智能产品包括语音交互类产品(如智能音箱、智能语音助理、智能车载系统等)、智能机器人、无人机、无人驾驶汽车等。在行业解决方案方面,人工智能的应用范围更加广泛,目前其已经应用在医疗健康、金融、教育、安防、商业、智能家居等多个垂直领域。

2. 人工智能终端产品

目前,由于人工智能技术尚处于发展阶段,且以机器学习、深度学习为代表的新一代人工智能技术主要体现在算法层面,而成熟的实体终端产品并不多。下面主要对发展较为成熟,且已初具市场规模的3款终端产品予以介绍。

① 智能音箱。搭载了人工智能语音交互系统的联网智能音箱近几年年均复合增长率超过30%,全球总市场规模从2017年的11.5亿美元增至2021年的35.2亿美元,超过普通智能

音箱市场。

② 智能机器人。智能机器人的关键技术包括视觉、传感、人机交互和机电一体化等。从应用角度来看,智能机器人可以分为工业机器人和服务机器人两类。

③ 无人机。目前,无人机市场主要由个人消费级无人机和商用无人机构成。个人消费级无人机主要用于航拍、跟拍等娱乐场景。商用无人机的应用范围则非常广泛,其可以用于农林植保、物流、安保、巡防等多个领域。目前国内最有影响力的无人机企业是大疆创新(DJI)。大疆主要开发制造个人消费级无人机,同时在商用领域也有渗透。在个人消费级无人机市场,大疆在全球占有绝对领先的市场地位。

3. 人工智能的行业应用

相较于终端产品,人工智能在相关行业的应用则更为丰富。

① 智能医疗。随着人工智能技术的不断落地,已有不少应用人工智能提高医疗服务水平的成功案例。IBM 的 Watson 是智能诊疗应用中的一个著名案例,Watson 可以在 17 秒内阅读 3 469 本医学专著、248 000 篇论文、69 种治疗方案、61 540 次试验数据、106 000 份临床报告。2012 年,Watson 通过了美国职业医师资格考试,并被部署在美国多家医院提供辅助诊疗的服务。目前,Watson 提供诊治服务的病种包括乳腺癌、肺癌、结肠癌、前列腺癌、卵巢癌、子宫癌等多种癌症。

② 智能金融。智能金融即人工智能与金融的融合,其主要应用有智能投顾和金融欺诈检测。智能投顾以机器学习自动调整投资组合以实现客户收益目标,Betterment 和 WealthFront 等公司已提供此服务。金融欺诈检测通过人工智能技术打造用户行为追踪分析和异常特征识别能力,实现自主、实时发现新欺诈模式。

③ 智能安防。智能安防是人工智能领域的重要应用,满足了事前预警、事中响应和事后处理的需求。警用安防通过人工智能技术实时分析图像和视频,识别人员、车辆信息和追踪犯罪嫌疑人。民用安防则涵盖了智能楼宇和工业园区的智能监控、家庭安防等场景。企业(如大华、海康威视等)加大安防产品的智能化,同时算法公司(如商汤科技、旷视科技等)专注于人脸识别、行为分析等技术。

④ 智能家居。智能家居利用物联网技术实现设备控制、人机交互、设备互联等,为用户提供个性化生活服务,提高家居生活的便捷性、舒适性和安全性。例如,通过语音控制,用户可控制窗帘、照明系统等;通过机器学习和深度学习,智能电视、音箱等可推荐用户感兴趣的内容。生物识别技术则用于家居安防。小米、美的、海尔、格力等企业都在积极布局智能家居领域。

⑤ 智能电网。智能电网依赖人工智能技术实现电力流量实时调整、供需匹配,提高了可靠性和效率。此外,人工智能协助调整能源组合,减少了化石能源使用,增加了可再生资源产量。智能巡检机器人和无人机实现规模化、智能化作业,提高了效率和安全性。其通过数据诊断和趋势分析,可预警设备潜在劣化信息,提高了故障查找的准确性和及时性。例如,广东电网的无人机巡视年作业量达全球第一,提升了 2.6 倍的综合效率。

4. 人工智能对人类社会的影响

人工智能的发展将提升生产效率,丰富生活体验,从烦琐劳动中解放人类,促进社会发展。IDC 数据显示,人工智能将极大提高各行业效率。

① 人工智能对教育和就业的影响。人工智能技术提升经济活动中的产能,使得人们逐渐

从机械、重复或危险的劳动中抽离出来,从而增加了思考、欣赏等闲暇时间,更专注于创新能力、思考能力、审美与想象力的开发与提升。

② 人工智能对隐私与安全的影响。随着语音识别、人脸识别、机器学习算法的发展和日趋成熟,企业可以通过分析客户画像真正理解客户,精准、差异化的服务使得客户被重视、被满足的感觉进一步增强。但是在蕴藏着巨大商业价值的同时,其也对现有法律秩序与公共安全构成了一定的挑战。

③ 人工智能对社会公平的影响。随着人工智能研发与应用的突飞猛进,一系列价值难题也正逐渐呈现在人们面前。目前还有大量不会上网、由于客观条件无法使用互联网及不愿触碰互联网的人群,他们已经被定义为人工智能时代的"边缘人",而人工智能对人们的文化水平、信息流的掌握程度又有了更高的要求。

因此,在人工智能技术突飞猛进的同时,要积极思考与研究如何利用其提高基本公共服务平台的建设水平,不断缩小信息鸿沟,建设高效、发达、宜居的智能社会,推动社会包容与可持续发展,让全体公民都能共享科技创造的美好未来。

5. 初步判断和反思

结合既有研究,我们可以得到以下几点对中国人工智能发展的初步判断和反思。

① 从国际比较来看,中国的人工智能发展已经进入国际领先集团。在第四次工业革命兴起之际,中国已经和其他国家一起坐在头班车上。

② 从发展质量来看,中国的人工智能发展还远未达到十分乐观的地步。中国的优势领域主要体现应用方面,而在人工智能核心技术领域,如硬件和算法上,力量依然十分薄弱,这使得中国人工智能发展的基础不够牢固。

③ 从参与主体来看,中国人工智能企业的知识生产能力亟待提升。相比于国外领先企业,中国企业作为一个群体的技术表现还比较逊色,在人工智能专利申请上落后于国外高校和科研院所。

④ 从应用领域来看,人工智能与能源系统的结合是一个被忽视的重要领域。电力工程已成为中国人工智能专利布局的重要领域,这可能为中国人工智能技术应用开拓新的方向,并为能源低碳转型做出有益的贡献。

⑤ 从发展方式来看,中国需要加强产学研合作,促进知识应用和转化。展望未来,中国不仅需要大力推进产学研融合创新,还需要更加鲜明地支持企业利用数据、算力等优势从事人工智能基础研究。

⑥ 从政策环境来看,各地方政府积极支持,但也存在盲目跟风倾向。中国社会对人工智能的发展总体上是积极乐观的,但各地在人工智能发展政策方面仍然存在"跟风中央""追逐热点"的倾向。目前中国在人工智能发展政策上主要强调促进技术进步和产业应用,而对道德伦理、安全规制等问题还没有予以足够重视。

6. 国内人工智能巨头分析

在国外科技巨头(如微软、谷歌、Facebook等)积极布局人工智能领域的同时,国内互联网巨头BAT及各个科技公司也争相进入人工智能产业,充分展示了国内科技领头羊对于未来市场的敏锐嗅觉。国内人工智能公司基本集中在应用层,在计算机视觉、语音识别等领域取得了一定的成绩,在人脸识别、人脸支付、语音识别、智能医疗、智能家居等领域的应用发展迅速。

表 1-1 列举了国内 BAT 公司的人工智能布局。

表 1-1　国内 BAT 公司的人工智能布局

公司	应用层		技术层	基础层
	消费级产品	行业解决方案	技术平台/框架	芯片
腾讯	Wechat AI、Dreamwriter 写作机器人、围棋人工智能产品"绝艺"、天天 P 图	智能搜索引擎"云搜"和中文语义平台"文智"、优图	腾讯云平台、Angel、NCNN	
百度	百度识图、百度无人车、度秘（Duer）	Apollo、DuerOS	Paddle-Paddle	DuerOS 芯片
阿里巴巴	智能音箱天猫精灵 XI、智能客服"阿里小蜜"	城市大脑	PAI 2.0	

在国内的科技巨头公司中，百度成立了深度学习实验室，研究方向包括深度学习、计算机视觉、机器人等领域。表 1-2 列出了国内 BAT 公司人工智能实验室的名称、成立时间和简介。

表 1-2　国内 BAT 公司人工智能实验室的名称、成立时间和简介

公司	名称	成立时间	简介
百度	深度学习实验室（IDL）	2013 年	研究方向包括深度学习、机器学习、机器翻译、人机交互、图像搜索、图像识别、语音识别等，相关产品包括百度识图、百度无人车、深度学习平台 Paddle-Paddle 等
	硅谷 AI Lab(SVAIL)	2014 年	深度学习、系统学习、软硬件结合研究
阿里巴巴	AI Lab	2017 年	消费级人工智能产品研究
腾讯	腾讯 AI Lab	2016 年	在内容、游戏、社交和平台工具型人工智能 4 个方向进行探索，研究方向包括机器学习、计算机视觉、语音识别、自然语言处理的基础研究，及其应用领域的探索
	优图实验室	2012 年	专注于图像处理、模式识别、机器学习、数据挖掘等领域的技术研发和业务落地
	西雅图人工智能实验室	2017 年	专注于语音识别、自然语言处理等领域的基础研究

1.2　信息处理概述

1.1 节简单介绍了人工智能的发展历史及相关研究内容，本节介绍现代信息处理技术。其实，信息处理与人工智能的发展紧密联系、相互支撑，甚至在不同的历史发展时期，它们互为对方的一部分。从古代烽火传信到现代网络交互，信息交流形式变迁，但人类智慧和社会生活始终与信息处理技术相关联。

哈特利和香农为现代信息处理奠基，明确提出信息作为独立于物质和能量的第三类资源，是事物运动状态的表现，不断随表达形式和载体发展扩充内涵。信息是认识和改造世界的关键，信息处理已是一门重要学科，而且其涉及内容甚广，主要体现在以下 5 个方面：

① 感测与识别技术，扩展人的感知能力，如红外线、超声波等获取信息的技术；

② 信息传递技术,突破空间和时间限制,如计算机网络等;
③ 信息处理与再生技术,对信息进行分析、推理,如人工智能、人工神经网络等;
④ 信息应用技术,解决信息的施效问题;
⑤ 信息呈现技术,使加工后的信息可感知,如可视化技术等。

在大数据时代,信息处理技术得到高速发展,也因此越来越受到关注。本书将重点讨论与大数据的信息处理相关的技术与理论。

1.2.1 信息处理技术是什么

信息和数据是相互关联的概念。数据是客观事物的记录,包括数字、文字、图像等;而信息是数据的内容,只有对其进行解读,数据才有意义,才成为信息。虽然二者不等同,但常常被视为同义词。信息化社会基于数据,而信息处理技术就是对数据进行加工和解释的技术。

1. 大数据的特点

随着信息技术的普及,数据成为重要的生产要素。大数据具有容量大、增长快、类别多、价值密度低和分布不规律的特点,被视为21世纪的石油和金矿。然而,拥有大量数据并不等同于拥有大数据,还需要广泛应用和关联交换才能发挥其价值。

大数据是一个涵盖基础设施、数据应用和价值创造全过程的系统,它能够自动学习、智能调整并提升效率。谈及其发展,还有很多公共利益问题需要解决,如数据所有权、用户隐私保护和数据合法使用,这些问题需要综合考量和立法解决。

2. 数据挖掘和数据分析

无论是机器学习、数据挖掘还是数据分析,都没有统一的学术上的权威定义。这几个词本身从定义上的出发点不同,并且提出概念的动机和背景上的差异比之前提到的人工智能、机器学习和深度学习之间的差异更大,因此它们的界定更为模糊。因为它们在定义上有相通和重叠之处,我们也没有必要刻意去区分这几个概念。

下面我们来看一个数据分析的例子,如表 1-3 所示。

表 1-3 数据分析的例子

对照组(无药物)	药物 A	药物 B
14.4	14.3	18.1
13.9	15.9	17.9
12.4	16.1	17.2
15.8	12.8	16.6
15.0	13.0	19.8
14.6	14.6	18.5
13.2	17.4	17.6

对比上述 3 组数据,我们会发现 B 组得分显著高于 A 组和对照组,通过统计学模型得出结论:药物 B 更有效。数据分析的目标是根据已知信息得出有意义的结论。大数据分析与数据分析的主要区别在于数据量和运算方法。大数据分析依赖多台计算机和分布式系统,但其目标与数据分析的目标大致相同。数据挖掘、机器学习与大数据分析的概念更为接近,因为它

们通常建立在大数据基础上。

数据挖掘比数据分析更深入,与机器学习更相关。它不仅对数据进行分析总结,还挖掘表层看不到的信息。经典案例是沃尔玛发现"啤酒"和"尿布"常被一起购买。后续分析发现,这是年轻父亲的购买行为。沃尔玛将它们放在同一货架上,提高了购买率和收入。数据挖掘揭示了商业价值,展现了其魅力。

从机器学习的定义来说,它最终落在"预测"两个字上,由此可见,通常机器学习是基于预测未知信息给人们决策上的收益的。但数据挖掘则不限于此。发现数据的规律后不一定要跟着做预测,一条有价值的总结性信息可直接帮助人们进行决断。

机器学习、数据挖掘、数据分析、大数据分析的相同点总结如下:都是从数据中提取信息的过程;都是数学和计算机相结合的产物;都可以帮助人们进行判断和决策。

3. 信息化对社会的影响

在全球知识经济和信息化高速发展的今天,信息化成为影响人们生产、生活、思维方式、情感表达的一种重要因素。

首先,信息化对经济增长方式的影响是显著的。信息科学技术引发的社会信息化为各国提供了技术可能,通过科技进步和信息化手段实现精准、集约、综合和循环高效使用资源,促进经济增长。其次,信息化对社会发展的影响体现在虚拟空间的创造以及数字文明的崛起,释放了人类的潜能。而且人类的思维方式也发生了转变,从依赖现实性思维转向依赖虚拟性思维。除此之外,教育方式也受到现代信息技术的巨大影响,教育投资的重心转向信息资源,网络授课取代了传统的班级授课制,学习效果得到提高。最后,在生活方式方面,信息化建立了庞大的网络通信系统,改变了传统的生活方式。总之,信息技术和信息化给社会生活带来了巨大的影响,使人类社会进入了信息时代。

1.2.2 信息处理技术的发展

1. 信息处理的发展阶段

从有人类开始,就有信息处理。汇聚信息发展史,信息处理大致可划分为3个时期。

(1) 手工处理时期

在手工处理时期,用人工方式来收集信息,用书写记录来存储信息,信息不能及时有效地进行传递,许多十分重要的信息来不及处理,甚至贻误重要事项。

(2) 机械处理时期

随着科学技术的发展,以及人们对改善信息处理手段的追求,逐步出现了机械式和电动式的处理工具,其在很大程度上减轻了计算的负担,提高了信息存储、传递和保密能力。

(3) 计算机处理时期

随着微电子技术的飞速发展,计算机系统在处理能力、存储能力、打印能力和通信能力等方面获得极大提高,计算机广泛应用于管理和各种应用上。这一信息处理时期经历了信息单项处理、综合处理等多个阶段,现已发展到系统处理的阶段。

2. 信息处理技术的革命性变革

人类信息处理技术经历了多次革命,每一次革命都对社会文明产生了深远影响。

语言的出现和使用是第一次革命,它使得人类能够通过交流和传播信息改造世界。文字的发明和使用是第二次革命,它打破了时间和地域的限制,对知识积累和文明发展起到重要作用。然而,手工方式的局限性导致信息积累和传递代价高昂、速度慢。印刷术的发明是第三次革命,它使得大量生产和复制文字信息成为可能,促进了知识的广泛传播,推动了思想传播和人类文明的进步。电报、电话、广播和电视的使用引领了第四次革命,信息的传送得以更快速和广泛。信息技术的出现是第五次革命,计算机和通信技术的融合极大地推动了社会生产力和人类智力的发展,对人类社会带来深刻而久远的影响。

3. 大数据的发展历程

(1) 大数据的国际发展历程

大数据的历史可以追溯到 18 世纪 80 年代,美国统计学家霍尔瑞斯在 1890 年发明了一台电动器来读取人口普查数据。1961 年,普赖斯提出了指数增长规律,观察到科学期刊和论文数量以指数方式增长。1999 年,首次出现了"大数据"这一术语。2008 年,谷歌提出了"Big Data"的概念。从 2009 年开始,大数据逐渐成为互联网技术行业的流行词汇。2010 年,库克尔成为最早洞见大数据趋势的数据科学家之一。2012 年,世界经济论坛认为数据成为新的经济资产类别。同年,奥巴马政府推出了大数据研究和发展倡议。2014 年,世界经济论坛和美国白宫发布了关于大数据的报告,强调数据的重要性和隐私保护的需求。大数据技术的特点使得"数据科学"成为一个新的科学领域。

(2) 大数据的国内发展历程

为了跟上全球大数据技术的发展,我国政府、学术界和工业界高度关注大数据。2011 年,工信部将信息处理技术列为物联网规划的关键技术之一,包括海量数据存储、数据挖掘和图像视频智能分析。2012 年,阿里巴巴设立首席数据官,推出数据分享平台,实现数据云服务。阿里巴巴还提出通过数据实现企业数据化运营。为推动大数据技术研究,中国计算机学会成立大数据专家委员会并发布了《2013 年中国大数据技术与产业发展白皮书》。央视节目邀请大数据专家进行讨论,引起全国媒体的广泛关注。学术界和工业界积极进行大数据技术的研究和开发。2023 年,中共中央和国务院组建了国家数据局,负责推进数据基础制度建设和数字化发展。

1.2.3 信息处理技术的国内外研究现状和发展趋势

1. 智能信息处理技术的发展趋势

信息化(Informatization)的概念最早起源于 20 世纪 60 年代的日本,后传入西方。当前,信息技术发展的总趋势是从典型的技术驱动发展模式向智能应用驱动技术模式转变,智能信息处理技术应用主要包括以下 11 个方面。

(1) 智能化

工业和信息化的深度融合将成为我国产业政策和资金投入的主导方向,基于位置的智慧应用模式将与环境治理、交通管理、城市治理等领域有机结合,促进智慧地球和智慧城市的发展。

(2) 集成化和平台化

基于行业应用的综合领域应用模型,包括算法、云计算、大数据分析、海量存储、信息安全等综合信息技术的集成应用,是当前的发展趋势。

(3) 高速度、大容量

速度和容量是紧密联系的,鉴于海量信息四处充斥的现状,处理高速、传输和存储要求大容量就成为必然趋势。而电子元器件、集成电路、存储器件的高速化、微型化、廉价化的快速发展又使信息的种类、规模以更快的速度膨胀。

（4）虚拟计算

虚拟化是一种资源管理技术，通过抽象、捆绑和规范化计算机的实体资源，如服务器、网络、内存和存储等，使用户能够以更灵活的方式使用这些虚拟资源，突破实体结构的限制。在实际生产环境中，虚拟化技术能够最大化地利用物理硬件，降低运维成本，而在互联网上应用虚拟化技术是云计算的基础，也是当今和未来信息系统架构的主要模式。

（5）现代通信技术

随着数字化技术的发展，通信传输向高速、大容量、长距离发展，光纤传输的激光波从 $1.3~\mu m$ 发展到 $1.55~\mu m$ 并普遍应用；波分复用技术已进入成熟应用阶段，光放大器已代替光电转换中继器；相干光通信、光孤子通信已经取得重大进展。

（6）遥测与感知技术

传感与识别技术通过仿真人类感觉器官，扩展信息系统的获取方式。它涉及传感器、信息处理和识别的设计、制造、应用等。传感器能自动检测和传输信息，包括物理量、化学量或生物量。该技术广泛应用于工业、交通、医疗、农业和环保等领域。它是物联网应用的基础，也是工业和信息化深度融合的关键技术之一。随着纳米和微纳加工技术的进步，传感器趋向小型化、集成化、智能化和网络化，推动了人机交互控制和机器与环境交互控制技术的发展。

（7）RFID 技术

RFID 技术是构建物联网的关键技术，通过使用 RFID 读写器和可附着于物品上的 RFID 标签，利用频率信号实现信息的传输和识别，射频标签作为产品电子代码的物理载体，通过无线电电磁场进行自动辨识与追踪。与条形码不同的是，射频标签不需要视线接触，并可以嵌入被追踪物体内部。

（8）移动智能终端

自 2007 年苹果推出 iPhone 以来，智能手机和平板电脑等移动智能终端迅速发展，通过高性能处理器、无线通信技术和多种传感器的集成，手机具备了与传统个人计算机相当的信息处理能力和数据传输速度，成为通信、文档管理、社交、学习、出行、娱乐、医疗保健、金融支付等多方面便捷高效的工具。

（9）以人为本的仿真交互技术

信息技术不再是专家和工程师才能掌握和操纵的高科技，而开始真正地面向普通公众，为人所用。机器或者设备感知视觉、听觉、触觉、语言、姿态甚至思维等技术或者手段已经在各种信息系统中大量出现。

（10）信息安全

在信息化社会中，计算机和网络的广泛应用使得信息安全的重要性日益凸显，因为信息安全的受损将对军事、政治、金融、工业、商业以及人们的生活和工作等方面造成混乱和巨大损失，信息安全已成为国家安全和综合国力的重要组成部分，对于国家安全、社会稳定和经济发展具有决定性的影响。

（11）两化融合

两化融合指的是信息化技术广泛应用于工业化生产的各个环节，使信息化成为工业企业经营管理的常规手段,两者在技术、产品、管理等方面相互交融,催生新的工业产业,并成为我国工业经济转型和发展的重要举措。

2. 大数据的研究现状

大数据在 2012 年和 2013 年达到宣传高潮,后逐渐形成概念体系并趋于理性认知。大数据发展热点从技术向应用再向治理迁移,形成了包括数据资源、开源平台、数据基础设施、数据分析和数据应用等板块的大数据生态系统。

在全球范围内,大数据技术的研究与发展以及应用于经济发展、社会治理已成为趋势。当前大数据应用虽有成功案例,但仍需要加强深层次的数据分析预测和实践指导。大数据应用可分为描述性分析、预测性分析和指导性分析 3 个层次,涉及不同的应用场景。在当前的大数据应用实践中,描述性分析和预测性分析应用较多,而决策指导性等更深层次的分析应用较少。随着应用层次的提升,计算机在决策流程中承担的任务越多,效率就越高,价值也越大。然而,目前仍存在基础理论不完善、模型不可解释性、鲁棒性较差等问题。大数据治理体系的构建也尚未形成,隐私保护、数据安全和数据共享的矛盾是制约大数据发展的重要短板,需要加强相关研究和实践。隐私、安全与共享利用之间的矛盾问题尤为突出。数据共享开放的需求迫切,但无序流通和共享可能导致隐私和安全风险,因此需要制定规范和限制。近年来,一些地区和国家通过立法加强隐私保护和数据安全,对个人数据使用进行约束,这对以用户数据为基础的商业模式提出了挑战。

在个人信息保护方面,我国已制定了《中华人民共和国网络安全法》等一系列法律文件,明确了个人信息的收集、使用和保护要求。制订专门的数据安全法和个人信息保护法是必要的,可以确保一致性和体系化,解决数据共享的成本和效率问题。在全球范围内,数据治理面临平衡发展和安全、效率和风险的挑战,需要共同努力解决这些问题,通过政策和技术手段促进数据共享、保障数据安全和保护个人隐私。

当前,大数据治理体系建设已成为大数据发展的重点,但仍处于初级阶段,需要持续努力。解决数据处理能力与数据规模的不匹配、数据定义问题、统一技术体系构建和理论基础强化等挑战是未来信息技术体系面临的任务。大数据现象将长期存在,这也倒逼着技术变革和重构,具体来看,涉及计算机体系结构、网络通信、数据处理、基础器件创新与开源开放趋势的重构产业生态等方面。

3. 大数据的国外政策

美国联邦政府在 2012 年推出了"大数据行动计划",加大投资于基础技术研究和公共部门应用,并推动数据公开和机器可读。美国政府是大数据的积极使用者,但也对其潜在的负面影响表示关注,提出保护个人隐私、确保公平和防止歧视的核心价值观需要得到保护。

英国政府在 2011 年发布了对公开数据进行研究的战略政策,将大数据视为战略性技术,并采取一系列支持大数据发展的举措。英国希望成为世界的榜样,探索公开数据在商业创新和经济增长方面的潜力。类似地,日本和澳大利亚也是大数据的积极拥抱者,在政府和企业层面推动大数据应用,以提升竞争力和公共服务质量。

4. 中国大数据产业的发展现状

当前社会数据已成为一种资产和国家战略资源,对经济、市场和社会产生深远影响。中国政府自2015年开始加快大数据发展和建设数据强国,推出了相关政策和规划。中国大数据产业在市场庞大和快速发展的信息技术支持下进入蓬勃发展阶段。中国数据总量持续增长,2020年达8.5 ZB,市场潜力巨大。大数据产业规模也迅速增长,2017—2020年间规模分别增长25%、23.5%、23.1%,2022年突破10 000亿元。新冠疫情加速了大数据技术在医疗、交通、科研等领域的应用,推动新业态和新模式出现。中国还加速建设5G网络、数据中心等基础设施,为大数据产业进一步发展奠定基础。

5. 大数据技术的发展趋势

随着科技和各行业的发展,大数据技术将继续发展以满足时代需求。未来大数据技术的发展趋势主要包括以下3个方面。

第一是数据库框架的融合,将结构化查询语言(Structured Query Language,SQL)数据库和NoSQL数据库有机融合,以满足不同场景下的数据处理需求。

第二是数据技术的产业化应用,大数据技术将朝着资源化方向发展,为企业提供更好的数据支持,并按类别整合数据应用以提升性能,确保未来的应用效果。

第三是数据深度挖掘,这是大数据技术发展的核心技术,通过数据挖掘实现准确应用,满足用户需求,并通过深度标签创造更贴近用户的大数据应用。

第 2 章
机器学习概述

机器学习(Machine Learning)是人工智能发展必然要经历的阶段。早期人们认为,只要为机器赋予逻辑推理能力,就必然能够实现机器的智能。然而人们逐渐发现,机器仅仅具有一定的逻辑推理能力,远远不能实现人工智能。随后,人工智能进入了"知识"发展阶段,但是由人先进行知识的总结再教给机器是相当困难的,如果机器能够自主学习知识,那将是多么美妙的事情啊。

2.1 什么是机器学习

简而言之,机器学习是让机器从大量样本数据中通过某种算法自动学习其规则,并根据学习到的规则预测未知数据的过程。这个定义中的关键字是"学习"。机器学习的目标是发现数据中暗藏的规律,并能够对这些规律进行很好的"泛化"来对未知进行预测。这个过程要通过"学习"来实现,而学习用到的材料则是数据。

2.1.1 对机器学习的感性认识

机器学习模拟了人们认识世界的过程。通过训练,机器可以从大量数据中学习并识别事物,就像我们从教导和探索中认识世界一样。先提供大量样本让机器学习,告诉它不同事物的特征,然后让机器通过对新图像的判断来识别其中是否有某个事物,如大象。

2.1.2 机器学习的本质

上文所说的识别能力本质上是从输入到输出的映射。

如图 2-1 所示,与人脑思考类似,机器学习是给定一个输入,如一段语音、一张图片或一些数据型的信息,计算机能够建立数据间的关系(可以理解为一种对应关系),生成输出结果(如图 2-2 所示)。机器学习的任务就是找到函数,找出从输入到输出的规则。

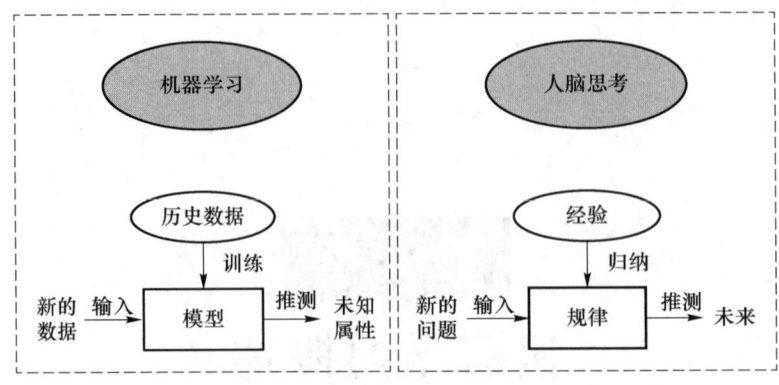

图 2-1　机器学习与人脑思考

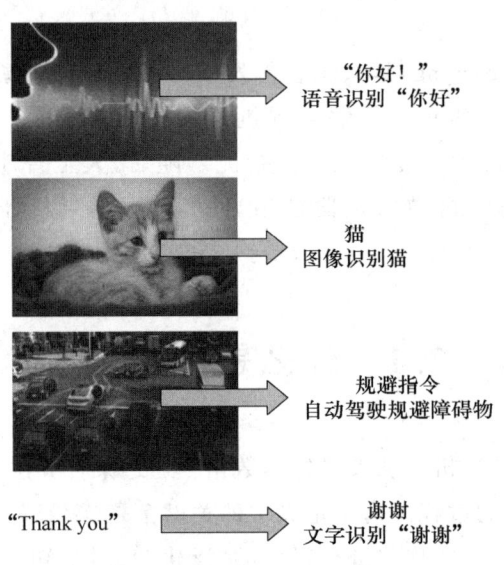

图 2-2　机器学习的例子

2.1.3　对机器学习的全面认识

机器学习是一门交叉融合的学科,基于概率、统计、优化等数学理论。它在学术界备受认可,受到数据科学、统计学、计算机等多学科学者的关注。随着大数据时代的到来,机器学习在实践中得以广泛应用,成为数据处理的重要技术。许多行业都需要机器学习工程师。Python等编程语言和 TensorFlow 等框架的发展也推动了机器学习在应用层面的普及。机器学习并不仅仅是算法或模型,更是解决问题的方法论。算法只是其中的一部分。机器学习包括数据清洗、特征提取、数据探索分析等步骤,这些都是实现从输入到输出的过程中必不可少的环节。仅仅直接套用模型而忽略这些步骤是无法解决问题的。

2.1.4　机器学习、深度学习与人工智能之间的关系

机器学习、深度学习和人工智能都是现今人们热议的词汇,这 3 个概念通常被人们联系在

一起讨论,但很多人理不清它们之间的关系。其实这 3 个概念虽然在定义上有所差异,但事实上它们之间存在很清晰的包含关系。人们普遍认为,人工智能、机器学习、深度学习三者的关系如图 2-3 所示。

机器学习是人工智能的一个分支,也是解决人工智能问题的途径之一。深度学习是机器学习中的一种算法。到了 1980 年左右,随着知识工程和机器学习的兴起,人们开始用机器学习的方法解决人工智能问题。深度学习在 2010 年开始流行,作为机器学习中最前沿的部分,推动了人工智能的巨大变革。

机器学习与深度学习是包含关系,深度学习是机器学习的一个子类。传统的机器学习算法经常会提到神经网络模型,深度学习以多层隐藏层的神经网络为基础。因此,深度学习可以看作机器学习的一种特殊形式,在人工智能领域的应用中具有显著的优势,几乎成为人工智能模型算法的代名词。

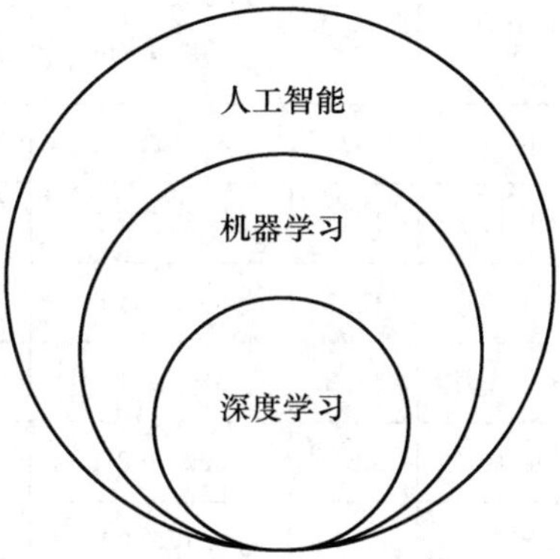

图 2-3　人工智能、机器学习和深度学习的包含关系

深度学习之所以在短时间内崭露头角并取得成功,是因为它在解决问题时具有突出的效果。然而,我们仍然有必要学习传统的机器学习模型理论。传统的机器学习模型仍然具有很高的应用价值,而且对于学习深度学习有极大的帮助。

对于初学者来说,可以将深度学习理解为多层神经网络。严格来说,深度学习是一种学习的模式,指的是采用具有深层结构的模型进行学习。多层神经网络是一种具有深度特点的学习模型,实际上是深度学习的一种形式。

2.2　机器学习的基本概念

我们先介绍机器学习中的一些基本概念。

2.2.1　数据集、特征和标签

表 2-1 中的数据节选自 Real Estate Valuation Data Set 数据集,原数据集包含 414 个样本、7 个变量。我们通常把表 2-1 这样的样本数据叫作数据集(Dataset),该数据集以结构化的列表形式呈现。数据集由若干样本(Instance 或 Example)组成,每一个样本是一个观测数据的记录(Record),或者叫作观测值(Observance),在表格中以行(Row)的形式体现。在机器学习中,一行、一条记录和一个样本的概念可以视为是等价的。我们关注的是房屋价格,则房屋价格这一列是我们关注的结果(Outcome),我们可以将其称为因变量(Dependent Variable,也叫作函数值),在机器学习领域中通常叫作目标(Target)或标签(Label),也有人把它称为响应值(Response)。以上几个概念可以视为一个意思,在本书中一般用目标来指代这个变量,对应的数据称为标签数据。不同于"房价",表中其他列表示的变量在这个问题中是用来解释和预测"房价"的,我们把这些变量叫作自变量(Independent Variable),在机器学习领域通常用

特征(Feature)这个术语来表示。特征和目标在表中通常以列(Column)的形式呈现,其关系如图 2-4 所示。

表 2-1 数据集、特征和标签举例

交易日期	屋龄/年	到最近地铁站的距离/m	周围便利店的数量/个	纬度/(°)	经度/(°)	单位面积房价/万新台币·m^{-2}	价格/万美元
2012 年 11 月	32	84.878 82	10	24.982 98	121.540 24	11.5	22
2012 年 11 月	19.5	306.594 7	9	24.980 34	121.539 51	12.8	22
2013 年 7 月	13.3	561.984 5	5	24.987 46	121.543 91	14.3	23
2013 年 6 月	13.3	561.984 5	5	24.987 46	121.543 91	16.6	25
2012 年 10 月	5	390.568 4	5	24.979 37	121.542 45	13.0	20
2012 年 8 月	7.1	2 175.03	3	24.963 05	121.512 54	9.7	19
2012 年 8 月	34.5	623.473 1	7	24.979 33	121.536 42	12.2	20
2013 年 5 月	20.3	287.602 5	6	24.980 42	121.542 28	14.1	22

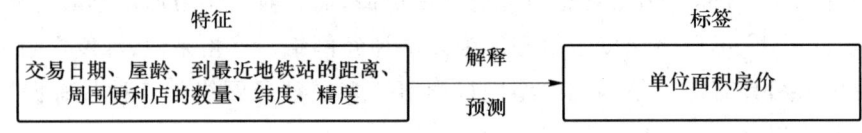

图 2-4 特征和标签的关系

2.2.2 监督式学习和非监督式学习

并不是所有机器学习任务的数据集都带有标签数据,我们把有标签数据的学习任务叫作监督式学习(Supervised Learning)。当目标变量是连续型(如温度、价格)的时候,我们把这类问题叫作回归任务(Regression Task);当目标变量是离散型(如某种植物是否具有毒性、贷款人是否会违约、员工所属部门类别)的时候,我们遇到的问题则是分类任务(Classification Task)。回归任务和分类任务是监督式学习的两大类型,有时我们遇到的样本数据并没有标签数据,我们把这样的问题叫作非监督式学习(Unsupervised Learning)。虽然非监督式学习没有标签数据,但我们仍然可以挖掘特征数据的信息进行分析,聚类(Clustering)就是其中最常见的一种,它根据样本数据分布的特点将数据分成几个类。我们可以把机器学习任务按图 2-5 所示进行分类。

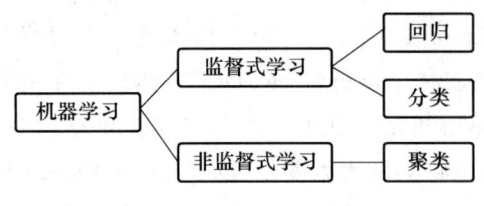

图 2-5 机器学习的分类

2.2.3 强化学习和迁移学习

强化学习(Reinforcement Learning)是不同于监督式学习和非监督式学习的一种机器学习方法。它以"行动—反馈"的自我学习机制为基础,通过最大化奖励来改进行动,适应环境。与监督式学习相比,强化学习不依赖人提供正确答案,而是通过自我经历和奖惩信号来学习。强化学习类似于人类刚出生时探索环境的过程,可以用应用游戏中的例子来说明。在射击游戏中,机器人需要自主学习如何躲避敌人的子弹,并找到最佳的开火和换弹时机。强化学习通过奖惩信号,让机器人通过不断探索得到有效的行动方案。

迁移学习是将已经训练好的参数提供给新模型进行训练的过程,可以加快学习速度。在实际问题中,很多机器学习任务存在相关性。例如,在图像识别中识别狗和识别哈士奇虽然具体任务不同,但它们有相似性。将识别狗的模型参数迁移到识别哈士奇的任务中,可以让后者从部分训练好的模型开始学习,而不是从头开始,这样可以大大减少学习时间。

迁移学习并非一种新的机器学习类别,而是一种加速学习的方式。在深度学习模型中,迁移学习得到了广泛应用。由于深度学习模型庞大复杂,参数众多,迁移学习可以帮助机器快速共享已有模型参数,加快训练过程。

2.2.4 特征数据的类型

特征数据的主要类型有:数值型(Numerical),如长度、温度、价格等;分类型(Categorical),如性别等;文本(Text),如姓名、地址等;日期(Datetime),如 2018-08-26 。

2.2.5 训练集、验证集和测试集

在机器学习任务中,我们通常将数据集分成 3 部分:训练集(Training Set)、验证集(Validation Set)和测试集(Test Set)。

训练集和测试集是机器学习中的两个关键概念。训练集用于机器学习模型的学习,而测试集则用于评估模型的性能。这类似于学生使用教科书中的题库进行学习,并在考试试卷上检验所学知识的过程。然而,不能直接使用训练集进行测试,因为模型可能会过度拟合训练集,导致在未见过的数据上表现不佳。为了更准确地评估模型在未知数据上的性能,需要设置测试集。

测试集的作用是衡量模型的泛化能力,即模型对新数据的适应能力。模型在测试集上的表现能更具说服力地展示其准确率。因此,建立测试集是必要的,就像只有通过考试才能相对公平地评估学生对知识的掌握程度一样。

此外,还存在一个概念——验证集,它被用于调整模型的参数。验证集用于比较多个尝试的模型,并选择表现最好的一个。虽然一些人可能直接将测试集用于模型选择和优化,但严格来说,验证集的单独存在是必要的。测试集用于评估一个完整建立的模型,而验证集用于模型的选择和优化。将这些概念类比到学习中,验证集就相当于模拟测试,用于提前评估学生在考

试中的表现。

2.2.6 机器学习的任务流程

一个完整的机器学习的任务流程大致可分为图 2-6 所示的 6 个步骤。

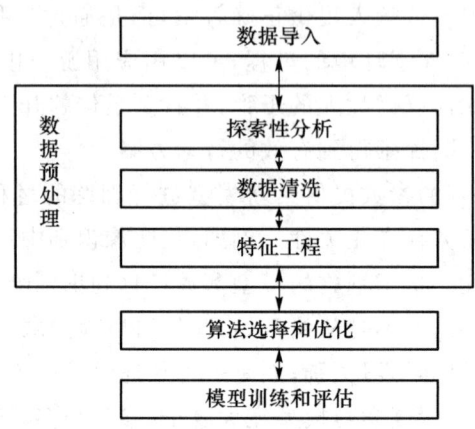

图 2-6　机器学习的任务流程图

一般来说,在"数据导入"上,机器学习算法读入的是像表 2-1 那样的结构化数据(Structured Data)。在结构化数据中,特征都是以列的形式一条一条展开的。但是在图像识别、语音识别等任务中,原始数据以图片或音频的形式出现,所谓的特征我们是"看不见的"。这个时候,我们需要将这些原始信息转化为结构化数据。

2.3　机器学习的语言、框架和库

大数据、算法和并行计算能力构成了人工智能高速发展的三要素,海量的数据积累是基础。开源的机器学习平台能够让开发者将复杂的数据传输给已有的框架进行分析和处理,缩短了开发时间,提升了训练效果,极大地推动了人工智能技术的商业化进程。在本节中,我们将介绍机器学习的语言、框架和库。

2.3.1　Python 语言工具

Python 是数据科学家和数据工程师首选的编程语言之一,也是机器学习的常用工具。Python 内置了很多实用的模块,可以直接用于解决机器学习问题。多个相关的 Python 模块组成一个包,如著名的 scikit-learn。模块是预先写好的代码,可以通过导入指令 import 直接在应用程序中使用,避免了重复编写代码的麻烦。Package 通常被称为"程序包"或"包",用于调用其中的模块。在 Python 中,数据科学家常用的程序包如表 2-2 所示。

表 2-2　Python 中常用的程序包

包名	主要功能	例子
NumPy	最常见的包,科学计算的利器,用于向量和矩阵的存储和计算	np.dot(x,y):进行 x 与 y 的矩阵乘法 np.max(x,axis=1):返回矩阵每行的最大值
Pandas	基于 NumPy 构建的具有更高级数据结构的数据分析包,实现了结构化表数据的基本操作	pd.read_csv('file name'):读取 CSV 格式的数据源
Matplotlib	用于制作图表的基础包	plt.scatter(x,y):制作变量 x 和 y 的散点图
Seaborn	专门用于统计制图,适合描绘数据集特征的分布和关系,基于 Matplotlib	sns.boxplot:显示一组数据分散情况的统计图

推荐初次接触编程或 Python 的读者下载 Anaconda,它集成了 Python 基本环境和常见程序包,方便安装,适合初学者。在 Anaconda 官网免费下载最新版本,就可以编写 Python 程序。在 Anaconda 中,可以选择使用 Spyder 进行代码编写,它是 Python 的一款集成开发环境(Integrated Development Environment,IDE)。IDE 提供了图形化界面、编辑器、编译器、调试器等功能。打开 Spyder 后,就可以开始编写代码了。

2.3.2　框架

套用现有框架可以使机器学习模型变得简单。scikit-learn 是一款强大的 Python 程序包,使用了 NumPy、SciPy 和 Matplotlib 等构建模型,如图 2-7 所示,对统计建模技术非常有效。它支持监督学习、非监督学习和交叉验证等功能。其官网地址为 http://scikit-learn.org/scikit-learn。它的优点是提供多种算法和高效数据挖掘,缺点是存在性能优化空间,对 GPU 的利用并不高效。

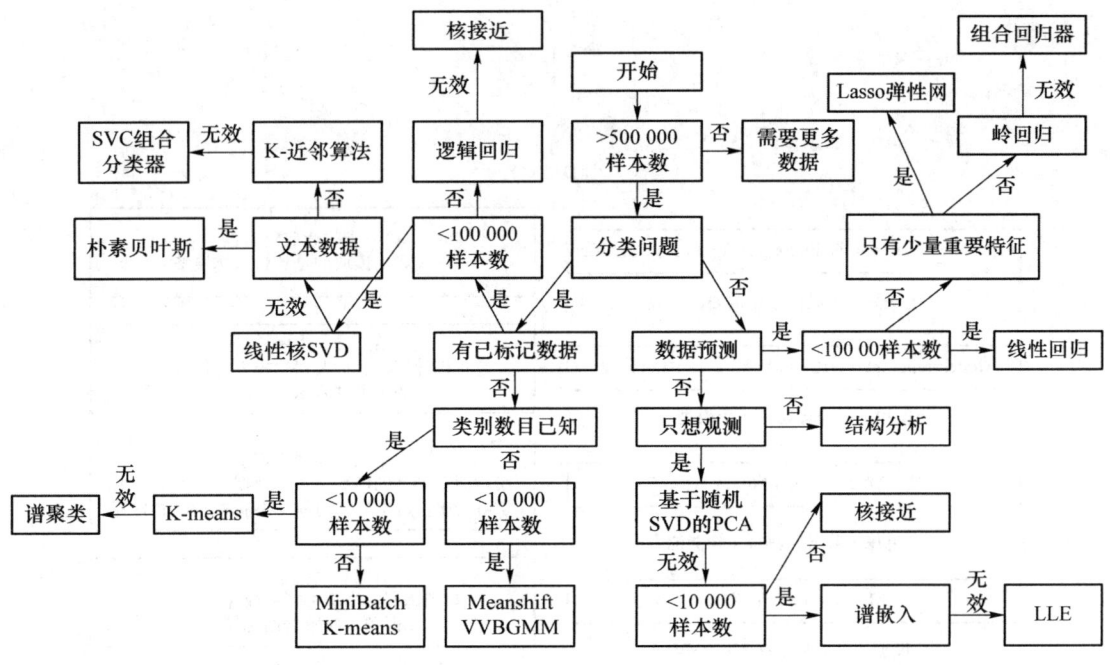

图 2-7　scikit-learn 算法选择路径图

Python 中的 sklearn 是一个完备的机器学习程序包,整合了众多传统机器学习模型。无需了解算法原理和模型含义,甚至不需要编程知识,只需几行代码即可调用包中的算法,得到所需的结果。以 Python 为例,可以使用 sklearn 解决经典案例——泰坦尼克沉船生存预测问题,如表 2-3 所示。

表 2-3　泰坦尼克沉船生存预测

Pclass	Age	SibSp	Parch	Fare	Male	Q	S	NoAge
3	22	1	0	7.25	1	0	1	0
1	38	1	0	71.2833	0	0	0	0
3	26	0	0	7.925	0	0	1	0
1	35	1	0	53.1	0	0	1	0
3	35	0	0	8.05	1	0	1	0
3	0	0	0	8.4583	1	1	0	1
1	54	0	0	51.8625	1	0	1	0
3	2	3	1	21.075	1	0	1	0
3	27	0	2	11.1333	0	0	1	0
2	14	1	0	30.0708	0	0	0	0
3	4	1	1	16.7	0	0	1	0
1	58	0	0	26.55	0	0	1	0
3	20	0	0	8.05	1	0	1	0

模型预测流程如图 2-8 所示,模型预测结果如图 2-9 所示。

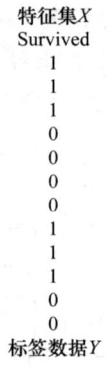

图 2-8　模型预测流程

对于不熟悉模型的人,只需记住图 2-8 中的几行代码,就可以轻松运行出完整的结果。代码中并没有多少需要理解的部分或者需要预先掌握的知识,基本都是 sklearn 的预设格式。实际上,sklearn 可以用于绝大多数传统机器学习模型,并且只需在上述几行代码上稍作改动。

2.3.3 机器学习库

Apache SparkMLlib 是一个高度可拓展的机器学习库,适用于 Java、Scala、Python 等语言。它使用类似于 NumPy 的程序包,可进行高效交互,并可轻松插入 Hadoop 工作流程。MLlib 提供了分类、回归、聚类等机器学习算法,处理大规模数据时速度快。其官网地址为 https://spark.apache.org/mllib/。它的优点是快速处理大规模数据,支持多种语言;缺点是学习曲线陡峭,仅支持 Hadoop 即插即用。

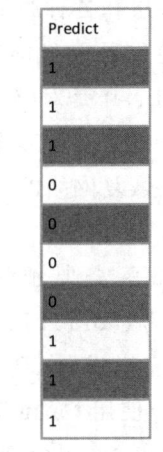

图 2-9 模型预测结果

2.4 机器学习的主流框架

神经网络一般包括训练和测试两大阶段。训练就是先把训练数据(原料)和神经网络模型(如 AlexNet、RNN 等)"倒进"神经网络训练框架(如 Caffe 等),然后用 CPU 或 GPU(真火)"提炼出"模型参数(仙丹)的过程。测试就是把测试数据输入训练好的模型(神经网络模型+模型参数),运行并查看结果。而 Caffe、Keras、TensorFlow 等就像是"炼丹炉",它们把"炼制"过程中所涉及的各种概念进行抽象,形成了一套完整的体系。

2.4.1 深度学习框架 Caffe

1. 概念介绍

Caffe 是一个广泛使用的深度学习框架,被认为是清晰高效的开源项目。它以配置文件形式定义网络结构,易于上手。Caffe 具有训练速度快、组件模块化的特点,可以轻松扩展到新模型和学习任务。然而,Caffe 最初只针对图像设计,对于文本、语音和时间序列数据的支持能力较弱。其 models 文件夹中包含了许多常用的网络模型,如 Lenet、AlexNet、VGGNet、GoogleNet 和 ResNet。

2. Caffe 的模块结构

总体来讲,由低到高依次把网络中的数据抽象成 Blob,各层网络抽象成 Layer,整个网络抽象成 Net,网络模型的求解方法抽象成 Solver。

① Blob 主要用来表示网络中的数据,包括训练数据、网络各层自身的参数、网络之间传递的数据都是通过 Blob 来实现的,同时 Blob 数据也支持在 CPU 与 GPU 上存储,能够在两者之间做同步。

② Layer 是对神经网络中各种层的一个抽象,包括我们熟知的卷积层和下采样层,还有

全连接层和各种激活函数层等。同时每种 Layer 都实现了前向传播和反向传播,并通过 Blob 来传递数据。

③ Net 是对整个网络的表示,由各种 Layer 前后连接组合而成,也是构建的网络模型。

④ Solver 定义针对 Net 网络模型的求解方法,记录网络的训练过程,保存网络模型参数,中断并恢复网络的训练过程。自定义 Solver 能够实现不同的网络求解方式。

3. 安装方式

Caffe 需要预先安装比较多的依赖项,如 CUDA、snappy、leveldb、gflags、glog、szip、OpenCV、hdf5、BLAS、boost 等。Caffe 的官网地址为 http://caffe.berkeleyvision.org/。Caffe 安装分为 CPU 和 GPU 两个版本,GPU 版本需要显卡支持以及安装 CUDA。

4. 使用 Caffe 搭建神经网络

表 2-4 给出了使用 Caffe 搭建神经网络的流程。

表 2-4 使用 Caffe 搭建神经网络的流程

序号	使用流程	操作说明
1	数据格式处理	将数据处理成 Caffe 支持格式,具体包括 LEVELDB、LMDB、内存数据、hdfs 数据、图像数据、Windows、dummy 等
2	编写网络结构文件	定义网络结构,如当前网络包括哪几层,每层的作用是什么。它是使用 Caffe 过程中最麻烦的一个操作步骤。具体编写格式可参考 Caffe 框架自带的自动识别手写体样例:caffe/examples/mnist/lenet_train_test.prototxt
3	编写网络求解文件	定义了网络模型训练过程中需要设置的参数,如学习率、权重衰减系数、迭代次数、使用 GPU 还是 CP 等,一般命名方式为 xx_solver.prototxt,可参考:caffe/examples/mnist/lenet_solver.prototxt
4	训练	基于命令行的训练,如 caffe train -solver examples/mnist/lenet_solver.prototxt
5	测试	caffe test -model examples/mnist/lenet_train_test.prototxt -weights examples/mnist/lenet_iter_10000.caffemodel -gpu 0 -iterations 100

在上述流程中,步骤 2 是核心操作,也是使用 Caffe 中最让人头痛的地方,Keras 则对该部分做了更高层的抽象,让使用者能够快速编写出自己想要实现的模型。

2.4.2 开源软件库 TensorFlow

1. 概念介绍

TensorFlow 是一个使用数据流图进行数值计算的开源软件库。图中的节点表示数学运算,而图边表示在它们之间传递的多维数据阵列(又称张量)。灵活的体系结构允许用户使用单个 API 将计算部署到桌面、服务器或移动设备中的一个或多个 CPU 或 GPU。TensorFlow 涉及的相关概念解释如下。

① 符号计算:符号计算首先定义各种变量,然后建立一个计算图,计算图规定了各个变量

之间的计算关系。符号计算也叫作数据流图,其过程如图 2-10 所示,数据是按图中黑色带箭头的线流动的。数据流图用节点(Node)和线(Edge)的有向图来描述数学计算。节点一般用来表示施加的数学操作,也可以表示数据输入(Feed in)起点/输出(Push out)终点,或者读取/写入持久变量(Persistent Variable)的终点。线表示节点之间的输入/输出关系。在线上流动的多维数据阵列被称作"张量"。

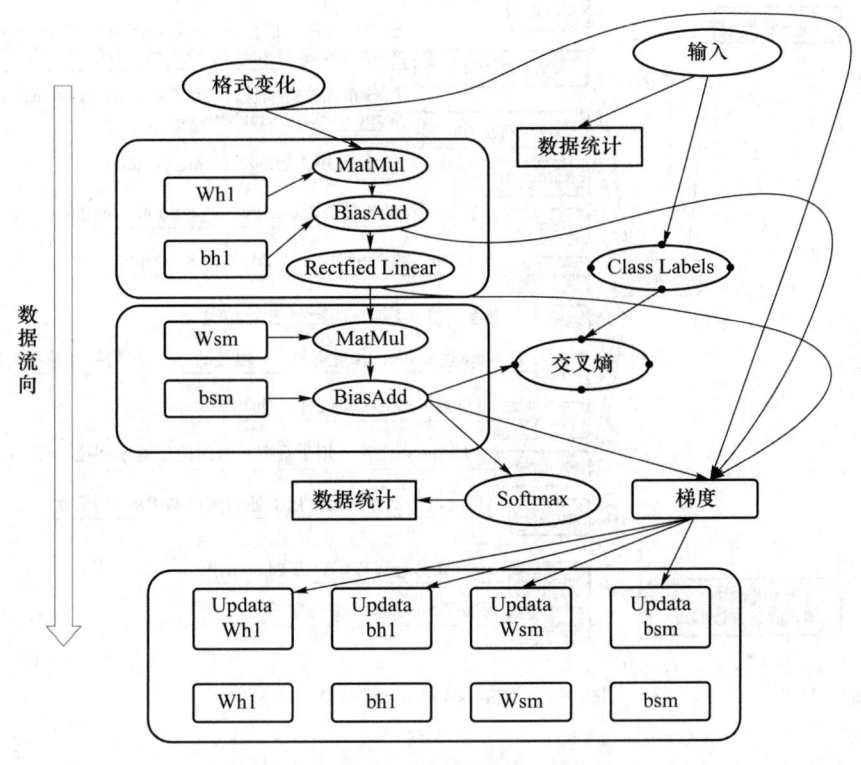

图 2-10　数据流图示例

② 张量:张量(Tensor)可以看作是向量、矩阵的自然推广,用来表示广泛的数据类型。张量的阶数也叫作维度。0 阶张量即标量,是一个数;1 阶张量即向量,是一组有序排列的数;2 阶张量即矩阵,是一组有序排列起来的向量;3 阶张量即立方体,是一组上下排列起来的矩阵;依此类推。

③ 数据格式(Data_format):目前主要有两种方式来表示张量,一种叫作 th 模式(Channels_first 模式),常见使用者为 Theano 和 Caffe;另一种叫作 tf 模式(Channels_last 模式),常见使用者为 TensorFlow。对于 100 张 RGB 3 通道的 16×32(高为 16 宽为 32)彩色图,二者唯一的区别就是表示通道个数 3 的位置不一样。

2. TensorFlow 的模块结构

TensorFlow 的模块结构如图 2-11 所示。

3. 相关使用

本部分不做详细阐述,具体安装流程及部署使用将在第 6 章讲解。

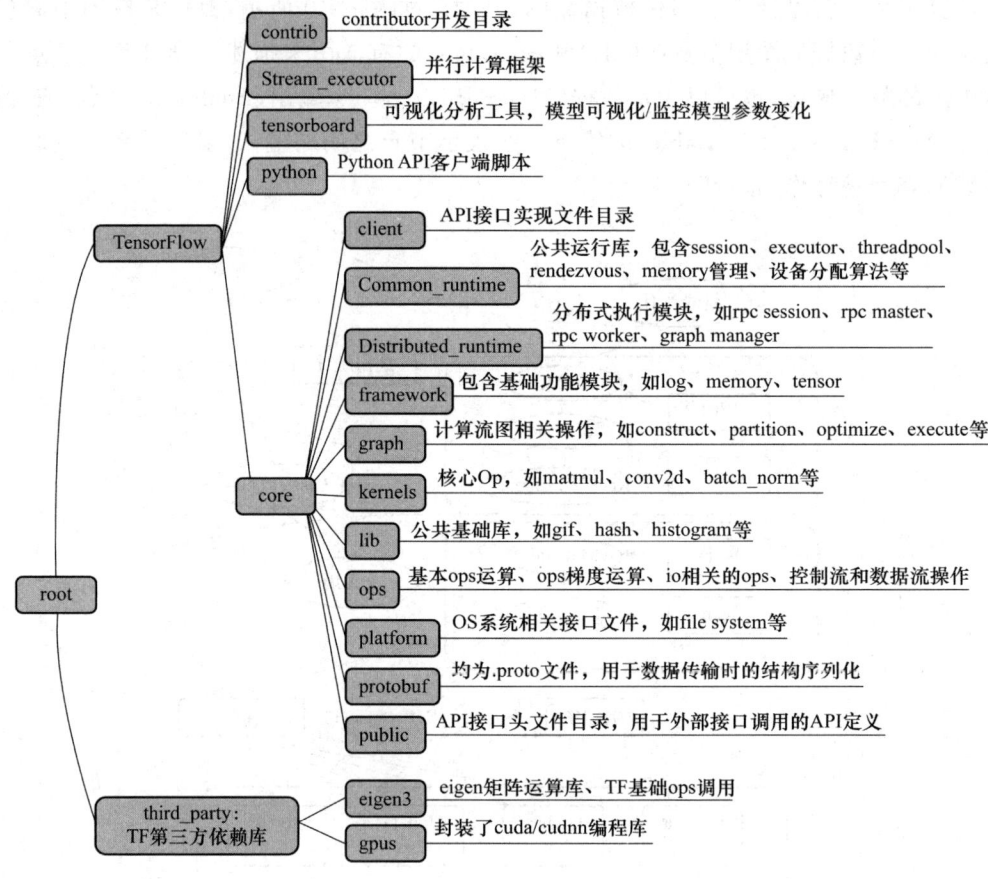

图 2-11　Tensorflow 的模块结构

2.4.3　上层接口 Keras

1. 概念介绍

Keras 是基于 TensorFlow、Theano 和 CNTK 后端的高级接口,用于构建神经网络,具有操作简单、文档丰富、环境配置简单等优点。其包括全连接网络、卷积神经网络和 RNN 等算法。Keras 有两种模型类型:序贯模型(适用于单输入单输出)和函数式模型(适用于多输入多输出,层之间任意连接)。序贯模型编译速度快且操作简单,而函数式模型编译速度较慢。

2. Keras 的模块结构

Keras 主要由 5 大模块构成,如图 2-12 所示。

3. Keras 的安装

Keras 的安装包括以下 3 个步骤。

① 安装 Anaconda(Python)。

② 安装用于科学计算的 Python 发行版,支持 Linux、Mac、Windows 系统,提供了包管理与环境管理的功能,可以很方便地解决多版本 Python 并存、切换以及各种第三方包安装问题。

③ 利用 pip 或者 conda 安装 Keras、Pandas、TensorFlow 等库。下载地址为 https://www.anaconda.com/what-is-anaconda/。

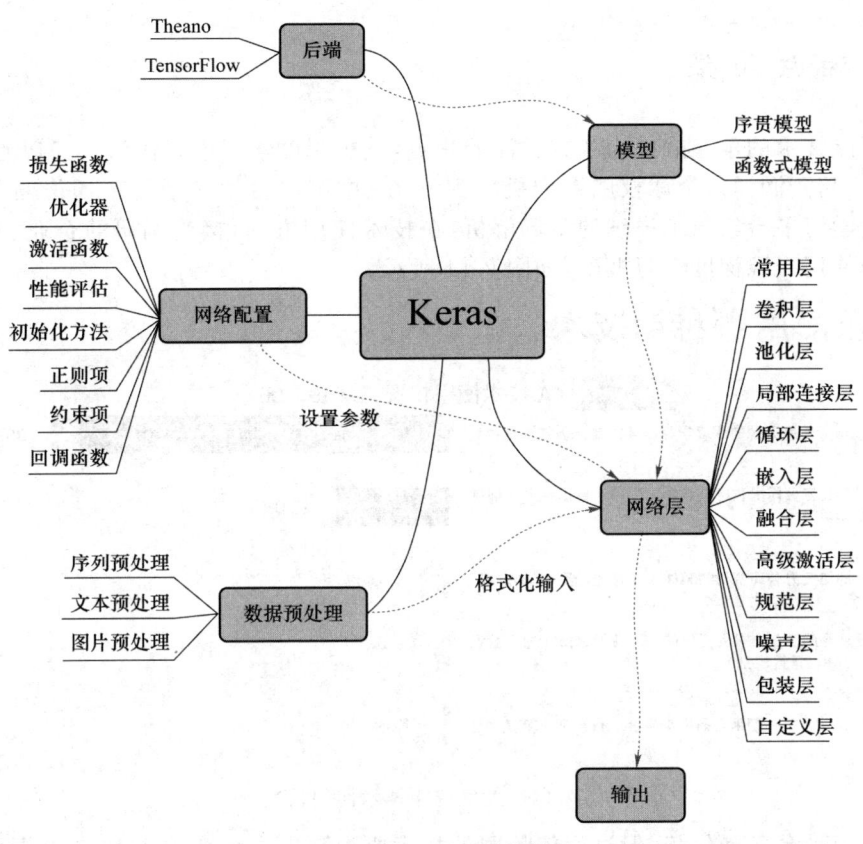

图 2-12　Keras 的模块结构

4. 使用 Keras 搭建神经网络

使用 Keras 搭建一个神经网络包括 5 个步骤，即模型选择、构建网络层、编译、训练和预测。每个步骤使用到的 Keras 模块如图 2-13 所示。

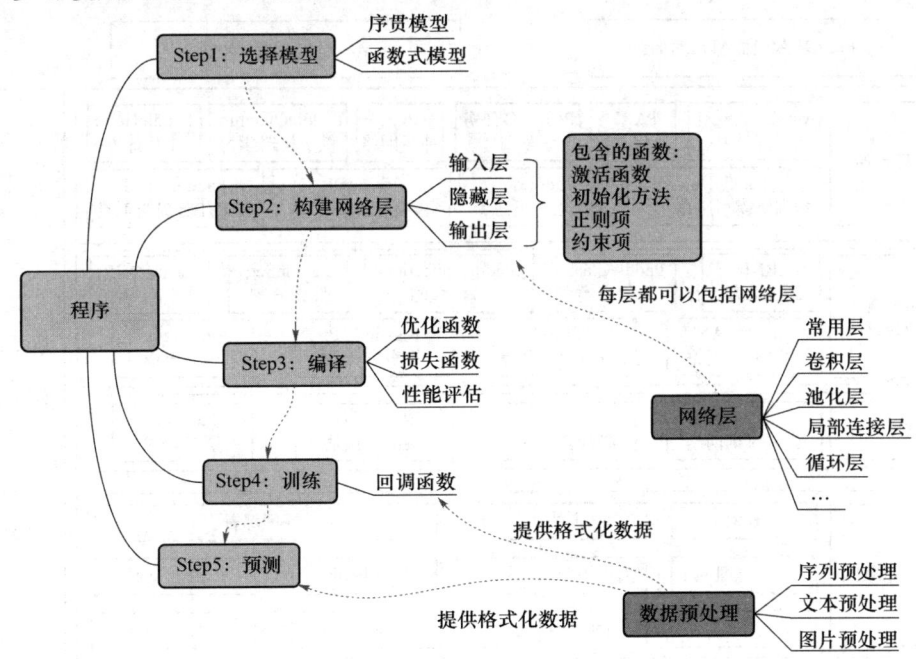

图 2-13　使用 Keras 搭建神经网络的步骤

2.4.4 百度飞桨

人工智能技术的争夺战成为各方关注的焦点,其中深度学习框架作为人工智能时代的"操作系统"已经暗潮汹涌。全球权威咨询机构 IDC 在《中国深度学习平台市场份额调研》中,对国内的深度学习平台给出了详细的市场解析:在技术使用方面,接受调研的企业和开发者中,86.2%选择使用开源深度学习框架,如图 2-14 所示。

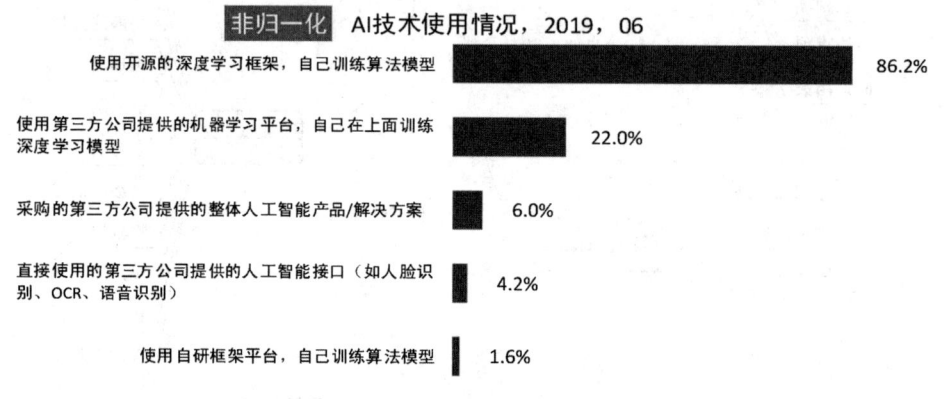

图 2-14 人工智能技术使用情况

深度学习平台备受信赖,但过度依赖国外技术成为隐患。百度在 2016 年开源了飞桨。我国政府高度重视,发改委批复由百度牵头建设深度学习技术及应用国家实验室。图 2-15 所示为飞桨企业版界面。

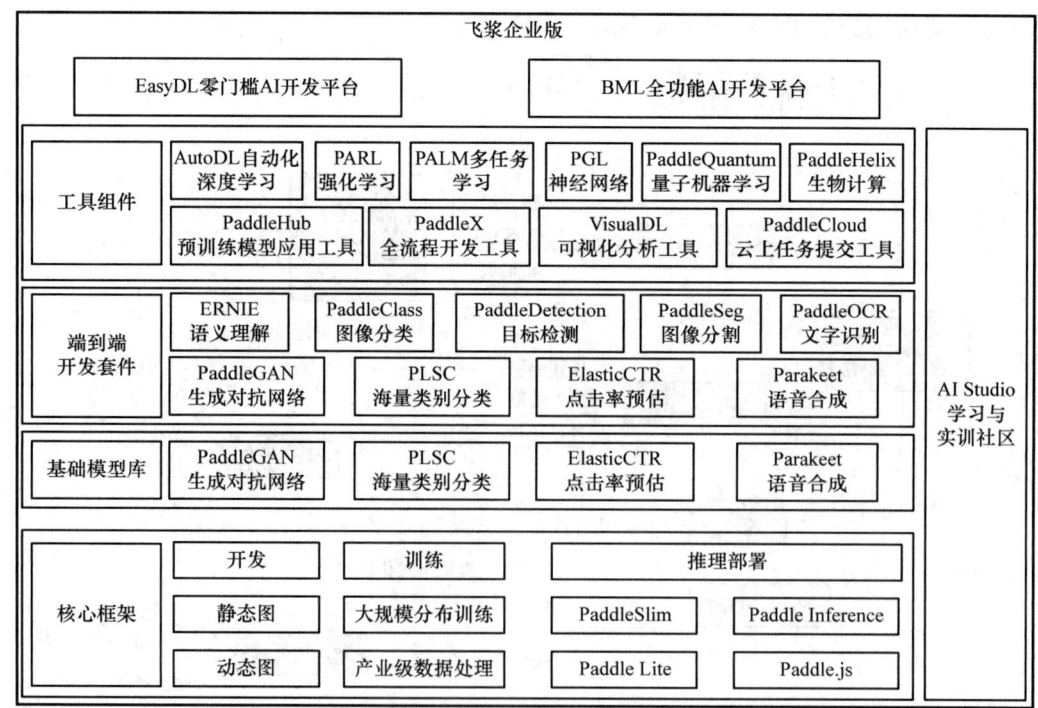

图 2-15 飞桨企业版界面

相比于其他开源的深度学习框架，飞桨最大的特点在于"easy to use"，其对很多算法进行了完整封装，开发者只需要简单了解下源码原理，导入自己的数据就可以执行运行命令。除此之外，飞桨也有自己领先的技术。

1. 开发便捷的深度学习框架

飞桨深度学习框架基于编程一致的深度学习计算抽象以及对应的前后端设计，拥有易学易用的前端编程界面和统一高效的内部核心架构，具备领先的训练性能，对普通开发者而言更容易上手。飞桨自然完备兼容命令式和声明式两种编程范式，默认采用命令式编程范式，并实现了动静统一，开发者使用飞桨可以实现动态图编程调试，一行代码转静态图训练部署。飞桨框架还提供了低代码开发的高层API，并且高层API和基础API采用了一体化设计，两者可以互相配合使用，实现高低融合，确保用户可以同时享受开发的便捷性和灵活性。

2. 超大规模深度学习模型训练技术

飞桨突破了超大规模深度学习模型训练技术，领先其他框架实现了千亿稀疏特征、万亿参数、数百节点并行训练的能力，解决了超大规模深度学习模型的在线学习和部署难题。此外，飞桨还覆盖支持包括模型并行、流水线并行在内的广泛并行模式和加速策略，率先推出业内首个通用异构参数服务器架构和4D混合并行策略，引领大规模分布式训练技术的发展趋势。

3. 多端多平台部署的高性能推理引擎

飞桨对推理部署提供全方位支持，可以将模型便捷地部署到云端服务器、移动端以及边缘端等不同平台设备上，并拥有全面领先的推理速度，同时兼容其他开源框架训练的模型。飞桨推理引擎支持广泛的人工智能芯片，特别是对国产硬件做到了全面的适配。

4. 产业级开源模型库

飞桨建设了大规模的官方模型库，算法总数达到270多个，包含经过产业实践长期打磨的主流模型以及国际竞赛中的夺冠模型；提供面向语义理解、图像分类、目标检测、图像分割、文字识别、语音合成等场景的多个端到端开发套件，满足企业低成本开发和快速集成的需求。飞桨的模型库是围绕国内企业实际研发流程量身定制打造的产业级模型库，服务企业遍布能源、金融、工业、农业等多个领域。

有了飞桨这样的"全尺寸轮胎"，中国人工智能不缺乏飞速前行的可能。百度通过产学研合作、师资培训班和人工智能赛事等举措，推动了飞桨的广泛应用，并帮助近百所高校成功开设了人工智能课程，惠及了近万名学生，为未来中国在人工智能领域争夺话语权奠定了基础。飞桨不仅是教学工具，还减少了开发者对外国深度学习框架的依赖。

飞桨的应用涉及农业和工业等领域。在农业领域，飞桨可以通过图像分割技术进行精确的地块识别和分割，从而提高作物长势、作物分类、成熟期预测、灾害监测和估产等工作的效率。在工业领域，精诺数据利用飞桨平台开发了一种算法，通过机器学习优化企业个性化合金配料方案，指导熔炼生产，提高生产效率并降低成本。

这些应用案例只是冰山一角，深度学习平台几乎决定了人工智能未来的应用方向。中国若完全依赖国外的深度学习平台，则将面临系统透明性消失和安全风险的问题。此外，中美在人工智能应用需求上存在差异，只有深入了解中国开发者需求和市场生态的深度学习框架才适合中国的智能时代。因此，可以说中美之间的人工智能竞争可能演化成一场"框架之争"。

2.4.5 深度学习框架的对比

表 2-5 对比了 3 种深度学习框架。

表 2-5 深度学习框架的对比

对比维度	Caffe	TensorFlow	Kears
上手难度	（1）不用写代码，只需在.prototxt文件中定义网络结构就可以完成模型训练 （2）安装过程复杂，且在.prototxt文件内部设计网络结构比较受限，没有在 Python 中设计网络结构方便、自由。配置文件不能用编程的方式调整超参数，无法很方便地支持交叉验证、超参数 Grid Search 等的操作	（1）安装简单，教学资源丰富，根据样例能快速搭建出基础模型 （2）有一定的使用门槛。不管是编程范式还是数学统计基础，都为非机器学习与数据科学背景的用户带来一定的上手难度。另外，它是一个相对低层的框架，使用时需要编写大量代码，重新发明轮子	（1）安装简单，它旨在让用户进行最快速的原型实验，让想法变为结果的这个过程最短，非常适合最前沿的研究 （2）API 使用方便，用户只需要将高级的模块拼在一起，就可以设计神经网络，降低了编程和阅读别人代码时的理解开销
框架维护	在 TensorFlow 出现之前它一直是深度学习领域 GitHub star 最多的项目，由伯克利视觉学中心（Berkeley Vision and Learning Center，BVLC）进行维护	其被定义为"最流行""最被认可"的开源深度学习框架，拥有产品级的高质量代码，有 Google 强大的开发、维护能力的加持，整体架构设计也非常优秀	开发主要由谷歌支持，API 以"tf.keras"的形式打包在 TensorFlow 中，微软维护着 Keras 的 CNTK 后端，亚马逊 AWS 正在开发 MXNet 支持，其他提供支持的公司包括 NVIDIA、优步、苹果（通过 CoreML）
支持语言	C++/CUDA	C++/Python（Go、Java、Lua、JavaScript、R）	Python
封装算法	（1）对卷积神经网络的支持非常好，拥有大量训练好的经典模型（AlexNet、VGG、Inception）乃至其他 state-of-the-art（ResNet 等）的模型，收藏在它的 Model Zoo （2）对时间序列 RNN、LSTM 等支持得不是特别充分	（1）支持 CNN 与 RNN，还支持深度强化学习乃至其他计算密集的科学计算（如偏微分方程求解等） （2）计算图必须构建为静态图，这让很多计算变得难以实现，尤其是序列预测中经常使用的 beam search	（1）专精于深度学习，支持卷积网络和循环网络，支持级联的模型或任意的图结构的模型，从 CPU 上计算切换到 GPU 加速无须任何代码的改动 （2）没有增强学习工具箱，用户自己修改实现很麻烦。封装得太高级，训练细节不能修改、penalty 细节很难修改
模型部署	程序运行非常稳定，代码质量比较高，很适合对稳定性要求严格的生产环境，是第一个主流的工业级深度学习框架。Caffe 的底层基于 C++，可以在各种硬件环境编译并具有良好的移植性，支持 Linux、Mac 和 Windows 系统，也可以编译部署到移动设备系统（如 Android 和 iOS）上	为生产环境设计的高性能的机器学习服务系统，可以同时运行多个大规模深度学习模型，支持模型生命周期管理、算法实验，并可以高效地利用 GPU 资源，让训练好的模型更快捷方便地投入实际生产环境。灵活的移植性可以将同一份代码几乎不经过修改就轻松地部署到有任意数量 CPU 或 GPU 的 PC、服务器或者移动设备上	使用 TensorFlow、CNTK、Theano 作为后端，简化了编程的复杂度，节约了尝试新网络结构的时间。模型越复杂，收益就越大，尤其是在高度依赖权值共享、多模型组合、多任务学习等模型上，表现得非常突出

续表

对比维度	Caffe	Tensorflow	Kears
性能	目前仅支持单机多 GPU 的训练，不支持分布式的训练	（1）支持分布式计算，使 GPU 集群乃至 TPU 集群并行计算，共同训练出一个模型 （2）对不同设备间的通信优化得不是很好，分布式性能还没有达到最优	无法直接使用多 GPU，对大规模的数据处理速度没有其他支持多 GPU 和分布式的框架快。用 TensorFlow backend 时速度比用 TensorFlow 时要慢很多

如表 2-5 所示，对于刚入门机器学习的新手，Keras 无疑是最好的选择，其使用 Keras 能够快速搭建模型以验证想法。随着对机器学习的理解逐步加深，当业务模型越来越复杂时，用户可以根据实际需要转到 TensorFlow 或 Caffe。

第 3 章
机器学习模型

3.1 什么是模型

首先,我们通过具体的案例来认识机器学习中的重要概念——模型,了解模型的作用以及它是怎样运作的。

表 3-1 是从中国部分城市餐厅服务费数据集中节选的数据,我们通过图 3-1 所示的关系图来观察服务费与餐费之间的关系。

表 3-1 从中国部分城市餐厅服务费数据集中节选的数据

餐费/元	服务费/元
1 835	250
1 506	300
2 069	245
1 778	327
2 406	360
1 631	200
1 693	307
1 869	231
3 127	500
1 604	224

用 x 轴表示餐费,y 轴表示服务费,通过观察图 3-1 可以看出,y 随着 x 的增加而增加,并且近似成比例增加。熟悉服务费制度的读者应该知道,服务费通常和餐费成正比,根据顾客对用餐服务的满意程度,服务费一般为餐费的 10%～20%。因此,我们考虑用线性表达式来刻画 x 的作用以及它与 y 之间的关系:

$$y = a_0 + a_1 x \tag{3-1}$$

式(3-1)就是最简单的线性回归(Linear Regression)模型。下面我们以这个一元线性回归模型为例,来看在机器学习中模型究竟是什么以及是怎么运作的。

第3章 机器学习模型

图 3-1 服务费与餐费关系图

式(3-1)所描述的 y 与 x 之间的关系就是这个任务中我们所用的模型。对于模型的概念我们可以这样理解，它刻画了因变量 y 和自变量 x 之间的客观关系，即 y 与 x 之间存在这样一种形式的客观规律。具体来说，y 约等于某个数乘以 x，再加上另一个数。使用这个模型，就意味着我们认定样本数据服从这样一个规律。换句话说，模型是对变量关系的某种假设。在机器学习中，a_1 叫作权重(Weight)，a_0 叫作偏差(Bias)，x 是一个特征(Feature)，而 y 是预测的标签。训练一个模型就是从训练数据中确定所有权重和偏差的最佳值。如图 3-2 所示，箭头部分表示了预测值（或推测值）和真实值之间的差距，这个差距叫作误差(Loss)。如果这个模型很完美，那么误差应该接近 0。训练的目标是找到使误差最小的权重和偏差。

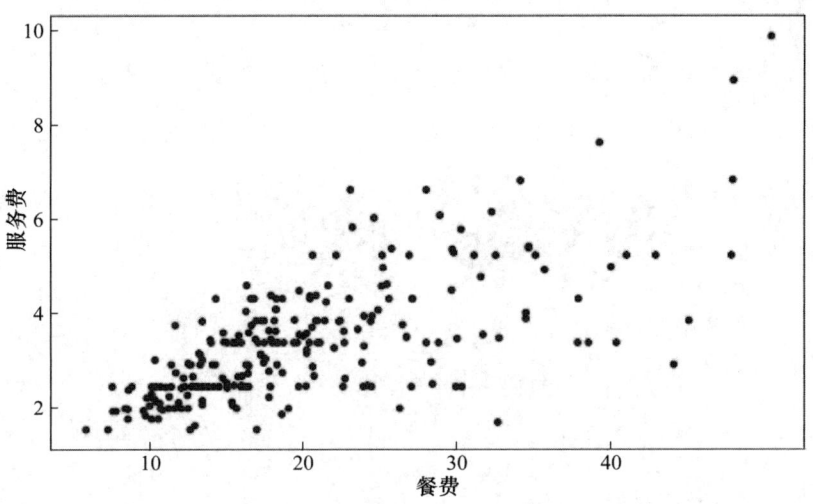

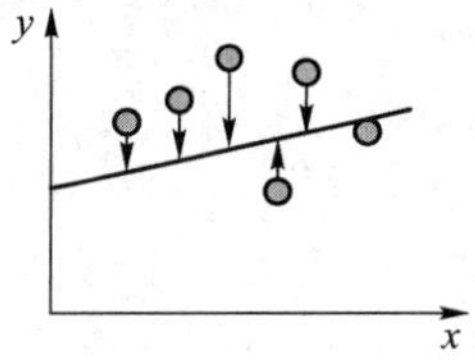

图 3-2 误差

需要指出的是，统计上是严格的写法，但我们在讨论机器学习时可以这样简写。y 与统计学意义上的关系可以由下式给出：

$$y = a_0 + a_1 x + \text{epsilon} \tag{3-2}$$

或

$$E(y|x) = a_0 + a_1 x \tag{3-3}$$

式(3-2)中的 epsilon 是误差项，通常服从标准正态分布。式(3-3)的含义与式(3-2)相同，y 在给定情况下服从条件正态分布，并且条件期望是 $a_0 + a_1 x$。

在确定参数 a_1 之前，可以把上面的式子看成一系列模型，或者称为模型簇。一旦这些参数取定之后，这个式子就成为一个确定的模型。例如，$y = x + 4$ 和 $y - 2$ 就是两个具体的模型，相对应的参数 (a_0, a_1) 分别为 $(4, 0)$ 和 $(0, 2)$。上面两个式子中的误差是预测值与真实值之间的距离，描述了预测值与真实值之间的偏离程度。为了评价模型的拟合效果，我们需要计算均方误差(Mean Squared Error, MSE)。

在现实生活中，自变量往往有很多个。因此，我们可能很难发现一个特征与标签有着非常明显的线性关系，如第 2 章中提到的某地区单位面积房价的数据，将屋龄、到最近地铁站的距离、周围便利店的数量、纬度、经度分别与单位面积房价生成散点图，如图 3-3 所示。从图 3-3 可以看出，其无法用一元线性表达式来描述，故需要考虑其他模型来进行分析与预测。

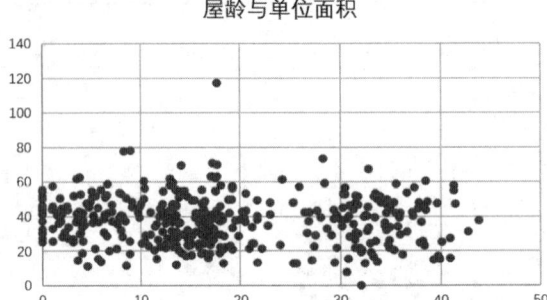

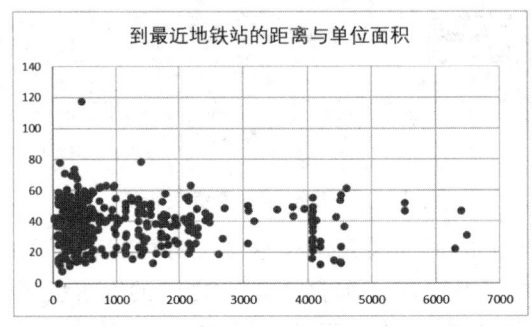

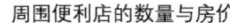

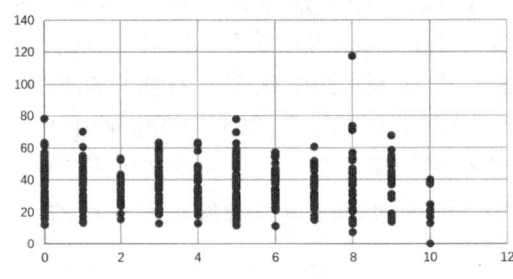

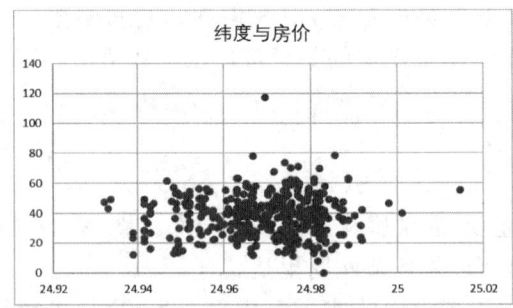

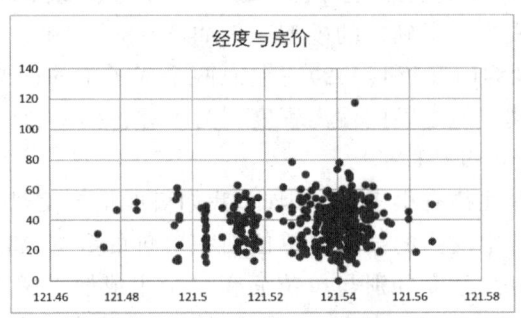

图 3-3 特征与标签的线性关系

3.2 模型与算法的区别

模型和算法是有区别的。模型是用来描述问题的数学表达式,而算法是解决这个问题的过程,用来求解模型中的参数。在线性回归中,式(3-1)是模型本身,而最小二乘法是算法,用于求解模型中的参数。可以说,模型描述问题,算法解决问题。

针对一个模型,可以用多种不同的算法来求解。就线性回归来说,模型中 $a_0,a_1,\cdots,a_m$ 是需要求解的参数,而最小二乘法(又称最小平方法、最小化误差的平方)只是一种求解方法,除了最小二乘法外,还可以通过极大似然估计等方法来计算。不同模型会有各自适合的算法,例如,求解深度学习模型中的参数会用到著名的梯度下降法。不同的算法可能会有截然不同的思想,例如,极大似然估计是用统计学思想来估计的,而梯度下降法则是利用计算机反复迭代找到最优值。

3.3 模型的训练

3.3.1 数据集

数据集是构建机器学习模型历程的起点。简单说,数据集本质上是一个 $M \times N$ 矩阵,其中 M 代表列(特征),N 代表行(样本)。

如图3-4所示,列可以分解为 X 和 Y。首先,X 是几个类似术语的同义词,如特征、自变量和输入变量。其次,Y 也是几个术语的同义词,如类标签、因变量和输出变量。

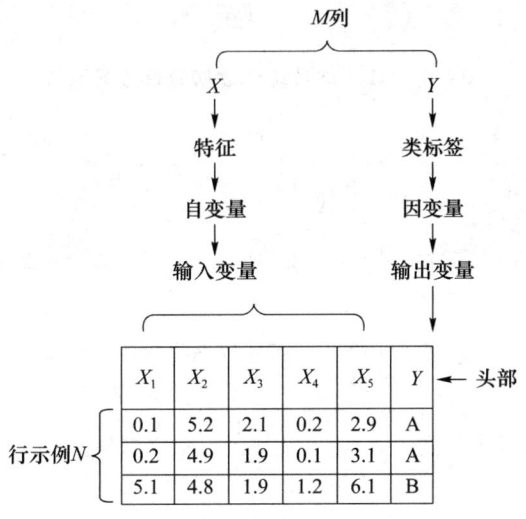

图3-4 数据集介绍

应该注意的是,一个可以用于监督学习的数据集(可以执行回归或分类)同时包含 X 和 Y,而一个可以用于无监督学习的数据集只有 X。

此外,如果 Y 包含定量值,那么数据集(由 X 和 Y 组成)可以用于回归任务,而如果 Y 包含定性值,那么数据集(由 X 和 Y 组成)可以用于分类任务。

3.3.2 探索性数据分析

进行探索性数据分析(Exploratory Data Analysis,EDA)是为了获得对数据的初步了解。在一个数据分析项目中,我们要做的第一件事就是通过执行 EDA 来"盯住数据"。

通常 EDA 包括三大使用方法。

① 描述性统计:平均数、中位数、模式、标准差。

② 数据可视化:热力图(辨别特征内部相关性)、箱形图(可视化群体差异)、散点图(可视化特征之间的相关性)、主成分分析(可视化数据集中呈现的聚类分布)等。

③ 数据整形:对数据进行透视、分组、过滤等。

图 3-5 和图 3-6 分别为 NBA 球员统计数据的箱形图和直方图示例。

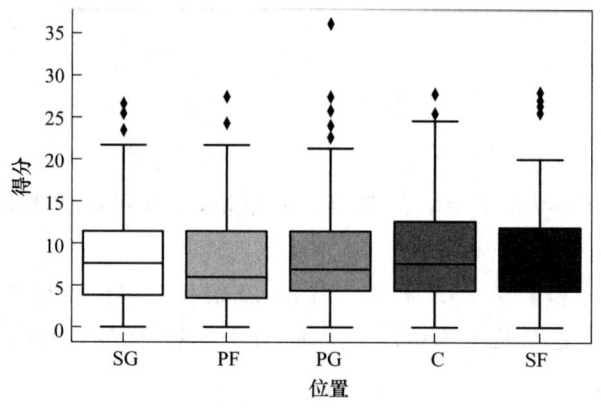

图 3-5 NBA 球员统计数据的箱形图示例

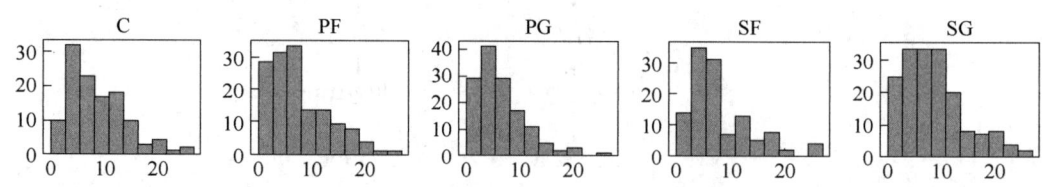

图 3-6 NBA 球员统计数据的直方图示例

3.3.3 数据预处理

数据的质量将对生成模型的质量产生很大的影响。数据预处理(又称数据清洗)是指对数据进行各种审查,在不改变数据集性质的情况下,剔除或者修改拼写错误,纠正缺失值或者多余的值、转换数据（如对数转换）类型等，使数值正常化/标准化，从而使其具有可操作性。

3.3.4 数据分割

1. 训练-测试集分割

在机器学习模型开发中，为了评估模型在新数据上的表现，通常将可用数据分割为训练集和测试集，如图 3-7 所示。训练集通常占总数据的 80%，用于建立预测模型。测试集是剩下的 20%，用作新数据模拟，评估模型性能。这种数据拆分只进行一次。

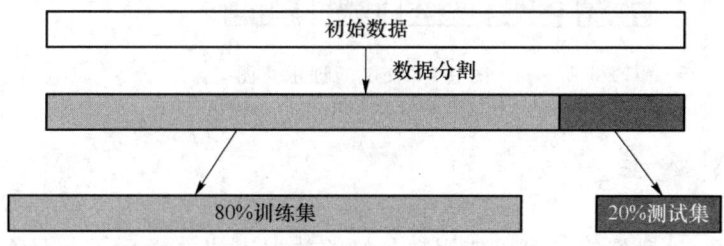

图 3-7　训练-测试集分割示意图

2. 训练-验证-测试集分割

另一种常见的数据分割方法是将数据分割成 3 部分：训练集、验证集和测试集，如图 3-8 所示。其与训练-测试集分割方式类似，训练集用于建立预测模型，同时在验证集进行评估及模型调优（如超参数优化），并根据验证集的结果选择性能最好的模型。测试集不参与任何模型的建立和准备。

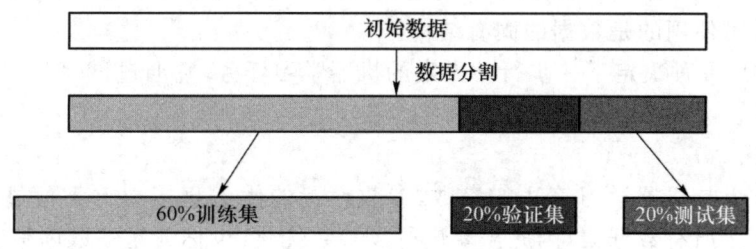

图 3-8　训练-验证-测试集分割示意图

3. 交叉验证

为了充分利用现有数据，常采用 N 倍交叉验证（Cross Validation，CV）将数据集分成 N 个折叠（通常是 5 倍或 10 倍）。在 N 倍 CV 中，其中一个折叠作为测试数据，其余折叠用于进行模型的训练。例如，在 5 倍 CV 中，1 个折叠作为测试数据，剩下的 4 个折叠作为训练数据。将训练好的模型应用于被留出的测试折叠上。这个过程循环进行，直到每个折叠都有机会作为测试数据。因此，建立了 5 个模型，并通过计算这 5 个模型的平均性能得出度量值。N 倍 CV 提供了更可靠的模型评估。图 3-9 为交叉验证示意图。

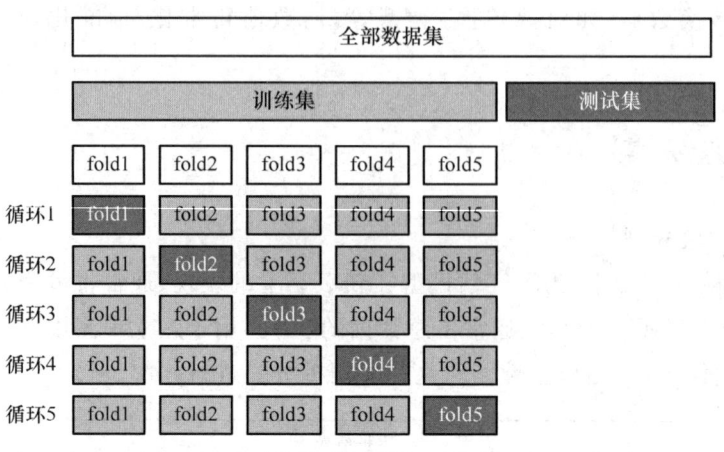

图 3-9 交叉验证示意图

3.3.5 模型建立

经过前期的准备,我们终于可以使用准备好的数据来建立模型了。我们要根据目标变量(通常称为 Y 变量)的数据类型(定性或定量),建立一个分类(如果 Y 是定性的)或回归(如果 Y 是定量的)模型。

1. 学习算法

机器学习算法可以大致分为以下 3 种类型。

① 监督学习:一种机器学习任务,建立输入 X 和输出 Y 变量之间的数学(映射)关系。这样的 X、Y 对构成了用于建立模型的标签数据,以便学习如何从输入中预测输出。

② 无监督学习:一种只利用输入 X 变量的机器学习任务。这种 X 变量是未标记的数据,学习算法在建模时使用的是数据的固有结构。

③ 强化学习:一种决定下一步行动方案的机器学习任务,它通过试错学习来实现目标,努力使回报最大化。

2. 参数调优

超参数本质上是机器学习算法的参数,参数设置的优劣直接影响学习过程和预测性能。其由于普遍适用于所有数据集,因此需要进行超参数优化(也称为超参数调整或模型调整)。

我们以流行的随机森林为例。在使用 randomForest R 包时,通常会对两个常见的超参数进行优化,其中包括 mtry 和 ntree 参数(这对应于 scikit-learn Python 库的 RandomForestClassifier() 和 RandomForestRegressor() 函数中的 nestimators 和 max features)。mtry(max features)代表在每次分裂时作为候选变量随机采样的变量数量,而 ntree(nestimators)代表要生长的树的数量。

另一种流行的机器学习算法是支持向量机。需要优化的超参数是径向基函数(Radial Basis Function,RBF)内核的 C 参数和 gamma 参数,对于线性核,只有 C 参数需要调整;对于多项式核,除了要调整 C 参数,还要调整多项式的指数参数 d。C 参数是一个限制过拟合的惩罚项,而 gamma 参数则控制 RBF 核的宽度。

3. 特征选择

特征选择是从最初的大量特征中选择一个特征子集的过程,选出合适的特征子集非常重要。除了实现高精度,机器学习模型构建的另一个重要方面是确保模型的可操作性。特征选择的任务自身就是一个重要的研究领域,人们尝试设计了不同的算法,如模拟退火算法、遗传算法、进化算法(如粒子群优化、蚁群优化等)和随机算法(如蒙特卡洛法)。

图 3-10 为遗传算法搜索空间拼接粒子群优化(GA-SSS-PSO)方法的原理示意图。

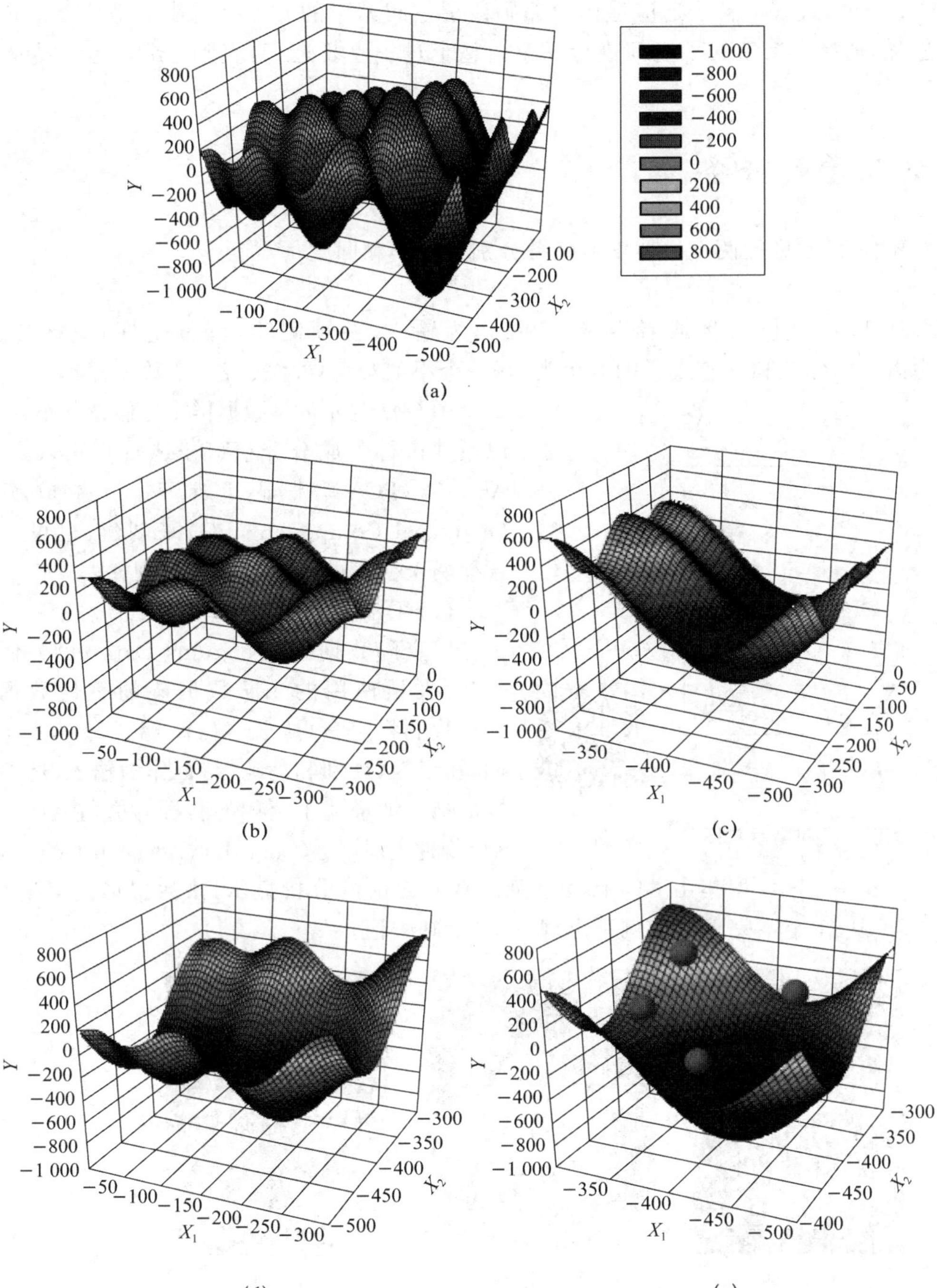

图 3-10　遗传算法搜索空间拼接粒子群优化方法的原理示意图
（用 Schwefel 函数在二维度上进行说明）

彩图 3-10

首先,将原搜索空间〔图 3-10(a)〕$x\in[-500,0]$ 在每个维度上以 2 的固定间隔拼接成子空间(图中一个维度等于一个横轴),这样就得到了 4 个子空间〔图 3-10(b)~(e)〕,其中 x 在每个维度上的范围是原始空间的一半,GA 的每一个字符串都会编码一个子空间的索引。然后,GA 启发式地选择一个子空间〔图 3-10(e)〕,并在那里启动 PSO(粒子显示为红点)。PSO 搜索子空间的全局最小值,最好的粒子适应性作为编码该子空间索引的 GA 字符串的适应性。最后,GA 进行进化,选择一个新的子空间进行探索。整个过程重复进行,直到达到满意的误差水平。

3.3.6 机器学习任务

在监督学习中,最常见的两个机器学习任务分别是分类和回归。

1. 分类

训练分类模型将一组(定性或者定量)变量作为输入,并预测输出的(定性)类标签。图 3-11 所示为由不同颜色和标签表示的 3 个类,每一个小的彩色球体代表一个数据样本。

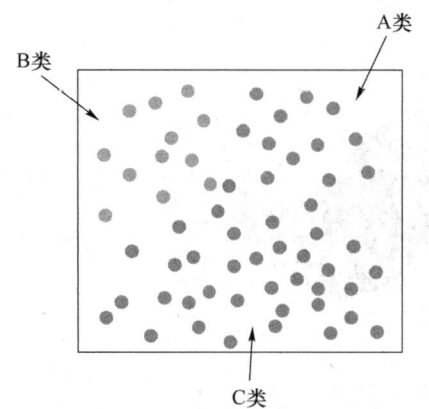

图 3-11 显示的是数据样本的假设分布,可以通过执行主成分分析(Principal Component Analysis,PCA)并显示前两个主成分(Principal Component,PC)来创建,也可以选择两个变量的简单散点图可视化。

(1)样例数据集

以企鹅数据集(Penguins Dataset)为例(作为大量使用的 Iris 数据集的替代数据集),我们将定量(喙长、喙深、鳍长和身体质量)和定性(性别和岛屿)特征作为输入(这些特征唯一地描述了企鹅的特征),并将其归入 3 个物种类别标签(Chinstrap、Adelie 或 Gentoo,

图 3-11 多类别分类问题示意图　　彩图 3-11

如图 3-12 所示)之一。该数据集由 344 行和 8 列组成。之前的分析显示,该数据集包含 333 个完整的案例,其中 11 个不完整的案例中出现了 19 个缺失值。

帽带企鹅
(Chinstrap)

阿德利企鹅
(Adelie)

巴布亚企鹅
(Gentoo)

图 3-12　3 个企鹅物种的类别标签(Chinstrap、Adelie 和 Gentoo)

(2) 性能指标

如何知道我们的模型表现好或坏？答案是使用性能指标，一些常见的评估分类性能的指标包括准确率(A_c)、灵敏度(S_n)、特异性(S_p)和马太相关系数(MCC)。

准确率的计算公式为

$$A_c = \frac{\text{TP}+\text{TN}}{\text{TP}+\text{TN}+\text{FP}+\text{FN}} \tag{3-4}$$

灵敏度的计算公式为

$$S_n = \frac{\text{TP}}{\text{TP}+\text{FN}} \tag{3-5}$$

特异性的计算公式为

$$S_p = \frac{\text{TN}}{\text{TN}+\text{FP}} \tag{3-6}$$

马太相关系数的计算公式为

$$\text{MCC} = \frac{\text{TP}\times\text{TN}-\text{FP}\times\text{FN}}{\sqrt{(\text{TP}+\text{FP})(\text{TP}+\text{FN})(\text{TN}+\text{FP})(\text{TN}+\text{FN})}} \tag{3-7}$$

其中，TP、TN、FP 和 FN 分别表示真阳性、真阴性、假阳性和假阴性的实例。应该注意的是，MCC 的范围是从 −1 到 1，其中 MCC 为 −1 表示最坏的可能预测，而其值为 1 表示最好的可能预测。此外，MCC 为 0 表示随机预测。

2. 回归

通过简单等式说明回归模型：$Y=f(X)$。其中，Y 对应量化输出变量，X 指输入变量，f 指计算输出值作为输入特征的映射函数（从训练模型中得到）。从映射函数关系可以看出，如果 X 已知，就可以推导出 Y（预测出 Y）。我们可以用真实值与预测值做一个简单的散点图，如图 3-13 所示。可以看出，预测值在偏差范围内，尽可能接近真实值。

(1) 样例数据集

我们使用教程中常用的波士顿住房数据集(Boston Housing Dataset)来进行示例演示。该数据集由 506 行和 14 列组成。为了简洁起见，表 3-2 显示的是标题（显示变量名称）加上数据集的前 4 行。

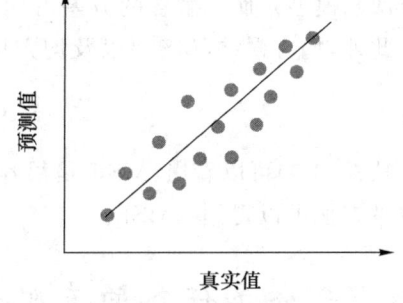

图 3-13 真实值与预测值的简单散点图

表 3-2 波士顿住房数据集

crim	Zn	indus	chas	Nox	Rm	Age	dis	rad	tax	ptratio	b	Lstat
0.006 32	18	2.31	0	0.053 8	6.575	65.2	4.090 0	1	296	15.3	96.90	4.98
0.027 31	0	7.07	0	0.046 9	6.421	78.9	4.967 1	2	242	17.8	396.90	9.14
0.027 29	0	7.07	0	0.046 9	7.185	61.1	4.967 1	2	242	17.8	392.83	4.03
0.032 37	0	2.18	0	0.045 8	6.998	45.8	6.062 2	3	222	18.7	394.63	2.94

在 14 列中，前 13 个变量被用作输入变量，而房价中位数(medv)被用作输出变量。可以看出，所有 14 个变量都包含了量化的数值，因此适合进行回归分析。

首先将数据分离为 X 和 Y 矩阵，进行 80/20 的数据拆分。然后利用 80% 的子集建立线性回归模型，并应用训练好的模型对 20% 的子集进行预测。最后显示实际 medv 值与预测 medv

值的性能指标和散点图(图 3-14)。

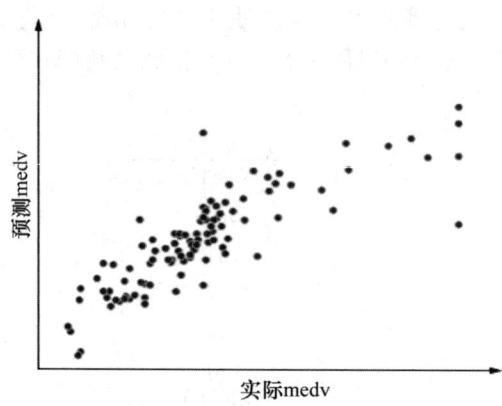

图 3-14　测试集的实际 medv 值与预测 medv 值(20%子集)的散点图

(2) 性能指标

对回归模型的性能进行评估,就是评估拟合模型可以准确预测输入数据值的程度。评估回归模型性能的常用指标是确定系数(R^2)。

$$R^2 = 1 - \frac{SS_{res}}{SS_{tot}} \tag{3-8}$$

从式(3-8)可以看出,R^2 是 1 减去残差平方和(SS_{res})与总平方和(SS_{tot})的比值,它表示方差的相对量度。例如,如果 $R^2=0.6$,那么意味着该模型可以解释 60% 的方差(即 60% 的数据符合回归模型),而未解释的方差占剩余的 40%。

此外,均方误差(MSE)以及均方根误差(RMSE)也是衡量残差或预测误差的常用指标。

$$MSE = \frac{1}{n}\sum_{i=1}^{n}(Y_i - \hat{Y}_i)^2 \tag{3-9}$$

从式(3-9)可以看出,MSE 是很容易计算的,取平方误差的平均值即可。此外,由 MSE 的简单平方根可以得到 RMSE。

3.3.7　分类任务的直观说明

现在我们再来看看分类模型的整个过程。以企鹅数据集为例,企鹅可以通过 4 个定量特征和两个定性特征来描述,将这些特征作为训练分类模型的输入。在训练模型的过程中,需要考虑的问题包括以下几点。

① 使用哪种机器学习算法?
② 应该探索什么样的搜索空间进行超参数优化?
③ 使用哪种数据分割方案?使用 80/20 分割、60/20/20 分割还是 10 倍 CV?

一旦模型被训练,得到的模型就可以用来对类别标签(即在我们案例中的企鹅种类)进行预测,预测结果可以是 3 种企鹅种类中的一种:Adelie、Chinstrap 或 Gentoo。

除了进行分类建模,我们还可以进行主成分分析,这将只利用 X(独立)变量来辨别数据的底层结构,并在这样做的过程中允许将固有的数据簇可视化(图 3-15 所示为一个假设图,其中簇根据 3 种企鹅物种进行了颜色编码)。

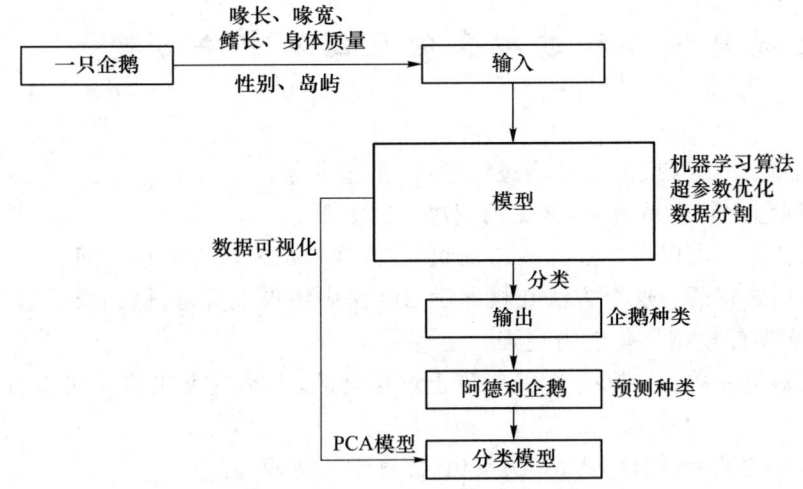

图 3-15 建立一个分类模型的过程示意图

3.4 模型拟合效果

3.4.1 欠拟合和过拟合

机器学习的核心问题是通过模型拟合数据,目标是在未见过的样本上作出准确预测。经验误差是模型对训练集数据的误差,泛化误差是模型对测试集数据的误差。模型的泛化能力是指其对训练集以外样本的预测能力,这是机器学习追求的目标。过拟合和欠拟合是泛化能力不高的常见原因,都是模型学习能力与数据复杂度失衡的结果。欠拟合意味着模型学习能力较弱,在高复杂度数据下无法捕捉一般规律,导致泛化能力弱。过拟合则表示模型学习能力过强,将训练集个别样本特点当作一般规律,泛化能力降低。过拟合和欠拟合的区别在于欠拟合在训练集和测试集上的表现都差,而过拟合在训练集上的表现好,但在测试集上的表现差。在神经网络训练中,欠拟合表现为高偏差,而过拟合表现为高方差。

图 3-16 所示为欠拟合、拟合与过拟合。

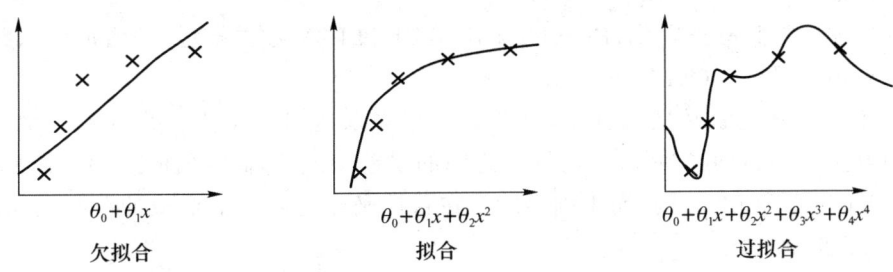

图 3-16 欠拟合、拟合与过拟合

3.4.2 出现欠拟合和过拟合的原因及解决方案

1. 欠拟合

出现欠拟合的原因有模型复杂度过低、特征量过少等。

欠拟合的问题比较容易解决,常见的解决方案如下。

① 增加新特征。可以考虑加入新特征组合、高次特征来增大假设空间。

② 添加多项式特征。这个方法在机器学习算法中用得很普遍,例如通过给线性模型添加二次项或者三次项使模型泛化能力更强。

③ 减少正则化参数。正则化是用来防止过拟合的,但是模型出现了欠拟合,则需要减少正则化参数。

④ 使用非线性模型,如核 SVM、决策树、深度学习等模型。

⑤ 调整模型的容量(Capacity)。通俗来说,模型的容量是指其拟合各种函数的能力。

⑥ 容量低的模型可能很难拟合训练集,使用集成学习方法,如 Bagging,将多个弱学习器 Bagging。

2. 过拟合

出现过拟合的原因如下。

① 建模样本选取有误,如样本数量太少、选择方法错误、样本标签错误等,导致选取的样本数据不足以代表预定的分类规则。

② 样本噪声干扰过大,使得机器误将部分噪声作为特征,从而扰乱了预设的分类规则。

③ 假设的模型无法合理存在,或者说假设成立的条件实际上并不成立。

④ 参数太多,模型复杂度过高。

⑤ 对于决策树模型,如果我们对于其生长没有合理的限制,则其自由生长有可能使节点只包含单纯的事件数据(Event)或非事件数据(No Event),从而使其虽然可以完美匹配(拟合)训练数据,但是无法适应其他数据集。

⑥ 对于神经网络模型:

a. 对样本数据可能存在分类决策面不唯一,随着学习的进行,BP 算法使权值可能收敛过于复杂的决策面;

b. 权值学习迭代次数足够多(Overtraining),拟合了训练数据中的噪声和训练样例中没有代表性的特征。

过拟合的解决方案有正则化(Regularization,L1 和 L2)、数据扩增,即增加训练数据样本、丢弃法(Dropout)、早停法(Early Stopping)等。

① 正则化。在模型训练的过程中,需要降低损失以达到提高精度的目的。此时,使用正则化之类的方法,既能降低实际输出与样本之间的误差,又能降低权值的大小。正则化方法包括 L0 正则、L1 正则和 L2 正则,而正则一般是在目标函数之后加上对应的范数。在机器学习中一般使用 L2 正则:

$$C = C_0 + \frac{\lambda}{2n}\sum_i w_i^2 \tag{3-10}$$

L2 范数是指向量各元素先求平方和然后求平方根,可以使得 w 的每个元素都很小,都接近于 0,但不会让它等于 0。L2 正则项起到使得参数 w 加剧变小的作用。更小的参数值 w 意味着模型的复杂度更低,对训练数据的拟合刚刚好,不会过分拟合训练数据,以提高模型的泛化能力。

② 数据扩增。这是解决过拟合最有效的方法,只要提供足够多的数据,让模型"看见"尽可能多的"例外情况",它就会不断修正自己,从而得到更好的结果。

对于如何获取更多数据,有以下几种方法。

a. 从数据源头获取更多数据。

b. 根据当前数据集估计数据分布参数,使用该分布产生更多数据。这个方法一般不用,因为估计分布参数的过程也会代入抽样误差。

c. 数据增强(Data Augmentation):通过一定规则扩充数据。例如,在物体分类问题中,我们就可以通过图像平移、翻转、缩放、切割等不会影响分类结果的手段将数据库成倍扩充。

③ 丢弃法。在训练时,每次随机(如以50%的概率)忽略隐藏层的某些节点,这样我们相当于随机从 $2n$(n个神经元的网络)个模型中采样选择模型。

④ 早停法。其是一种对迭代次数截断来防止过拟合的方法,即在模型对训练数据集迭代收敛之前停止迭代来防止过拟合。具体做法是,在每一个迭代轮次结束时计算验证数据的准确率,当验证数据的准确率不再提高时,就停止训练。当然并不会在准确率一降低的时候就停止训练,因为可能经过这个迭代轮次后,准确率降低了,但是随后的迭代轮次又让准确率提高了,所以不能根据一两次的连续降低就判断其不再提高。一般的做法是,在训练的过程中,记录到目前为止最好的验证集准确率,当连续10个迭代轮次(或者更多个迭代轮次)没达到最佳准确率时,则可以认为准确率不再提高了。此时便可以停止迭代了。这种策略也称为"No-improvement-in-n",n 即迭代轮次,可以根据实际情况取 $10,20,30,\cdots$。

3.5 模型的评估与改进

通过上节的学习,我们知道为了防止过拟合,需要有效地利用验证集来选择表现最好的模型。我们顺着这个思路进入本节的学习:通过验证集评价、选取和改进模型。

3.5.1 评估方法

通常,我们可通过实验测试来对学习器的泛化误差进行评估。为此,需先使用一个测试集(Testing Set)来测试学习器对新样本的判别能力,再以测试集上的测试误差(Testing Error)作为泛化误差的近似。我们假设测试样本也是从样本集中分割得到的。需注意的是,测试集应该尽可能与训练集互斥,即测试样本尽量不在训练集中出现。为什么测试样本要尽可能不出现在训练集中呢?为理解这一点,不妨考虑这样一个场景:老师出了10道题供同学们练习,考试时老师又用同样的10道题作为试题,这个考试成绩能否有效地反映出同学们学得好不好呢?答案是否定的,可能有的同学只会做这10道题,却能得高分。回到我们的问题上来,我们希望得到泛化性能强的模型,好比是希望同学们对课程学得很好、获得了对所学知识"举一反三"的能力。训练样本相当于给同学们练习的习题,测试过程则相当于考试。显然,若测试样本被用作训练了,则得到的将是过于"乐观"的估计结果。

可是,我们只有一个包含 m 个样例的数据集 $D=\{(x_1,y_1),(x_2,y_2),\cdots,(x_m,y_m)\}$,既要

训练,又要测试,怎么办呢?答案是通过对 D 进行适当的处理,从中产生出训练集 S 和测试集 T。下面介绍几种常见的做法。

1. 留出法

留出法是一种将数据集 D 划分为训练集 S 和测试集 T 的方法,用于评估模型的泛化误差。例如,对于一个包含 1 000 个样本的二分类任务,在将 D 划分为 700 个样本的 S 和 300 个样本的 T 后,如果模型在 T 上有 90 个样本分类错误,则错误率为 30%,精度为 70%。

在进行训练/测试集划分时,需要保持数据分布的一致性,避免引入额外偏差对结果产生影响。通常使用分层采样来保留类别比例,例如对包含 500 个正例和 500 个反例的 D 进行分层采样,得到含 70% 样本的 S 和含 30% 样本的 T,确保 S 和 T 中正例和反例的比例相似。

一个需要注意的问题是,即使给定训练/测试集的样本比例,仍然存在多种划分方式。因此,单次使用留出法得到的结果可能不够稳定可靠。常见做法是进行若干次随机划分并重复实验评估,最后取平均值作为留出法的评估结果。

考虑到评估的是用 D 训练出的模型的性能,但留出法要求划分训练/测试集,这会导致一个窘境。为了解决这个问题,常见做法是将 $2/3 \sim 4/5$ 的样本用于训练,剩余样本用于测试,以在保证评估结果保真性的同时确保 S 与 D 的差异不会太大。

2. 交叉验证法

交叉验证法(Cross Validation)先将数据集 D 划分为 k 个大小相似的互斥子集,即 $D = D_1 \cup D_2 \cup \cdots \cup D_k, D_i \cap D_j = \varnothing (i \neq j)$。

每个子集都尽可能保持数据分布的一致性,即从 D 中通过分层采样得到。每次用 $k-1$ 个子集的并集作为训练集,余下的那个子集作为测试集。通过上述操作就可获得 k 组训练/测试集,从而可进行 k 次训练和测试,最终返回的是这 k 个测试结果的均值。通常把交叉验证法称为 k 折交叉验证(k-fold Cross Validation)。k 最常用的取值是 10,此时称为 10 折交叉验证。其他常用的 k 值有 5、20 等。图 3-17 给出了 10 折交叉验证示意图。

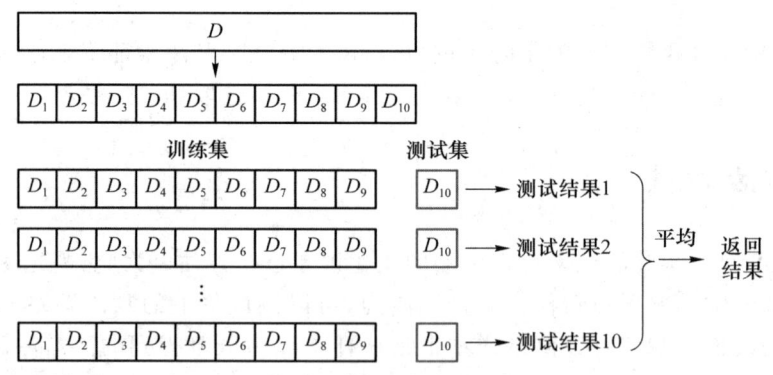

图 3-17 10 折交叉验证示意图

与留出法相似,将数据集 D 划分为 k 个子集同样存在多种划分方式。为减小因样本划分不同而引入的差别,k 折交叉验证通常要随机使用不同的划分并重复 p 次,最终的评估结果是这 p 次 k 折交叉验证结果的均值。例如,常见的有 10 次 10 折交叉验证。

假定数据集 D 中包含 m 个样本,若令 $k=m$,则得到了交叉验证法的一个特例:留一法(Leave-One-Out,LOO)。显然,留一法不受随机样本划分方式的影响,因为 m 个样本划分为 m 个子集方法唯一,即每个子集包含一个样本。留一法使用的训练集与初始数据集相比只少了一个样本,这就使得在绝大多数情况下,在留一法中被实际评估的模型与期望评估的用 D 训练出的模型很相似。因此,留一法的评估结果往往被认为比较准确。然而,留一法也有其缺陷:在数据集比较大时,训练 m 个模型的计算开销可能是难以忍受的(例如,数据集包含 100 万个样本,则需训练 100 万个模型),而这还是在未考虑算法调参的情况下。另外,留一法的估计结果也未必永远比其他评估方法准确,"没有免费的午餐"定理对实验评估方法同样适用。

3. 自助法

我们希望评估的是用 D 训练出的模型,但在留出法和交叉验证法中,由于保留了一部分样本用于测试,因此实际评估的模型所使用的训练集比 D 小,这必然会引入一些因训练样本规模不同而导致的估计偏差。

自助法(Bootstrapping)是一个比较好的解决方案,它直接以自助采样法(Bootstrap Sampling)为基础。给定包含 m 个样本的数据集,我们对它进行采样产生数据集 D',每次随机从 D 中挑选一个样本,将其复制放入 D',再将该样本放回初始数据集 D 中,使得该样本在下次采样时仍有可能被采到。这个过程重复执行 m 次后,我们就得到了包含 m 个样本的数据集 D',这就是自助采样的结果。显然,D 中有一部分样本会在 D' 中多次出现,而另一部分样本不出现,可以做一个简单的估计,对样本在 m 次采样中始终不被采到的概率取极限得到

$$\lim_{m \to \infty} \left(1 - \frac{1}{m}\right)^m = \frac{1}{e} \approx 0.368 \tag{3-11}$$

即通过自助采样,初始数据集 D 中约有 36.8% 的样本未出现在采样数据集 D' 中,于是我们可将 D' 用作训练集,$D \backslash D'$ 用作测试集。这样,实际评估的模型与期望评估的模型都使用 m 个训练样本,而我们仍有数据总量约 1/3 的、没在训练集中出现的样本用于测试,这样的测试结果亦称包外估计(Out-of-bag Estimate)。

4. 调参与最终模型

大多数学习算法都需要参数(Parameter)设定,参数配置不同,模型的性能往往有显著差别。所以在模型评估与选择时,除了要对适用学习算法进行选择,还需对算法参数进行参数调节,简称调参(Parameter Tuning)。读者可能会想到,先对每种参数配置都训练出模型,再把对应最好模型的参数作为结果,这样的考虑基本是正确的,但有一点需注意,学习算法的很多参数是在实数范围内取值,因此对每种参数配置都训练出模型来是不可行的。现实中常用的做法是,对每个参数选定一个范围和变化步长,例如,在[0,0.2]范围内以 0.05 为步长,则实际要评估的时候选参数值有 5 个,最终是从这 5 个候选值中产生选定值。显然,这样选定的参数值往往不是"最佳"值。但这是在计算开销和性能估计之间进行折中的结果,通过这个折中,学习过程才变得可行。事实上,即便在进行这样的折中后,调参往往仍很困难。可以简单估算一下,假定算法有 3 个参数,每个参数仅考虑 5 个候选值,这样对每一组训练/测试集就有 $5^3 = 125$ 个模型需考察。很多强大的学习算法有更多参数需设定,这将导致调参工程量巨大。

给定包含 m 个样本的数据集 D,事实上我们只使用了一部分数据训练模型,所以在模型选择完成后,学习算法和参数配置也已选定,此时应该用数据集 D 重新训练模型。这个模型在训练过程中使用了 m 个样本,这才是我们最终提交给用户的模型。

另外,请注意我们通常把已训练模型在实际使用中遇到的数据称为测试数据,为了加以区分,模型评估与选择中用于评估测试的数据集常称为验证集(Validation Set)。例如,在

研究对比不同算法的泛化性能时,我们用测试集上的判别效果来估计模型在实际使用时的泛化能力,而把训练数据另外划分为训练集和验证集,基于验证集上的性能来进行模型选择和调参。

3.5.2 性能度量

对学习器的泛化性能进行评估,不仅需要有效可行的实验估计方法,还需要有衡量模型泛化能力的评价标准,这就是性能度量(Performance Measure)。

性能度量反映了任务需求,在对比不同模型的能力时,使用不同的性能度量往往会导致不同的评判结果。这意味着模型的"好坏"是相对的,什么样的模型是好的,不仅取决于算法和数据,还取决于任务需求。

在预测任务中,给定样例集 $D=\{(x_1,y_1),(x_2,y_2),\cdots,(x_m,y_m)\}$。其中,$y_m$ 是示例 x 的真实标记,要评估学习器性能,就要把学习器预测结果 $f(x)$ 与真实标记 y 进行比较。

回归任务最常用的性能度量是均方误差:

$$E(f;D) = \frac{1}{m}\sum_{i=1}^{m}(f(x_i)-y_i)^2 \tag{3-12}$$

更一般的,对于数据分布 D 和概率密度函数 $p(\cdot)$,均方误差可描述为

$$E(f;D) = \int_{x\sim D}(f(x)-y)^2 p(x)\mathrm{d}x \tag{3-13}$$

下面主要介绍分类任务中常用的性能度量。

1. 错误率与精度

本章开头提到了错误率和精度。这是分类任务中最常用的两种性能度量指标,既适用于二分类任务,也适用于多分类任务。

错误率是分类错误的样本数占样本总数的比例。

$$E(f;D) = \frac{1}{m}\sum_{i=1}^{m}\|(f(x_i)\neq y_i) \tag{3-14}$$

精度则定义为

$$\mathrm{acc}(f;D) = \frac{1}{m}\sum_{i=1}^{m}\|(f(x_i)=y_i) = 1-E(f;D) \tag{3-15}$$

更一般的,对于数据分布 D 和概率密度函数 $p(\cdot)$,错误率可描述为

$$E(f;D) = \int_{x\sim D}\|(f(x)\neq y)p(x)\mathrm{d}x \tag{3-16}$$

2. 查准率、查全率与 F1

在某些任务中,错误率和精度无法满足需求,例如,在挑西瓜问题中我们关心挑选出好瓜的比例。类似的需求在信息检索中也常见,需要衡量查询结果中的准确性和覆盖范围。因此,查准率(Precision)与查全率(Recall)是更适用于此类需求的性能度量。

对于二分类问题,可将样例根据其真实类别与学习器预测类别的组合划分为真正例(True Positive)、假正例(False Positive)、真反例(True Negative)、假反例(False Negative)4种情形,令 TP、FP、TN、FN 分别表示其对应的样例数,则显然 TP+FP+TN+FN=样例总数。分类结果的混淆矩阵(Confusion Matrix)如表 3-3 所示。

表 3-3　分类结果的混淆矩阵

真实情况	预测结果	
	正例	反例
正例	TP(真正例)	FN(假反例)
反例	FP(假正例)	TN(真反例)

查准率 P 与查全率 R 分别定义为

$$P = \frac{TP}{TP+FP} \tag{3-17}$$

$$R = \frac{TP}{TP+FN} \tag{3-18}$$

查准率和查全率通常是一对矛盾的度量。当查准率高时，查全率往往偏低；而当查全率高时，查准率往往偏低。在挑西瓜问题中，如果希望尽可能多地选出好瓜，则可以增加选瓜数量，但这会降低查准率。如果想要选出的西瓜中好瓜比例尽可能高，则只挑选最有把握的西瓜，但这会降低查全率。通常，只有在简单任务中才可能同时获得高的查准率和查全率。

为了综合考虑查准率和查全率，可以根据学习器的预测结果对样本进行排序，并按顺序逐个将样本作为正例进行预测。根据每次预测的结果，可以计算当前的查准率和查全率。根据不同的阈值，可以绘制出查准率-查全率曲线(P-R 曲线)，并通过该曲线来评估模型的性能。图 3-18 给出了一个示意图。

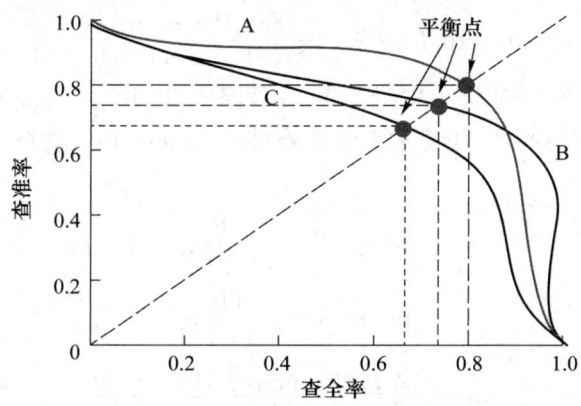

图 3-18　P-R 曲线与平衡点示意图

P-R 曲线直观地展示了学习器在样本总体上的查全率和查准率。通过比较 P-R 曲线可知，如果一个学习器的曲线完全包围了另一个学习器的曲线，则可以断言后者的性能优于前者。但当两个曲线交叉时，很难一般性地比较它们的优劣，只能在具体的查准率或查全率条件下进行比较。为了综合考虑查准率和查全率，人们通常会比较 P-R 曲线下面积的大小，它在一定程度上反映了学习器在查准率和查全率上取得相对较高的比例。然而，计算这个值并不容易，所以人们设计了一些综合考虑查准率和查全率的性能度量方法。

平衡点(Break-Even Point, BEP)就是这样一个度量，它是"查准率＝查全率"时的取值，例如，图 3-18 中学习器 C 的 BEP 是 0.64，而基于 BEP 的比较，可认为学习器 A 优于 B。

但 BEP 还是过于简化了些，更常用的是 F1 度量：

$$F1 = \frac{2 \times P \times R}{P + R} = \frac{2 \times \text{TP}}{\text{样例总数} + \text{TP} - \text{TN}} \tag{3-19}$$

在一些应用中,对查准率和查全率的重视程度有所不同。例如,在商品推荐系统中,为了尽可能少打扰用户,更希望推荐内容的确是用户感兴趣的,此时查准率更重要;而在逃犯信息检索系统中,更希望尽可能少漏掉逃犯,此时查全率更重要。F1 度量的一般形式——F_β能让我们表达出对查准率/查全率的不同偏好,它定义为

$$F_\beta = \frac{(1 + \beta^2) \times P \times R}{(\beta^2 \times P) + R} \tag{3-20}$$

很多时候我们有多个二分类混淆矩阵,例如,进行多次训练/测试,每次得到一个混淆矩阵,或是在多个数据集上进行训练/测试,希望估计算法的"全局"性能,甚或是执行多分类任务,每两两类别的组合都对应一个混淆矩阵。总之,我们希望在 n 个二分类混淆矩阵上综合考察查准率和查全率。

一种直接的做法是先在各混淆矩阵上分别计算出查准率和查全率,记为(P_1, R_1),(P_2, R_2),…,(P_n, R_n),再计算平均值,这样就得到宏查准率(macro-P)、宏查全率(macro-R),以及相应的宏 F1(macro-F1):

$$\text{macro-}P = \frac{1}{n} \sum_{i=1}^{n} P_i \tag{3-21}$$

$$\text{macro-}R = \frac{1}{n} \sum_{i=1}^{n} R_i \tag{3-22}$$

$$\text{macro-}F1 = \frac{2 \times \text{macro-}P \times \text{macro-}R}{\text{macro-}P + \text{macro-}R} \tag{3-23}$$

还可先将各混淆矩阵的对应元素进行平均,得到 TP、FP、TN、FN 的平均值,分别记为 $\overline{\text{TP}}$、$\overline{\text{FP}}$、$\overline{\text{TN}}$、$\overline{\text{FN}}$,再基于这些平均值计算出微查准率(micro-P)、微查全率(micro-R)和微 F1(micro-F1):

$$\text{micro-}P = \frac{\overline{\text{TP}}}{\overline{\text{TP}} + \overline{\text{FP}}} \tag{3-24}$$

$$\text{micro-}R = \frac{\overline{\text{TP}}}{\overline{\text{TP}} + \overline{\text{FN}}} \tag{3-25}$$

$$\text{micro-}F1 = \frac{2 \times \text{micro-}P \times \text{micro-}R}{\text{micro-}P + \text{micro-}R} \tag{3-26}$$

3. ROC 与 AUC

许多学习器会先对测试样本产生实值或概率预测,再将这个预测值与分类阈值进行比较。根据预测结果的大小,我们可以对测试样本进行排序,将最可能是正例的排在前面。分类过程就是在排序中选择一个截断点,将样本划分为正例和反例。在不同的任务中,可以根据需求选择不同的截断点。如果更重视查准率,则可以选择靠前的位置截断;如果更重视查全率,则可以选择靠后的位置截断。排序的质量反映了学习器在不同任务下期望泛化性能的好坏,也可以看作一般情况下泛化性能的好坏。ROC 曲线是研究学习器泛化性能的有力工具,它起源于二战中的雷达信号分析技术,应用在心理学、医学检测等领域,并被引入机器学习中。

ROC 为受试者工作特征曲线,通过绘制真正例率和假正例率的曲线来描述学习器的性能表现。与 P-R 曲线相似,我们根据学习器的预测结果对样例进行排序,按此顺序逐个把样本作为正例进行预测,每次计算出两个重要量的值并分别以它们为横、纵坐标作图,就得到了 ROC

曲线。ROC 曲线的纵轴是真正例率（True Positive Rate，TPR），横轴是假正例率（False Positive Rate，FPR）。两者分别定义为

$$\text{TPR} = \frac{\text{TP}}{\text{TP}+\text{FN}} \tag{3-27}$$

$$\text{FPR} = \frac{\text{FP}}{\text{TN}+\text{FP}} \tag{3-28}$$

显示 ROC 曲线的图称为 ROC 曲线图，图 3-19(a)给出了一个示意图，显然，对角线对应于随机猜测模型，而点(0,1)则对应于将所有正例排在所有反例之前的理想模型。

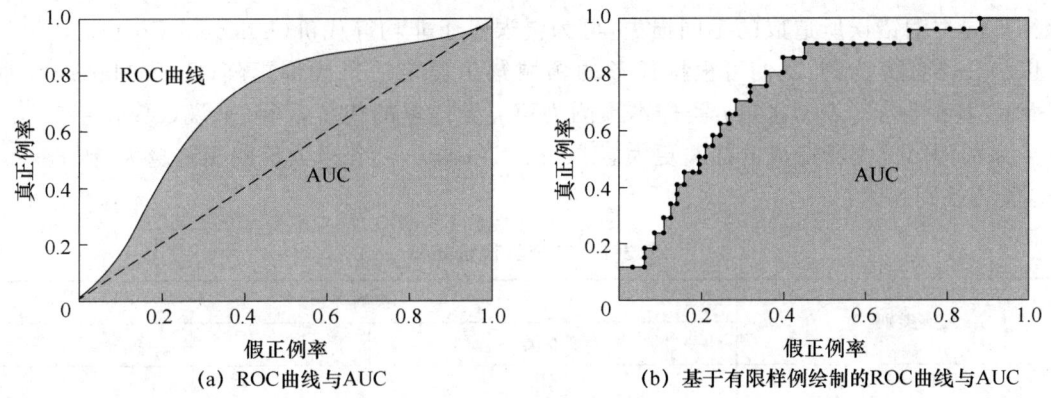

图 3-19　ROC 曲线与 AUC 示意图

在现实任务中，通常是利用有限个测试样例来绘制 ROC 曲线，此时仅能获得有限个（真正例率，假正例率）坐标对，无法产生图 3-19(a)中的光滑 ROC 曲线，只能绘制出如图 3-19(b)所示的近似 ROC 曲线。绘图过程很简单，首先根据学习器预测结果对样例进行排序。然后把分类阈值设为最大，即把所有样例均预测为反例，此时真正例率和假正例率均为 0，在坐标(0,0)处标记一个点。最后，将分类阈值依次设为每个样例的预测值，即依次将每个样例划分为正例，设前一个标记点坐标为(x,y)。当前若为真正例，则对应标记m^+个正例和m^-个反例，记点的坐标为$\left(x,\frac{y+1}{m^+}\right)$。当前若为假正例，则对应标记点的坐标为$\left(\frac{x+1}{m^-},y\right)$，并用线段连接相邻点即得。

进行学习器的比较时，与 P-R 图相似，若一个学习器的 ROC 曲线被另一个学习器的 ROC 曲线完全"包住"，则可断言后者的性能优于前者。若两个学习器的 ROC 曲线发生交叉，则难以一般性地断言两者孰优孰劣，此时如果一定要进行比较，则较为合理的判据是比较 ROC 曲线下的面积（Area Under ROC Curve，AUC），如图 3-19 所示。

从定义可知，AUC 可通过对 ROC 曲线下各部分的面积求和而得。假定 ROC 曲线是由坐标为$\{(1,y_1),(2,y_2),\cdots,(x_m,y_m)\}$的点按序连接而形成的，参见图 3-19(b)，则 AUC 可估算为

$$\text{AUC} = \frac{1}{2}\sum_{i=1}^{m-1}(x_{i+1}-x_i)\cdot(y_i+y_{i+1}) \tag{3-29}$$

形式化地看，AUC 考虑的是样本预测的排序质量，因此与排序误差有紧密联系，给定m^+个正例和m^-个反例，令D^+和D^-分别表示正、反例集合，则排序损失（Loss）定义为

$$l_{\text{rank}} = \frac{1}{m^+m^-}\sum_{x^+\in D^+}\sum_{x^-\in D^-}\left(\mathbb{I}(f(x^+)<f(x^-))+\frac{1}{2}\mathbb{I}(f(x^+)=f(x^-))\right) \tag{3-30}$$

考虑每一对正、反例,若正例的预测值小于反例,则记一个"罚分",若相等,则记 0.5"罚分"。容易看出,l_{rank} 对应的是 ROC 曲线之上的面积:若一个正例在 ROC 曲线上对应标记点的坐标为 (x,y),则 x 恰是排序在其之前的反例所占的比例,即假正例率。因此有

$$\text{AUC} = 1 - l_{rank} \tag{3-31}$$

4. 代价敏感错误率与代价曲线

在现实任务中常会遇到这样的情况,不同类型的错误所造成的后果不同。例如,在医疗诊断中错误地把患者诊断为健康人与错误地把健康人诊断为患者看起来都是犯了"一次错误",但后者的影响是增加了进一步检查的麻烦,前者的后果却可能是丧失了拯救生命的最佳时机。为权衡不同类型错误所造成的不同损失,可为错误赋予非均等代价(Unequal Cost)。

以二分类任务为例,我们可根据任务的领域知识设定一个代价矩阵(Cost Matrix),如表 3-4 所示,其中 $\cos t_{ij}$ 表示将第 i 类样本预测为第 j 类样本的代价,一般来说,$\cos t_{ii}=0$。若将第 0 类判别为第 1 类所造成的损失更大,则 $\cos t_{01} > \cos t_{10}$。若损失程度相差越大,则 $\cos t_{01}$ 与 $\cos t_{10}$ 值的差别越大。

表 3-4 二分类代价矩阵

真实类别	预测类别	
	第 0 类	第 1 类
第 0 类	0	$\cos t_{01}$
第 1 类	$\cos t_{10}$	0

回顾前面介绍的一些性能度量可以看出,它们大都隐式地假设了均等代价,所定义的错误率是直接计算"错误次数",并没有考虑不同错误会造成不同的后果。在非均等代价下,我们所希望的不再是简单地最小化错误次数,而是希望最小化总体代价(Total Cost)。若将表 3-4 中的第 0 类作为正类、第 1 类作为反类,令 D^+ 与 D^- 分别代表样例集 D 的正例子集和反例子集,则代价敏感(Cost-sensitive)错误率为

$$E(f;D;\cos t) = \frac{1}{m}\Big(\sum_{x_i \in D^+}\|(f(x_i)\neq y_i)\times \cos t_{01} + \sum_{x_i \in D^-}\|(f(x_i)\neq y_i)\times \cos t_{10}\Big)$$

$$\tag{3-32}$$

类似的,可给出基于分布定义的代价敏感错误率,以及其他一些性能度量(如精度的代价敏感版本)。若令 $\cos t_{ij}$ 中的 i、j 取值不限于 0、1,则可定义多分类任务的代价敏感性能度量。

在非均等代价下,ROC 曲线不能直接反映出学习器的期望总体代价,而代价曲线(Cost Curve)则可达到该目的。代价曲线的横轴是取值为 [0,1] 的正例概率代价,

$$P(+)\cos t = \frac{p\times \cos t_{01}}{p\times \cos t_{01}+(1-p)\times \cos t_{10}} \tag{3-33}$$

其中,p 是样例为正例的概率;纵轴是取值为 [0,1] 的归一化代价。

$$\cos t_{norm} = \frac{\text{FNR}\times p\times \cos t_{01} + \text{FPR}\times(1-p)\times \cos t_{10}}{p\times \cos t_{01}+(1-p)\times \cos t_{10}} \tag{3-34}$$

其中,FPR 是式(3-28)定义的假正例率,FNR=1−TPR,是假反例率。代价曲线的绘制很简单,ROC 曲线上每一点对应了代价平面上的一条线段,设 ROC 曲线上点的坐标为(FPR,TPR),则可相应计算出 FR,然后在代价平面上绘制一条从(0,FPR)到(1,FNR)的线段,线段下的面积即表示该条件下的期望总体代价。如此将 ROC 曲线上的每个点转化为代价平面上

的一条线段,并取所有线段的下界,围成的面积即在所有条件下学习器的期望总体代价,如图 3-20 所示。

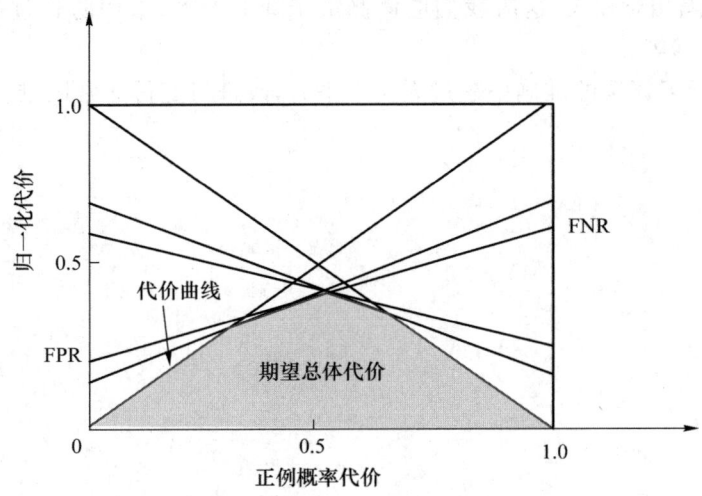

图 3-20 代价曲线与期望总体代价

3.5.3 机器学习算法与人类表现的比较

随着机器学习的普及,人们开始将其与人类表现进行比较,这成为许多学者研究的课题。随着先进的机器学习算法和深度学习的兴起,机器学习在各领域问题上展现出高的可行性,并可与人类相媲美。例如,在图像识别方面,机器几乎可以像人眼一样识别出人类能辨识的物体,并具有相近的准确率。机器学习系统的建立通常通过高度机动的工作流实现,比人工处理更高效。事实上,目前机器学习被广泛应用正是因为其在同一任务上的表现更优秀。理论和实践证明,随着不断训练和改进,机器学习的准确率逐渐提高并超过人类水平,但一旦超过人类水平,提升速度就显著放缓,达到贝叶斯最优误差,即任务准确率的理论最优值,无法进一步超越。这个最优值略高于人类水平,但通常不会达到100%。例如,在语音识别中,由于噪声等因素,无论是人类还是机器都不能完全准确地识别出一部分内容。

3.5.4 改进策略

当机器学习算法的准确率低于人类水平时,我们可以采取以下策略来进行改进。
① 增加人工标注的数据标签。
② 手动进行误差分析。
③ 进行更好的偏差-方差分析。
第三种策略之所以能够更好地进行偏差-方差分析,是因为我们可以通过比较人类误差来确定改进的方向,即是降低偏差还是降低方差。例如,假设在识别猫的任务中,人类的误差率为0.5%,近似为贝叶斯最优误差,模型的训练误差为6%,而开发集误差为8%。由于训练误差与人类误差之间仍存在一定差距,因此我们应该重点关注降低误差的策略,如使用更高级的神经网络或者增加训练时间。另外,如果涉及一个较难的识别任务,如识别一种稀有的猫科动

物，人类的误差率为 5.5%，假设模型的训练误差仍为 6%，而开发集误差仍为 8%。在这种情况下，降低偏差的空间非常小，因为很难将误差率降到 5.5% 以下。相反，训练误差与开发集误差之间的 2% 间隔相对较大，这时我们应该侧重于降低方差，采用防止过拟合的方法，如正则化和增加训练数据等。

总之，当机器学习算法的准确率超过人类水平时，改进将变得非常困难。

第4章 机器学习算法

4.1 有监督学习和无监督学习

先通过已有的训练样本去训练得到一个最优模型，再利用这个模型将所有的输入映射为相应的输出，对输出进行简单的判断从而实现预测和分类的目的，也就具有了对未知数据进行预测和分类的能力。有监督学习中的数据是提前做好了分类信息的，它的训练样本同时包含特征和标签信息，因此可以根据这些信息来得到相应的输出。

有监督学习常见的算法有线性回归算法、BP 神经网络算法、决策树算法、支持向量机算法、KNN 算法等。

有监督学习先从训练数据集合中训练模型，再对测试数据进行预测，训练数据由输入和输出对组成，通常表示为

$$T=\{(x_1,y_1),(x_2,y_2),\cdots,(x_i,y_i)\} \tag{4-1}$$

在有监督学习中，比较典型的问题可以分为输入变量与输出变量均为连续变量的预测问题〔称为回归问题（Regression）〕、输出变量为有限个离散变量的预测问题〔称为分类问题（Classfication）〕、输入变量与输出变量均为变量序列的预测问题（称为标注问题）。

无监督学习的特点是训练数据中只有输入变量，而没有对应的输出变量（标签）。模型的任务是通过对输入数据的分析，发现数据的内在结构或模式。其比较典型的应用是一些聚合新闻网站（如百度新闻、新浪新闻等）利用爬虫爬取新闻后对新闻进行分类，将同样内容或者同样关键字的新闻聚集在一起（图 4-1）。在这里我们称它为聚合（Clustering）问题。

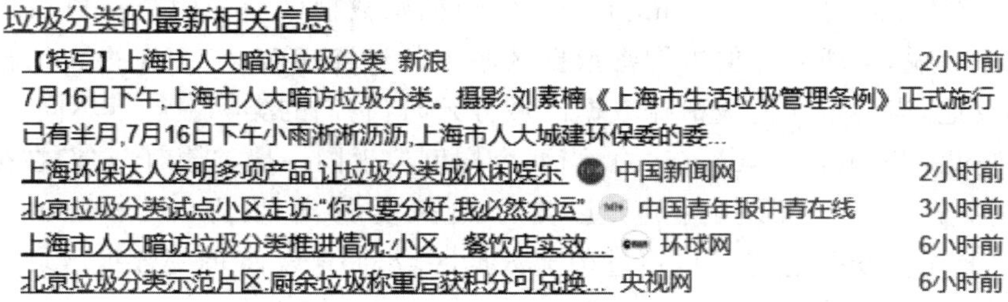
垃圾分类的最新相关信息

【特写】上海市人大暗访垃圾分类 新浪 2小时前

7月16日下午,上海市人大暗访垃圾分类。摄影:刘素楠《上海市生活垃圾管理条例》正式施行已有半月,7月16日下午小雨淅淅沥沥,上海市人大城建环保委的委...

上海环保达人发明多项产品 让垃圾分类成休闲娱乐 中国新闻网 2小时前

北京垃圾分类试点小区走访:"你只要分好,我必然分运" 中国青年报中青在线 3小时前

上海市人大暗访垃圾分类推进情况:小区、餐饮店实效... 环球网 6小时前

北京垃圾分类示范片区:厨余垃圾称重后获积分可兑换... 央视网 6小时前

图 4-1　新闻网站上的垃圾分类信息汇总

有监督学习和无监督学习的区别如下：有监督学习依赖标记的训练集和测试样本进行分类，而无监督学习使用数据本身进行聚类分析；有监督学习是分类导向的，而无监督学习用于降维和数据预处理；有监督学习不具备降维能力且不透明，而无监督学习具有可解释性和透明性。图 4-2 所示为有监督学习和无监督学习的选择方法。

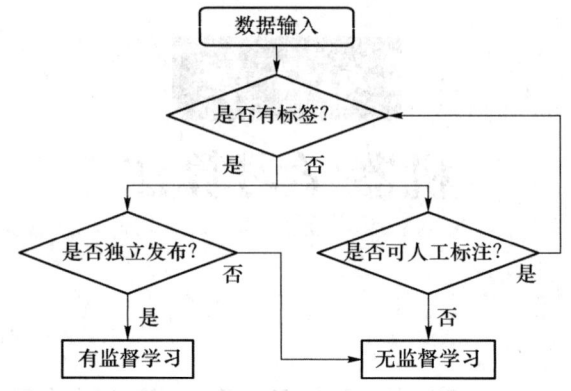

图 4-2　有监督学习和无监督学习的选择方法

由图 4-2 可知：简单的方法就是从定义入手，有训练样本则考虑采用有监督学习方法；无训练样本，则一定不能用有监督学习方法。但是，在现实中，即使没有训练样本，我们也能够先凭借自己的双眼，从待分类的数据中，人工标注一些样本，并把它们作为训练样本，再用有监督学习方法来做。

4.2　半监督学习

4.2.1　基本概念

半监督学习（Semi-Supervised Learning，SSL）是结合有监督学习和无监督学习的一种学习方法，其利用大量未标记数据和少量标记数据进行模式识别，已成为研究重点，并涌现出许多改进方法，如自训练、协同训练、生成式模型、转导支持向量机、期望最大算法、最小割法、调和函数法、流形正则化法等，以提高学习算法的准确性和速度。

在半监督学习中有 3 个常用的基本假设来建立预测样例和学习目标之间的关系。这 3 个基本假设如下。

① 平滑假设（Smoothness Assumption）：位于稠密数据区域的两个距离很近的样例的类标签相似，也就是说，当两个样例被稠密数据区域中的边连接时，它们在很大的概率下有相同的类标签；相反地，当两个样例被稀疏数据区域分开时，它们的类标签趋于不同。

② 聚类假设（Cluster Assumption）：当两个样例位于同一聚类簇时，它们在很大的概率下有相同的类标签。这个假设的等价定义为低密度分离假设（Low Density Separation Assumption），即分类决策边界应该穿过稀疏数据区域，而避免将稠密数据区域的样例分到决策边界两侧。

③ 流形假设（Manifold Assumption）：将高维数据嵌入低维流形中，当两个样例位于低维

流形中的一个小局部邻域内时,它们具有相似的类标签。

4.2.2 分类

SSL 法包括直推(Transductive)SSL 和归纳(Inductive)SSL 两类模式:直推 SSL 仅处理给定训练数据的样本空间,利用有类标签样例和无类标签样例进行训练,预测无类标签样例的类标签;而归纳 SSL 处理整个样本空间的给定样例和未知样例,利用有类标签样例和无类标签样例以及未知测试样例进行训练,预测无类标签样例的类标签,同时重点是预测未知测试样例的类标签。从不同的学习场景看,SSL 法可分为四大类。

(1) 半监督分类

半监督分类(Semi-Supervised Classification)是在无类标签样例的帮助下训练有类标签的样本,获得比只用有类标签的样本训练得到的分类器性能更优的分类器,弥补有类标签的样本不足的缺陷,其中类标签取有限离散值。

(2) 半监督回归

半监督回归(Semi-Supervised Regression)是在无输出的输入的帮助下训练有输出的输入,获得比只用有输出的输入训练得到的回归器性能更好的回归器,其中输出取连续值。

(3) 半监督聚类

半监督聚类(Semi-Supervised Clustering)是在有类标签的样本的信息帮助下获得比只用无类标签的样例得到的结果更好的簇,提高聚类方法的精度。

(4) 半监督降维

半监督降维(Semi-Supervised Dimensionality Reduction)是在有类标签的样本的信息帮助下找到高维输入数据的低维结构,同时保持原始高维数据和成对约束(Pair-Wise Constraints)的结构不变。

4.3 决策树算法

决策树算法是一种经典的分类方法,用于逼近离散函数值。它通过生成可读的规则和决策树对数据进行分类。C4.5 算法是决策树算法中的一种,具有高准确率和易理解的特点,属于数据挖掘领域的十大经典算法之一。然而,其在构造树的过程中,需要多次扫描和排序数据集,导致算法效率低下。

决策树算法具有高分类精度、简单生成模式和对噪声数据的健壮性等优点,被广泛应用于归纳推理算法领域。它通过选择最佳分类能力的属性递归构建决策树,直到满足停止条件,实现对训练样本的分类。

4.4 朴素贝叶斯算法

朴素贝叶斯法是一种基于贝叶斯定理和特征条件独立假设的分类方法,通过已给定的训练集,以特征词之间独立作为前提假设,学习从输入到输出的联合概率分布,再基于学习到的模型,输入 X 求出使得后验概率最大的输出 Y。虽然其具有稳定的分类效率,但假设属性之间相互独立可能影响其分类准确性。其在文本分类、垃圾邮件过滤、信用评估等领域有广泛应用。

设有样本数据集 $D=\{d_1,d_2,\cdots,d_n\}$,对应样本数据的特征属性集为 $X=\{x_1,x_2,\cdots,x_d\}$,类变量为 $Y=\{y_1,y_2,\cdots,y_m\}$,即 D 可以分为 y_m 类别,其中 $x_1,x_2,\cdots,x_d$ 相互独立且随机,则 Y 的先验概率 $P_{\text{prior}}=P(Y)$,Y 的后验概率 $P_{\text{post}}=P(Y|X)$,由朴素贝叶斯算法可得,后验概率可以由先验概率 $P_{\text{prior}}=P(Y)$、证据 $P(X)$、类条件概率 $P(X|Y)$ 计算出:

$$P(Y|X)=\frac{P(Y)P(X|Y)}{P(X)} \quad (4\text{-}2)$$

朴素贝叶斯基于各特征之间相互独立,式(4-2)可以进一步表示为

$$P(X|Y=y)=\prod_{i=1}^{d}P(x_i|Y=y) \quad (4\text{-}3)$$

由以上两式可以计算出后验概率为

$$P_{\text{post}}=P(Y|X)=\frac{P(Y)\prod_{i=1}^{d}P(x_i|Y)}{P(X)} \quad (4\text{-}4)$$

由于先验概率的大小是固定不变的,因此在比较后验概率时,只比较上式的分子部分即可。因此,可以得到一个样本数据属于类别的朴素贝叶斯计算:

$$P(y_i|x_1,x_2,\cdots,x_d)=\frac{P(y_i)\prod_{j=1}^{d}P(x_j|y_i)}{\prod_{j=1}^{d}P(x_j)} \quad (4\text{-}5)$$

图 4-3 所示为朴素贝叶斯定理。

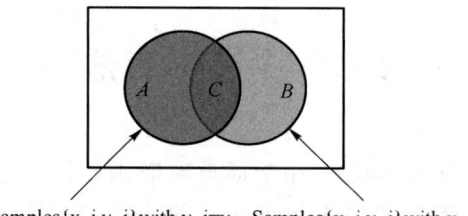

图 4-3 朴素贝叶斯定理

4.5 回归算法

4.5.1 线性回归

线性回归的思想可以概括为:找到最能符合输入变量 x 到输出变量 y 关系的拟合等式,同时用曲线表达出来。线性回归的例子如图 4-4 所示。

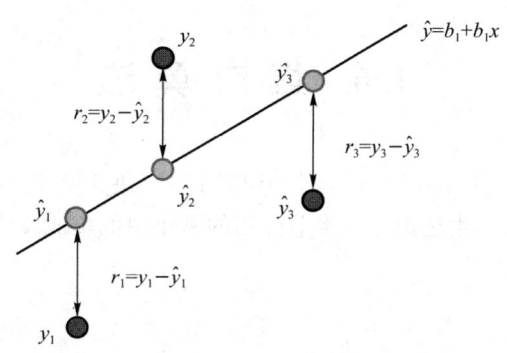

图 4-4 线性回归的例子

例如，$y=b_0+b_1x$。我们针对输入的 x 来预测 y。b_0 和 b_1 的值可用线性代数的普通最小二乘法以及梯度下降优化等算法得到。线性回归已经有超过 200 年的研究历史，该算法可以很好地消除相似的数据以及数据中的噪声，是一种快速且简便的算法。

4.5.2 逻辑回归

逻辑回归是另一种从统计领域借鉴而来的机器学习算法。与线性回归相同，逻辑回归的目的是找出每个输入变量对应的参数值。不同的是，预测输出所用的变换是 Logistic 函数。Logistic 函数的形状类似于一个大写字母 S，它将所有值转换为 0 到 1 之间的数，如图 4-5 所示。这很有用，我们可以先根据一些规则将 Logistic 函数的输出转换为 0 或 1（例如，若输出值小于 0.5，则为 1），再以此进行分类。

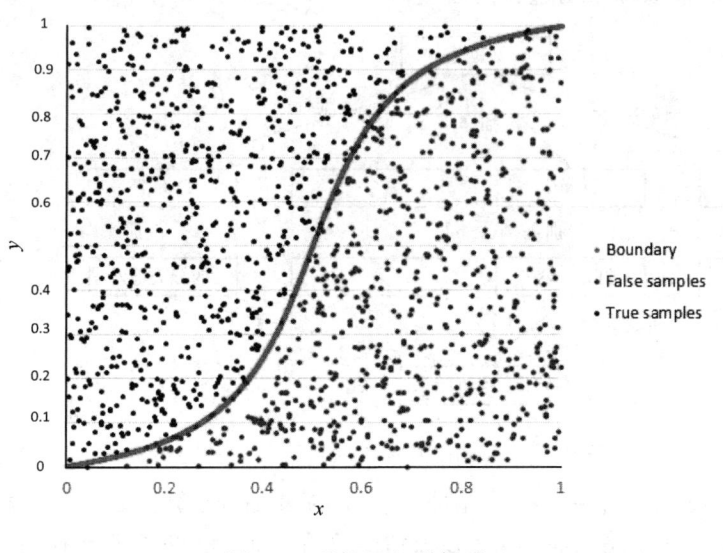

图 4-5 逻辑回归的例子

彩图 4-5

正是因为模型学习的这种方式，逻辑回归作出的预测可以被当作输入为 0 和 1 的两个分类数据的概率值。这在一些需要给出预测合理性的问题中非常有用。就像线性回归一样，在需要移除与输出变量无关的特征以及相似特征方面，逻辑回归可以表现得很好。在处理二分类问题上，这是一个快速高效的模型。

4.6 集成算法

前面我们了解了如何使用决策树进行分类和回归。决策树很少会被直接拿来使用,这是因为树的深度增大,很容易发生过拟合。本节介绍的基于树的集成算法很好地解决了这一问题。

4.6.1 简述

集成算法是由一系列的弱分类器(Weak Classifier)结合而成的新的分类算法,这些弱分类器通常是非常简单的分类器,如决策树。结合形成一个性能更强的分类器,并将其作为最终预测的输出结果。最常见的集成学习手段有两种:Bagging 和 Boosting。前者的代表算法是随机森林,后者的代表算法包括 AdaBoost、GBDT 和 XGBoost。

4.6.2 Bagging

Bagging 是先将一系列弱分类器 $F_1(x), F_2(x), \cdots, F_b(x)$ 进行并行训练,再对结果取平均值(Regression)或者投票(Classification),从而产生最终预测结果。其基本流程如图 4-6 所示。Bagging 整个过程一共进行了 T 轮训练,每一轮使用的弱分类器都是二叉树,但读取的训练数据集不同。在每个弱分类器训练中,从样本中随机地、有放回地抽取 N 个样本,就构成了每个弱分类器的训练样本集。在这个过程中,某一个特定的样本 $X(i)$ 可能被使用多次,也可能未被使用。各个弱分类器抽取样本的过程是独立的。

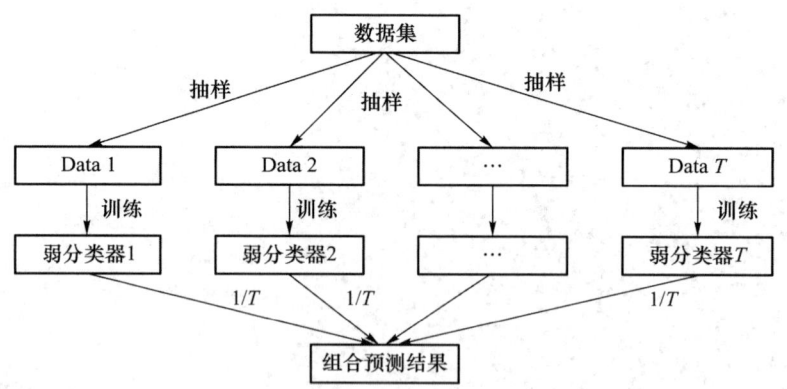

图 4-6 Bagging 基本流程

随机森林(Random Forest)是非常著名也是非常实用的 Bagging 算法之一。随机森林由多棵树组成,单独一棵树是一个弱分类器,将很多棵树组合在一起,就形成了具有强大预测能力的森林。这个组合的过程就是通过 Bagging 完成的。每一棵树是一个弱分类器,在样本集的一个 Bootstrap 上训练完成。最终将 T 棵树的结果汇总(投票或取平均值),生成最终的输出。

但随机森林不止如此。在 Bagging 的基础上,对于每一个弱分类器,在训练前除了随机选择样本(Bagging 的基本定义)外,还要从特征集中随机选出一个特征子集来训练。这样做是为了让每棵树学习得不要太相似。如果有几个特征和目标变量是强相关的,那么这些特征在所有树中都会被挑选出来。随机森林算法从 n 个特征中随机选出其中的 p 个用于训练,可以有效地防止这种情况发生。每棵树在受限的 p 个变量中进行训练,可以让不同的树"长得更不一样"。

下面我们给出随机森林的具体算法:

```
For t = 1,2,…,T:
    从训练集中有放回地抽取 m 个样本,组成{Xt,Yt}
    从 n 个特征中无放回地抽取 p 的特征,从{Xt,Yt}中仅保留该子特征集
    在{Xt,Yt}上训练决策树 Ft(X)
End
```

4.6.3 Boosting

前文提到,Boosting 和 Bagging 最大的区别是 Boosting 的一轮训练是并行的,而不是像 Bagging 一样是相互独立的。其核心过程可以用图 4-7 来描述。

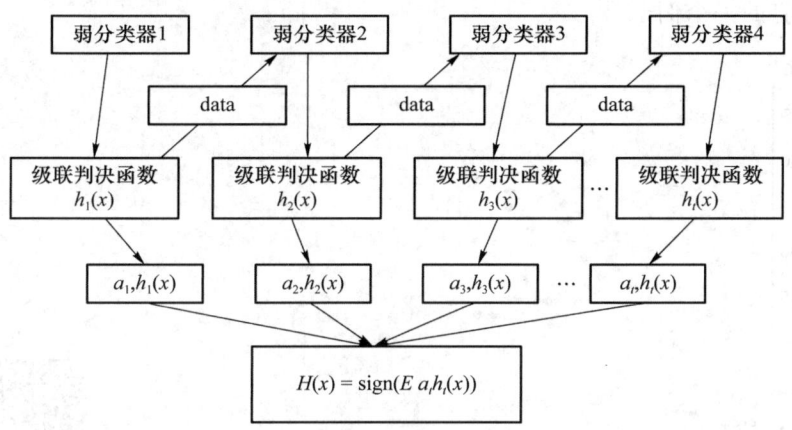

图 4-7 Boosting 算法

Boosting 的核心策略是一步步修正模型,使之逐渐逼近真实的映射关系。每一个弱分类器是建立在前一个基础上的,收到前一个分类器效果的反馈并加以改进,使得当前的分类器比前一轮做得更好。以 Boosting 的代表算法 AdaBoost 为例,其核心思路是在每一个弱分类器之后对预测值和真实值进行比较,再将分类错误的样本点在下一个分类器中赋予更高的权重,使得在下一次训练中不容易再被分错。其算法如下:

```
初始化权重(weight):Wt(xi) = 1/m
for t = 1,2,…,T:
```
(1) 以 Wt(x)为样本权重,使用第 t 个弱分类器对输入数据进行分类,得到分类结果 ht(x)
(2) 计算分类器的错误率 Et = errorNum / m,其中 errorNum 为分类错误的样本数,m 为总样本数。计算 zt = sqrt(Et(1-Et))

> (3) 计算 at 的值并保存:at = 1/2 * ln(1-Et)/Et
> (4) 更新数据集各个数据的权重:
> For i = 1,2,…,N;
> 若 ht(xi) = y(xi)(分类器结果与真实标签值相同,即分类正确):
> Wt + 1(i) = Wt(i) * e^(- at) / zt
> 若 ht(xi) ≠ y(xi)(分类器结果与真实标签值不同,即分类错误):
> Wt + 1(i) = Wt(i) * e^(at) / zt

4.7 聚类算法

聚类算法是机器学习中的一种非监督学习方法,用于发现数据集中的隐藏结构和模式,不同于分类算法,聚类算法将数据划分为未知的类别,能够利用未标记的数据构建强大的主题聚类。

K-Means 是很多入门级数据科学和机器学习课程的内容,在代码中很容易理解和实现,图 4-8 所示为它的一个例子。

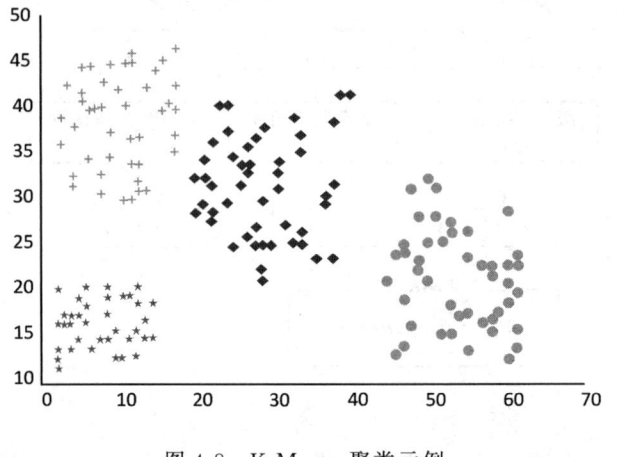

图 4-8 K-Means 聚类示例　　　　　　　　　　彩图 4-8

K-Means 的工作原理为:将由 n 个样本组成的样本集分成 k 类的任务按照如下步骤进行。

① 从 n 个样本中随机选取 k 个点作为初始聚类中心。
② 计算每个样本到各个聚类中心的相似度,并将其划分到相似度最高的聚类中心。
③ 重新计算每个聚类的均值,将其作为新的聚类中心。
④ 重复步骤②和③,直到所有聚类中心不再改变为止。

可以看到,K-Means 算法是一个反复迭代求解的过程。K 是需要预先设定好的超参数。K-Means 的优势在于速度快,因为我们真正做的是计算点和组中心之间的距离,只需要非常少的计算。因此,它的线性复杂度为 $O(n)$。K-Means 有一些缺点。首先,必须选择有多少组/类。在理想情况下,我们希望聚类算法能够解决分多少类的问题。其次,K-Means 从随机选择的聚类中心开始,所以它可能在不同的算法中产生不同的聚类结果。因此,结果可能会不可重复并缺乏一致性。

4.7.1 均值漂移聚类

均值漂移聚类是一种基于滑动窗口的算法,通过定位数据点密集区域的中心点来完成聚类,它使用均值更新候选点,并通过后处理过滤近似重复的候选窗口,最终形成中心点集和相应的组。图4-9所示为它的一个例子。

均值漂移是一种爬山算法,通过迭代地将滑动窗口的中心点移向更高密度的区域来实现,直到收敛,窗口内的密度与内部点数量成正比,通过多次滑动窗口迭代,最终形成聚类。与K-Means不同,均值漂移具有自动发现聚类的优势,无须预先选择簇数量,但窗口大小的选择可能不重要。

图4-9 均值漂移聚类示例  彩图4-9

4.7.2 基于密度的聚类——DBSCAN

DBSCAN是一种基于密度的聚类算法,类似于均值漂移,但优点显著。图4-10所示为它的一个例子。

图4-10 DBSCAN  彩图4-10

DBSCAN从一个未被访问过的起始数据点开始,通过邻域点的密度和距离阈值来确定簇的形成,能够发现任意大小和形状的簇,并将异常值识别为噪声,但其在密度不均匀或高维数据中的表现可能较差。

4.7.3 用高斯混合模型的最大期望聚类

K-Means的主要缺点是它对于聚类中心均值的使用过于简单。从图4-8我们可以明白为什么它不是最佳方法。在图4-11的左侧,可以非常清楚地看到有两个具有不同半径的圆形簇,以相同的均值为中心。K-Means不能处理这种情况,因为这些簇的均值是非常接近的。

K-Means 在簇不是圆形的情况下也失败了,同样是由于使用均值作为聚类中心。

图 4-11　圆形集聚类　　　　　　　彩图 4-11

高斯混合模型(Gaussian Mixture Model,GMM)比 K-Means 给了我们更大的灵活性。对于 GMM,我们假设数据点是高斯分布的,相对于使用均值假设它们是圆形的,这是一个限制较少的假设。这样,用两个参数来描述簇的形状:均值和标准差。以二维为例,这意味着,这些簇可以采取任何类型的椭圆形(因为我们在 x 和 y 方向都有标准差)。因此,每个高斯分布被分配给单个簇。为了找到每个簇的高斯参数(如均值和标准差),我们使用一个叫作最大期望(Expectation Maximization,EM)的优化算法。图 4-12 所示是一个高斯混合模型适用于簇的例子。我们可以使用 GMM 继续进行最大期望聚类。

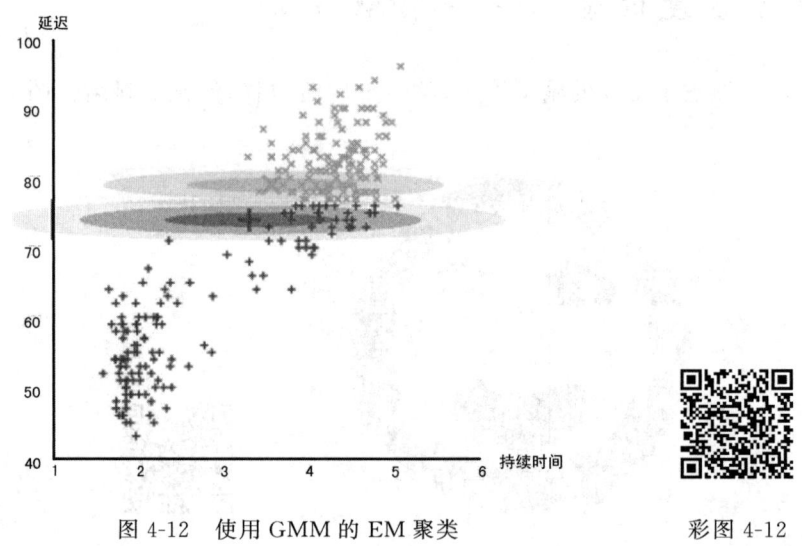

图 4-12　使用 GMM 的 EM 聚类　　　　　　　彩图 4-12

选择簇的数量并随机初始化每个簇的高斯分布参数。计算每个数据点属于特定簇的概率,根据靠近高斯中心的程度确定归属簇的可能性。通过这些概率计算新的高斯参数,最大化簇内数据点的概率。使用数据点位置的加权和,权重是数据点属于簇的概率。通过迭代改变均值和标准差,使分布更适应数据点分布,直到收敛。

4.7.4　图团体检测

当数据可以被表示为一个网络或图(Graph)时,我们可以使用图团体检测(Graph Community Detection)方法完成聚类。在这个算法中,图团体(Graph Community)通常被定义为一种顶点(Vertice)的子集,其中的顶点相对于网络的其他部分要连接得更加紧密。最直观的案例就是社交网络。其中的顶点表示人，连接顶点的边表示他们是朋友或互粉的人。但是，若要将一个系统建模成一个网络，我们就必须找到一种有效连接各个不同组件的方式。将图论用于聚类的一些创新应用包括对图像数据的特征提取、分析基因调控网络（Gene Regulatory Network，GRN）等。图4-14展示了最近浏览过的8个网站，以及它们在维基百科中的链接关系。

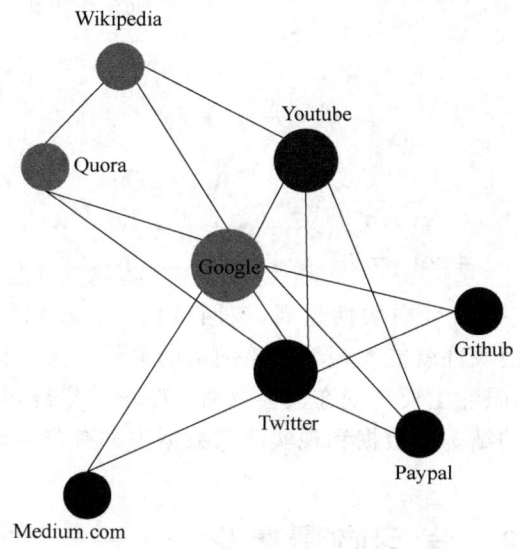

图4-13　图团体检测示例　　　　　　　　　　　彩图4-13

这些顶点的颜色表示它们的团体关系，大小是根据它们的中心度（Centrality）确定的。这些聚类在现实生活中也很有意义，其中浅蓝色顶点通常是参考/搜索网站，深蓝色顶点全部是在线发布网站（文章、微博或代码）。假设我们已经将该网络聚类成了一些团体，就可以使用该模块性分数来评估聚类的质量。分数高表示我们将该网络分割成了"准确的"团体，而分数低表示我们的聚类更接近随机，如图4-15所示。

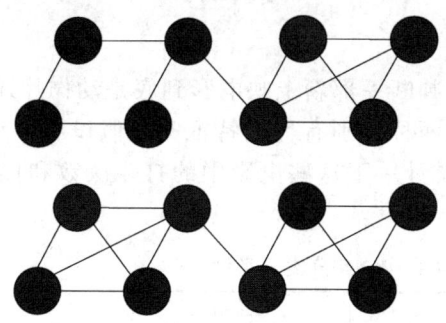

图4-14　模块性（上面一组为高模块性，下面一组为低模块性）　　彩图4-14

模块性可以使用以下公式进行计算：

$$M = \frac{1}{2L} \sum_{i,j=1}^{N} \left(A_{ij} - \frac{k_i k_j}{2L} \right) \delta(c_i, c_j) \tag{4-6}$$

其中，L代表网络中边的数量，k_i和k_j是指每个顶点的度数（Degree），可以通过将每一行和每一列的项加起来得到。两者相乘再除以$2L$表示当该网络是随机分配的时候，顶点i和j之间的预期边数。整体而言,括号中的项表示该网络的真实结构和随机组合时的预期结构之间的差。研究它的值可以发现,当 $A_{ij}=1$ 且 $\frac{k_i k_j}{2L}$ 很小时,其返回的值最大。这意味着,当在顶点 i 和 j 之间存在一个"非预期"的边时,得到的值更高。最后的 $\delta(c_i,c_j)$ 就是大名鼎鼎的克罗内克 δ 函数(Kronecker Delta Function)。下面是其 Python 解释。

```
def Kronecker_Delta(ci,cj):
    if ci == cj:
        return 1
    else:
        return 0
Kronecker_Delta("A","A")    # return 1
Kronecker_Delta("A","B")    # return 0
```

通过以上公式可以计算图的模块性,且模块性越高,该网络聚类成不同团体的程度就越高,因此,通过最优化方法寻找最高模块性就能发现聚类该网络的最佳方法。社区检测是现在图论中一个热门的研究领域,它的局限性主要体现在其会忽略一些小的集群,且只适用于结构化的图模型。但这一类算法在典型的结构化数据和现实网状数据中都有非常好的性能。

4.8 学习向量量化

学习向量量化(Learning Vector Quantization,LVQ)是一种原型聚类算法,利用带有类别标记的数据样本来辅助聚类,通过调整原型向量的位置来对数据进行分类,具有易于解释的原型和适用于多类分类问题的优点,但需要选择适当的距离度量。

4.9 KNN 算法

假设你是某视频网站的程序员,要判断一部新上映电影到底是动作片还是爱情片,这时已经知道了几部这两种类别的电影,而这两种类别有什么特征呢?假设我们认为动作片的打斗次数多,而爱情片则接吻次数多,所以统计一下这些电影中的打斗次数和接吻次数(表 4-1,本数据纯属虚构)。

表 4-1 KNN 分类法举例

电影名称	打斗次数	接吻次数	电影类型
《特种保镖》	100	6	动作片
《红海行动》	98	3	动作片
《战狼 2》	99	1	动作片
《前任 3》	2	99	爱情片
《人鬼情未了》	5	100	爱情片
《一生一世》	3	104	爱情片
《未知》	103	2	未知

我们可以很容易发现,电影《未知》是一部动作片,因为这部电影与其他几部动作片的特征最接近,与爱情片的特征相差较远,这里的远近即距离,科学地说,我们使用的是一种叫作 KNN 的分类方法,而 KNN 在处理这种类似问题时非常快速。那么 KNN 到底是什么? KNN 有哪些特点? KNN 在 sklearn 中如何使用?接下来我们将进行详细介绍。

4.9.1 KNN 算法介绍

KNN(K-Nearest Neighbor)是一种简单的机器学习算法,可以用于分类和回归,是一种监督学习算法。它的工作思路是这样的,如果一个样本所在特征空间中的 K 个最相似(即特征空间中最邻近)的样本中的大多数属于某一个类别,则该样本也属于这个类别。

(1) KNN 用于分类

如图 4-15 所示,正方形和三角形是打好了标签的数据,不同颜色分别代表不同的标签,绿色的圆形是我们待分类的数据。

如果选 K=3,那么离绿色点最近的 K 个点中有两个三角形和 1 个正方形,这 3 个点投票,三角形的比例占 2/3,于是绿色的这个待分类点属于三角形类别。如果选 K=5,那么离绿色点最近的 K 个点中有两个三角形和 3 个正方形,这 5 个点投票,正方形的比例占 3/5,于是绿色的这个待分类点属于正方形类别。从上述例子可以看到,KNN 本质上是基于一种数据统计的方法。

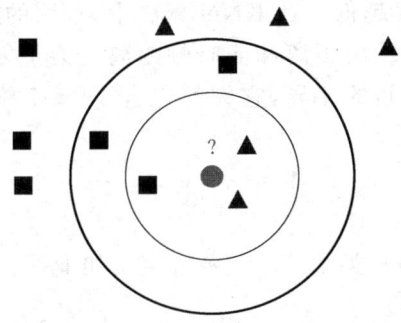

图 4-15 KNN 用于分类

彩图 4-15

一般来说,KNN 分类算法的计算过程如下。

① 计算待分类点与已知类别的点之间的距离。
② 按照距离递增次序排序。
③ 选取与待分类点距离最小的 K 个点。
④ 确定前 K 个点所在类别的出现次数。
⑤ 返回前 K 个点出现次数最多的类别,并将其作为待分类点的预测分类。

(2) KNN 用于回归

通过求待预测的点与最近的 K 个点距离的平均值,得到该预测点的值,这里的距离可以是欧氏距离,也可以是其他距离,具体的效果依数据而定,思路一样。如图 4-16 所示,x 是一个特征,y 是该特征对应的预测值,红色点是已知点,要预测第一个点的位置,则计算离它最近的 3 个点的平均值,得出第一个绿色点,依此类推,就得到了绿色的线。可以看出,这样预测的值明显比直线准。

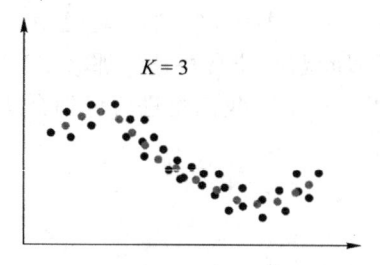

图 4-16　KNN 用于回归　　彩图 4-16

4.9.2　使用 KNN 算法要注意的问题

1. K 值的选择

K 值的选择在 KNN 算法中起着关键作用，较小的 K 值会减小近似误差同时增大估计误差，容易过拟合，而较大的 K 值会减小估计误差同时增大近似误差，容易欠拟合。在实际应用中，通常采用交叉验证法来选择最优 K 值。

2. 距离度量的选择

样本空间中两个点之间的距离度量表示的是两个样本点之间的相似程度：距离越小，表示相似程度越高；相反，距离越大，相似程度越低。在 KNN 算法中，常用的距离有 3 种，分别为闵可夫斯基距离（Minkowski Distance）、欧氏距离和曼哈顿距离。为了方便下面的解释和举例，先假定我们要比较 X 个体和 Y 个体间的差异，它们都包含了 N 个维的特征。数学描述如下：

$$\boldsymbol{X}=(x_1,x_2,x_3,\cdots,x_n),\quad \boldsymbol{Y}=(y_1,y_2,y_3,\cdots,y_n) \tag{4-7}$$

（1）闵可夫斯基距离

闵可夫斯基距离不是一种距离，而是一类距离。其数学定义如下：

$$\left(\sum_{i=1}^{n}|x_i-y_i|^p\right)^{1/p} \tag{4-8}$$

其中 p 可以随意取值，可以是负数，也可以是正数或无穷大。当 $p=1$ 时，又叫作曼哈顿距离；当 $p=2$ 时，又叫作欧氏距离；当 $p=\infty$ 时，又叫作契比雪夫距离。

（2）欧氏距离

欧式距离（L2 范数）其实就是空间中两点间的距离，是我们最常用的一种距离。因为计算是基于各维度特征的绝对数值，所以在使用欧氏距离时，应该尽量将特征向量的每个分量归一化，以减少因为特征值的刻度级别不同所带来的干扰。

（3）曼哈顿距离

想象你在曼哈顿要从一个十字路口开车到另外一个十字路口，驾驶距离是两点间的直线距离吗？显然不是，除非你能穿越大楼。实际驾驶距离就是这个曼哈顿距离，曼哈顿距离也称为城市街区距离（City Block Distance）。

具体选用哪种距离公式，我们也将其作为其中一种参数，在后面介绍另外一种调参方法的时候会提及。

4.9.3 KNN算法的优缺点

1. 优点

① 算法简单,理论成熟,既可以用来做分类,也可以用来做回归。

② 可用于非线性分类。

③ 没有明显的训练过程,而是在程序开始运行时,把数据集加载到内存中,不需要进行训练,直接进行预测。

④ 由于KNN方法主要靠周围有限的邻近样本,而不是靠判别类域的方法来确定所属的类别,因此对于类域的交叉或重叠较多的待分类样本集来说,KNN方法较其他方法更为适合。

⑤ 比较适用于样本容量比较大的类域的自动分类,而那些样本容量比较小的类域采用这种算法比较容易产生误分类情况。

2. 缺点

① 需要算每个测试点与训练集的距离,当训练集较大时,计算量相当大,时间复杂度高,特别是特征数量比较大的时候。

② 需要大量的内存,空间复杂度高。

③ 存在样本不平衡问题(即有些类别的样本数量很多,而其他样本的数量很少),对稀有类别的预测准确度低。

④ 是懒惰学习方法,基本上不学习,导致预测时的速度比起逻辑回归之类的算法慢。

注意,为了克服降低样本不平衡对预测准确度的影响,我们可以对类别进行加权,例如,对样本数量多的类别使用较小的权重,而对样本数量少的类别使用较大的权重。另外,作为KNN算法唯一的一个超参数,K的设定会产生重要影响。故为了降低K值的影响,可以对距离加权。为每个点的距离增加一个权重,使得距离近的点可以得到更大的权重。

4.10 支持向量机

4.10.1 支持向量机简述

支持向量机(Support Vector Machine,SVM)是一种广义线性分类器,用于执行二元分类任务。它通过寻找一个最大化样本分类边际的超平面来进行学习,这个超平面被称为最优边际超平面,它能够有效将不同类别的数据点分开,并且具有最大的间隔。

SVM的优化问题同时考虑了经验风险和结构风险最小化,因此具有稳定性。SVM使用铰链损失函数作为代理损失,铰链损失函数的取值特点使SVM具有稀疏性,即其决策边界仅由支持向量决定,其余的样本点不参与经验风险最小化。

通过核方法,SVM可以处理非线性分类问题。常用的核函数包括线性核、多项式核、径向基函数(RBF)核等。这些核函数能将原始数据映射到更高维的空间,从而实现在高维空间中的线性可分。

SVM 并不是唯一能够使用核方法的机器学习算法,Logistic 回归、岭回归和线性判别分析也可以通过这种方法进行改进,分别得到核化的 Logistic 回归、核化的岭回归和核化的线性判别分析。因此,SVM 是核学习在更广义上的一种实现方式。

4.10.2 支持向量机的应用

SVM 在各领域的模式识别问题中均有应用,包括人像识别、文本分类、手写字符识别、生物信息学等。按引用次数,LIBSVM 是使用最广的 SVM 工具。LIBSVM 包含标准 SVM 算法、概率输出、支持向量回归、多分类 SVM 等功能,其源代码用 C 语言编写,并有 Java、Python、R、MATLAB 等语言的调用接口以及基于 CUDA 的 GPU 加速和其他功能性组件,如多核并行计算、模型交叉验证等。

基于 Python 开发的机器学习模块 scikit-learn 提供预封装的 SVM 工具,其设计参考了 LIBSVM。其他包含 SVM 的 Python 模块有 MDP、MLPy、PyMVPA 等。TensorFlow 的高阶 API 组件 Estimators 提供了 SVM 的封装模型。

4.11 时间序列预测算法

4.11.1 Prophet 算法

Prophet 是 Facebook 开源的时间序列预测算法,可以有效处理节假日信息,并按周、月、年对时间序列数据的变化趋势进行拟合,对具有强烈周期性特征的历史数据拟合效果很好,不仅可以处理时间序列存在异常值的情况,也可以处理存在部分缺失值的情形。

1. 适用场景

Prophet 算法适用于具有明显的内在规律的商业行为数据,例如有如下特征的业务问题。
① 有至少几个月(最好是一年)的每小时、每天或每周观察的历史数据。
② 有多种人类规模级别的较强的季节性趋势:每周的一些天和每年的一些时间。
③ 有事先知道的以不定期的间隔发生的重要节假日(如国庆节)。
④ 缺失的历史数据或较大的异常数据的数量在合理范围内。
⑤ 有历史趋势的变化(如因为产品发布)。
⑥ 对于数据中蕴含的非线性增长的趋势有一个自然极限或饱和状态。

2. 输入和输出

图 4-17 为一个时间序列场景,黑色表示原始的时间序列离散点,深蓝色的线表示使用时间序列来拟合所得到的取值,浅蓝色的线表示时间序列的一个置信区间,也就是所谓的合理的上界和下界。Prophet 算法所做的事情就是:输入已知的时间序列的时间戳和相应的值;输入需要预测的时间序列的长度;输出未来的时间序列走势。输出结果可以提供必要的统计指标,

包括拟合曲线、上界和下界等。

输入 Prophet 算法的数据分为两列,即 ds 和 y,ds 表示时间序列的时间戳,y 表示时间序列的取值。其中:ds 是 pandas 的日期格式,样式类似于 YYYY-MM-DD 或者 YYYY-MM-DD HH:MM:SS;y 必须是数值型,代表着我们希望预测的值。

通过 Prophet 算法,可以计算出 yhat(表示时间序列的预测值)、yhat_lower(表示预测值的下界)、yhat_upper(表示预测值的上界)。

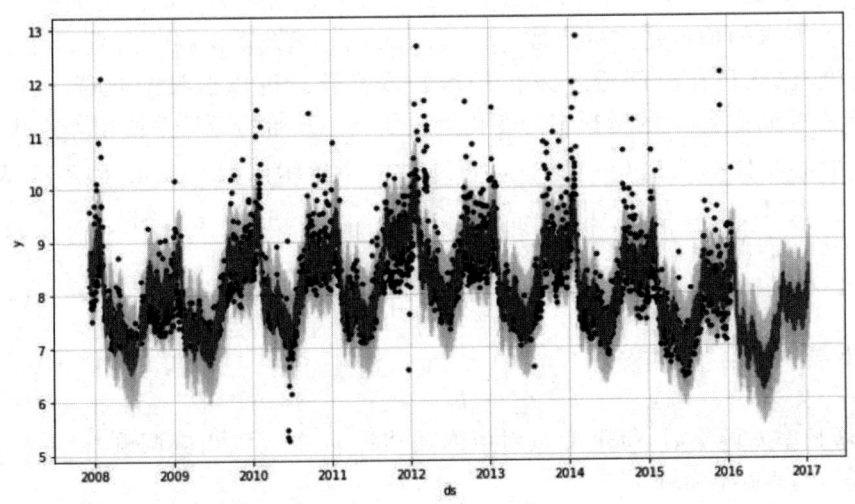

图 4-17 时间序列场景图

彩图 4-17

3. 算法原理

算法模型:

$$y(t) = g(t) + s(t) + h(t) + \epsilon_t \tag{4-9}$$

模型整体由 3 部分组成:增长趋势(Growth)、季节趋势(Seasonality)、节假日对预测值的影响(Holidays)。其中,$g(t)$ 为趋势项,表示时间序列在非周期上的变化趋势;$s(t)$ 为周期项(或者称为季节项),一般来说以周或者年为单位;$h(t)$ 为节假日项,表示时间序列中那些潜在的具有非固定周期的节假日对预测值造成的影响;ϵ_t 即误差项(或者称为剩余项),表示模型未预测到的波动,服从高斯分布。

Prophet 算法通过拟合这几项并把它们累加起来就得到了时间序列的预测值。

(1) 趋势项 $g(t)$

趋势项有两个重要的函数,一个是基于逻辑回归函数的(非线性增长),另一个是基于分段线性函数的(线性增长)。

① 基于逻辑回归的趋势项公式如下:

$$g(t) = \frac{C(t)}{1 + \exp(-(k + \boldsymbol{\alpha}(t)^T \boldsymbol{\delta}) \cdot (t - (m + \boldsymbol{\alpha}(t)^T \boldsymbol{\gamma})))}$$

$$\boldsymbol{\alpha}(t) = (\alpha_1(t), \cdots, \alpha_S(t))^T, \quad \boldsymbol{\delta} = (\delta_1, \cdots, \delta_S)^T, \quad \boldsymbol{\gamma} = (\gamma_1, \cdots, \gamma_S)^T \tag{4-10}$$

其中,$C(t)$ 表示承载量。它是一个随时间变化的函数,限定了所能增长的最大值,在使用 Prophet 算法的 growth ='logistic' 的时候,需要提前设置好 $C(t)$ 的取值才行。k 表示增长率。在现实的时间序列中,曲线的走势肯定不会一直保持不变,在某些特定的时候或者有着某种潜在的周期时曲线会发生变化,模型定义了增长率 k 发生变化时对应的点,将其称作变点(Change Points)。在 Prophet 算法中,需要设置变点的位置,而每一段的趋势和走势也会根据变点的情况而改变。在程序中使用两种方法设置变点的位置,一种是通过人工指定的方式指定变点的位置,另一种是通过算法来自动选择变点的位置。在默认的函数中,Prophet 算法会选择 n_changepoints=25 个变点,并设置变点的范围是前 80%,也就是在时间序列的前 80% 的区间内会设置变点。之后还要看一些边界条件是否合理,例如,时间序列的点数是否少于 n_changepoints 等。如果边界条件符合,那么变点的位置就是均匀分布的。下面假设已经放置了 S 个变点,并且变点的位置是在时间戳 $s_j(1 \leqslant j \leqslant S)$ 上,那么在这些时间戳 s_j 上,就需要给出增长率的变化,也就是在时间戳上发生的增长率变化。可以假设有这样一个向量 $\boldsymbol{\delta} \in \mathbb{R}^S$,其中 δ_j 表示在时间戳 s_j 上的增长率的变化量。如果一开始的增长率使用 k 来代替的话,那么在时间戳 t 上的增长率就是 $k + \sum_{j:t>s_j} \delta_j$,再通过一个指示函数 $a(t) \in \{0,1\}^S$ 表示,就是

$$a_j(t) = \begin{cases} 1, & t \geqslant s_j \\ 0, & \text{其他} \end{cases} \tag{4-11}$$

在时间戳 t 上的增长率就是

$$k + \boldsymbol{a}(t)^{\mathrm{T}} \boldsymbol{\delta} \tag{4-12}$$

m 表示偏移量。当增长率 k 调整后,每个变点对应的偏移量 m 也应该相应调整,以连接每个分段的最后一个时间点,表达式如下:

$$\gamma_j = \left(s_j - m - \sum_{l<j} \gamma_l\right) \cdot \left(1 - \frac{k + \sum_{l<j} \delta_l}{k + \sum_{l \leqslant j} \delta_l}\right) \tag{4-13}$$

② 基于分段线性函数的趋势项公式如下:

$$g(t) = (k + \boldsymbol{a}(t)^{\mathrm{T}} \boldsymbol{\delta}) \cdot t + (m + \boldsymbol{a}(t)^{\mathrm{T}} \boldsymbol{\gamma}) \tag{4-14}$$

其中,k 表示增长率,$\boldsymbol{\delta}$ 表示增长率的变化量,m 表示偏移量。

分段线性函数与逻辑回归函数之间的最大区别就是 $\boldsymbol{\gamma}$ 的设置不一样。在分段线性函数中,是不需要 capacity 这个指标的,这与之前逻辑回归函数中 $\boldsymbol{\gamma}$ 的设置是不一样的。因此,m=Prophet() 这个函数默认的使用 growth ='linear' 这个增长函数,也可以写作

```
m = Prophet(growth = 'linear');
```

③ 变点的选择。在 Prophet 算法中,有 3 个比较重要的指标,分别为 changepoint_range(变点的位置)、n_changepoint(变点的个数)、changepoint_prior_scale(增长的变化率)。其中,changepoint_range 指的是百分比,需要在前 changepoint_range 那么长的时间序列中设置变点,在默认的函数中 changepoint_range = 0.8;n_changepoint 表示变点的个数,在默认的函数中 n_changepoint = 25;changepoint_prior_scale 表示变点增长率的分布情况。在默认的场景下,变点的选择是基于时间序列的前 80% 的历史数据,通过等分的方法找到 25 个变点,而变点的增长率是满足 $\delta_j \sim \text{Laplace}(0, 0.05)$ 分布的。因此,当 τ 趋于零的时候,δ_j 也是趋于零的,此时的增长函数将变成全段的逻辑回归函数或者线性函数。

④ 对未来的预估。从历史上长度为 T 的数据中可以选择出 S 个变点,它们所对应的增长率的变化量是 $\delta_j \sim \text{Laplace}(0, \tau)$,此时我们需要预测未来,因此也需要设置相应的变点的位置,可先通过 Poisson 分布等概率分布方法找到新增的 changepoint_ts_new 的位置,再将其与

changepoint_t 拼接在一起,就得到了整段序列的 changepoint_ts。

(2) 季节项 $s(t)$

使用傅里叶级数来模拟时间序列的周期性:假设 P 表示时间序列的周期,$P=365.25$ 表示以年为周期,$P=7$ 表示以周为周期。

$s(t)$ 的傅里叶级数的形式是

$$s(t) = \sum_{n=1}^{N} \left(a_n \cos\left(\frac{2\pi nt}{P}\right) + b_n \sin\left(\frac{2\pi nt}{P}\right) \right) \tag{4-15}$$

N 表示希望在模型中使用的这种周期的个数,较大的 N 值可以拟合出更复杂的季节性函数,同时也会带来更多的过拟合问题。

按照经验值,对于以年为周期的序列($P=365.25$)而言,$N=10$;对于以周为周期的序列($P=7$)而言,$N=3$。

当 $N=10$ 时,

$$X(t) = \left[\cos\left(\frac{2\pi(1)t}{365.25}\right), \cdots, \sin\left(\frac{2\pi(10)t}{365.25}\right) \right] \tag{4-16}$$

当 $N=3$ 时,

$$X(t) = \left[\cos\left(\frac{2\pi(1)t}{7}\right), \cdots, \sin\left(\frac{2\pi(3)t}{7}\right) \right] \tag{4-17}$$

因此,时间序列的季节项就是

$$s(t) = X(t)\beta$$

其中,β 的初始化是 $\beta \sim \text{Normal}(0, \sigma^2)$。这里的 σ 是通过 seasonality_prior_scale 来控制的,也就是说\sigma= seasonality_prior_scale。这个值越大,表示季节的效应越明显;这个值越小,表示季节的效应越不明显。在代码中,seasonality_mode 也对应着两种模式,分别是加法和乘法,默认是加法。

(3) 节假日项 $h(t)$

在现实环境中,节假日或者是一些大事件都会对时间序列造成很大影响,因此对这些点的分析是极其必要的。在 Prophet 算法中,除了节假日外,用户还可以根据自身的情况来设置必要的假期,如"双 11"。由于每个节假日或者某个已知的大事件对时间序列的影响程度不一样,例如,春节和国庆节是 7 天的假期,劳动节等假期则较短,因此节假日模型将不同节假日在不同时间点下的影响视作独立的模型,并且可以为不同的节假日设置不同的前后窗口值,表示该节假日会影响前后一段时间的时间序列。

对于第 i 个节假日来说,D_i 表示该节假日的前后一段时间。为了表示节假日效应,需要一个相应的指示函数,同时需要一个参数来表示节假日的影响范围。假设有 L 个节假日,那么节假日效应模型就是

$$h(t) = Z(t)\boldsymbol{\kappa} = \sum_{i=1}^{L} \kappa_i \cdot 1_{\{t \in D_i\}}, \quad \boldsymbol{\kappa} = (\kappa_1, \cdots, \kappa_L)^{\text{T}}$$

其中,$\kappa \sim \text{Normal}(0, v^2)$,并且该正态分布是受到 $v = $ holidays_prior_scale 这个指标影响的。其默认值是 10,值越大,表示节假日对模型的影响越大;值越小,表示节假日对模型的影响越小。该参数可自行调整。

4.11.2 Arima 算法

1. 简介

Arima 模型是经典的时序算法,用于时间序列预测。它捕捉时间序列数据中的自回归和移动平均项,并通过差分使非稳定序列变为稳定序列。Arima 模型简单且不需要外部变量,但要求时序数据稳定且只能捕捉线性关系。股票数据无法用 Arima 模型预测,因为股票不稳定且受政策和新闻的影响。

Arima 模型有 3 个参数:p、d、q。其中,p 代表预测模型中采用的时序数据本身的滞后数,也叫作 AR/Auto-Regressive 项;d 代表时序数据需要进行几阶差分化才是稳定的,也叫作 Integrated 项;q 代表预测模型中采用的预测误差的滞后数,也叫作 MA/Moving Average 项。

2. 相关概念

(1) 平稳随机过程

若一个随机过程 m 阶以下的矩的取值全部与时间无关,则称该过程为 m 阶平稳过程。通常我们使用一阶平稳过程,即随机过程 x_t 的均值 m_t 不随时间变化。

(2) 自回归过程

如果一个剔除均值和确定性成分的线性过程可以表示为

$$x_t = \sum_{i=1}^{p} \varphi_i x_{t-i} + u_t \tag{4-18}$$

其中,φ_i 是自回归参数,u_t 是白噪声过程,则称 x_t 为 p 阶自回归过程,用 AR(p) 表示。

(3) 移动平均过程

如果一个剔除均值和确定性成分的随机过程可以用下式表达:

$$x_t = u_t + \sum_{i=1}^{q} \theta_i u_{t-i} \tag{4-19}$$

其中,θ_i 是自回归参数,u_t 是白噪声过程,则称上式为 q 阶移动平均过程,记为 MA(q)。之所以称为移动平均,是因为 x_t 是由 $q+1$ 个 u_t 及其滞后项加权构成的。这个移动平均需要和移动平均算子做区分。

(4) 自回归移动平均过程

如果一个剔除均值和确定成分的线性随机过程由自回归和移动平均两部分共同构成,则称其为自回归移动平均过程,记为 ARMA(p,q),表示如下:

$$x_t = \sum_{i=1}^{p} \varphi_i x_{t-i} + u_t + \sum_{i=1}^{q} \theta_i u_{t-i} \tag{4-20}$$

(5) 差分

时间序列变量的本期值与其滞后值相减的运算称为差分。

3. 建模的基本步骤

① 获取被观测系统时间序列数据。非时间序列数据需要转换为时间序列数据。

② 对数据绘图,观测其是不是平稳时间序列。对于非平稳时间序列,要先进行 d 阶差分运算,转化为平稳时间序列。

③ 对平稳时间序列分别求得其自相关系数(ACF)和偏自相关系数(PACF),通过对自相

关图和偏自相关图的分析,得到最佳的阶层 p 和阶数 q。

④ 由 d、q、p 得到 Arima 模型,再对得到的模型进行检验。

4.11.3 Arimax 算法

Arimax 模型是多元时间序列的 Arima 模型,引入回归项可以提高预测效果。回归项通常与被解释变量相关程度高的变量有关。例如,在分析居民消费支出时,收入对消费有影响,将收入纳入研究范围可以得到更准确的消费预测。

1. 数学模型

Arimax 模型的构造思想是:假设响应序列 $\{y_t\}$ 和输入变量序列(即自变量序列)$\{x_{1t}\}$,$\{x_{2t}\}$,…,$\{x_{kt}\}$ 均平稳,构建响应序列和输入变量序列的回归模型:

$$y_t = \mu + \sum_{i=1}^{k} \frac{\Theta_i(B)}{\Phi_i(B)} B^{l_i} x_{it} + \varepsilon_t \tag{4-21}$$

其中 $\Phi_i(B)$ 为第 i 个输入变量的自回归系数多项式,$\Theta_i(B)$ 为第 i 个输入变量的移动平均系数多项式,l_i 为第 i 个输入变量的延迟阶数,$\{\varepsilon_t\}$ 为回归残差序列。

因为 $\{y_t\}$ 和 $\{x_{1t}\}$,$\{x_{2t}\}$,…,$\{x_{kt}\}$ 均平稳,平稳序列的线性组合仍然是平稳的,所以残差序列 $\{\varepsilon_t\}$ 为平稳序列:

$$\varepsilon_t = y_t - \left(\mu + \sum_{i=1}^{k} \frac{\Theta_i(B)}{\Phi_i(B)} B^{l_i} x_{it}\right) \tag{4-22}$$

使用 Arima 模型继续提取残差序列 $\{\varepsilon_t\}$ 中的相关信息。最终得到的模型为

$$\begin{cases} y_t = \mu + \sum_{i=1}^{k} \frac{\Theta_i(B)}{\Phi_i(B)} B^{l_i} x_{it} + \varepsilon_t \\ \varepsilon_t = \frac{\Theta(B)}{\Phi(B)} a_t \end{cases} \tag{4-23}$$

上述模型被称为动态回归模型,简记为 Arimax。其中,$\Phi(B)$ 为残差序列自回归系数多项式;$\Theta(B)$ 为残差序列移动平均系数多项式;a_t 为零均值白噪声序列。

2. 建模步骤

① 对响应序列 $\{y_t\}$ 和各输入变量序列 $\{x_{it}\}$ 进行平稳性检验。

② 对经过适当差分后平稳的输入序列 $\{x_{it}\}$ 建立 Arima 模型,以产生白噪声序列 $\{\varepsilon_{xit}\}$:

$$\varepsilon_{xit} = \frac{\Theta_{xi}(B)}{\Phi_{xi}(B)} x_{it} \tag{4-24}$$

③ 对经过差分后平稳的响应序列 $\{y_t\}$ 实施同样的变换:

$$\varepsilon_{yit} = \frac{\Theta_{xi}(B)}{\Phi_{xi}(B)} y_t, \quad i = 1, 2, \cdots, k \tag{4-25}$$

④ 考察序列 $\{\varepsilon_{xit}\}$ 与 $\{\varepsilon_{yit}\}$ 的互相关系数,以确定动态回归模型的结构:

$$y_t = \mu + \sum_{i=1}^{k} \frac{\Theta_{xi}(B)}{\Phi_{xi}(B)} B^{l_i} x_{it} + \varepsilon_t \tag{4-26}$$

⑤ 考察残差序列 $\{\varepsilon_t\}$,并对其拟合:

$$\varepsilon_t = \frac{\Theta(B)}{\Phi(B)} a_t \tag{4-27}$$

其中,$\{a_t\}$ 为零均值白噪声序列。

第 5 章 深度学习算法

5.1 深度学习概述

5.1.1 深度学习的起源

人工智能是人类的梦想之一,深度学习为其带来了曙光。深度学习通过模仿人脑的信息处理方式,将视觉系统的信息进行分级处理,从低层边缘特征到高层整体目标,逐层提取抽象化和概念化的特征。这一突破性技术在 2013 年被列为十大突破性技术之首,为人工智能的发展铺平了道路。

如图 5-1 所示,人类大脑的工作过程是视觉信息从视网膜(Retina)出发,首先传递到大脑的 V1 区,在那里提取基本的边缘特征。其次,信息流向 V2 区,在这里识别出基本的形状或目标的局部特征。再次,信息传递到更高层次的 V4 区,在这里整合整个目标的特征,例如识别出一张人脸。最后,信息到达最高层次的 PFC(前额叶皮层),在这里进行分类和判断等高级认知处理。也就是说,高层的特征是低层特征的组合,从低层到高层的特征表达越来越抽象化和概念化。

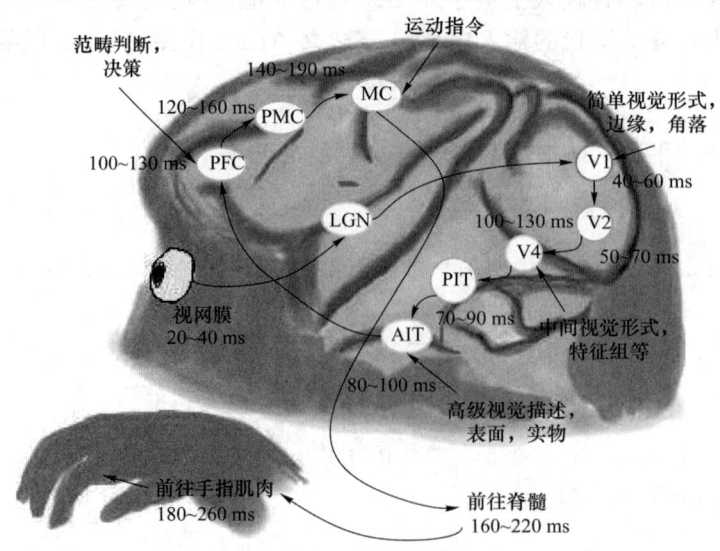

图 5-1 视觉系统的信息处理图

这个发现激发了人们对于神经系统的进一步思考。例如,如图 5-2 所示,从原始信号摄入开始(瞳孔摄入像素),首先做初步处理(大脑皮层某些细胞发现边缘和方向),其次抽象(大脑判定眼前物体的形状,比如是椭圆形的),再次进一步抽象(大脑进一步判定该物体是张人脸),最后识别人脸。这个过程其实和我们的常识是相吻合的,因为复杂的图形往往就是由一些基本结构组合而成的。同时我们还可以看出:大脑是一个深度架构,认知过程也是深度的。

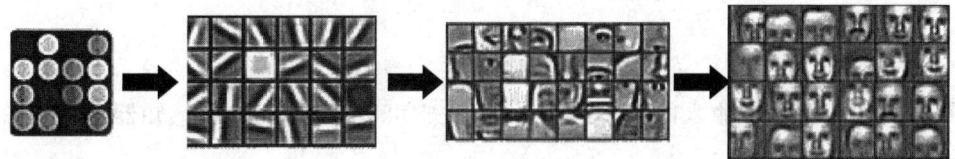

图 5-2　视觉识别系统的工作过程

5.1.2　从感知机到神经网络

1. 最简单的神经网络结构——感知机

1943 年,Mcculloch 和 Pitts 提出神经网络的概念。1949 年,Hebb 提出突触强度随神经元活动变化的理论。1956 年,心理学家 Frank Rosenblatt 受到这种理论的启发,认为这个简单的想法足以创造一个可以学习识别物体的机器,并设计了算法和硬件(如图 5-3 所示)。1957 年,Frank Rosenblatt 在 *New York Times* 上发表文章 "Electronic 'Brain' Teaches Itself",首次提出了可以模拟人类感知能力的机器,并称之为感知机(Perceptron)。

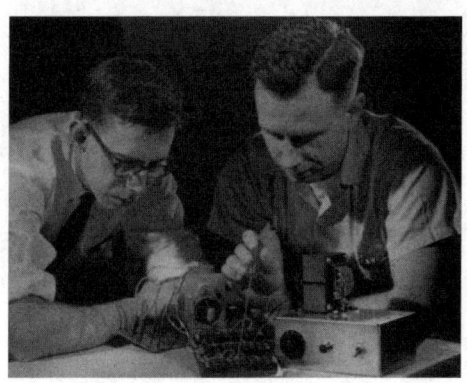

图 5-3　Frank Rosenblatt 设计了算法和硬件

感知机是有单层计算单元的神经网络,由线性元件及阈值元件组成。其逻辑如图 5-4 所示。

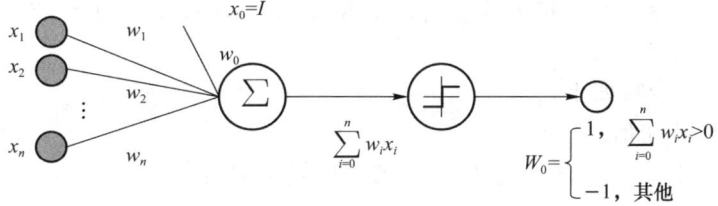

图 5-4　感知机的逻辑图

感知机的数学模型：

$$f(u)=1, Y=f\left(\sum_{i=0}^{n} w_i x_i - \theta\right) \tag{5-1}$$

其中，f 是阶跃函数，并且有

$$f(u)=1, u=\sum_{m=0}^{\infty} w_i x_i - \theta > 0 \tag{5-2}$$

$$f(u)=-1, u=\sum_{m=0}^{\infty} w_i x_i - \theta \leqslant 0 \tag{5-3}$$

感知器的作用就是对输入的样本进行分类，故它可以作为分类器，感知器对输入信号的分类如下（A 类、B 类）：

$$Y=1, \quad A \tag{5-4}$$

$$Y=-1, \quad B \tag{5-5}$$

当感知器的输出为 1 时，输入样本为 A 类；当输出为 -1 时，输入样本为 B 类。由此可知，感知器的分类边界是

$$Y=F\left[\sum_{m=0}^{\infty} w_i x_i - \theta\right] \tag{5-6}$$

在输入样本只有两个分量 x_1 和 x_2 时，分类边界条件为

$$\sum_{m=0}^{2} w_i x_i - \theta = 0 \tag{5-7}$$

即

$$w_1 x_1 + w_2 x_2 - \theta = 0 \tag{5-8}$$

将其表示在坐标轴上，如图 5-5 所示。

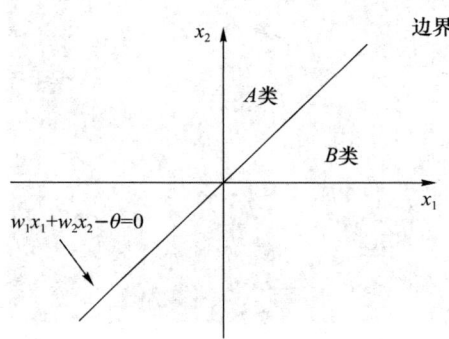

图 5-5 感知机的二元线性分类

2. 感知机算法

感知机算法的目的在于计算出恰当的权系数（$w_1, w_2, \cdots, w_n$），使系统对一个特定的样本（$x_1, x_2, \cdots, x_n$）产生期望值 d。

感知机学习算法步骤如下。

① 对权系数设置初值。

② 输入一个样本（$x_1, x_2, \cdots, x_n$）以及它的期望输出 d。

③ 计算实际输出值：

$$Y=F\left[\sum_{m=0}^{\infty} w_i x_i - \theta\right] \tag{5-9}$$

④ 根据实际输出求误差 e：
$$e=d-Y \qquad (5-10)$$
⑤ 用误差 e 修改权系数：
$$W_i(t+1)=W_i(t)+\eta e X_i, \quad i=1,2,\cdots,n,n+1 \qquad (5-11)$$
⑥ 转到第②步，一直执行到一切样本均稳定为止。

感知机是整个神经网络的基础，神经元通过激励函数确定输出，神经元之间通过权值进行能量传递，权重的确定根据误差来进行调节，这个方法的优点是整个网络是收敛的。Frank Rosenblatt 在 1957 年证明了这个结论。

有关感知机的成果由 Frank Rosenblatt 在 1958 年发表在文章"The Perceptron：a Probabilistic Model for Information Storage and Organization in the Brain"中。1962 年，他又出版了 *Principles of Neurodynamics：Perceptrons and the Theory of Brain Mechanisms* 一书，向大众深入解释感知机的理论知识及背景假设。此书介绍了一些重要的概念及定理证明，如感知机收敛定理等。

3. 单层感知机的局限性

单层感知机仅对线性问题具有分类能力，即仅用一条直线就可分图形，如图 5-6 所示。例如，对于逻辑"与"和逻辑"或"，可以采用一条直线分割 0 和 1，如图 5-7 所示。

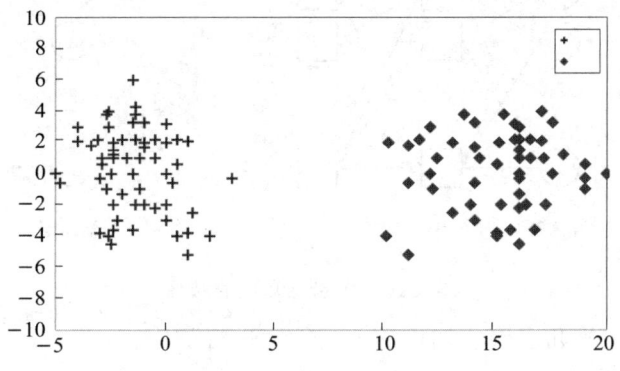

图 5-6 线性可分问题

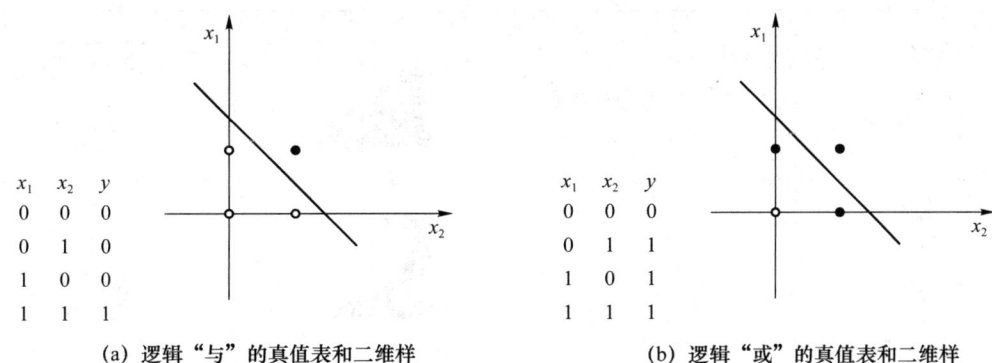

(a) 逻辑"与"的真值表和二维样　　　　　　(b) 逻辑"或"的真值表和二维样

图 5-7 逻辑"与"和逻辑"或"的线性划分

但是，如果让单层感知机解决非线性问题，它就无能为力了，如图 5-8 所示。例如，"异或"就是非线性运算，无法用一条直线分割开来，如图 5-9 所示。

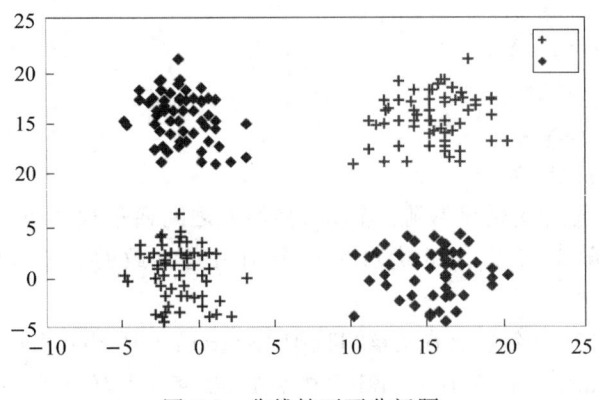
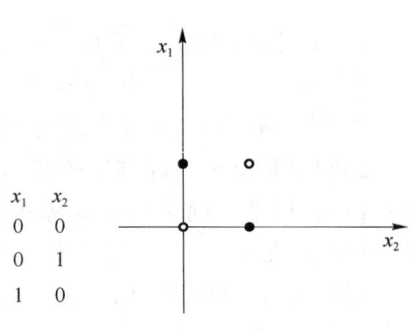

图 5-8 非线性不可分问题　　　　　图 5-9 逻辑"异或"的非线性不可分

4. 多层感知机的瓶颈

分析表明,单层感知机在计算能力方面存在局限性,无法解决线性不可分问题。为了解决这个问题,人们提出了多层感知机,其通过引入隐藏层来构建曲线分类模型,以更好地进行样本分类。多层感知机的结构如图 5-10 所示。

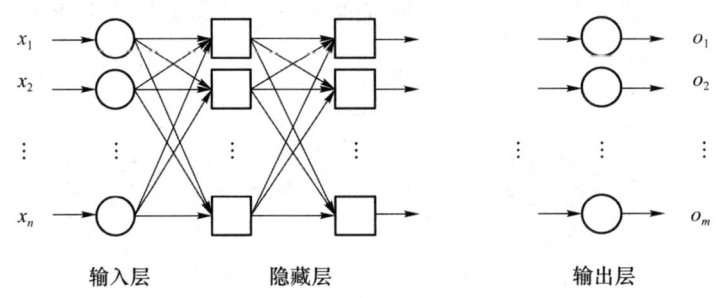

图 5-10 多层感知机的结构

表 5-1 对单层感知机和多层感知机的分类能力进行了比较。

表 5-1 单层感知机和多层感知机的分类能力对比

结构	决策区域类型	区域形状	异或问题
无隐藏层	由一个超平面分成两个		
单隐藏层	开凸区域或闭凸区域		
双隐藏层	任意形状(其复杂度由单元数目决定)		

由表 5-1 可知，隐藏层的增多能够使多层感知机形成任意形状的凸域，从而解决复杂的分类问题。然而，多层感知机的训练面临挑战：如何训练隐藏层的权值？由于隐藏层节点没有期望输出，无法使用感知机的学习规则进行训练，因此多层感知机的发展陷入低潮。1969 年，Minsky 和 Papert 指出了这个问题，并质疑将感知机模型扩展到多层网络是否有意义。该观点使得人工神经网络的研究受到冷落，资金枯竭，很多专家放弃了相关研究。这给以感知机为基础的 ANN 理论带来了困境。

5．神经网络的崛起

直到 1982 年，Hopfield 网络和《并行分布式处理》重新激发了人们对 ANN 的兴趣。《并行分布式处理》详尽分析了具有非线性连续变换函数的多层感知器的误差反向传播算法，实现了多层网络的设想。这一突破为模仿脑信息处理的智能计算机研究带来了新的希望。

前面我们说到，多层感知器在如何获取隐藏层的权值的问题上遇到了瓶颈。既然我们无法直接得到隐藏层的权值，能否先通过输出层得到输出结果和期望输出的误差来间接调整隐藏层的权值呢？BP 算法就是采用这样的思想设计出来的算法，它的基本思想：学习过程由信号的正向传播与误差的反向传播两个过程组成，如图 5-11 所示。

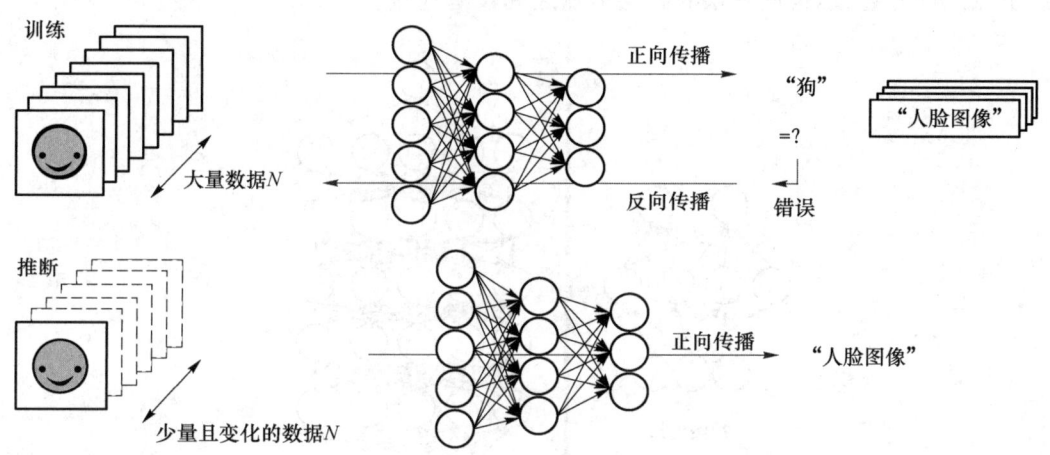

图 5-11　反向传播的基本思想

① 正向传播时，输入样本从输入层传入，经各隐藏层逐层处理后，传向输出层。若输出层的实际输出与期望的输出不符，则转入误差的反向传播阶段。

② 反向传播时，将输出以某种形式通过隐藏层向输入层逐层反传，并将误差分摊给各层的所有单元，从而获得各层单元的误差信号，此误差信号即修正各单元权值的依据。

结合了 BP 算法的神经网络称为 BP 神经网络，BP 神经网络使用反向传播算法，但存在梯度弥散（Gradient Diffusion）问题，这是由非凸目标代价函数导致的局部最优解问题。随着网络层数的增多，这种问题变得更加严重，限制了神经网络的发展。

5.1.3　神经网络之后的又一突破——深度学习

2006 年，Geoffrey Hinton 提出了深度学习的概念，并改进了模型训练方法，打破了 BP 神经网络发展的瓶颈。他认为多层人工神经网络具有强大的特征学习能力，学习得到的特征对原始数据更有代表性，便于分类和可视化问题。而深度神经网络的训练难题可以通过逐层训练的方式解决,即将上层训练好的结果作为下层训练的初始化参数,并可以采用无监督学习方式进行逐层初始化。

深度学习是一种利用非监督特征学习和模型分析分类功能的机器学习技术。它的本质是对观察数据进行特征分层,将低级特征进一步抽象成高级特征。深度学习可以分为3类:生成型深度结构、判别型深度结构和混合型深度结构。生成型深度结构模拟数据的高阶属性和联合概率分布,如自编码器、受限玻尔兹曼机和深度置信网络。判别型深度结构提供模式分类的辨别力,如卷积神经网络和深凸网络。混合型深度结构兼具生成和判别两部分,可以通过深度置信网络的预训练和优化权值的方式解决分类问题。

5.1.4　什么是深度学习

深度学习可以被简单理解为传统神经网络的拓展。如图5-12所示,传统神经网络与深度神经网络的相似之处在于它们都采用分层结构,包括输入层、隐藏层(可以是单层或多层)、输出层,节点之间有连接,但同一层和跨层节点之间没有连接。

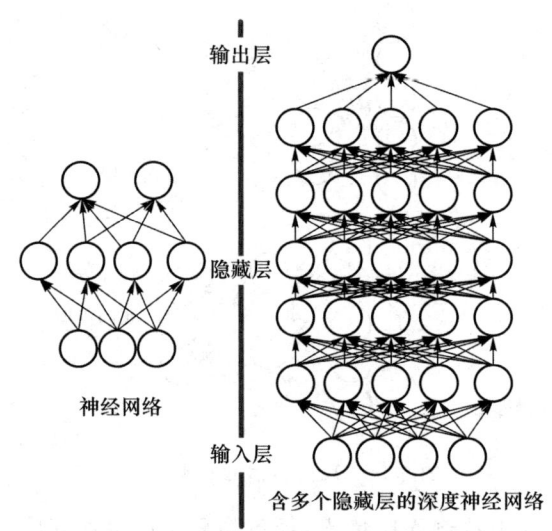

图 5-12　传统神经网络和深度神经网络

深度学习框架结合了特征学习和分类器,通过无监督特征学习的自动学习特征,减少了手工设计特征的工作量。它通过逐层预训练和微调方式进行模型学习和优化。深度学习利用深层非线性网络实现复杂函数逼近,并能够从无标注样本中学习数据本质特征。它能够获得更好的数据表示特征,处理大规模数据。对于图像、语音等特征不明显的问题,深度模型表现更好。深度学习降低了训练难度,解决了梯度弥散问题。但深度学习需要结合领域知识和其他模型以获得最佳结果。另外,深度学习的可解释性较差可能成为产品升级中的障碍。近年来,深度学习快速发展,例如,Google Brain 项目使得深度神经网络能够自我训练发现物体概念,Facebook 的 DeepFace 项目实现了几乎与人类相媲美的人脸识别,DeepMind 公司的 AlphaGo 在围棋比赛中战胜了世界冠军。

5.1.5 深度学习的研究现状

深度学习极大地促进了机器学习的发展,受到世界各国相关领域研究人员和高科技公司的重视,语音识别、图像识别和自然语言处理是深度学习算法应用最广泛的 3 个主要研究领域。

1. 深度学习在语音识别领域的研究现状

长期以来,语音识别系统主要采用高斯混合模型作为概率模型,其浅层结构限制了对特征空间分布和相关性的充分描述,以及对模式分类的有限区分能力。

2009 年,微软亚洲研究院和深度学习专家 Hinton 合作,于 2011 年推出基于深度神经网络的语音识别系统,这一成果将语音识别领域已有的技术框架完全改变。深度神经网络采用了模拟人脑神经架构,通过逐层进行数据特征提取,最终得到适合进行模式分类处理的理想特征。

2. 深度学习在图像识别领域的研究现状

对于图像的处理是深度学习算法最早尝试应用的领域。经过多年的发展,CNN 在图像识别领域取得了重大突破,尤其是 2012 年 Hinton 教授和他的学生在 ImageNet 问题上使用更深的卷神经网络模型取得了世界最好成绩。这得益于算法改进、权重衰减和计算能力提升,使得深度学习网络模型能够高效理解和识别自然图像,提高识别精度并提升在线运行效率。

3. 深度学习在自然语言处理领域的研究现状

自然语言处理问题是深度学习的一个重要应用领域。数十年以来,自然语言处理主要是基于统计模型的方法。美国一些研究院最早将深度学习引入自然语言处理研究中,从 2008 年起采用将词汇映射到一维矢量空间和多层一维卷积结构的方法解决词性标注、分词、命名实体识别和语义角色标注 4 个典型的自然语言处理问题。他们构建的网络模型取得了相当精确的结果。总体而言,深度学习在自然语言处理上取得的成果和在语音、图像识别方面相差甚远,仍有待深入研究。

5.2 神经网络

5.2.1 从生物神经网络到人工神经网络

生物神经网络主要是指人脑的神经网络,它是人工神经网络的技术原型。人脑是人类思维的物质基础,思维的功能定位在大脑皮层,后者含有大约10^{11}个神经元,每个神经元又通过神经突触与大约 103 个其他神经元相连,形成一个高度复杂、高度灵活的动态网络。作为一门学科,生物神经网络主要研究人脑神经网络的结构、功能及其工作机制,意在探索人脑思维和智能活动的规律。

人工神经网络是生物神经网络在某种简化意义下的技术复现,作为一门学科,它的主要任务是根据生物神经网络的原理和实际应用的需要建造实用的人工神经网络模型,设计相应的学习算法,模拟人脑的某种智能活动,并在技术上实现出来用以解决实际问题。因此,生物神经网络主要研究智能的机理；人工神经网络主要研究智能机理的实现，两者相辅相成。

1. 研究内容

神经网络的研究内容相当广泛，反映了多学科交叉技术领域的特点。主要的研究工作集中在以下几个方面。

① 生物原型：从生理学、心理学、解剖学、脑科学、病理学等方面研究神经细胞、神经网络、神经系统的生物原型结构及其功能机理。

② 建立模型：根据生物原型的研究，建立神经元、神经网络的理论模型。其中包括概念模型、知识模型、物理化学模型、数学模型等。

③ 算法：在理论模型研究的基础上构造具体的神经网络模型，通过计算机模拟开展网络学习算法的研究。并行、容错、可以硬件实现以及自我学习的特性是神经网络的几个基本优点，也是神经网络计算方法与传统计算方法的区别所在。

2. 工作原理

"人脑是如何工作的？""人类能否制作模拟人脑的人工神经元？"多少年以来，人们企图从医学、生物学、哲学、信息学、计算机科学、认知学、组织协同学等各个角度认识并解答上述问题。在寻找上述问题答案的研究过程中，逐渐形成一个多学科交叉的技术领域，称为神经网络。神经网络的研究涉及众多学科领域，这些领域互相结合、相互渗透并相互推动。不同领域的科学家又从各自学科的兴趣与特色出发，从不同的角度进行研究。

人工神经网络首先要以一定的学习准则进行学习，然后才能工作。现以人工神经网络对于"A""B"两个字母的识别为例进行说明，规定当输入为"A"时，输出为"1"，而当输入为"B"时，输出为"0"。

所以网络学习的准则应该是：如果网络作出错误的判断，则通过学习，网络应能减少下次犯同样错误的可能性。首先，给网络的各连接权值赋予（0,1）区间内的随机值，将"A"所对应的图像模式输入网络，网络将输入模式加权求和、与门限比较、进行非线性运算，得到网络的输出。在此情况下，网络输出为"1"和"0"的概率各为50%，也就是说是完全随机的。这时输出如果为"1"（结果正确），则使连接权值增大，以便使网络再次遇到"A"模式输入时，仍然能作出正确的判断。

神经网络是通过对人脑的基本单元——神经元的建模和联接，探索模拟人脑神经系统功能的模型，并研制一种具有学习、联想、记忆和模式识别等智能信息处理功能的人工系统。神经网络的一个重要特性是它能够从环境中学习，并把学习的结果分布存储于网络的突触连接中。神经网络的学习是一个过程，在其所处环境的激励下，相继给网络输入一些样本模式，并按照一定的规则（学习算法）调整网络各层的权值矩阵，待网络各层权值都收敛到一定值时，学习过程结束。这时我们就可以用生成的神经网络来对真实数据做分类。

3. 发展历史

20世纪40年代，心理学家W. Mcculloch和数理逻辑学家W. Pitts提出了神经元的数学模型，为人工神经网络的研究奠定了基础。在同一时期，冯·诺依曼领导的设计小组成功试制了存储程序式电子计算机，标志着电子计算机时代的开始。冯·诺依曼比较了人脑和计算机的区别，并提出了基于神经元的再生自动机网络结构。20世纪50年代末，F. Rosenblatt设计了多层神经网络感知机，并将其应用于文字识别和声音识别等领域。然而，由于计算机技术的限制，以及线性感知机功能的有限性，神经网络研究在20世纪60年代末进入低潮。20世纪60年代初，Widrow提出了自适应线性元件网络，并发展了非线性多层自适应网络，其实际上是一种人工神经网络模型。20世纪80年代初,超大规模集成电路制作技术的进步和数字计算机的困境促使人们重新关注神经网络。Hopfield在1982年和1984年发表论文,引起了巨大反响,推动了人工神经网络的研究热潮。自此以后,人工神经网络得到广泛研究和应用。

5.2.2 什么是神经网络

深度学习并不是新兴理论,早在几十年前,深度学习和神经网络的基本理念就已经比较完备了。关于深度学习之所以现在才开始流行的原因,我们先来看图5-13。

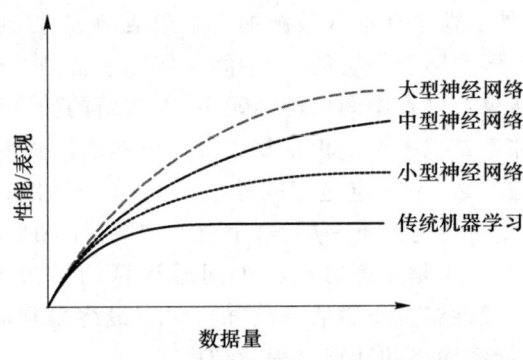

图 5-13 数据量驱动深度学习发展

模型能达到好的效果,需要数据、计算力和算法的支持。从图5-13可以看出,数据量的增加是最主要的因素。所以,随着近些年数据量爆炸式增加,深度学习的优势逐渐体现。

逻辑回归模型将输入变量按一定权重进行线性组合求和,并对得到的值进行Sigmoid函数变换,即$g(z)=1/(1+e^{-z})$。这个过程可以用图5-14表示,其中x_1、x_2、x_3为输入变量,也是我们数据集中的特征,先将它们进行线性组合得到一个数值,再对这个数值进行Sigmoid函数变换,得到$\hat{y}$,从而可以预测实际的y。

逻辑回归模型本质上是一个浅层神经网络(Shallow Neural Network)。这里它只有输入层和输出层。输入层经过线性组合,被施加一个函数,这里把这个函数叫作激活函数(Activation Function,或称为激励函数),随后得到输出层的结果。我们暂时把它称为"简单结构"。如果我们在输入层和输出层之间加入中间层,那么一个严格意义的神经网络就形成了,如图5-15所示。

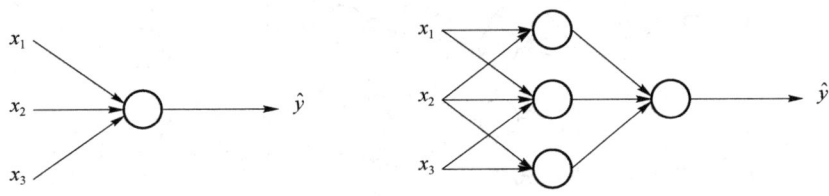

图 5-14 逻辑回归模型　　　图 5-15 带隐藏层的逻辑回归模型

这个模型与图5-14所示的模型相比,在输入层和输出层之间多了一个隐藏层,这个隐藏层有3个神经元,它们在结构图中作为节点与前一层(输入层)的节点(x_1, x_2, x_3)通过有向线段两两相连。看起来复杂,如果我们把中间3个神经元分开来看,每一个神经元与上一层都有

图 5-16 所示的关系。

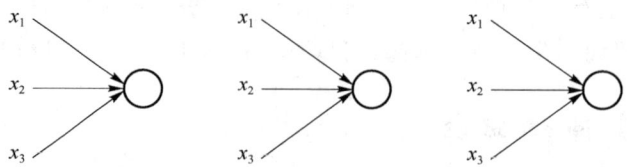

图 5-16　每一个神经元与上一层的关系

这 3 张图的形式与逻辑回归模型图的形式完全相同。x_1、x_2、x_3 通过一定的权重比例线性组合,得到一个新的数,然后这个新的数被施加一个激活函数,得到一个输出值(虽然图中没有表现出施加函数的过程,但实际上是有的)。中间层实际上就是 3 个"简单结构"并行运行出来的结果,将得到的 3 个结果存储在中间层神经元中,作为新的输入变量传给下一层。这里 3 个"简单结构"并行运行,并不是把一个过程重复 3 次。虽然数据变量都是一样的,但每个结构中线性组合的权重(也就是参数)不一定是相同的。因此,3 个神经元的数值是不一样的。将得到的 3 个数值作为输入变量传递给下一层,这个过程如图 5-17 所示。

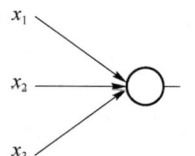

图 5-17　将 3 个数值作为输入变量传递给下一层

于是在第二层将中间层计算的结果当作输入变量,重新进行"线性组合+激活函数"的操作,最终得到输出值。这样一个两层的神经网络的计算过程就结束了。

神经网络可以有多个隐藏层,当我们使用更多的层数时,实际上就是在构造所谓的深度神经网络。在实际应用中,我们会使用几十个甚至几百个隐藏层。并且事实证明,让网络变得更深层确实会提高模型的准确率。几百层的网络的确会比简单的几层网络表现得更优秀。

我们再来看深度神经网络的结构。每个隐藏层可以有任意数量的神经元,其可以大于、小于或等于输入层变量个数,但一般至少要有两个,每层的数量也可以各不相等。图 5-18 所示是一个两个隐藏层的神经网络。在每一层一般都使用同一个激活函数,不同层的激活函数可以不相同。

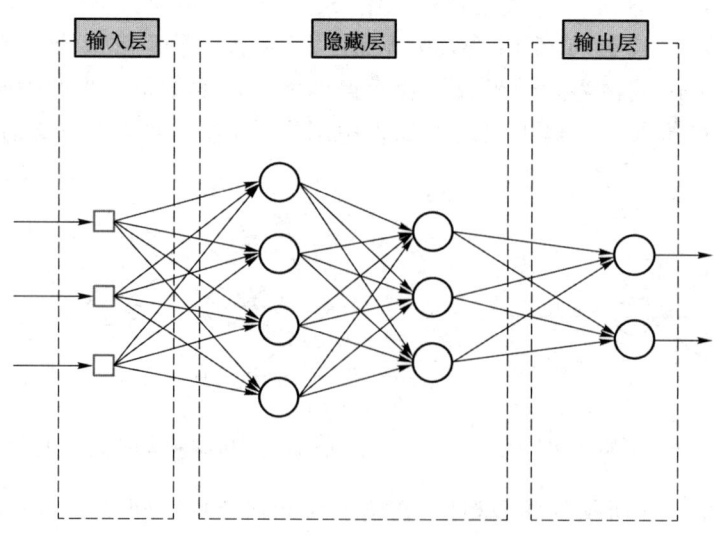

图 5-18　带有两个隐藏层的神经网络

在介绍神经网络的训练前,要先明确,前面所提到的神经网络的层数、每层的神经元节点数以及每个地方激活函数的选择都是预先指定的,即它们是神经网络模型的超参数。

神经网络由神经元、网状结构和激活函数构成。图 5-18 中的每一个节点都是一个神经元,神经网络通过网状结构将每一层的信息传递给下一层。神经网络看似复杂,但简单来说,其实只干了 3 件事:①对输入变量施加线性组合;②套用激活函数;③重复前两步。

前文中反复提到的两个关键词线性组合和激活函数就是神经网络的两大"法宝",很多人喜欢把神经网络看成一个黑匣子,认为从输入到输出之间经过了复杂的计算程序。看清这个计算过程之后,其实整个流程很简单,就是不断重复线性组合和激活的过程:输入→线性组合→激活→线性组合→激活→……→线性组合→激活→输出。

像这样从输入端 $x_1,x_2\cdots$ 到输出端生成 y 的计算过程叫作正向传播(Forward Propagation)。上述步骤正是正向传播的步骤。在给定各层权重参数的情况下,我们可以通过正向传播由已知的 x 计算出 y。至此,我们知道了神经网络是如何从输入计算得到输出的。

神经网络的核心在于激活函数。激活函数的存在使得神经网络由线性变为非线性。激活函数通常有 ReLU 函数、Sigmoid 函数、Tanh 函数等。

5.2.3 神经网络的训练

1. 神经网络的参数

要使神经网络模型具有预测能力,我们必须要让输入和输出之间的道路"畅通"。要实现这一点,我们需要训练神经网络中的参数。那么神经网络中的参数究竟有哪些呢?读者可以试着想一下,图 5-19 所示的神经网络包含多少个参数。

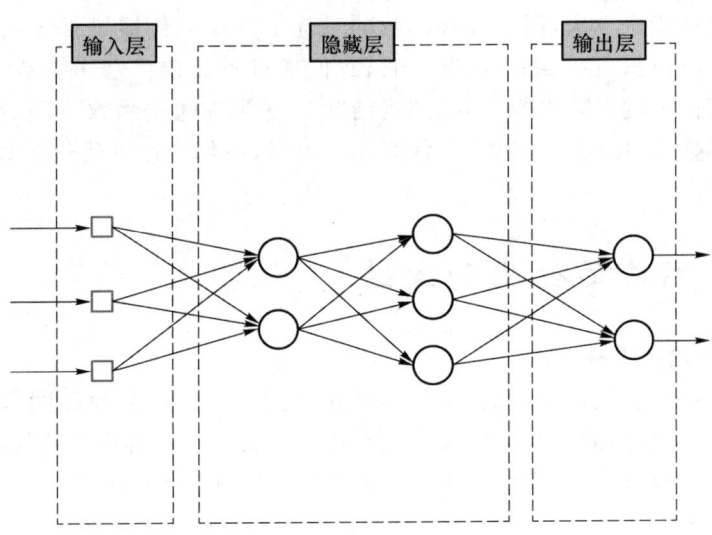

图 5-19 神经网络示例

我们知道神经网络计算主要包括线性组合和激活函数。激活函数在模型训练之前是确定的,不存在参数。神经网络的所有参数都集中在线性组合器的权重系数上。所以,这里的参数就是指权重系数。

在这个例子中,第一个隐藏层有 2 个节点,也就是有 2 个并行的线性组合器结构。对于每个线性组合器,因为输入变量有3个,将它们线性组合需要3+1=4个参数(包括常数项)。因此,这一层一共需要4×2=8个参数。第二层有3个线性组合器结构,但此时输入变量变为2个,所以每个组合器需要2+1=3个参数,本层一共包含3×3=9个参数。同理,可计算出输出层包括(3+1)×2=8个参数。整个神经网络包含8+9+8=25个参数。

2. 向量化

神经网络的参数数量庞大。上述例子只是一个简单的3层网络,就有25个参数。在人们通常使用的网络模型中,拥有成千上万个参数是非常正常的。这还是最简单的普通网络模型,后文要叙述的卷积神经网络的参数数量甚至可以达到数十万个到数百万个。为了方便,我们需要借助向量和矩阵来表示这些参数以及中间运算的结果,这样不仅表示起来更加清晰简单,编写代码时也能充分利用矩阵化计算的优势,省去一些循环,从而使运算速度大幅提升。

3. 代价函数

要找到最合适的参数,首先我们要确定一个优化目标,也就是要定义一个代价函数(Cost Function,也称为成本函数)。代价函数衡量的是模型预测值和真实值之间的偏离程度。我们要设法让预测值和真实值尽可能接近,可以按如下方式定义代价函数。

首先,代价函数是所有样本损失函数的叠加。损失函数(Loss Function)是定义在一条样本数据上的。为了定量刻画某一条样本,记录预测值与真实值的差异,在神经网络中可以使用交叉熵来定义损失函数:

$$J(x,y)=L(y,\hat{y}) \tag{5-12}$$

先计算每一个样本的损失函数,再遍历整个样本,取均值后即可得到代价函数:

$$C(x,y)=1/m \cdot sigma(J(x,y)) \tag{5-13}$$

4. 梯度下降和反向传播

梯度下降是一种优化方法,用于寻找函数的最优值。反向传播是神经网络中优化代价函数、修正参数的核心过程。在训练神经网络时,我们通过不断迭代修正参数,使其逐渐接近最优值。这个过程遵循梯度下降思想,即找到当前状态下使待优化函数下降最快的点。正向传播用于计算损失函数,而反向传播用于参数修正。通常,我们会记录代价函数值并观察其变化来进行实际应用。

5.2.4 神经网络的优化和改进

1. 神经网络的优化策略

优化的目的是让算法能更快收敛,使得训练速度加快。优化是神经网络建模中极其重要的环节,它直接决定了模型的训练时间和投入产出的性价比。在神经网络模型搭建中,优化包括任何可以使算法更快收敛、使模型训练加快的手段。下面让我们来看一些常见的优化策略。

(1) Mini-Batch

为了加快训练速度,我们先不说算法,首先从读取数据"开刀"。Mini-Batch(小批次)的原理是分批次读入样本数据,从而缩短一次迭代的运算时间。为了充分利用样本集,我们将样本随机分成若干组(Batch),使得每一组有 N 个样本。假设共有 m 个样本,那么一共分成 m/N 个组(若 N 取值不能整除 m,则进行取整,整除多出来的样本单独作为一组)。通常 N 取值为 2 的整数次方,如 128、256 等。

N 被称 Mini-Batch Size(小批次的量),属于超参数之一。假设我们有 $m=2\,000$ 条样本,

Mini-Batch Size $N=256$,那么第一次读取的是第 1~256 个样本(样本顺序已随机打乱),进行一次迭代(正向传播和反向传播)后,在第二次迭代时读取第 257~512 个样本,依此类推,第 7 次迭代读取第 1 537~1 792 个样本,第 8 次迭代读取第 1 793~2 000 个样本(本次样本量小于 256)。在 8 次迭代后,整个样本进行了一次遍历。我们把到此为止的整个过程称为一个世代(Epoch,表示整个样本集通过神经网络模型一次,即训练一个轮次,正向传播和反向传播各通过一次)。在此之后重新开始下一个世代,整个样本集重新洗牌,随机分成 8 个组,然后重复类似于上一个世代的操作,如此往复。

由此可见,Mini-Batch 和常规算法的最大区别就是,每次迭代时,读取的样本是不一样的。每一次训练过程都是在样本集的一个随机子集上进行的,而不是整个样本集。这样一来大大缩短了一次迭代的运算时间,从而使得训练时间大大缩短。

有的读者会想,这样做是否会影响收敛的轨迹呢?每次样本不一样,在整个训练过程刚开始的时候,参数的行进轨迹的确会显得不太规律,但经过一段时间后会步入正轨,最终逐渐向最优值靠拢。通常 Mini-Batch 只会缩短训练时间,不会给训练带来任何负面影响。所以,在实际应用中,当样本量很大的时候,几乎总会用到 Mini-Batch。

(2) 输入数据标准化

标准化指的是将所有数据减去其均值,再除以标准差的过程。标准化后的样本点在每个维度上分散程度更加均衡,也就是说每个特征的波动区间更加接近。设想一组包含 100 个记录的样本,每个样本有两个特征 x_1 和 x_2。x_1 分布在 0~100,而 x_2 分布在 0~1。在这种情况下,我们非常有必要对数据进行标准化处理,如图 5-20 所示。

$$X = [x_1 \quad x_2] \tag{5-14}$$

$$X = X - X_{\text{mean}} \tag{5-15}$$

其中

$$X_{\text{mean}} = 1/m \cdot \text{sigma}(X(i)) \tag{5-16}$$

$$X = X/\text{std}$$

其中

$$\text{std}^2 = 1/m \cdot \text{sigma}(X(i)^2)$$

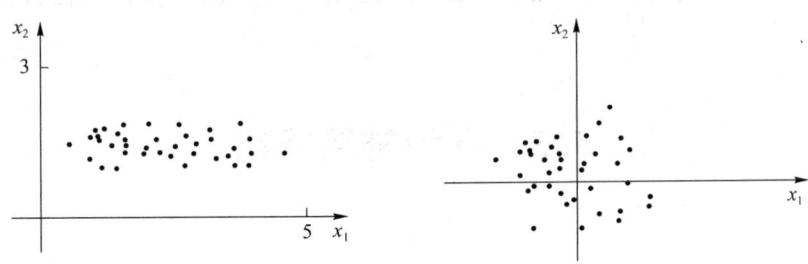

图 5-20 标准化处理

经过标准化处理后,样本在每一个分量的波动幅度相当。为什么要这样做呢?因为这样代价函数曲线将变得更加均匀、圆滑,而不是呈现扁平状,而后者会导致参数的行进轨迹呈现"锯齿形",最终花更长的时间才能抵达最优点。

(3) 动量方法

动量方法(Momentum)和标准化类似,都是为了使梯度在迭代中更顺畅,但动量方法是通过改进算法来实现的。学习过程中出现"锯齿形"梯度轨迹是常见情况,即使进行了标准化处理,代价函数曲线也往往不是完美的"圆形"。动量方法的思想是用过去几次梯度的平均作为当前梯度,借用了物理学中动量的概念。换个角度看,动量方法修正的是"速度",而不是"位移"。

2. 正则化方法

正则化的目的是防止模型过拟合。在神经网络中,通常有 L1/L2 正则化、随机失活(Dropout)两种方式。

(1) L1/L2 正则化

这种方法很简单,与之前在逻辑回归中介绍的技巧类似,是在模型代价函数的基础上加上一个惩罚项。

$$J(w,b) = 1/m \cdot sigma(L(\hat{y},y)) + lamda/2m \cdot \|w\|2,2 \qquad \#L2 \quad (5\text{-}17)$$

$$J(w,b) = 1/m \cdot sigma(L(\hat{y},y)) + lamda/2m \cdot \|w\|2,1 \qquad \#L1 \quad (5\text{-}18)$$

由于代价函数的变化,反向传播的计算也会相应地改变,但不用担心,我们完全不用推翻原来的反向传播计算过程,只需要在原来的基础上稍作改变。由于新的 $J(w,b)$ 为两项求和的形式,在求梯度之后仍为两项求和,因此计算的第一步只需在原来的基础上添加一项,即 $lamda/2m \cdot \|w\|2,2$ 对 w 的导数。

$$(w,b) = 1/m \cdot sigma(L(\hat{y},y)) + lamda/m \cdot w[1] \qquad (5\text{-}19)$$

$$w[1] = w[1] - alpha \cdot dw[1] \qquad (5\text{-}20)$$

(2) 随机失活

另一种有效的正则化技巧是随机失活。随机失活的原理是在每次迭代过程中,随机让一部分神经元"失效"。这个过程可以这样理解,假设有一个过度拟合的网络,现在我们在每个神经元上安装一个"开关"。在每次迭代中,随机关闭其中一部分。每个神经元被关闭的概率都是相同的,等于预设值,如 0.5。实际上,每一层的预设概率值可以有差异,但通常被设成同一个值。在实际操作中,绝大多数情况都只设一个通用的概率值,所以后文假设每一层概率都相同。

5.3 卷积神经网络

5.3.1 卷积运算

卷积运算是卷积神经网络(Convolutional Neural Network,CNN)中的核心演算步骤。积运算是将一个矩阵和另一个"矩阵乘子"通过特定规则计算出一个新的矩阵的过程。这个"矩阵乘子"叫作卷积核(Convolution Kernel)。例如,一个 5×5 的矩阵和一个 3×3 的卷积核进行卷积,可以得到一个 3×3 的矩阵,如图 5-21 所示。

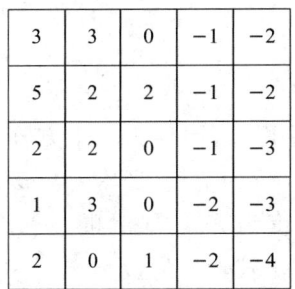

图 5-21 卷积运算的例子

卷积运算按照下述方式进行。根据卷积核的规格,对应原矩阵左上角的矩阵,在这个例子中,是图 5-22 所示的 3×3 的矩阵。

将选中的矩阵和卷积核矩阵"相乘"。这里的"乘"指的是对应元素相乘,然后求和,即 $3×1+3×1+0×0+5×2+2×0+2×(-1)+2×(-2)+2×1+0×3=12$,将得到的数放入矩阵的左上角,如图 5-23 所示。

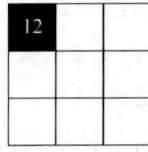

图 5-22 对应的矩阵　　　　图 5-23 矩阵和卷积核矩阵"相乘"的结果

这样我们就得到了卷积矩阵中的一个元素。将原矩阵的选定区域平移,放到图 5-24 所示的位置。

将当前选定的矩阵与卷积核矩阵对应元素相乘,得到 1,将其填入第二个方格中,如图 5-25 所示。

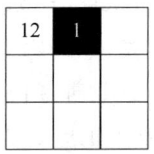

图 5-24 将选定区域平移　　　　图 5-25 当前选定的矩阵与卷积核矩阵对应元素相乘

依此类推,第二行第一个方格通过原矩阵第 2～4 行、第 1～3 列围成的区域与卷积核相乘得到。第三行第三个方格由原矩阵右下角的方阵与卷积核相乘所得。最终即可得到结果。

5.3.2 卷积层

通过上面的介绍,我们知道了一个方阵可以和一个卷积核(同样为一个方阵)进行卷积运算,得到一个新的方阵。假设输入矩阵为 $h \times w$(h 为长度,w 为宽度,通常 h 与 w 相等,即方形矩阵),卷积核为 $f \times f$,那么得到的输出矩阵的长度和宽度为 $h-f+1$ 和 $w-f+1$。通常 f 的值不大,一定小于 h 和 w,3×3、5×5、7×7 的卷积核是比较常见的。

这只是卷积运算最"标准"的情况。要了解卷积神经网络中卷积运算的实际操作,我们还需要了解填充(Padding)和步长(Stride)的概念。事实上,我们可以通过填充和步长得到尺寸和上述计算中不一样的矩阵。填充和步长也是卷积运算中极为重要的概念,可以通过调节它们改变我们想要的输出矩阵的格式。

(1) 填充

填充指的是对输入矩阵的尺寸进行"扩展",在矩阵外层增加一个"套环"(通常由 0 来填充)。例如,一个 3×3 的矩阵通过填充得到了一个 5×5 的矩阵。填充的参数 p 是在进行一次卷积运算中可以控制的参数。通过设置参数 p,我们可以控制输出层想要得到的矩阵的尺寸。

(2) 从二维到三维

卷积神经网络在计算机视觉中广泛应用。在图像处理中,输入数据不限于二维像素矩阵,大多数图像是彩色的,具有 3 个颜色通道。例如,一个 $32 \times 32 \times 3$ 的图片与一个 5×5 的卷积核进行卷积,可得到 28×28 的输出。在卷积过程中,颜色值的维度被求和,输出结果的第三个维度为 1 而不是 3。

卷积层是卷积神经网络的重要组成部分,通过对输入数据进行卷积运算来提取不同特征。低层卷积层提取边缘、线条等低级特征,更高层的网络从这些低级特征中提取更复杂的特征。卷积神经网络由多个卷积层、池化层和全连接层组成。

池化层是一种向下采样操作,常见的方式有最大池化和平均池化。它可以将高分辨率的图片转化为低分辨率的图片,减小全连接层的节点个数,从而减少参数数量。全连接层使用普通神经网络的连接方式,通常位于网络的最后几层。

5.4 反向传播神经网络

反向传播(Back Propagation, BP)神经网络在 1986 年由 Rumelhart 和 McCelland 为首的科研小组提出,是一种按误差逆传播算法训练的多层前馈网络,也是目前应用非常广泛的神经网络模型之一。BP 神经网络能学习和存储大量的输入-输出模式映射关系,它的学习规则是使用最速下降法,通过反向传播来不断调整网络的权值和阈值,使网络的误差平方和最小。它的基本思想是,学习过程由信号的正向传播与误差的反向传播两个过程组成。

① 正向传播时,输入样本从输入层传入,经各隐藏层逐层处理后,传向输出层。若输出层的实际输出与期望的输出(教师信号)不符,则转入误差的反向传播阶段。

② 反向传播时,将输出以某种形式通过隐藏层向输入层逐层反传,并将误差分摊给各层

的所有单元,从而获得各层单元的误差信号,此误差信号就是修正各单元权值的依据。

图 5-26 为 BP 算法的信号流向图。

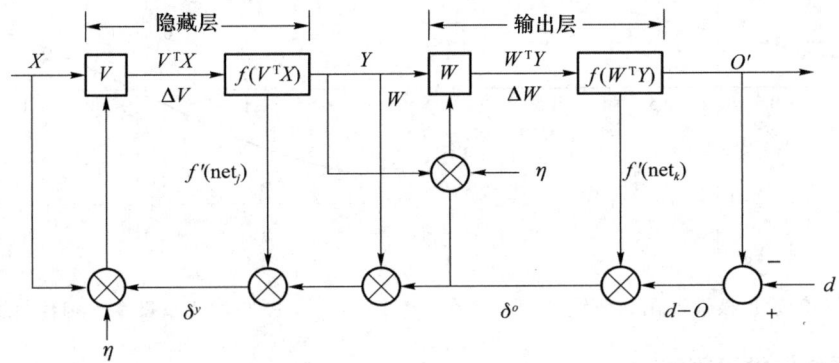

图 5-26 BP 算法的信号流向图

5.4.1 BP 网络特性分析

1. BP 网络的拓扑结构

BP 网络实际上就是多层感知器,因此它的拓扑结构和多层感知器的拓扑结构相同。图 5-27 所示为一个三层 BP 网络。

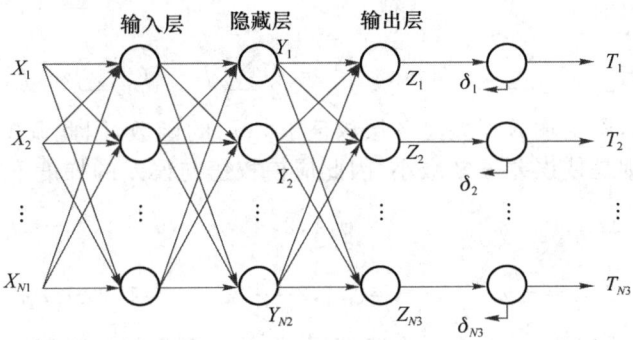

图 5-27 三层 BP 网络

2. BP 网络的传递函数

BP 网络采用的传递函数是非线性变换函数——Sigmoid 函数(又称 S 函数),即

$$f(x) = \frac{1}{1+e^{-x}} \tag{5-21}$$

其特点是函数本身及其导数都是连续的,因而在处理上十分方便。关于为什么要选择这个函数,在介绍 BP 网络的学习算法的时候会进行进一步的介绍。

单极性 S 函数曲线如图 5-28 所示。双极性 S 函数曲线如图 5-29 所示,即

$$f(x) = \frac{1-e^{-x}}{1+e^{-x}} \tag{5-22}$$

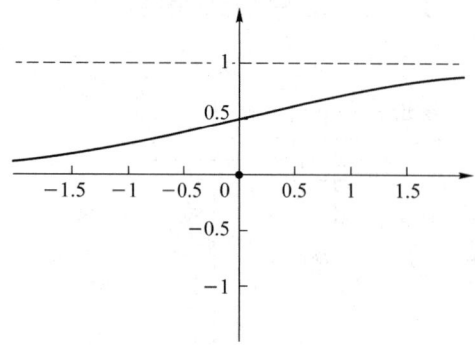

图 5-28 单极性 S 函数曲线

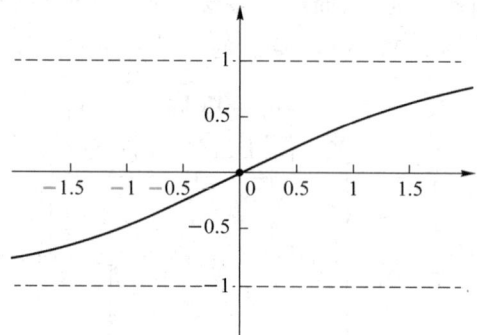

图 5-29 双极性 S 函数曲线

3. BP 网络的学习算法

BP 网络的学习算法就是 BP 算法,又叫 δ 算法(在 ANN 的学习过程中,我们会发现不少具有多个名称的术语)。以三层感知器为例,当网络输出与期望输出不等时,存在输出误差 E,其定义如下:

$$E = \frac{1}{2}(d-O)^2 = \frac{1}{2}\sum_{k=1}^{l}(d_k - O_k)^2 \tag{5-23}$$

将以上误差定义式展开至隐藏层,有

$$E = \frac{1}{2}\sum_{k=1}^{l}[d_k - f(\text{net}_k)]^2 = \frac{1}{2}\sum_{k=1}^{l}\left[d_k - f\left(\sum_{j=0}^{m}w_{jk}y_j\right)\right]^2 \tag{5-24}$$

进一步展开至输入层,有

$$E = \frac{1}{2}\sum_{k=1}^{l}d_k - f\left[\sum_{j=0}^{m}w_{jk}f(\text{net}_j)\right]^2 = \frac{1}{2}\sum_{k=1}^{l}d_k - f\left[\sum_{j=0}^{m}w_{jk}f\left(\sum_{j=0}^{n}v_{ij}x_i\right)\right]^2 \tag{5-25}$$

由上式可以看出,网络输入误差是各层权值 w_{jk}、v_{ij} 的函数,因此调整权值可改变误差 E。显然,调整权值的原则是使误差不断减小,因此应使权值与误差的梯度下降成正比,即

$$\Delta w_{jk} = -\eta \frac{\partial E}{\partial w_{jk}}, \quad j=0,1,2,\cdots,m, \quad k=1,2,\cdots,l \tag{5-26}$$

$$\Delta v_{ij} = -\eta \frac{\partial E}{\partial v_{ij}}, \quad i=0,1,2,\cdots,n, \quad j=1,2,\cdots,m \tag{5-27}$$

对于一般的多层感知器,设共有 h 个隐藏层,按前向顺序将各隐藏层节点数分别记为 m_1,$m_2,\cdots,m_h$,各隐藏层输出分别记为 $y_1,y_2,\cdots,y_h$,各层权值矩阵分别记为 $W_1,W_2,\cdots,W_h$,W_{h+1},则各层权值调整公式如下。

输出层:

$$\Delta w_{jk}^{h+1} = \eta \delta_{h+1}^{k} y_j^h = \eta(d_k - o_k)o_k(1-o_k)y_j^k, \quad j=0,1,2,\cdots,m_h, \quad k=1,2,\cdots,l \tag{5-28}$$

第 h 隐藏层:

$$\Delta w_{ij}^h = \eta \delta_j^h y_i^h - 1 = \eta\left(\sum_{k=1}^{l}\delta_k^0 w_{jk}^{h+1} y_j^k (1-y_j^k)\right)y_i^h, \quad i=0,1,2,\cdots,m_{(h-1)}, \quad j=1,2,\cdots,m_h$$

$$\tag{5-29}$$

按以上规律逐层类推,则第一隐藏层权值调整公式为

$$\Delta w_{pq}^1 = \eta \delta_q^1 x_p = \eta\left(\sum_{r=1}^{m_2}\delta_r^2 w_{qr}^2\right)y_q^1(1-y_q^1)x_p, \quad p=0,1,2,\cdots,n, \quad j=1,2,\cdots,m_1$$

$$\tag{5-30}$$

易得,在 BP 学习算法中,各层权值调整公式形式上都是一样的,均由 3 个因素决定,即学习率 η、本层输出的误差信号 δ、本层输入信号 Y(或 X)。其中输入层误差信号与网络的期望输出与实际输出之差有关,直接反映了输出误差,而各隐藏层的误差信号与前面各层的误差信号有关,是从输出层开始逐层反传过来的。

可以看出 BP 算法属于 δ 学习规则类,这类算法常被称为误差的梯度下降算法。LMS 学习规则与神经元采用的变换函数无关,因而不需要对变换函数求导,δ 学习规则则没有这个性质,要求变换函数可导。这就是前面采用 Sigmoid 函数的原因。BP 三要素如图 5-30 所示。

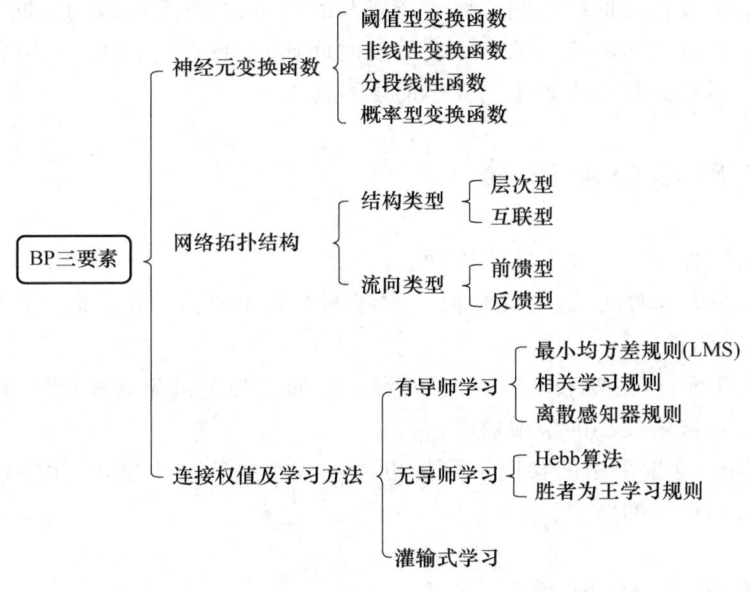

图 5-30　BP 三要素

训练一个 BP 神经网络,实际上就是调整网络的权重和偏置这两个参数,其过程分两部分:前向传输,逐层波浪式的传递输出值;逆向反馈,反向逐层调整权重和偏置。

5.4.2　BP 网络的设计

在进行 BP 网络的设计时,一般应从网络的层数、每层中的神经元个数和激活函数、初始值、学习速率等方面来考虑。

1. 网络的层数

理论已经证明,具有偏差和至少有一个 S 形隐藏层加上一个线性输出层的网络能够逼近任何有理函数,增加层数可以进一步降低误差,提高精度,但同时也会使网络复杂化。另外,不能用仅具有非线性激活函数的单层网络来解决问题,因为单层非线性网络无法解决所有问题,而自适应线性网络速度更快。只有增加层数才能解决需要非线性函数的问题。

2. 隐藏层神经元的个数

可以通过采用一个隐藏层增加其神经元个数的方法来提高网络训练的精度,这在结构实现上要比增加网络层数简单得多。当神经元个数太少时,网络不能很好地学习,训练精度也不高。但也不可盲目增加神经元个数,因为神经元个数太多时,训练迭代的次数多,可能会出现过拟合现象。由此,我们得到神经网络隐藏层神经元个数的选取原则是:在能够解决问题的前提下,再加上一两个神经元,以加快误差下降速度即可。

3. 初始权值

一般初始权值是取值在(−1,1)的随机数。在 MATLAB 工具箱中可采用函数 nwlog.m 或者 nwtan.m 来初始化隐藏层权值 W_1 和 B_1。其方法仅需要使用在第一隐藏层的初始值的选取上,后面层的初始值仍然采用随机数。

4. 学习速率

学习速率一般选取为 0.01～0.8,大的学习速率可能导致系统不稳定,但小的学习速率会导致收敛太慢,需要较长的训练时间。对于较复杂的网络,在误差曲线的不同位置可能需要不同的学习速率,减少寻找学习速率的训练次数及时间比较合适的方法是采用变化的自适应学习速率,使网络在不同的阶段设置不同大小的学习速率。

5.4.3 BP 网络的局限性

BP 网络的局限性表现在以下几个方面。

① 需要较长的训练时间:这主要是由于学习速率太小所造成的,可采用变化的或自适应的学习速率来加以改进。

② 完全不能训练:这主要表现在网络的麻痹上,通常为了避免这种情况发生,一是选取较小的初始权值,二是采用较小的学习速率。

③ 局部最小值:这里采用的梯度下降法可能收敛到局部最小值,采用多层网络或较多的神经元,有可能得到更好的结果。

5.4.4 BP 网络的改进

BP 网络改进的目标是加快训练速度并避免陷入局部极小值。常见的改进方法包括动量因子法、自适应学习速率、变学习速率和作用函数后缩法。动量因子法在反向传播的基础上,通过给权值变化添加与前次变化成正比的项来更新权值。自适应学习速率针对特定问题,克服了慢速收敛和难以达到全局最优的问题。变学习速率根据目标函数导数的符号变化调整学习速率。作用函数后缩法通过平移作用函数来改变其形状,通常是加上一个常数。

第6章 TensorFlow

6.1 TensorFlow 简介

TensorFlow 是一个符号数学系统,起源于谷歌大脑的深度学习应用研究项目 DistBelief,于 2015 年推出,是第二代机器学习系统,相比于 DistBelief,在性能、灵活性和可移植性方面都有显著改进。它主要用于实现各种机器学习算法,通过数据流编程的方式工作,且具有多层级结构,可在服务器、PC 终端和网页上部署。TensorFlow 支持高性能数值计算的 GPU 和 TPU,由谷歌大脑开发和维护,同时拥有多个项目和 API 接口,如 TensorFlow Hub、TensorFlow Lite 和 TensorFlow Research Cloud。如今 TensorFlow 发展迅速,已经形成了完整的生态系统,包括各种开发和研究项目。

TensorFlow 是一个强大的数值计算库,特别适用于大规模机器学习任务,如图像分类、自然语言处理、系统推荐和时间序列预测。那么 TensorFlow 能提供什么呢?总结如下。

它的核心与 NumPy(Numerical Python)非常相似;它支持分布式计算(跨多个设备和服务器,支持 GPU);它包含一种即时(JIT)编译器,可使其针对速度和内存使用情况来优化计算;它的工作方式是首先从 Python 函数中提取计算图,然后进行优化(通过修剪未使用的节点),最后运行(通过自动并行运行相互独立的操作),且计算图可以导出为可移植格式,因此用户可以先在一个环境中(如在 Linux 上使用 Python)训练 TensorFlow 模型,然后在另一个环境中(如在 Android 设备上使用 Java)运行 TensorFlow 模型;它实现了自动微分,并提供了一些优秀的优化器,如 RMSPrOP 和 Nadam,因此用户可以轻松地最小化各种损失函数。

TensorFlow 还提供了 tf.keras、数据加载与预处理操作(tf.data、tf.io)以及图像处理和信号处理等功能。底层实现使用高效的 C++代码,并针对不同设备类型(CPU、GPU 和 TPU)进行了优化。TPU 是专门为深度学习而构建的定制 ASIC 芯片。TensorFlow 的 Python API 如图 6-1 所示。

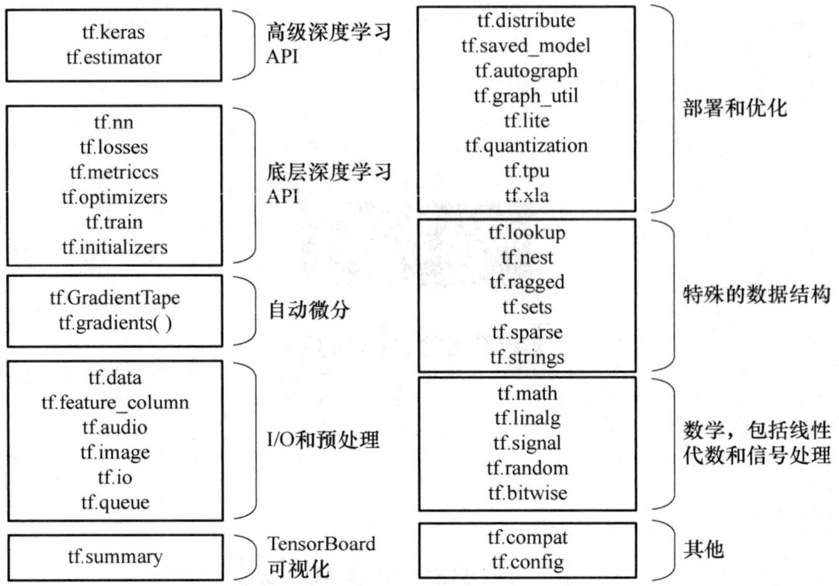

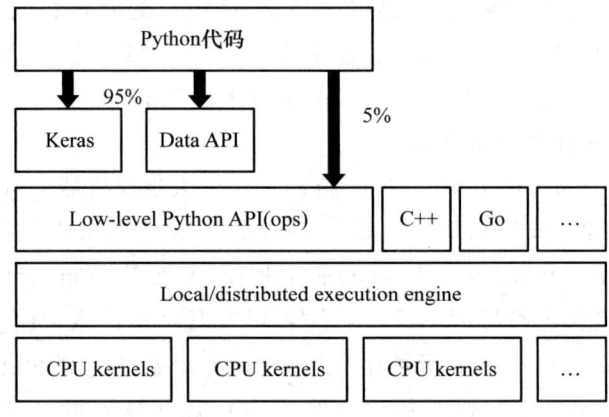

图 6-1 TensorFlow 的 Python API

TensorFlow 的架构如图 6-2 所示。大多数时候，代码可以使用高级 API（尤其是 tf.keras 和 tf.data），以减少开发工作量。但是当需要更大的灵活性时，可以使用较低级别的 Python API 直接处理张量。

图 6-2 TensorFlow 的架构

TensorFlow 不仅可以在 Windows、Linux 和 MacOS 上运行，也可以在移动设备（使用 TensorFlow Lite）上运行，包括 iOS 和 Android。如果用户不想使用 Python API，则可以使用 C++、Java、Go 和 Swift API。用户甚至还可以使用一个名为 TensorFlow.js 的 JavaScript 实现，即可在浏览器中运行模型。

TensorFlow 不仅仅是函数库，更是广泛的生态系统的核心。TensorBoard 可以进行可视化。TensorFlow Extended（TFX）是 Google 为了让 TensorFlow 能够更好地应用于生产环境而专门构建的一组库集合，包括用于数据验证、预处理、模型分析和服务的工具。Google 的 TensorFlow Hub 提供了轻松下载和重用预训练的神经网络的方法。读者可查看 TensorFlow 资源和 https://github.comfitoy/awesome-lensorfow，了解更多基于 TensorFlow

的项目。

TensorFlow 还拥有一个由乐于助人的开发人员组成的团队以及一个大型社区。用户可以使用 http://stackoverflow.com/ 并用 TensorFlow 和 python 标记自己的问题。

6.2 TensorFlow 的安装

1. 语言与系统支持

TensorFlow 支持多种客户端语言下的安装和运行。截至版本 1.12.0，绑定完成并支持版本兼容运行的语言为 C 和 Python，其他（试验性）绑定完成的语言为 JavaScript、C++、Java、Go 和 Swift，依然处于开发阶段的包括 C♯、Haskell、Julia、Ruby、Rust 和 Scala。

2. Python

TensorFlow 提供 Python 语言下的 4 个不同版本：CPU 版本(TensorFlow)、包含 GPU 加速的版本(TensorFlow-gpu)，以及它们的每日编译版本(tf-nightly、tf-nightly-gpu)。TensorFlow 的 Python 版本支持 Ubuntu 16.04、Windows 7、macOS 10.12.6 Sierra、Raspbian 9.0 及对应的更高版本，其中 macOS 版不包含 GPU 加速。安装 Python 版 TensorFlow 可以使用模块管理工具 pip/pip3 或 anaconda 并在终端上直接运行：

```
1. pip install tensorflow
2. conda install -c conda-forge tensorflow
```

此外，Python 版 TensorFlow 也可以使用 Docker 安装：

```
1. docker pull tensorflow/tensorflow:latest
2. # 可用的 tag 包括 latest、nightly、version 等
3. # docker 镜像文件:https://hub.docker.com/r/tensorflow/tensorflow/tags/
4. docker run -it -p 8888:8888 tensorflow/tensorflow:latest
5. # docker 下运行 jupyter notebook
6. docker run -it tensorflow/tensorflow bash
7. # 启用编译了 tensorflow 的 bash 环境
```

TensorFlow 提供 C 语言下的 API 用于构建其他语言的 API。安装过程如下。

下载 TensorFlow 预编译的 C 文件到本地系统路径（通常为 /usr/local/lib）并解压缩：

```
1. sudo tar -xz libtensorflow.tar.gz -C /usr/local
```

使用 ldconfig 编译链接：

```
1. sudo ldconfig
```

此外，用户也可在其他路径解压文件并手动编译链接：

```
1. # Linux
2. export LIBRARY_PATH = $ LIBRARY_PATH:~/mydir/lib
3. export LD_LIBRARY_PATH = $ LD_LIBRARY_PATH:~/mydir/lib
```

```
4. # MacOS
5. export LIBRARY_PATH = $ LIBRARY_PATH:~/mydir/lib
6. export DYLD_LIBRARY_PATH = $ DYLD_LIBRARY_PATH:~/mydir/lib
```

编译 C 接口时需确保本地的 C 编译器(如 gcc)能够访问 TensorFlow 库。

3. 配置 GPU

TensorFlow 支持在 Linux 和 Windows 系统下使用统一计算架构(Compute Unified Device Architecture,CUDA)高于 3.5 的 NVIDIA GPU 和 ROCm(ROCm 是由美国超威半导体公司(AMD)发布的用于 GPU 计算最通用的开源平台)。配置 GPU 时要求系统有 NVIDIA GPU 驱动 384.x 及以上版本、CUDA Toolkit 和 CUPTI(CUDA Profiling Tools Interface)9.0 版本、cuDNN SDK 7.2 及以上版本(cuDNN 即 CUDA Deep Neural Network,是 NVIDIA 推出的用于深度神经网络的 GPU 加速库)。可选配置包括 NCCL 2.2(用于多 GPU 支持)、TensorRT 4.0(用于 TensorFlow 模型优化)。

在 Linux 下配置 GPU 时,将 CUDA Toolkit 和 CUPTI 的路径加入 $LD_LIBRARY_PATH 环境变量即可。对于 CUDA 为 3.0 或其他版本的 NVIDIA 程序,需要从源文件编译 TensorFlow。对 Windows 下的 GPU 配置,需要将 CUDA、CUPTI 和 cuDNN 的安装路径加入 %PATH% 环境变量,在 DOS 终端有如下操作:

```
1. C:\> SET PATH = C:\Program Files\NVIDIA GPU Computing Toolkit\CUDA\v9.0\bin;%PATH%
2. C:\> SET PATH = C:\Program Files\NVIDIA GPU Computing Toolkit\CUDA\v9.0\extras\CUPTI\libx64;%PATH%
3. C:\> SET PATH = C:\tools\cuda\bin;%PATH%
```

在 Linux 系统下使用 Docker 安装的 Python 版 TensorFlow 也可配置 GPU 加速且无须 CUDA Toolkit:

```
1. # 确认 GPU 状态
2. lspci | grep -i nvidia
3. # 导入 GPU 加速的 TensorFlow 镜像文件
4. docker pull tensorflow/tensorflow:latest-GPU
5. # 验证安装
6. docker run --runtime = nvidia --rm nvidia/cuda nvidia-smi
7. # 启用 bash 环境
8. docker run --runtime = nvidia -it tensorflow/tensorflow:latest-gpu bash
```

4. 版本兼容性

TensorFlow 的公共 API 使用语义化 2.0 版本号标准,包括"主版本号.次版本号.修订号",其中主版本号的更改不是向下兼容的,已保存的 TensorFlow 工作可能需迁移到新的版本;次版本号的更改包含向下兼容的性能提升;修订号的更改是向下兼容问题的修正。

TensorFlow 支持版本兼容的部分包括协议缓冲区文件、所有的 C 接口、Python 接口中的 TensorFlow 模块、除 tf.contrib 和其他私有函数外的所有子模块、Python 函数和类。更新不支持版本兼容的部分为包含"试验性(Experimental)"字段的组件、使用除 C 和 Python 外其他语言开发的 TensorFlow API、以 GraphDef 形式保存的工作、浮点数值特定位的计算精度、随机数、错误和错误消息。其中 GraphDef 拥有与 TensorFlow 相独立的版本号，当 TensorFlow 的更新放弃对某一 GraphDef 版本的支持后，可能有相关工具帮助用户将 GraphDef 转化为受支持的版本。

6.3 TensorFlow 的核心组件和工作原理

1. 核心组件

分布式 TensorFlow 的核心组件（Core Runtime）包括分发中心（Distributed Master）、执行器（Dataflow Executor/Worker Service）、内核应用（Kernel Implementation）和最底端的设备层（Device Layer）/网络层（Networking Layer）等，如图 6-3 所示。

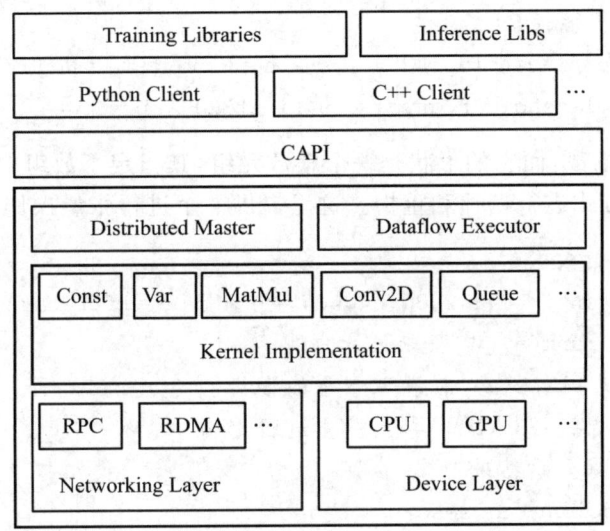

图 6-3 分布式 TensorFlow 的核心组件

分发中心从输入的数据流图中剪取子图（Subgraph），将其划分为操作片段并启动执行器。其在处理数据流图时会进行预设定的操作优化，包括公共子表达式消去（Common Subexpression Elimination）、常量折叠（Constant Folding）等。

执行器负责图操作（Graph Operation）在进程和设备中的运行、收发其他执行器的结果。分布式 TensorFlow 拥有参数器（Parameter Server）以汇总和更新其他执行器返回的模型参数。执行器在调度本地设备时会选择进行并行计算和 GPU 加速。

内核应用负责单一的图操作，包括数学计算、数组操作（Array Manipulation）、控制流（Control Flow）和状态管理操作（State Management Operations）。内核应用使用 Eigen 执行张量的并行计算、cuDNN 库等执行 GPU 加速、gemmlowp 执行低数值精度计算。

单进程版本的 TensorFlow 没有分发中心和执行器，而是使用特殊的会话应用（Session Implementation）联系本地设备。TensorFlow 的 C 语言 API 是核心组件和用户代码的分界，其他组件/API 均通过 C 语言 API 与核心组件进行交互。

张量是 TensorFlow 的核心数据单位，本质上是一个任意维的数组。可用的张量类型包括常数、变量、张量占位符和稀疏张量。这里提供一个对各类张量进行定义的例子：

```
1.  import numpy as np
2.  import tensorflow as tf
3.  # tf.constant(value,dtype = None,name = 'Const',verify_shape = False)
4.  tf.constant([0,1,2],dtype = tf.float32) # 定义常数
5.  # tf.placeholder(dtype,shape = None,name = None)
6.  tf.placeholder(shape = (None,2),dtype = tf.float32) # 定义张量占位符
7.  # tf.Variable(< initial-value >,name = < optional-name >)
8.  tf.Variable(np.random.rand(1,3),name = 'random_var',dtype = tf.float32) # 
    定义变量
9.  # tf.SparseTensor(indices,values,dense_shape)
10. tf.SparseTensor(indices = [[0,0],[1,2]],values = [1,2],dense_shape = [3,
    4]) # 定义稀疏张量
11. # tf.sparse_placeholder(dtype,shape = None,name = None)
12. tf.sparse_placeholder(dtype = tf.float32)
```

张量的秩是它的维数，而它的形状是一个整数元组，其指定了数组中每个维度的长度。张量按 NumPy 数组的方式进行切片和重构。这里提供一个进行张量操作的例子：

```
1.  # 定义二阶常数张量
2.  a = tf.constant([[0,1,2,3],[4,5,6,7]],dtype = tf.float32)
3.  a_rank = tf.rank(a) # 获取张量的秩
4.  a_shape = tf.shape(a) # 获取张量的形状
5.  b = tf.reshape(a,[4,2]) # 对张量进行重构
6.  # 运行会话以显示结果
7.  with tf.Session() as sess:
8.      print('constant tensor:{}'.format(sess.run(a)))
9.      print('the rank of tensor:{}'.format(sess.run(a_rank)))
10.     print('the shape of tensor:{}'.format(sess.run(a_shape)))
11.     print('reshaped tensor:{}'.format(sess.run(b)))
12.     # 对张量进行切片
13.     print("tensor's first column:{}".format(sess.run(a[:,0])))
```

张量有 23 种数据类型，包括 4 类浮点实数、两类浮点复数、13 类整数、逻辑、字符串和两个特殊类型，数据类型之间可以互相转换。TensorFlow 中的张量是数据流图中的单位，可以不具有值，但在图构建完毕后可以获取其中任意张量的值，该过程被称为"评估"：

```
1.  constant = tf.constant([1,2,3]) # 定义常数张量
2.  square = constant * constant # 操作（平方）
3.  # 运行会话
4.  with tf.Session() as sess:
5.      print(square.eval()) # "评估"操作所得常数张量的值
```

TensorFlow 无法直接评估在函数内部或控制流结构内部定义的张量。如果张量取决于队列中的值，那么只有在某个项加入队列后才能评估。

变量是可以通过操作改变取值的特殊张量。变量必须先初始化后才可使用，低阶 API 中定义的变量必须明确初始化，高阶 API（如 Keras）会自动对变量进行初始化。TensorFlow 可以在 tf.Session 开始时一次性初始化所有变量，对自行初始化变量，在 tf.Variable 上运行的 tf.get_variable 可以在定义变量的同时指定初始化器。这里提供两个变量初始化的例子：

```
1.  # 例1：使用 TensorFlow 的全局随机初始化器
2.  a = tf.get_variable(name = 'var5', shape = [1,2])
3.  init = tf.global_variables_initializer()
4.  with tf.Session() as sess:
5.      sess.run(init)
6.      print(a.eval())
7.  # 例2：自行定义初始化器
8.  # tf.get_variable(name, shape = None, dtype = None, initializer = None, trainable = None,...)
9.  var1 = tf.get_variable(name = "zero_var", shape = [1,2,3], dtype = tf.float32, initializer = tf.zeros_initializer)  # 定义全零初始化的三维变量
10. var2 = tf.get_variable(name = "user_var", initializer = tf.constant([1,2,3], dtype = tf.float32))  # 使用常数初始化变量，此时不指定形状 shape
```

Tensorflow 提供变量集合以存储不同类型的变量，默认的变量集合包括本地变量（tf.GraphKeys.LOCAL_VARIABLES）、全局变量（tf.GraphKeys.GLOBAL_VARIABLES）、训练梯度变量（tf.GraphKeys.TRAINABLE_VARIABLES）。

用户也可以自行定义变量集合：

```
1.  var3 = tf.get_variable(name = "local_var", shape = (), collections = [tf.GraphKeys.LOCAL + VARIABLES])
```

在对变量进行共享时，可以直接引用 tf.Variables，也可使用 tf.variable_scope 进行封装：

```
1.  def toy_model():
2.      定义包含变量的操作
3.      var1 = tf.get_variable(name = "user_var5", initializer = tf.constant([1,2,3], dtype = tf.float32))
4.      var2 = tf.get_variable(name = "user_var6", initializer = tf.constant([1,1,1], dtype = tf.float32))
5.      return var1 + var2
6.  with tf.variable_scope("model") as scope:
7.      output1 = toy_model()
8.      # reuse 语句后二次利用变量
9.      scope.reuse_variables()
10.     output2 = toy_model()
```

```
11.     # 在 variable_scope 程序块内启用 reuse
12.     with tf.variable_scope(scope,reuse = True):
13.         output3 = toy_model()
```

　　TensorFlow 在数据流编程下运行,具体地,使用数据流图(tf.Graph)表示计算指令间的依赖关系,随后依据图创建会话(tf.Session)并运行图的各个部分。tf.Graph 包含了图结构与图集合两类相关信息,其中图结构包含图的节点(tf.Operation)和边缘(张量)对象,表示各个操作组合在一起的方式,但不规定它们的使用方式,类似于汇编代码;图集合是在 tf.Graph 中存储元数据集合的通用机制,即对象列表与键(tf.GraphKeys)的关联。例如,当用户创建变量时,系统将其加入变量集合,并在后续操作中使用变量集合作为默认参数。

　　构建 tf.Graph 时将节点和边缘对象加入图中不会触发计算,图构建完成后将计算部分分流给 tf.Session 实现计算。tf.Session 拥有物理资源,通常在 Python 的 with 代码块中使用,在离开代码块后释放资源。在不使用 with 代码块的情况下创建 tf.Session,应在完成会话时明确调用 tf.Session.close 结束进程。调用 Session.run 创建的中间张量会在调用结束时或结束之前释放。tf.Session.run 是运行节点对象和评估张量的主要方式,tf.Session.run 需要指定 fetch 并提供供给数据字典,用户也可以指定其他选项以监督会话的运行。这里使用低阶 API 以批量梯度下降的线性回归为例展示 tf.Graph 的构建和 tf.Session 的运行:

```
1.  # 导入模块
2.  import numpy as np
3.  import tensorflow as tf
4.  # 准备学习数据
5.  train_X = np.random.normal(1,5,200) # 输入特征
6.  train_Y = 0.5 * train_X + 2 + np.random.normal(0,1,200) # 学习目标
7.  L = len(train_X) # 样本量
8.  # 定义学习超参数
9.  temp_graph = tf.Graph()
10. with temp_graph.as_default():
11.     X = tf.placeholder(tf.float32) # 定义张量占位符
12.     Y = tf.placeholder(tf.float32)
13.     k = tf.Variable(np.random.randn(),dtype = tf.float32)
14.     b = tf.Variable(0,dtype = tf.float32) # 定义变量
15.     linear_model = k * X + b # 线性模型
16.     cost = tf.reduce_mean(tf.square(linear_model -Y)) # 代价函数
17.     optimizer = tf.train.GradientDescentOptimizer(learning_rate = learn_
        rate) # 梯度下降算法
18.     train_step = optimizer.minimize(cost) # 最小化代价函数
19.     init = tf.global_variables_initializer() # 使用变量全局初始化选项
20. train_curve = [] # 定义列表存储学习曲线
21. with tf.Session(graph = temp_graph) as sess:
```

```
22.     sess.run(init)  # 变量初始化
23.     for i in range(epoch):
24.         sess.run(train_step,feed_dict = {X:train_X,Y:train_Y})  # 运行"最
            小化代价函数"
25.         temp_cost = sess.run(cost,feed_dict = {X:train_X,Y:train_Y})  # 代
            价函数
26.         train_curve.append(temp_cost)  # 学习曲线
27.     kt_k = sess.run(k);kt_b = sess.run(b)  # 运行"模型参数"
28.     Y_pred = sess.run(linear_model,feed_dict = {X:train_X})  # 运行"模型"
        得到学习结果
29. # 绘制学习结果
30. ax1 = plt.subplot(1,2,1);ax1.set_title('Linear model fit');
31. ax1.plot(train_X,train_Y,'b.');ax1.plot(train_X,Y_pred,'r-')
32. ax2 = plt.subplot(1,2,2);ax2.set_title('Training curve');
33. ax2.plot(train_curve,'r--')
```

TensorFlow 的低阶 API 可以保存模型和学习得到的变量,对其进行恢复后可以无须初始化直接使用。对张量的保存和恢复使用 tf.train.Saver。这里提供一个应用于变量的例子:

```
1.  import tensorflow as tf
2.  # 保存变量
3.  var = tf.get_variable("var_name",[5],initializer = tf.zeros_initializer)
    # 定义
4.  saver = tf.train.Saver({"var_name":var})  # 不指定变量字典时保存所有变量
5.  with tf.Session() as sess:
6.      var.initializer.run()  # 变量初始化
7.      # 在当前路径保存变量
8.      saver.save(sess,"./model.ckpt")
9.  # 读取变量
10. tf.reset_default_graph()  # 清空所有变量
11. var = tf.get_variable("var_name",[5],initializer = tf.zeros_initializer))
12. saver = tf.train.Saver({"var_name":var})  # 使用相同的变量名
13. with tf.Session() as sess:
14.     # 读取变量(无须初始化)
15.     saver.restore(sess,"./model.ckpt")
```

使用检查点工具 tf.python.tools.inspect_checkpoint 可以查看文件中保存的张量,例如:

```
1.  from tensorflow.python.tools import inspect_checkpoint as chkp
2.  # 显示所有张量(制定 tensor_name = ''可检索特定张量)
3.  chkp.print_tensors_in_checkpoint_file("./model.ckpt",tensor_name = '',all_
    tensors = True)
```

TensorFlow 使用 SavedModel 文件包来保存模型。SavedModel 文件包提供了一种标准格式,凭借这种格式,较高级别的系统和工具能够创建、使用 TensorFlow 模型,并且还可以将这些模型转换为 SavedModel 格式。

tf.saved_model API 可以直接与 SavedModel 进行交互,tf.saved_model.simple_save 用于保存模型,tf.saved_model.loader.load 用于导入模型。其一般用法如下:

```
1. from tensorflow.python.saved_model import tag_constants
2. export_dir = '' # 定义保存路径
3. # ...(略去)定义图
4. with tf.Session(graph = tf.Graph()) as sess:
5.     # ...(略去)运行图
6.     # 保存图
7.     tf.saved_model.simple_save(sess,export_dir,inputs = {"x":x,"y":y},
       outputs = {"z":z})
8.     tf.saved_model.loader.load(sess,[tag_constants.TRAINING],export_dir)
       # tag 默认为 SERVING
```

上述保存方法适用于大部分图和会话,但具体地,用户也可使用构建器(builder API)手动构建 SavedModel。

2. 高阶 API

(1) Estimators

Estimators 是 TensorFlow 自带的高阶神经网络 API。Estimators 封装了神经网络的训练、评估、预测、导出等操作。Estimators 的特点是具有完整的可移植性,即同一个模型可以在各类终端、服务中运行并使用 GPU 或 TPU 加速而无须重新编码。Estimators 模型提供分布式训练循环,包括构建图、初始化变量、加载数据、处理异常、创建检查点(Checkpoint)并从故障中恢复、保存 TensorBoard 的摘要等。Estimators 包含了预创建模型,其工作流程如下。

① 建立数据集导入函数:可以使用 TensorFlow 的数据导入工具 tf.data.Dataset 或从 NumPy 数组创建数据集导入函数。

② 定义特征列:特征列(tf.feature_column)包含了训练数据的特征名称、特征类型和输入预处理操作。

③ 调出预创建的 Estimator 模型:可用的模型包括基础统计学(Baseline)、梯度提升决策树(Boosting Desicion Tree)和深度神经网络的回归、分类器。

④ 调出模型后需提供输入特征列、检查点路径和有关模型参数(如神经网络的隐藏层结构)。

⑤ 训练和评估模型:所有预创建模型都包含 train 和 evaluate 接口,以用于学习和评估。

以下为使用 Estimators 预创建的深度神经网络分类器对 MNIST 数据进行学习的例子:

```
1. import numpy as np
2. import tensorflow as tf
3. from tensorflow import keras
4. # 读取 google fashion 图像分类数据
5. fashion_mnist = keras.datasets.fashion_mnist
```

```
6.  (train_images, train_labels), (test_images, test_labels) = fashion_
    mnist.load_data()
7.  #转化像素值为浮点数
8.  train_images = train_images / 255.0
9.  test_images = test_images / 255.0
10. #使用 NumPy 数组构建数据集导入函数
11. train_input_fn = tf.estimator.inputs.numpy_input_fn(
12.     x = {"pixels": train_images}, y = train_labels.astype(np.int32),
        shuffle = True)
13. test_input_fn = tf.estimator.inputs.numpy_input_fn(
14.     x = {"pixels": test_images}, y = test_labels.astype(np.int32), shuffle
        = False)
15. #定义特征列(numeric_column 为数值型)
16. feature_columns = [tf.feature_column.numeric_column("pixels", shape =
    [28, 28])]
17. #定义深度学习神经网络分类器,新建文件夹 estimator_test 保存检查点
18. classifier = tf.estimator.DNNClassifier(
19.     feature_columns = feature_columns, hidden_units = [128, 128],
20.     optimizer = tf.train.AdamOptimizer(1e-4), n_classes = 10, model_dir =
        './estimator_test')
21. classifier.train(input_fn = train_input_fn, steps = 20000) #学习
22. model_eval = classifier.evaluate(input_fn = test_input_fn) #评估
```

Estimators 提供层函数(tf.layer)和其他有关工具以支持用户自定义新模型,这些工具也被视为"中层 API"。由于自定义完整模型过程烦琐,因此可首先使用预构建模型并完成一次训练循环,在分析结果之后尝试自定义模型。以下为自定义神经网络分类器的例子:

```
1.  #导入模块和数据集的步骤与前一程序示例相同
2.  def my_model(features, labels, mode, params):
3.      #仿 DNNClassifier 构建的自定义分类器
4.      #定义输入层-隐藏层-输出层
5.      net = tf.feature_column.input_layer(features, params['feature_columns'])
6.      for units in params['hidden_units']:
7.          net = tf.layers.dense(net, units = units, activation = tf.nn.relu)
8.      logits = tf.layers.dense(net, params['n_classes'], activation = None)
9.      #argmax 函数转化输出结果
10.     predicted_classes = tf.argmax(logits, 1)
11.     #(学习完毕后的)预测模式
12.     if mode == tf.estimator.ModeKeys.PREDICT:
13.         predictions = {'class_ids': predicted_classes[:, tf.newaxis]}
```

```
14.        return tf.estimator.EstimatorSpec(mode, predictions = predictions)
15.    # 定义损失函数
16.    loss = tf.losses.sparse_softmax_cross_entropy(labels = labels, logits = logits)
17.    # 计算评估指标(以分类精度为例)
18.     accuracy = tf.metrics.accuracy(labels = labels, predictions = predicted_classes, name = 'acc_op')
19.    metrics = {'accuracy': accuracy}
20.    tf.summary.scalar('accuracy', accuracy[1])
21.    if mode == tf.estimator.ModeKeys.EVAL:
22.        # 评估模式
23.        return tf.estimator.EstimatorSpec(mode, loss = loss, eval_metric_ops = metrics)
24.    else:
25.        # 学习模式
26.        assert mode == tf.estimator.ModeKeys.TRAIN
27.        optimizer = tf.train.AdagradOptimizer(learning_rate = 0.1) # 定义优化器
28.        train_op = optimizer.minimize(loss, global_step = tf.train.get_global_step()) # 优化损失函数
29.        return tf.estimator.EstimatorSpec(mode, loss = loss, train_op = train_op)
30. # 调用自定义模型,使用前一程序示例中的 1.构建数据集导入函数 和 2.特征列
31. classifier = tf.estimator.Estimator(model_fn = my_model, params = {
32.    'feature_columns': feature_columns,
33.    'hidden_units': [64, 64],
34.    'n_classes': 10})
35. # 学习(后续的评估/预测步骤与先前相同)
36. classifier.train(input_fn = train_input_fn, steps = 20000)
```

Estimators 的模型参数无须另外保存,在使用模型时提供检查点的路径即可调出上次学习获得的参数重新初始化模型。Estimators 也支持用户自定义检查点规则。以下为例子:

```
1. # 每20分钟保存一次检查点/保留最新的10个检查点
2. my_checkpoint = tf.estimator.RunConfig(save_checkpoints_secs = 20 * 60, keep_checkpoint_max = 10)
3. # 使用新的检查点规则重新编译先前模型(保持模型结构不变)
4. classifier = tf.estimator.DNNClassifier(
5.    feature_columns = feature_columns, hidden_units = [128, 128],
6.    model_dir = './estimator_test', config = my_checkpoint)
```

除使用检查点作为对模型进行自动保存的工具外,用户也可使用低阶 API 将模型保存至 SavedModel 文件。

Keras 是一个支持 TensorFlow、Thenao 和 Microsoft-CNTK 的第三方高阶神经网络 API。Keras 以 TensorFlow 的 Python API 为基础提供了神经网络,尤其是深度网络的构筑模块,并将神经网络开发、训练、测试的各项操作进行封装以提升可扩展性和简化使用难度。在 TensorFlow 下可以直接导出 Keras 模块使用。以下为使用 tensorflow.keras 构建深度神经网络分类器对 MNIST 数据进行学习的例子:

```
1.  import tensorflow as tf
2.  from tensorflow import keras
3.  # 读取 google fashion 图像分类数据
4.  fashion_mnist = keras.datasets.fashion_mnist
5.  (train_images, train_labels), (test_images, test_labels) = fashion_mnist.load_data()
6.  # 转化像素值为浮点数
7.  train_images = train_images / 255.0
8.  test_images = test_images / 255.0
9.  # 构建输入层-隐藏层-输出层
10. model = keras.Sequential([
11.     keras.layers.Flatten(input_shape = (28, 28)),
12.     keras.layers.Dense(128, activation = tf.nn.relu),
13.     keras.layers.Dense(10, activation = tf.nn.softmax)
14. ])
15. # 设定优化算法、损失函数
16. model.compile(optimizer = tf.keras.optimizers.Adam(lr = 0.001),
17.     loss = 'sparse_categorical_crossentropy',
18.     metrics = ['accuracy'])
19. # 开始学习(epochs = 5)
20. model.fit(train_images, train_labels, epochs = 5)
21. # 模型评估
22. test_loss, test_acc = model.evaluate(test_images, test_labels)
23. print('Test accuracy:', test_acc)
24. # 预测
25. predictions = model.predict(test_images)
26. # 保存模式和模式参数
27. model.save_weights('./keras_test')  # 在当前路径新建文件夹
28. model.save('my_model.h5')
```

Keras 可以将模型导入 Estimators 以利用其完善的分布式训练循环,导入方式如下:

```
1. #从文件恢复模型和学习参数
2. model = keras.models.load_model('my_model.h5')
3. model.load_weights('./keras_test')
4. #新建文件夹存放 Estimtors 检查点
5. est_model = tf.keras.estimator.model_to_estimator(keras_model = model,
   model_dir = './estimtor_test')
```

使用 tensorflow.keras 可以运行所有兼容 Keras 的代码而不损失速度,但在 Python 的模块管理工具中,tensorflow.keras 的最新版本可能落后于 Keras 的官方版本。tensorflow.keras 使用 HDF5 文件保存神经网络的权重系数。

(2) Eager Execution

Eager Execution 是基于 TensorFlow Python API 的命令式编程环境,帮助用户跳过数据流编程的图操作,直接获取结果,便于 TensorFlow 的入门学习和模型调试,在机器学习应用中可以用于快速迭代小模型和小型数据集。Eager Execution 环境只能在程序的开始,即导入 TensorFlow 模块时启用:

```
1. import tensorflow as tf
2. tf.enable_eager_execution()
```

Eager Execution 使用 Python 控制流,支持标准的 Python 调试工具,状态对象的生命周期也由其对应的 Python 对象的生命周期,而不是 tf.Session 决定。Eager Execution 支持大多数 TensorFlow 操作和 GPU 加速,但可能会使某些操作的开销增加。

(3) Data

tf.data 是 TensorFlow 中进行数据管理的高阶 API。在图像处理中,tf.data 可以对输入图像进行组合或叠加随机扰动,增大神经网络的训练收益;在文字处理中,tf.data 负责字符提取和嵌入(Embedding),后者将文字转化为高维向量,是进行机器学习的重要步骤。tf.data 包含两个类:tf.data.Dataset 和 tf.data.Iterator。Dataset 自身是一系列由张量构成的组元,并包含缓存(Cache)、交错读取(Interleave)、预读取(Prefetch)、洗牌(Shuffle)、投影(Map)、重复(Repeat)等数据预处理方法。Iterator 类似于 Python 的循环器,是从 Dataset 中提取组元的有效方式。tf.data 支持从 NumPy 数组和 TFRecord 中导入数据,在进行字符数据处理时,tf.data.TextLineDataset 可以直接输入 ASCII 编码文件。

tf.data 可用于构建和优化大规模机器学习的输入管道(Input Pipline),提升 TensorFlow 的性能。一个典型的输入管道包含 3 个部分。

① 提取(Extract):从本地或云端的数据存储点读取原始数据。

② 转化(Transform):使用计算设备(通常为 CPU)对数据进行解析和后处理,如解压缩、洗牌(Shuffling)、打包(Batching)等。

③ 加载(Load):在运行机器学习算法的高性能计算设备(GPU 和 TPU)上加载经过后处理的数据。

在本地的同步操作下，当 GPU/TPU 进行算法迭代时，CPU 处于闲置状态，而当 CPU 分发数据时，GPU/TPU 处于闲置状态。tf.data.Dataset.prefetch 在转化和加载数据时提供了预读取技术，可以实现输入管道下算法迭代和数据分发同时进行，在当前学习迭代完成时能更快地提供下一个迭代的输入数据。tf.data.Dataset.prefetch 的 buffer_size 参数通常为预读取值的个数。tf.data 支持输入管道的并行，tf.contrib.data.parallel_interleave 可以并行提取数据；映射函数 tf.data.Dataset.map 能够并行处理用户的指定操作。对于跨 CPU 并行，用户可以通过 num_parallel_calls 接口指定并行操作的等级。一般而言，并行等级与设备的 CPU 核心数相同，即在四核处理器上可定义 num_parallel_calls = 4。在大数据处理中，可使用 tf.contrib.data.map_and_batch 并行处理用户操作和分批操作。这里提供一个构建和优化输入管道的例子：

```
1.  import tensorflow as tf
2.  # 使用 FLAG 统一管理输入管道参数
3.  FLAGS = tf.app.flags.FLAGS
4.  tf.app.flags.DEFINE_integer('num_parallel_readers', 0, 'doc info')
5.  tf.app.flags.DEFINE_integer('shuffle_buffer_size', 0, 'doc info')
6.  tf.app.flags.DEFINE_integer('batch_size', 0, 'doc info')
7.  tf.app.flags.DEFINE_integer('num_parallel_calls', 0, 'doc info')
8.  tf.app.flags.DEFINE_integer('prefetch_buffer_size', 0, 'doc info')
9.  # 自定义操作(map)
10. def map_fn(example):
11.     # 定义数据格式(图像、分类标签)
12.     example_fmt = {"image": tf.FixedLenFeature((), tf.string, ""),
13.         "label": tf.FixedLenFeature((), tf.int64, -1)}
14.     # 按格式解析数据
15.     parsed = tf.parse_single_example(example, example_fmt)
16.     image = tf.image.decode_image(parsed["image"]) # 图像解码操作
17.     return image, parsed["label"]
18. # 输入函数
19. def input_fn(argv):
20.     # 列出路径的所有 TFRData 文件(修改路径后)
21.     files = tf.data.Dataset.list_files("/path/TFRData*")
22.     # 并行交叉读取数据
23.     dataset = files.apply(
24.         tf.contrib.data.parallel_interleave(
25.             tf.data.TFRecordDataset, cycle_length = FLAGS.num_parallel_readers))
26.     dataset = dataset.shuffle(buffer_size = FLAGS.shuffle_buffer_size)
        # 数据洗牌
```

```
27.     # map 和 batch 的并行操作
28.     dataset = dataset.apply(
29.         tf.contrib.data.map_and_batch(map_func = map_fn,
30.                     batch_size = FLAGS.batch_size,
31.                     num_parallel_calls = FLAGS.num_parallel_calls))
32.     dataset = dataset.prefetch(buffer_size = FLAGS.prefetch_buffer_
        size) # 数据预读取设置
33.     return dataset
34. # argv 的第一个字符串为说明
35. tf.app.run(input_fn, argv = ['pipline_params',
36.             '--num_parallel_readers', '2',
37.             '--shuffle_buffer_size', '50',
38.             '--batch_size', '50',
39.             '--num_parallel_calls, 4'
40.             '--prefetch_buffer_size', '50'])
```

在输入管道的各项操作中,交叉读取、预读取和洗牌能降低内存占用,因此具有高优先级。数据的洗牌应在重复操作前完成,为此可使用两者的组合方法 tf.contrib.data.shuffle_and_repeat。

TensorFlow 支持 CPU 和 GPU 运行,在程序中设备使用字符串来表示。CPU 表示为 "/cpu:0";第一个 GPU 表示为 "/device:GPU:0";第二个 GPU 表示为 "/device:GPU:1",依此类推。如果 TensorFlow 指令中兼有 CPU 和 GPU 实现,当该指令分配到设备时,GPU 设备有优先权。TensorFlow 仅使用计算能力高于 3.5 的 GPU 设备。

在启用会话时打开 log_device_placement 配置选项,可以在终端查看会话中所有操作和张量所分配的设备,这里提供一个例子:

```
1. # 构建数据流图
2. a = tf.constant([1.0, 2.0, 3.0, 4.0, 5.0, 6.0], shape = [2, 3], name = 'a')
3. b = tf.constant([1.0, 2.0, 3.0, 4.0, 5.0, 6.0], shape = [3, 2], name = 'b')
4. c = tf.matmul(a, b)
5. # 启用会话并设定 log_device_placement = True
6. with tf.Session(config = tf.ConfigProto(log_device_placement = True)) as
    sess:
7. print(sess.run(c))
8. # 终端中可见信息:MatMul:(MatMul):/job:localhost/replica:0/task:0/
    device:CPU:0…
```

默认地,TensorFlow 会尽可能地使用 GPU 内存,最理想的情况是进程只分配可用内存的一个子集,或者仅根据进程需要增加内存使用量,为此,启用会话时可通过两个编译选项来进行 GPU 进程管理。内存动态分配选项 allow_growth 可以根据需要分配 GPU 内存,该选项在开启时会少量分配内存,并随着会话的运行对占用内存区域进行扩展。TensorFlow 会话默认不释放内存,以避免内存碎片问题。per_process_gpu_memory_fraction 选项决定每个进程所允许的 GPU 内存的最大比例。这里提供一个在会话中编译 GPU 进程选项的例子:

```
1. config = tf.ConfigProto()
2. config.gpu_options.allow_growth = True  # 开启 GPU 内存动态分配
3. config.gpu_options.per_process_gpu_memory_fraction = 0.4  # 内存最大占用比例为 40%
4. with tf.Session(config = config) as sess:
5. # ...(略去)会话内容...
```

张量处理器(Tensor Processing Unit,TPU)是谷歌为 TensorFlow 定制的专用芯片。TPU 部署于谷歌的云计算平台上,并作为机器学习产品进行开放研究和商业使用。TensorFlow 的神经网络 API Estimator 拥有支持 TPU 下可运行的版本 TPUEstimator。TPUEstimator 可以在本地进行学习/调试,并上传谷歌云计算平台进行计算。

使用云计算 TPU 设备需要快速向 TPU 供给数据,为此可使用 tf.data.Dataset API 从谷歌云存储分区中构建输入管道。小数据集可使用 tf.data.Dataset.cache 完全加载到内存中,大数据可转化为 TFRecord 格式并使用 tf.data.TFRecordDataset 进行读取。

设备管理(tf.device)的设备规范具有以下形式:

```
1. /job:<JOB_NAME>/task:<TASK_INDEX>/device:<DEVICE_TYPE>:<DEVICE_INDEX>
```

其中<JOB_NAME>是一个字母数字字符串,并且不以数字开头。<DEVICE_TYPE>是一种注册设备类型(如 GPU 或 CPU)。<TASK_INDEX>是一个非负整数,表示名为<JOB_NAME>的作业中任务的索引。<DEVICE_INDEX>是一个非负整数,表示设备索引,例如用于区分同一进程中使用的不同 GPU 设备。

定义变量时可以使用 tf.device 指定设备名称,tf.train.replica_device_setter 可以对变量的设备进行自动分配,这里提供一个在不同设备上定义变量和操作的例子:

```
1. # 手动分配
2. with tf.device("/device:GPU:1"):
3.   var = tf.get_variable("var", [1])
4. # 自动分配
5. cluster_spec = {
6.   "ps": ["ps0:2222", "ps1:2222"],
7.   "worker": ["worker0:2222", "worker1:2222", "worker2:2222"]}
8. with tf.device(tf.train.replica_device_setter(cluster = cluster_spec)):
9.   v = tf.get_variable("var", shape = [20, 20])
```

根据 tf.device 对变量的分配,在单一 GPU 的系统中,与变量有关的操作会被固定到 CPU 或 GPU 上;在多 GPU 的系统中,操作会在偏好设备上(或多个设备上同时)运行。多

GPU 并行处理图的节点能加快会话的运行,这里提供一个例子:

```
1.  c = [] # 在 GPU:1 和 GPU:2 定义张量(运行该例子要求系统存在对应 GPU 设备)
2.  for d in ['/device:GPU:1', '/device:GPU:2']:
3.    with tf.device(d):
4.      a = tf.constant([1.0, 2.0, 3.0, 4.0, 5.0, 6.0], shape = [2, 3])
5.      b = tf.constant([1.0, 2.0, 3.0, 4.0, 5.0, 6.0], shape = [3, 2])
6.    c.append(tf.matmul(a, b))
7.  # 在 CPU 定义相加运算
8.  with tf.device('/cpu:0'):
9.    my_sum = tf.add_n(c)
10. # 启用会话
11. with tf.Session(config = tf.ConfigProto(log_device_placement = True)) as sess:
12.   print (sess.run(my_sum))
```

6.4 TensorFlow 的部署

TensorFlow 支持在一个或多个系统下使用多个设备并部署分布式服务器(Distributed Server)和服务器集群(Cluster)。tf.train.Server.create_local_server 可在本地构建简单的分布式服务器。这里提供一个例子:

```
1. import tensorflow as tf
2. c = tf.constant("Hello, distributed TensorFlow!")
3. # 建立服务器
4. server = tf.train.Server.create_local_server()
5. # 在服务器运行会话
6. with tf.Session(server.target) as sess
7. sess.run(c)
```

TensorFlow 服务器集群是分布运行的数据流图中的"任务(task)"集合,每个任务都会被分配至一个 TensorFlow 服务,其中包含一个"主干(Master)"以启动会话和一个"工作点(Worker)"执行图的操作。服务器集群可以被分割为"工作(Job)",每个工作包含一个或多个任务。部署服务器集群时,通常每个任务分配一台机器,但也可在一台机器的不同设备上运行多个任务。每个任务都包含 tf.train.ClusterSpec 方法(以描述该服务器集群的全部任务,每个任务的 ClusterSpec 都是相同的)和 tf.train.Server 方法(按工作名提取本地任务)。tf.train.ClusterSpec 要求输入一个包含所有工作名和地址的字典;而 tf.train.Server 对象包含一系列本地设备、与 tf.train.ClusterSpec 中其他任务的链接和一个使用链接进行分布式计算的会话。每个任务都是一个特定工作名的成员,并有一个任务编号(Task Index)。一个任务可以通过编号与其他任务相联系。这里提供一个在两台服务器上部署两个任务的例子：

```
1. #假设有局域网内服务器 localhost:2222 和 localhost:2223
2. #在第一台机器上建立任务
3. cluster = tf.train.ClusterSpec({"local": ["localhost:2222", "localhost:2223"]})
4. server = tf.train.Server(cluster, job_name = "local", task_index = 0)
5. #在第二台机器上建立任务
6. cluster = tf.train.ClusterSpec({"local": ["localhost:2222", "localhost:2223"]})
7. server = tf.train.Server(cluster, job_name = "local", task_index = 1)
```

分布式 TensorFlow 支持亚马逊简易存储服务（Amazon Simple Storage Service，S3）和开源的 Hadoop 分布式文件系统（Hadoop Distributed File System，HDFS）。

6.5 TensorFlow 的安全性

TensorFlow 的模型文件是代码，在执行数据流图计算时可能的操作包括读写文件、从网络发送和接收数据、生成子进程，这些过程都会对系统造成影响。安全的 TensorFlow 模型在引入未知输入数据时，也可能触发 TensorFlow 内部或系统的错误。

TensorFlow 的分布式计算平台和服务器接口（tf.train.Server）不包含授权协议和信息加密选项，因此 TensorFlow 不适用于不信任的网络。在局域网或云计算平台部署 TensorFlow 计算集群时，需要为其配备独立网络（Isolated Network）。

TensorFlow 作为一个使用大量第三方库（NumPy、libjpeg-turbo 等）的复杂系统，容易出现漏洞。用户可以使用电子邮件向 TensorFlow 团队报告漏洞和可疑行为，对于高度敏感的漏洞，其 GitHub 页面提供了邮件的 SSH 密钥。表 6-1 列出了截至 2018 年 7 月 12 日的已知漏洞。

表 6-1　已知漏洞

编号	内容	版本	报告方
TFSA-2018-006	恶意构造编译文件引起非法内存访问	1.7 及以下	Tencent Blade Team
TFSA-2018-005	（原文）"Old Snappy Library Usage Resulting in Memory Parameter Overlap"	1.7 及以下	Tencent Blade Team
TFSA-2018-004	检查点源文件越界读取	1.7 及以下	Tencent Blade Team
TFSA-2018-003	TensorFlow Lite TOCO FlatBuffer 库解析漏洞	1.7 及以下	Tencent Blade Team
TFSA-2018-002	（原文）"GIF File Parsing Null Pointer Derefence Error"	1.5 及以下	Tencent Blade Team
TFSA-2018-001	BMP 文件解析越界读取	1.6 及以下	Tencent Blade Team

6.6 TensorFlow 生态系统

6.6.1 TensorFlow 社区

TensorFlow 位于 GitHub 的 3 个代码库负责处理事件和提供技术支持,一般性的求助也可发送至 StackOverflow 的 TensorFlow 板块。TensorFlow 使用公共邮箱发布主要版本和重要公告,其官方网站的"路线图"页面汇总了其近期的开发计划。

6.6.2 TensorFlow 项目

TensorFlow Hub 是一个允许用户发布、共享和使用 TensorFlow 模块的库开发项目。用户可以将 TensorFlow 数据流图或其部分使用 Hub 进行封装并移植到其他问题中再次利用。TensorFlow Hub 页面列出了由谷歌和 DeepMind 提供的封装模型,其主题包括字符嵌入、视频分类和图像处理。

TFX 是谷歌基于 TensorFlow 开发的产品级机器学习平台,其目标是对产品开发中的模型实现、分析验证和业务化操作进行整合,在实时数据下完成机器学习产品的标准化生产。TFX 包含 3 个算法库:TensorFlow Data Validation(对机器学习数据进行统计描述和验证)、TensorFlow Transform(对模型数据进行预处理)、TensorFlow Model Analysis(对机器学习模型进行分析,提供表现评分)。另有 TensorFlow Serving 作为模型业务化的高性能系统,提供模型接口和管理。

TFP 是在 TensorFlow Python API 基础上开发的统计学算法库,其目标是方便用户将概率模型和深度学习模型结合使用。TFP 包含大量概率分布的生成器、支持构建深度网络的概率层(Probabilistic Layers),提供贝叶斯变分推理(Variational Inference)、马尔可夫链蒙特卡罗方法(Markov Chain Monte Carlo)和一些特殊的优化器,包括 Nelder-Mead 方案、BFGS 算法(Broyden-Fletcher-Goldfarb-Shanno Algorithm)和 SGLD(Stochastic Gradient Langevin Dynamics)。

6.6.3 应用开发

TensorFlow.js 是用于网页端机器学习应用开发的 JavaScript API,可以在浏览器和 Node.js 下运行 TensorFlow 模型并进行训练。TensorFlow Lite 是为移动和嵌入式设备提供的解决方案,优化了算法以提升响应时间和降低文件大小。Swift for TensorFlow 是用于 Swift 语言的 TensorFlow API 开发项目,类似于 Eager Execution 且其性能更高。

6.6.4 TensorFlow 面向研究

TensorFlow Research Cloud 是面向科学研究的机器学习 TPU 云计算平台,其服务器如

图6-4所示。该项目拥有1 000个云TPU和总计180千万亿次计算力,每个TPU拥有64 GB的高带宽内存。在官方声明中,其发起目的是"确保全世界优秀的研究人员拥有足够的计算资源以规划、使用和发表下一个机器学习浪潮的革命性突破",原文如下:"*Our goal is to ensure that the most promising researchers in the world have access to enough compute power to imagine, implement, and publish the next wave of ML breakthroughs.*"

图6-4 TensorFlow Research Cloud 服务器

Magenta是在艺术领域使用机器学习的研究项目,该项目使用深度学习网络和强化学习算法学习生成音乐、绘画和其他艺术作品,以帮助艺术人员拓展其创作过程。Magenta项目的研究成果包括音乐创作工具NSynth和混音工具MusicVAE。

Nucleus是将TensorFlow应用于基因组文件,如SAM和VCF格式文件的读写和分析的库开发项目。Nucleus使用Python和C++进行开发,截至2018年9月已发布0.2.0版本。

6.7 TensorFlow 版本介绍

2022年2月,TensorFlow官方发布了2.8.0正式版,修复了更多的bug和功能改进,还针对漏洞发布了补丁。TensorFlow 2.8.0的主要功能和改进如下。

在tf.lite中增加TFLite内置op,包括tf.raw_ops.Bucketize op可在CPU上操作等功能。

Conversion_params在TrtGraphConverterV2中被弃用。

在TrtGraphConverterV2中的.save()函数中添加了一个名为save_gpu_specific_engines的新参数,并提供了一个名为.summary()的新API。

tf.tpu.experimental.embedding.TPUEmbedding现在具有与tf.tpu.experimental.embedding.serving_embedding_lookup相同的功能,它可以使用任意等级密集和稀疏的张量。

添加tf.config.experimental.enable_op_determinism,这使得TensorFlow ops以性能为代价可以确定性地运行。替换TF_DETERMINISTIC_OPS环境变量。

增加GPU实现:TensorFlow已在适用于GPU和CPU的Windows Subsystem for Linux 2(又名WSL 2)上得到验证。此外,TensorFlow 2.8.0在安全方面进行了一些修正,相关细节及未来版本更新均可在官方网站上查看,此处不再赘述。

第 7 章 联邦学习

随着 AlphaGo 击败了顶尖的人类围棋冠军,我们真正见证了人工智能(AI)的巨大潜力,并开始期待更复杂、更尖端的人工智能技术应用在许多领域(包括无人驾驶汽车、医疗、金融等)。然而,今天的人工智能仍面临两大挑战:一是在大多数行业中,数据以孤岛的形式存在;二是存在数据隐私和安全问题。

安全的联邦学习是一个可能的解决方案:联邦学习包括通过远程设备或孤立的数据中心(如移动电话或医院)训练统计模型,同时保持数据本地化。Google 在 2016 年首次提出联邦学习框架,随后又引入了一个全面的安全联邦学习框架,其包括横向联邦学习、纵向联邦学习和联邦迁移学习(图 7-1)。

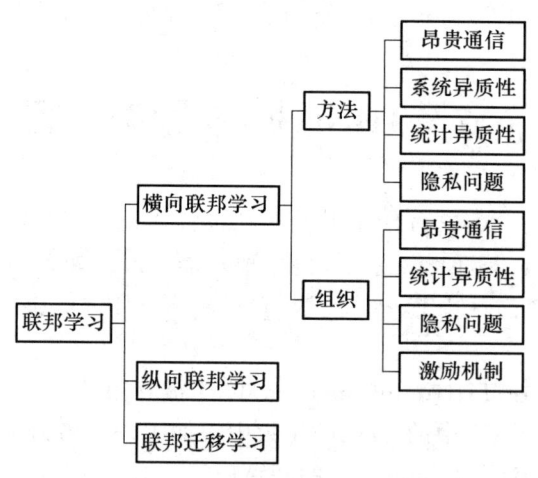

图 7-1 联邦学习框架

7.1 背景介绍

由于数据的碎片化和隔离,以及数据隐私和安全问题,人工智能项目的实施变得困难。许多行业面临着数据质量差和数量有限的问题,这使得人们无法充分发挥人工智能的优势。

为了解决这些问题，一种可能的方法是通过跨组织传输数据，将数据融合到一个公共站点中。然而，这种方法实际操作起来非常困难，因为数据源之间存在许多障碍。由于行业竞争、隐私安全和管理程序的复杂性，数据集成变得困难，甚至同一公司内部不同部门之间的数据集成也面临巨大阻力。整合分散在全国各地的数据和机构几乎是不可能的，而且成本也很高昂。

此外，数据隐私和安全问题也引起了广泛关注。数据泄露事件经常成为公众媒体和政府关注的焦点，数据隐私和安全已成为全球范围的重大问题。各国纷纷出台加强数据安全和隐私保护的法律法规，如欧盟的《通用数据保护条例》(GDPR，图 7-2)和中国的《中华人民共和国网络安全法》。这些法律的制定有助于建立更加文明的社会，但对人工智能中常用的数据处理程序提出了新的挑战。

传统的数据处理模型也面临着新的挑战。以简单的数据交易模型为基础的数据处理模型无法适应新的法律法规要求。此外，用户对模型的未来用途可能不清楚，导致这些交易违反了 GDPR 等法律。因此，我们面临着一个困境：数据孤立地存在，而在很多情况下，法律禁止我们将数据收集、融合到其他地方进行处理。解决数据碎片化和隔离问题的合法途径是当前人工智能研究者和从业者所面临的主要挑战之一。

另一个需要考虑的因素是分布式网络中大量产生的数据。由于设备的计算能力提升和对私有信息传输的关注，将数据存储在本地并在边缘进行计算变得越来越有吸引力。最近的研究还集中于本地训练机器学习模型并存储它们，这将成为移动用户建模和个性化的常用方法。

随着分布式网络中设备存储和计算能力的增长，联邦学习变得越来越受人们关注。联邦学习可以直接在远程设备上进行统计模型的训练，同时结合隐私保护、大规模机器学习和分布式优化等领域的技术进展，实现隐私与效率的根本性平衡。

当服务提供商采用联邦学习方法在支持隐私敏感应用方面做好技术准备时，训练数据可以分布在边缘。这就意味着可以收集人们的情绪、语义位置、移动电话用户的活动状态等数据，并在智能驾驶中收集行人行为数据，或者在可穿戴设备中收集心脏病发作风险等健康事件数据。这些数据将为未来有价值的应用提供强有力的支持。

解决数据的碎片化、隔离和安全隐患的问题是当前人工智能研究和实践面临的主要挑战。通过合法的手段解决这些问题，并充分利用分布式网络中产生的数据，将为人工智能技术的发展提供更多的机遇和更大的潜力。

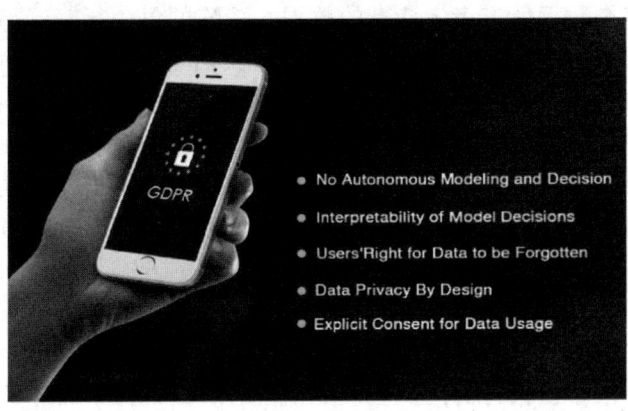

图 7-2　GDPR

7.2 联邦学习概述

联邦学习的概念由 Google 提出,其主要想法是建立基于分布在多个设备上的数据集的机器学习模型,同时防止数据泄露。最近的改进集中在克服统计挑战和提高联邦学习的安全性上,还有一些研究努力使联邦学习更具个性化。以上工作涉及分布式移动用户交互、大规模分发中的通信成本、不平衡的数据分布和设备可靠性是优化的部分主要因素。此外,数据是通过用户 ID 或设备 ID 进行划分的,因此,在数据空间中是横向的。这一类工作与隐私保护机器学习(Privacy-Preserving Machine Learning)非常相关,因为它还考虑了去中心化协作学习设置中的数据隐私。为了将联邦学习的概念扩展到涵盖组织间的协作学习场景,以杨强教授为首的微众银行(Webank)团队将原始的"联邦学习"扩展成所有隐私保护去中心化协作机器学习技术的一般概念,并对联邦学习和联邦迁移学习技术进行了全面总结。同时,他们进一步调查了相关的安全基础,并探讨了其与其他几个相关领域的关系,如多代理理论和隐私保护数据挖掘。最关键的是,他们提供了一个更全面的联邦学习定义,考虑了数据划分、安全性和应用程序,并对联邦学习系统的工作流和系统架构进行了描述。

7.2.1 联邦学习的定义

令单个数据所有者为 $\{F_1,\cdots,F_N\}$,他们都希望整合各自的数据 $\{D_1,\cdots,D_N\}$ 来训练一个机器学习模型。传统的方法是把所有的数据放在一起并使用 $D=D_1\cup\cdots\cup D_N$ 训练一个模型,称为 MSUM。联邦学习系统是一个学习过程,数据所有者共同训练一个模型 MFED,在此过程中,任何数据所有者 F_i 都不会向其他人公开其数据 D_i。此外,MFED 的精度表示为 VFED,应该非常接近 MSUM 的性能 VSUM。设 δ 为非负实数,如果 $|\text{VFED}-\text{VSUM}|<\delta$,我们可以说联邦学习算法具有 δ-accuracy 损失。

7.2.2 联邦学习的分类

在本节中,我们将讨论如何根据数据的分布特征对联邦学习进行分类。

令矩阵 D_i 表示每个数据所有者 i 持有的数据。矩阵的每一行表示一个样本,每一列表示一个特征。同时,一些数据集也可能包含标签数据。我们用 X 表示特征空间,用 Y 表示标签空间,用 I 表示样本 ID 空间。例如,在金融领域,标签可以是用户的信用;在营销领域,标签可以是用户的购买欲望;在教育领域,标签可以是学生的学位。特征 X、标签 Y 和样本 ID 空间 I 构成完整的训练数据集 (I,X,Y)。数据方的特征和样本空间可能不完全相同,根据数据在特征和样本 ID 空间中的分布情况,我们将联邦学习分为横向联邦学习、纵向联邦学习和联邦迁移学习。图 7-3 显示了两方场景的各种联邦学习框架。

1. 横向联邦学习

横向联邦学习(或者基于样本的联邦学习)被引入数据集共享相同的特征空间但样本不同的场景中。例如,两个区域性银行的用户组可能由于各自的区域非常不同,其用户的交叉集非常小。但是,它们的业务非常相似,因此特征空间是相同的。有研究提出了一个协作式深度学

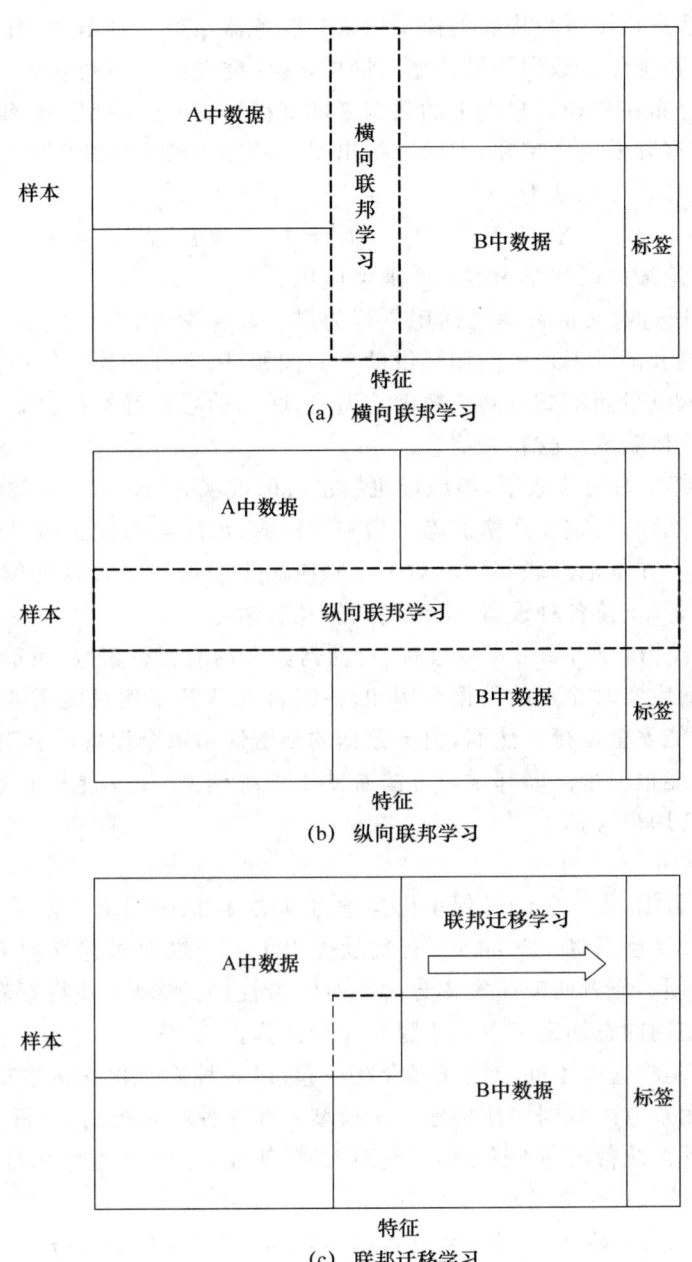

图 7-3 联邦学习

习方案,参与者独立训练,只共享参数更新的子集。2017 年,Google 提出了一个横向联邦学习解决方案,用于 Android 手机模型更新。在该框架中,使用 Android 手机的单个用户在本地更新模型参数,并将参数上传到 Android 云,从而与其他数据所有者共同训练中心化模型。此外,Google 还提出了一个安全聚合方案,以保护在联邦学习框架下聚合用户更新的隐私。还有文献对模型参数聚合使用加法同态加密以提供对中央服务器的安全性。

有研究提出了一种多任务风格的联邦学习系统,允许多个站点在共享知识和维护安全的同时完成不同的任务。他们提出的多任务学习模型还可以解决高通信成本、掉队者和容错问题。还有研究提出构建一个安全的客户机-服务器结构,在该结构中,联邦学习系统按用户划分数据,并允许在客户机设备上构建的模型用来在服务器站点上协作,以构建一个全局联邦模型。模型的建立过程确保了数据不被泄露。同样,有研究提出了一种方法,该方法通过适当提高通信成本,基于分布在移动客户端上的数据来训练得到中心化模型。近年来,为了在大规模分布式训练中大幅度降低通信带宽,有研究提出了一种称为深度梯度压缩的压缩方法。

我们将横向联邦学习总结为

$$X_i = X_j, \quad Y_i = Y_j, \quad I_i \neq I_j, \quad \forall D_i, D_j, i \neq j \tag{7-1}$$

下面我们将讨论横向联邦学习的几个典型应用。

① 智能手机:通过对大量移动电话用户行为进行联邦学习,统计模型可以为诸如下一个单词预测、人脸检测和语音识别等应用提供助力。例如,用户可能为了保护个人隐私或节省手机有限的带宽/电池电量而不愿意共享数据。但是,联邦学习有可能在智能手机上实现预测功能,而不会降低用户体验或泄露私人信息。

② 组织:在联邦学习的背景下,组织或机构也可以被视为"设备"。例如,医院是包含大量患者数据的组织。然而,医院在严格的隐私措施下运营,可能会面临法律、行政或道德约束,这些约束要求数据保存在本地。联邦学习对于这些应用来说是一个极佳的解决方案,因为它将减少网络上的压力,并支持各种设备/组织之间的私有学习。

③ 物联网:现代物联网,如可穿戴设备、自动驾驶车辆或智慧家庭,可能包含许多传感器,能够收集、反映和适应实时输入的数据。例如,一组自动驾驶车辆可能需要最新的交通、建筑或行人行为模型才能安全运行。然而,由于数据的私密性和每个设备的有限连接,在这些场景中构建聚合模型可能很困难。联邦学习方法有助于训练模型,使其能够有效地适应这些系统中的变化,同时保持用户隐私。

2. 纵向联邦学习

针对纵向分割数据,提出了隐私保护机器学习算法,包括协同统计分析、关联规则挖掘、安全线性回归、分类和梯度下降。2022 年,有文献提出了一个纵向联邦学习方案来训练一个隐私保护逻辑回归模型。作者研究了实体分辨率对学习性能的影响,并将泰勒近似应用于损失函数和梯度函数,使用同态加密可以用于隐私保护计算。

纵向联邦学习是将这些不同的特征聚合在一起,以一种隐私保护的方式计算训练损失和梯度的过程,以便用双方的数据协作构建一个模型。在这种联邦机制下,每个参与方的身份和地位是相同的,联邦系统帮助每个人建立"共同财富"策略,这就是为什么这个系统被称为"联邦学习"。因此,在这样一个系统中,我们有

$$X_i \neq X_j, \quad Y_i \neq Y_j, \quad I_i = I_j, \quad \forall D_i, D_j, i \neq j \tag{7-2}$$

纵向联邦学习系统通常假设参与者诚实但好奇。例如,在两方制的情况下,两方是不串通的,而且其中至多有一方会向对手妥协。安全性的定义是,对手只能从其损坏的客户机中获取数据,而不能从输入和输出显示的其他客户机中获取数据。为了便于双方安全计算,有时会引入半诚实第三方(STP),在这种情况下,假定 STP 不会与任何一方串通。SMC 为这些协议提供了正式的隐私证明。在学习结束时,每一方只拥有与其自身特性相关的模型参数,因此在推断时,双方还需要协作生成输出。

3. 联邦迁移学习

联邦迁移学习适用于两个数据集不仅在样本上不同,而且在特征空间也不同的场景。考虑两个机构,一个是位于中国的银行,另一个是位于美国的电子商务公司。由于地域的限制,两个机构的用户群有一个小的交叉点。另外,由于业务的不同,双方的功能空间只有一小部分

重叠。在这种情况下,可以应用迁移学习技术为联邦下的整个样本和特征空间提供解决方案。特别地,使用有限的公共样本集学习两个特征空间之间的公共表示,再应用于获取仅具有单侧特征的样本预测。FTL 是对现有联邦学习系统的一个重要扩展,因为它处理的问题超出了现有联邦学习算法的范围:

$$X_i \neq X_j, \quad Y_i \neq Y_j, \quad I_i \neq I_j, \quad \forall D_i, D_j, i \neq j \tag{7-3}$$

联邦迁移学习系统通常涉及两个方面。如下节所示,它的协议类似于纵向联邦学习中的协议,在这种情况下,纵向联邦学习的安全定义可以扩展到这里。

7.2.3 联邦学习系统的架构

在本节中,我们将举例说明联邦学习系统的一般架构。请注意,横向和纵向联邦学习系统的架构在设计上是非常不同的,我们将分别介绍它们。

1. 横向联邦学习

横向联邦学习系统的典型架构如图 7-4 所示。在该系统中,具有相同数据结构的 k 个参与者通过参数或云服务器协同学习机器学习模型。一个典型的假设是参与者是诚实的,而服务器是诚实但好奇的,因此不允许任何参与者向服务器泄露信息。这种系统的训练过程通常包括以下 4 个步骤。

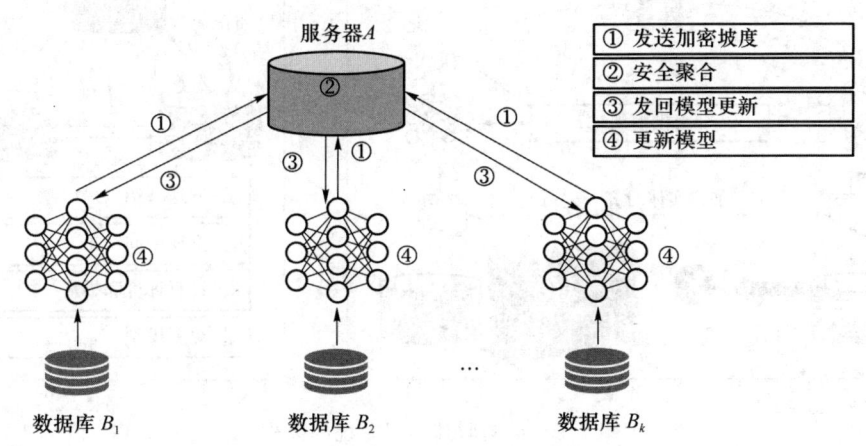

图 7-4 横向联邦学习系统的典型架构

第一步:参与者在本地计算训练梯度,使用加密、差异隐私或秘密共享技术掩饰所选梯度,并将掩码后的结果发送到服务器。

第二步:服务器执行安全聚合,不了解任何参与者的信息。

第三步:服务器将汇总后的结果发送给参与者。

第四步:参与者用解密的梯度更新他们各自的模型。

通过上述步骤进行迭代,直到损失函数收敛,从而完成整个训练过程。该结构独立于特定的机器学习算法(逻辑回归、DNN 等),所有参与者将共享最终的模型参数。

如果梯度聚合是使用 SMC 或同态加密完成的,则证明上述结构可以保护数据泄露不受半诚实服务器的影响。但它可能会受到另一种安全模式的攻击,即恶意参与者在协作学习过程中训练生成对抗网络(GAN)。

在不同应用场景下,我们对横向联邦学习技术的要求也有一些区别。

① 智能手机：以 Google 为代表的研究主要涉及的是安全聚合技术，中央参数服务器可以知道聚合后的参数和模型，但是不知道每一个参与者的具体信息；此外，在这里，中央参数服务器也可以提供数据参与整个训练过程，联邦学习是对中央参数服务器中已有数据的一个很好的数据补充，能够有效地提高模型性能。

② 组织：以微众为代表的研究主要涉及的是同态加密技术，中央参数服务器无法知道聚合后的参数和模型（有时候该条件可以放宽），最大限度保护了参与方的隐私；此外，在这里，中央参数服务器一般无法参与训练，其作用就是对加密后的参数进行聚合与分发等。

2. 纵向联邦学习

假设 A 公司和 B 公司想要联合训练一个机器学习模型，并且他们的业务系统都有自己的数据。此外，B 公司还拥有模型需要预测的标签数据。由于数据隐私和安全原因，A 和 B 不能直接交换数据。为了确保训练过程中数据的保密性，引入了第三方合作者 C。在此，我们假设合作者 C 是诚实的，不与 A 或 B 勾结，但 A 和 B 是诚实但彼此好奇的。一个可信的第三方 C 是一个合理的假设，因为 C 可以由政府等权威机构发挥作用，或由安全计算节点，如 Intel Software Guard Extensions(SGX)取代。纵向联邦学习系统由两部分组成，如图 7-5 所示。

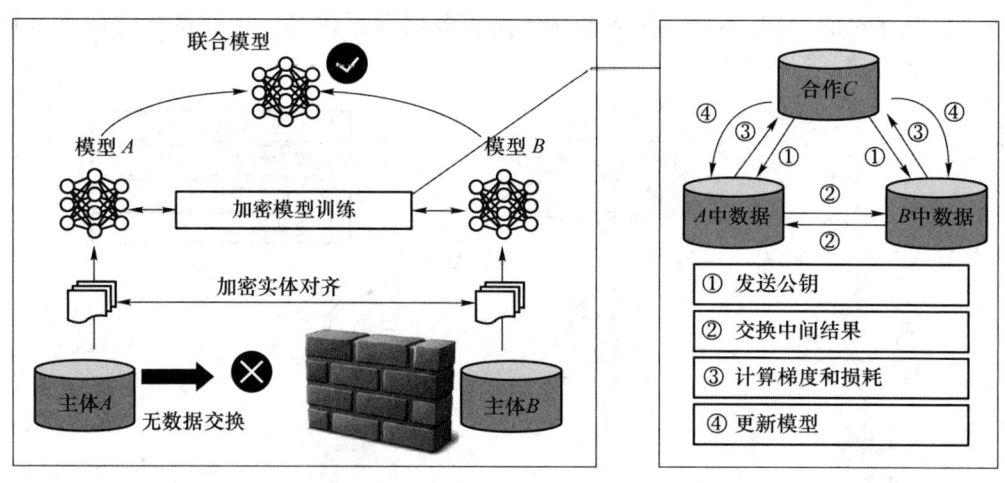

图 7-5 纵向联邦学习系统的架构

第一部分：加密实体对齐。由于两家公司的用户组不同，系统使用基于加密的用户 ID 对齐技术来确认双方的共同用户，而 A 和 B 不会暴露各自的数据。在实体对齐过程中，系统不会公开彼此不重叠的用户。

第二部分：加密模型训练。在确定了公共实体之后，我们可以使用这些公共实体的数据来训练机器学习模型。训练过程可分为以下 4 个步骤（如图 7-5 所示）。

第一步：第三方合作者 C 创建加密对，将公钥发送给 A 和 B。

第二步：A、B 对梯度和损失计算需要的中间结果进行加密与交换。

第三步：A、B 分别计算加密梯度并添加额外的掩码，B 还计算加密损失；A 和 B 向 C 发送加密值。

第四步：C 解密并将解密后的梯度和损失发送回 A、B；A 和 B 除去梯度上的掩码，相应地更新模型参数。

这里我们以线性回归和同态加密为例说明训练过程。为了用梯度下降法训练线性回归模型，我们需要安全地计算其损失和梯度。假设学习率 y、正则化参数 lamada、数据集和模型参数分别对应于 A、B 的特征空间，则训练目标为

$$\min_{\Theta_A,\Theta_B} \sum_i \|\Theta_A x_i^A + \Theta_B x_i^B - y_i\|^2 + \frac{\lambda}{2}(\|\Theta_A\|^2 + \|\Theta_B\|^2) \tag{7-4}$$

使 $u_i^A = \Theta_A x_i^A, u_i^B = \Theta_B x_i^B$，加密损失为

$$[[\mathcal{L}]] = [[\sum_i ((u_i^A + u_i^B - y_i))^2 + \frac{\lambda}{2}(\|\Theta_A\|^2 + \|\Theta_B\|^2)]] \tag{7-5}$$

其中加性同态加密表示为 $[[\cdot]]$。

使 $[[\mathcal{L}_A]] = [[\sum_i ((u_i^A))^2 + \frac{\lambda}{2}\Theta_A^2]$，$[[\mathcal{L}_B]] = [[\sum_i ((u_i^B - y_i))^2 + \frac{\lambda}{2}\Theta_B^2]]$，且 $[[\mathcal{L}_{AB}]] = 2\sum_i ([[u_i^A]](u_i^B - y_i))$，那么

$$[[\mathcal{L}]] = [[\mathcal{L}_A]] + [[\mathcal{L}_B]] + [[\mathcal{L}_{AB}]] \tag{7-6}$$

同样地，使 $[[d_i]] = [[u_j^A]] + [[u_i^B - y_i]]$，那么梯度为

$$\left[\left[\frac{\partial \mathcal{L}}{\partial \Theta_A}\right]\right] = \sum_i [[d_i]] x_i^A + [[\lambda \Theta_A]] \tag{7-7}$$

$$\left[\left[\frac{\partial \mathcal{L}}{\partial \Theta_B}\right]\right] = \sum_i [[d_i]] x_i^B + [[\lambda \Theta_B]] \tag{7-8}$$

具体步骤见表 7-1 和表 7-2。在实体对齐和模型训练过程中，A 和 B 的数据在本地保存，训练中的数据交互不会导致数据隐私泄露。注：向 C 泄露的潜在信息可能被视为侵犯隐私。为了进一步阻止 C 从 A 或 B 中学到信息，在这种情况下，A 和 B 可以通过添加加密的随机掩码进一步向 C 隐藏其梯度。因此，双方在联邦学习的帮助下实现了共同模型的训练。因为在训练过程中，每一方收到的损失和梯度与他们在一个没有隐私限制的地方汇聚数据，然后联合建立一个模型收到的损失和梯度是完全相同的，也就是说，这个模型是无损的。模型的效率取决于加密数据的通信成本和计算成本。在每次迭代中，A 和 B 之间发送的信息按重叠样本的数量进行缩放。因此，采用分布式并行计算技术能进一步提高算法的效率。

表 7-1 纵向联邦学习的训练步骤：线性回归

	集合 A	集合 B	集合 C
步骤 1	初始化 Θ_A	初始化 Θ_B	创建加密密钥对，发送公钥给 A 和 B
步骤 2	计算 $[[u_i^A]]$、$[[\mathcal{L}_A]]$ 并发送至 B	计算 $[[u_i^B]]$、$[[d_i^B]]$、$[[\mathcal{L}]]$，发送 $[[d_i^B]]$ 至 A，发送 $[[\mathcal{L}]]$ 至 C	
步骤 3	初始化 R_A，计算 $\left[\left[\frac{\partial \mathcal{L}}{\partial \Theta_A}\right]\right] + [[R_A]]$ 并发送至 C	初始化 R_B，计算 $\left[\left[\frac{\partial \mathcal{L}}{\partial \Theta_B}\right]\right] + [[R_B]]$ 并发送至 C	C 解密 $\mathcal{L}$，发送 $\frac{\partial \mathcal{L}}{\partial \Theta_A} + R_A$ 至 A，发送 $\frac{\partial \mathcal{L}}{\partial \Theta_B} + R_B$ 至 B
步骤 4	更新 Θ_A	更新 Θ_B	
输出	Θ_A	Θ_B	

表 7-2 纵向联邦学习的评估步骤

	集合 A	集合 B	询问者 C
步骤 0			将用户 D_i 发送至 A 和 B
步骤 1	计算 u_i^A 并发送至 C	计算 u_i^B 并发送至 C	得到结果 $u_i^A + u_i^B$

表 7-1 所示的训练协议没有向 C 透露任何信息，因为 C 学习的都是掩码后的梯度，并且保证了掩码矩阵的随机性和保密性。在上述协议中，A 方在每一步都会学习其梯度，但这不足以让 A 根据式(7-8)从 B 中学习任何信息，因为标量积协议的安全性是建立在无法用 n 个方程解 n 个以上未知数基础上的。这里我们假设样本数 N_A 比 n_A 大得多，其中 n_A 是特征数。同样，B 方也不能从 A 处获得任何信息，因此协议的安全性得到了证明。注意，我们假设双方都是半诚实的。如果一方是恶意的，并且通过伪造其输入来欺骗系统，例如，A 方提交一个只有一个非零特征的非零输入，它可以辨别该样本的该特征值 u_i^B。但是，它仍然不能辨别 x_i^B 或 Θ_B，并且偏差会扭曲下一次迭代的结果，从而警告另一方终止学习过程。在训练过程结束时，每一方(A 或 B)都不会察觉到另一方的数据结构，只获取与其自身特征相关的模型参数。推断时，双方需要协同计算预测结果，步骤如表 7-2 所示，这仍不会导致信息泄露。

3. 联邦迁移学习

假设在上面的纵向联邦学习示例中，A 方和 B 方只有一组非常小的重叠样本，并且我们希望学习 A 方中所有数据集的标签。到目前为止，上面描述的架构仅适用于重叠的数据集。为了将它的覆盖范围扩展到整个样本空间，我们引入了迁移学习。这并没有改变图 7-5 所示的总体架构，而是改变了 A、B 双方之间交换的中间结果的细节，具体来说，迁移学习通常涉及学习 A、B 双方特征之间的共同表示，并最小化利用源域方(在本例中为 B)中的标签预测目标域方的标签时的出错率。因此，A 方和 B 方的梯度计算不同于纵向联邦学习场景中的梯度计算。在推断时，双方仍然需要计算预测结果。

7.2.4 核心挑战

由于本书侧重于横向联邦学习，所以接下来我们将主要描述与横向联邦学习相关的 5 个核心挑战。

1. 昂贵的通信

在联邦网络中，通信是一个关键的瓶颈，再加上发送原始数据的隐私问题，使得在每个设备上生成的数据必须保存在本地。事实上，联邦网络可能由大量设备组成，如数百万部智能手机，网络中的通信速度可能比本地计算慢很多个数量级。为了使模型与联邦网络中的设备生成的数据相匹配，因此有必要开发通信效率高的方法，作为训练过程的一部分，迭代地发送小规模消息或模型更新，而不是通过网络发送整个数据集。为了在这种情况下进一步减少通信，需要考虑的两个关键方面是：减少通信回合的总数，或在每一回合减少发送的消息大小。

2. 系统异质性

由于硬件(CPU、内存)、网络连接(3G、4G、5G、WiFi)和电源(电池电量)的变化，联邦网络中每个设备的存储、计算和通信能力可能不同。此外，每个设备上的网络大小和系统相关限制导致同时活跃的设备通常仅占一小部分，例如，100 万个设备网络中的数百个活跃设备。每个

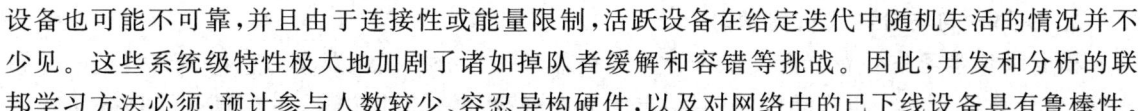

设备也可能不可靠,并且由于连接性或能量限制,活跃设备在给定迭代中随机失活的情况并不少见。这些系统级特性极大地加剧了诸如掉队者缓解和容错等挑战。因此,开发和分析的联邦学习方法必须:预计参与人数较少、容忍异构硬件,以及对网络中的已下线设备具有鲁棒性。

3. 统计异质性

设备经常以 non-IID 的方式在网络上生成和收集数据,例如,移动电话用户在下一个单词预测任务的上下文中使用了不同的语言。此外,跨设备的数据点数量可能有很大的变化,并且可能存在捕获设备之间的关系及其相关分布的底层结构。这种数据生成范例违反了分布式优化中经常使用的独立同分布(IID)假设,增加了掉队的可能性,并且可能在建模、分析和评估方面增加复杂性。事实上,虽然标准的联邦学习问题旨在学习一个单一的全局模型,但是存在其他选择,例如同时通过多任务学习框架学习不同的局部模型。在这方面,联邦学习和元学习的主要方法之间也有密切的联系。多任务和元学习视角都支持个性化或特定于设备的建模,这通常是处理数据统计异质性更自然的方法。

4. 隐私问题

在联邦学习应用程序中,隐私通常是一个主要的关注点。联邦学习通过共享模型更新(如梯度信息)而不是原始数据,朝着保护在每个设备上生成的数据迈出了一步。然而,在整个训练过程中进行模型更新的通信仍然可以向第三方或中央服务器显示敏感信息。虽然最近的方法旨在使用安全多方计算或差异隐私等工具增强联邦学习的隐私性,但这些方法通常以降低模型性能或系统效率为代价提供隐私。在理论和经验上理解和平衡隐私保护与模型性能是实现私有联邦学习系统的一个相当大的挑战。

5. 激励机制

为了将不同组织之间的联邦学习充分商业化,需要开发一个公平的平台和激励机制。模型建立后,模型的性能将在实际应用中体现出来,这种性能可以记录在永久数据记录机制(如区块链)中。提供更多数据的组织会更好,模型的有效性取决于数据提供者对系统的贡献。这些模型通过联邦机制将其优势传递给各方,进而继续激励更多组织加入数据联邦。7.2.3 节中架构的实现不仅考虑了多个组织之间协作建模的隐私保护和有效性,还考虑了如何奖励贡献更多数据的组织,以及如何通过共识机制实施激励。因此,联邦学习是一种"闭环"学习机制。

7.3 联邦学习的相关概念

下面我们从多个角度解释联邦学习和其他相关概念之间的关系。

1. 联邦学习与机器学习

联邦学习可以看作一种隐私保护的去中心化协作机器学习,因此它与多方隐私保护机器学习密切相关。过去许多研究工作都致力于这一领域。例如,有文献提出了用于纵向划分数据的安全多方决策树算法。Vaidya 和 Clifton 提出了安全关联挖掘规则、安全 K-Means、用于纵向划分数据的朴素贝叶斯分类器。有文献提出了一种横向划分数据关联规则的算法。有文献针对纵向划分数据和横向划分数据开发了安全 SVM 算法。有文献提出了多方线性回归和分类的安全协议。有文献提出了安全的多方梯度下降方法。以上工作均使用安全多方计算(SMC)来保护隐私。

2. 联邦学习与分布式机器学习

横向联邦学习乍一看有点类似于分布式机器学习。分布式机器学习包括训练数据的分布式存储、计算任务的分布式操作、模型结果的分布式分布等多个方面，参数服务器是分布式机器学习中的一个典型元素。作为加速训练过程的工具，参数服务器将数据存储在分布式工作节点上，通过中央调度节点分配数据和计算资源，从而更有效地训练模型。对于横向联邦学习，工作节点表示数据所有者。它对本地数据具有完全的自主性，可以决定何时以及如何加入联邦学习。在参数服务器中，中心节点始终处于控制状态，因此联邦学习面临着一个更加复杂的学习环境。另外，联邦学习强调在模型训练过程中对数据所有者的数据进行隐私保护。数据隐私保护的有效措施可以更好地应对未来日益严格的数据隐私和数据安全监管环境。与分布式机器学习设置一样，联邦学习也需要处理非 IID 数据。有研究中显示，使用非 IID 本地数据，联邦学习的性能会大大降低。作为回应，作者提供了一种新的方法来解决类似的迁移学习的问题。

3. 联邦学习与边缘计算

联邦学习可以看作边缘计算的操作系统，因为它为协调和安全提供了学习协议。在文献中，作者考虑了使用基于梯度下降的方法训练的机器学习模型的一般类，从理论上分析了分布式梯度下降的收敛边界，在此基础上提出了一种控制算法，在给定的资源预算下，确定局部更新和全局参数聚合之间的最佳权衡，以最小化损失函数。

4. 联邦学习与联邦数据库系统

联邦数据库系统是集成多个数据库单元并对其进行整体管理的系统。为了实现与多个独立数据库的交互操作性，人们提出了联邦数据库的概念。联邦数据库系统通常使用分布式存储作为数据库单元，实际上，每个数据库单元中的数据都是异构的。因此，在数据类型和存储方面，它与联邦学习有许多相似之处。但是，联邦数据库系统在交互过程中不涉及任何隐私保护机制，所有数据库单元对管理系统都是完全可见的。此外，联邦数据库系统的重点是数据的基本操作，包括插入、删除、搜索和合并等，而联邦学习的目的是在保护数据隐私的前提下为每个数据所有者建立一个联合模型，以便数据中包含的各种值和规则对我们的服务更好。

7.4 现状分析

联邦学习的挑战乍一看像是隐私、大规模机器学习和分布式优化等领域的经典问题。例如，已经提出了许多方法来解决机器学习、优化和信号处理领域中昂贵的通信问题。然而，这些方法通常无法完全处理联邦网络的规模问题，更不用说系统和统计异构性的挑战了。类似地，虽然隐私是许多机器学习应用程序的一个重要方面，但是由于数据的统计变化，联邦学习的隐私保护方法很难严格断言，而且由于每个设备上的系统限制以及跨越潜在的巨大网络，实现起来可能更加困难。在本节中，我们将更详细地探讨 7.2.4 节中提出的挑战，包括对经典结果的讨论，以及近期专门针对联邦学习的工作。

7.4.1 沟通效率

在开发联邦网络的方法时，通信是一个需要考虑的关键瓶颈。对通信效率高的分布式学习方法提供一个独立的综述超出了本书的讨论范围,因此我们指出了几个一般的方向,我们将其分为局部更新方法、压缩方案和去中心化训练。

1. 局部更新方法

小批量优化方法是对经典随机梯度下降方法的扩展,每次迭代处理一个小批量数据点已经成为数据中心环境中分布式机器学习的一个流行范例。然而,在实践中,它们被证明具有有限的灵活性,以适应最大限度地利用分布式数据处理的通信计算折中。作为回应,研究者已经提出了几种方法,通过允许在每轮通信中并行地在每台机器上应用可变数量的局部更新来提高分布式设置中的通信效率,使得计算量与通信量更为灵活。对于凸目标,分布式局部更新对偶方法已经成为解决这类问题的一种常用方法。该方法利用对偶结构,有效地将全局目标分解成子问题,并在每一轮通信中并行求解。研究者还提出了几种分布式局部更新方法,这些方法的附加优点是适用于非凸目标。在实际应用中,这些方法大大提高了性能,并且在实际数据中心环境中,与传统的小批量方法或分布式方法(如 ADMM)相比,它们的速度提高了一个数量级。图 7-6 直观地展现了分布式与本地更新的对比。

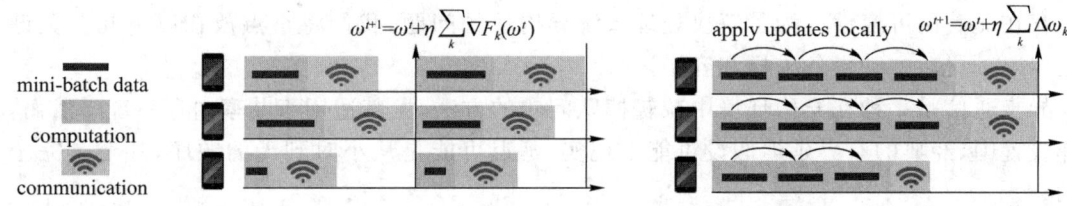

图 7-6　分布式(mini-batch SGD)与本地更新示意图

2. 压缩方案

虽然局部更新方法可以减少通信的总轮数,但模型压缩方法(如稀疏化、子采样和量化)可以显著减少每轮通信的消息大小。在以往关于数据中心环境下分布式训练的文献中,这些方法在经验和理论上都得到了广泛的研究。在联邦环境中,设备的低参与度、非独立同分布的局部数据和局部更新方案对这些模型压缩方法提出了新的挑战。例如,经典分布式学习中常用的错误补偿技术不能直接扩展到联邦设置,因为如果不经常对设备进行采样,局部累积的错误可能会过时。然而,一些工作在联邦设置中提供了实用的策略,例如,强制更新模型变得稀疏和低秩,使用结构化随机旋转执行量化,使用有损压缩和随机失活来减少服务器到设备的通信,以及应用 Golomb 无损编码。从理论上看,虽然先前的工作已经探索了在非独立同分布数据存在的情况下,通过低精度训练的收敛保证,但是所做的假设没有考虑联邦设置的共同特征,如低设备参与度或局部更新优化方法。

3. 去中心化训练

在联邦学习中,星形网络是主要的通信拓扑结构,即中央服务器连接到设备网络(如图 7-7(a)所示),本书也将重点围绕星形网络设置展开讨论。不过,去中心化拓扑结构作为一种潜在替代方案,也值得简要探讨,在该结构下,设备仅与相邻设备通信(如图 7-7(b)所示)。在数据中心环境中,当在低带宽或高延迟的网络上操作时,去中心化训练被证明比中心化训练更快。类似地,在联邦学习中,去中心化算法理论上可以降低中央服务器上的高通信成本。层级通信模式可以进一步减轻中央服务器的负担,首先利用边缘服务器聚合来自边缘设备的更新,然后依赖云服务器聚合来自边缘服务器的更新。虽然这是一种有前途的减少通信的方法,但它不适用于所有网络,因为这种类型的物理层次可能不存在或先验已知。在本书聚焦的典型联邦学习环境中,默认采用星形网络,即一台服务器连接所有远程设备。当服务器通信出现瓶颈时,去中心化拓扑可作为备选方案。

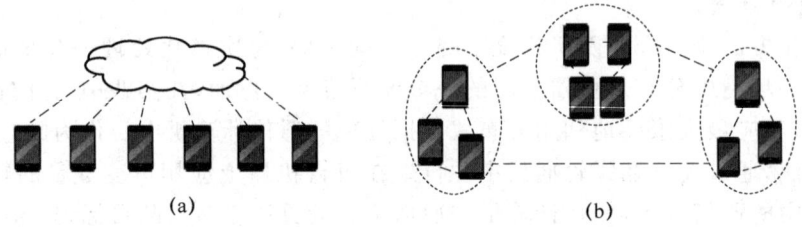

图 7-7 集中式拓扑与去中心化拓扑

7.4.2 系统异质性

在联邦设置中,由于设备在硬件、网络连接性和电池功率方面的差异,整个网络中的系统特性存在显著的可变性。为了解决处理系统异构性的问题,我们将重点放在以下几个关键方向上:异步通信、主动设备采样和容错。

异步通信是一种在异构环境中减轻掉队问题的方法,尤其适用于共享内存系统。然而,在联邦设置中,经典的有界延迟假设可能不现实,延迟可能是从小时到天的顺序,甚至是完全无界的。

主动设备采样是指积极选择参与训练的设备。目前的方法主要基于静态模型,如基于系统资源的设备采样策略和鼓励高质量数据设备参与学习的激励机制。然而,如何处理实时、特定于设备的计算和通信延迟仍然需要进一步研究。

容错性是系统中的一个重要考虑因素,特别是在远程设备学习时。一种实用的策略是简单地忽略故障设备,但这可能会引入偏差。编码计算是一种通过引入算法冗余来容忍设备故障的方法,但在联邦网络中面临着隐私限制和网络规模的挑战。

7.4.3 统计异质性

在训练联邦模型时,使用非独立同分布数据会带来两个挑战:数据建模和分析相关训练过程的收敛行为。针对这些挑战,已经有一些相关工作进行了探索。

一方面,在异构数据建模方面,研究人员通过元学习和多任务学习等方法对统计异质性进行建模,并将这些方法应用于联邦设置。例如,MOCHA 是一个为联邦设置设计的优化框架,可以通过学习每个设备的独立但相关的模型来实现个性化,并通过多任务学习利用共享的表示。Khodak 等人通过元学习来调整任务内学习率,并在实验中证明,该方法比普通的 FedAvg(联邦平均算法)在性能上有所改进。Eichner 等人研究了一种自适应选择全局模型和设备特定模型的多元解决方案,以解决联邦训练期间数据样本中的循环模式问题。尽管取得了一些进展,但在为异质建模制定健壮、可伸缩和自动化的方法方面仍然面临挑战。

另一方面,在联邦数据建模时,考虑除了精度以外的问题(如公平性)也很重要。近期的工作提出了改进的建模方法,旨在减少设备之间模型性能的差异。一些启发式算法根据本地损失执行不同数量的本地更新。其他更具原则性的方法包括不可知联邦学习(Agnostic

Federated Learning),它通过优化由客户机分布混合形成的任何目标分布来优化集中模型。Li 等人提出了一个目标(称为 q-FFL),在该目标中,具有较大损失的设备被赋予较大的相对权重,以鼓励减少最终精度分布中的方差。除了公平性问题外,联邦学习中的问责性和可解释性也值得探讨,但由于网络的规模和异构性,在这些方面可能面临诸多挑战。

此外,在处理非独立同分布数据时,统计异质性也给联邦环境下的收敛行为带来了新的挑战。目前已经有一些工作针对不同假设下的异质数据收敛保证进行了探索。FedProx 是对 FedAvg 方法的一种修改,可以在异质环境中保证收敛性。还有一些启发式方法旨在通过共享本地设备数据或一些服务器端代理数据来解决统计异质性问题。然而,这些方法可能存在实际上的限制,如网络带宽限制和违背联邦学习密钥隐私假设的问题。

7.4.4 隐私

隐私问题常常促使人们在联邦设置中将每个设备上的原始数据保存在本地。但是,作为训练过程的一部分,共享其他信息(如模型更新)也可能泄露敏感的用户信息。例如,Carlini 等人证明可以从一个基于用户语言数据训练的递归神经网络中提取敏感的文本模式,如特定的信用卡号码。

机器学习中的隐私:机器学习领域以及系统和理论研究界都对隐私保护学习展开了广泛的研究。我们将简要回顾 3 种主要的策略,其中包括用差分隐私来传递噪声数据草图、用同态加密来操作加密数据以及安全的功能评估或多方计算。

在这些不同的隐私方法中,差分隐私由于强大的信息理论保证、算法简单和相对较小的系统开销而被广泛地使用。简单地说,如果一个输入元素的变化不会导致输出分布的太大差异,那么随机化机制是差异私有的,这意味着不能得出任何关于在学习过程中是否使用特定样本的结论。这种样本级的隐私可以在许多学习任务中实现。对于基于梯度的学习方法,一种流行的方法是通过在每次迭代时随机扰动中间输出来应用差分隐私。在应用扰动(例如,通过高斯噪声、拉普拉斯噪声或二项式噪声)之前,通常剪裁梯度以限制每个示例对整体更新的影响。差分隐私和模型精度之间存在着固有的权衡,因为增加更多的噪声可以更有效地保护隐私,但同时可能会严重影响精度。尽管差分隐私是机器学习中隐私的事实度量,但还有许多其他隐私定义,如 k-匿名性、d-存在性和距离相关性,其可能适用于不同的学习问题。

除了差分隐私外,同态加密还可以通过计算加密数据来保护学习过程,尽管目前它应用于有限的设置,例如训练线性模型或仅涉及少数实体。当敏感数据集分布在不同的数据所有者之间时,另一个自然的选择是通过安全功能评估(SFE)或安全多方计算(SMC)来执行隐私保护学习。由此产生的协议可以使多个当事方协作计算商定的函数,而不泄露任何当事方的输入信息,除了可以从输出中推断出的信息外。因此,虽然 SMC 不能保证对信息的保护,但它可以与差分隐私相结合,以实现更强的隐私保证。然而,这些方法可能不适用于大规模机器学习场景,因为它们会带来大量额外的通信成本和计算成本。此外,需要为目标学习算法中的每个操作仔细设计和实现 SMC 协议。以下为 3 种主要的加密技术。

① SMC:SMC 模型包含多方,并在一个定义明确的仿真框架中提供安全证明,以保证完全零知识,即除了输入和输出之外,各方什么都不知道。零知识是非常可取的,但这种要求的属性通常需要复杂的计算协议,并且可能无法有效地实现。在某些情况下,如果提供了安全保证,则可以认为部分知识泄露是可接受的。在安全性要求较低的情况下,可以用 SMC 建立安

全模型,以换取效率。最近,有研究使用 SMC 框架对具有两个服务器和半诚实假设的机器学习模型进行训练。有文献使用 MPC 协议进行模型训练和验证,无须用户透露敏感数据。一个非常先进的 SMC 框架是 ShareMind。有文献提出了一个 3PC 模型,该模型基于存在诚实多数的前提,并考虑了在半诚实和恶意假设中的安全性。这些工作要求参与者的数据在非协作服务器之间秘密共享。

② 差分隐私:有的工作使用差分隐私技术或 k-匿名来保护数据隐私。差分隐私、k-匿名和多样化的方法涉及在数据中添加噪声,或使用泛化方法来模糊某些敏感属性,直到第三方无法区分个体,使数据无法还原,从而保护用户隐私。然而,这些方法的根源仍然要求数据传输到别处,而这些工作通常涉及准确性和隐私性之间的权衡。

③ 同态加密:在机器学习过程中,也可以采用同态加密的方法,通过加密机制下的参数交换来保护用户数据隐私。与差分隐私保护不同,数据和模型本身不会被传输,也不能通过另一方的数据对其进行推测。因此,原始数据级别的泄露可能性很小。最近有工作采用同态加密来集中和训练云上的数据。在实践中,加法同态加密被广泛使用,需要进行多项式近似来评估机器学习算法中的非线性函数,从而在准确性和隐私性之间进行权衡。

研究人员也开始考虑将区块链作为促进联邦学习的平台。有研究人员考虑了一种区块链联邦学习(BlockFL)结构,其中移动设备的本地学习模型更新通过区块链进行交换和验证。他们考虑了最佳块生成、网络可扩展性和鲁棒性问题。

7.4.5 激励机制

当前研究主要关注优化联邦学习算法以提高模型训练性能,但忽视了激励移动设备参与模型训练的机制。在联邦学习中,移动设备承担了大量的计算和通信开销。若没有合适的激励机制,移动设备可能不愿意参与联邦学习任务,进而限制了其应用。为解决这一问题,研究人员使用契约理论设计了有效的激励机制,模拟移动设备使用高质量数据(高精度)参与联邦学习。结果表明,该机制显著提高了联邦学习的精度。

此外,在联邦学习中,训练数据广泛分布在移动设备上,并通过局部更新被上传至中央聚合器来更新全局模型。然而,存在不可靠数据上传导致欺诈行为的风险,如数据中毒攻击或低质量数据。因此,寻找可信可靠的设备变得至关重要。为此,研究人员引入信誉度作为度量标准,并提出一种可靠的选择方案,利用联盟链作为去中心化手段进行有效的信誉管理,确保无法否认和篡改。数值分析证明,该方案提高了移动网络中联邦学习任务的可靠性。

7.5 联邦学习的发展方向

联邦学习是一个活跃的研究领域,但一些关键的开放方向仍需要探索。

(1)极端通信方案

目前还不清楚在联邦学习中需要多少通信。传统的通信方案在大规模或统计异构网络中的行为尚未被完全理解。有关如何评估通信方法的效果和比较不同方法的研究仍然需要进行。

(2)减少通信和帕累托前沿

减少通信的方法包括局部更新和模型压缩。了解如何组合这些技术,并权衡准确性和通信之间的关系对于创建真实的联邦学习系统至关重要。目前,需要开展相关研究来探索并展示这样的技术:在相同的通信预算限制下,能够在广泛的通信量与精度关系的范围内,实现更高的模型精度,即达到更优的帕累托前沿状态。

(3) 新的异步模型

目前的研究集中于批量同步和异步通信方法上,但这些方法在联邦网络中可能不适用。需要研究设备为中心的通信方案,允许每个设备决定何时与中央服务器交互。

(4) 异质性诊断

目前的研究还不能很容易地量化联邦网络中的统计异质性和与系统相关的异质性。需要研究简单的诊断方法,快速确定异质性水平,并利用这些诊断来改进联邦优化方法的收敛性。

(5) 细微的隐私限制

当前的隐私定义涵盖了网络中所有设备的隐私,但实际上可能需要在更细粒度级别上定义隐私。处理混合隐私限制的方法是未来的研究方向。

(6) 超越监督学习

目前的方法都是以监督学习任务为基础的,假设所有数据都有标签。然而,在实际的联邦网络中,生成的数据可能是未标记或弱标记的。解决其他问题(如探索性数据分析、聚合统计数据或强化学习)可能需要解决与可伸缩性、异构性和隐私性方面类似的挑战。

(7) 产品性联邦学习

在产品环境中,还需要考虑概念漂移、日变化和冷启动等问题。

7.6 联邦学习的应用

联邦学习是一种创新的建模机制,适用于金融和其他行业。它可以在不影响数据隐私和安全的情况下,对来自多个方面的数据进行统一建模。以智能零售为例,智能零售涉及的数据可能分散在不同的部门或企业中,且数据壁垒难以被打破。传统机器学习方法不能处理异构数据,也无法解决这些问题。联邦学习和迁移学习成为解决这些问题的关键。联邦学习可以在不导出企业数据的情况下,为三方建立机器学习模型,保护数据隐私和数据安全,同时为客户提供个性化服务。迁移学习可以解决数据异质性问题,突破传统人工智能技术的局限。因此,联邦学习为构建大数据和人工智能生态圈提供了技术支持。

智慧医疗领域也将受益于联邦学习技术的兴起。医学数据很敏感且难以收集,存在于孤立的医疗中心和医院中。联合起来共享数据,并利用联邦学习和迁移学习训练模型,可以显著提高机器学习模型的性能。联邦迁移学习将在智慧医疗中发挥关键作用,提升人类健康保健水平。

7.7 企业联邦学习与数据联盟

联邦学习不仅是一种技术标准,也是一种商业模式。它提供了一个新的大数据应用范例,允许机构在不交换数据的情况下共享统一模型。通过区块链的帮助,联邦学习可以制定公平的利润分配规则,激励数据拥有者加入数据联盟并分享利润。业务模型和联邦学习的技术机制应该紧密结合,并为各个领域的联邦学习制定标准,以促进其尽快应用。

7.8 结论与展望

近年来,数据的隔离和对数据隐私的强调正成为人工智能的下一个挑战。联邦学习给我们带来了新的希望。它可以在保护本地数据的同时,为多个企业建立一个统一的模型,使企业在数据安全的前提下共同取胜。本章概述了联邦学习的基本概念、体系结构和技术,并讨论了它在各种应用中的潜力。预计在不久的将来,联邦学习将打破行业之间的障碍,建立一个可以安全共享数据和知识的社区,并根据每个参与者的贡献公平分配利益。人工智能的好处最终会覆盖到我们生活的每个角落。

第 8 章
知识图谱

构建知识图谱(Knowledge Graph/Vault)的主要目的是获取大量的、让计算机可读的知识,并能揭示知识之间的关联关系。在互联网飞速发展的今天,大量知识以非结构化文本数据、半结构化表格和网页以及结构化数据的形式存在。知识图谱的工作本质上是对知识体系的工程化建设,它从知识结构化的角度提升现有业务的效率和用户的体验,在不同业务场景下提供分析洞察和自动化的服务。图 8-1 所示为一个知识图谱实例。

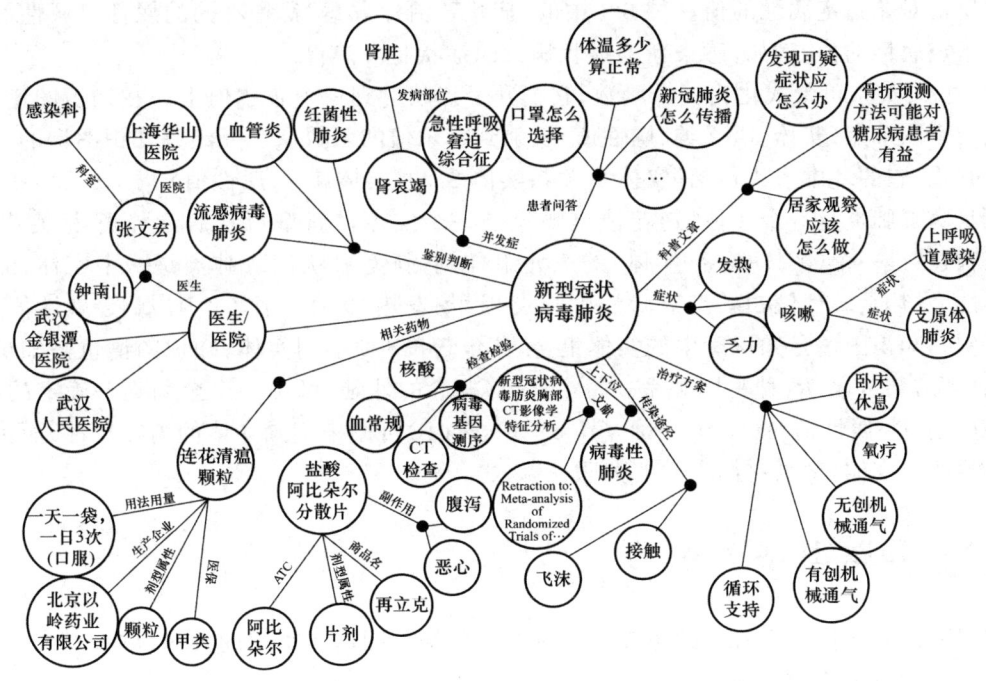

图 8-1 知识图谱实例

8.1 知识图谱概述

构建知识图谱主要分为 3 个部分。第一部分是知识获取,主要是从非结构化、半结构化以及结构化数据中获取知识;第二部分是数据融合,将从不同数据源获取的知识进行融合,构建数据之间的关联;第三部分是知识计算及应用,这一部分关注的是基于知识图谱的计算功能以及基于知识图谱的应用。

8.1.1 知识图谱的定义

知识图谱是描述各种实体或概念以及它们之间关系的一张巨大的语义网图,节点表示实体或概念,边则由属性或关系构成。现在的知识图谱已被用来泛指各种较大规模的知识库。知识图谱包含以下几类节点和边。

① 实体:具有可区别性且独立存在的某种事或者物,如某一个人、某一种植物、某一种商品或者某件具体的事情等。世界万物由具体的事物组成,这就是实体,如图 8-1 中的"新型冠状病毒肺炎"。实体是知识图谱中最基本的元素,不同的实体间存在不同的关系。

② 语义类(概念):具有同种特性的实体构成的集合,如国家、民族、书籍、计算机等概念,主要指集合、类别、对象类型、事物的种类,如人物、地理等。

③ 内容:通常作为实体和语义类的名字、描述、解释等,可以由文本、图像、音视频等来表达。

④ 属性(值):从一个实体指向它的属性值。不同的属性类型对应不同类型属性的边。属性值主要指对象指定属性的值。图 8-1 中的"症状""治疗方案"就是不同的属性。属性值主要指对象指定属性的值,例如,感染新型冠状病毒的症状是发热等。

⑤ 关系:关系可形式化为一个函数,它把几个点映射到一个布尔值上。在知识图谱上,关系是把几个图节点(实体、语义类、属性值)映射到布尔值的函数。三元组是知识图谱的一种通用表示方式,它的基本形式包括(实体1-关系实体2)和(实体属性-属性值)等。如图 8-1 所示,新型冠状病毒肺炎是一个实体,连花清瘟颗粒是一个实体,"新型冠状病毒肺炎-相关药物-连花清瘟颗粒"是一个(实体-关系-实体)的三元组样例;新型冠状病毒肺炎是一个实体,症状是一种属性,发热是属性值,"新型冠状病毒肺炎-症状-发热"构成一个(实体-属性-属性值)的三元组样例。知识图谱是知识库中的实体集合,共包含 $|E|$ 种不同实体;知识图谱也是知识库中的关系集合,共包含 $|R|$ 种不同关系。每个实体(概念的外延)可用一个全局唯一确定的 ID 来标识,每个属性-属性值对(Attribute-Value Pair,AVP)可用来刻画实体的内在特性,而关系可用来连接两个实体,刻画它们之间的关联关系。

8.1.2 知识图谱的架构

知识图谱的架构包括自身的逻辑结构以及构建知识图谱所采用的技术(体系)架构。

1. 知识图谱的逻辑结构

知识图谱在逻辑上可分为数据层与模式层两个层次。数据层主要是由一系列的事实组成的,而知识以事实为单位进行存储。如果用(实体1-关系-实体2)、(实体-属性-属性值)这样的三元组来表达事实,可选择图数据库作为存储介质,如开源的 Neo4j 等。模式层构建在数据层之上,是知识图谱的核心,通常采用本体库来管理。本体是结构化知识库的概念模板,通过本体库形成的知识库不仅层次结构较强,而且冗余程度较低。

2. 知识图谱的体系架构

知识图谱的体系架构是指构建的模式结构,如图 8-2 所示。其中,虚线框内的部分为知识图谱的构建过程,也包含知识图谱的更新过程。知识图谱的构建从最原始的数据(包括结构化数据、半结构化数据、非结构化数据)出发,采用一系列自动或者半自动的技术手段,从原始数据库和第三方数据库中提取知识事实,并将其存入知识库的数据层和模式层。这一过程包含信息抽取、知识表示、知识融合、知识推理4个阶段,每一次更新迭代均包含这4个阶段。知识图谱主要有自顶向下(Top-Down)与自底向上(Bottom-Up)两种构建方式。自顶向下指的是先为知识图谱定义好本体与数据模式,再将实体加入知识库。该构建方式需要利用一些现有的结构化知识库作为基础知识库,例如 Freebase 项目就是采用这种方式,它的绝大部分数据是从维基百科中得到的。自底向上指的是从一些开放链接数据中提取出实体,选择其中置信度较高的加入知识库,再构建顶层的本体模式。目前,大多数知识图谱都采用自底向上的方式进行构建,其中最典型就是谷歌的 Knowledge Vault 和微软的 Satori 知识库,这种方式符合互联网数据内容的特点。

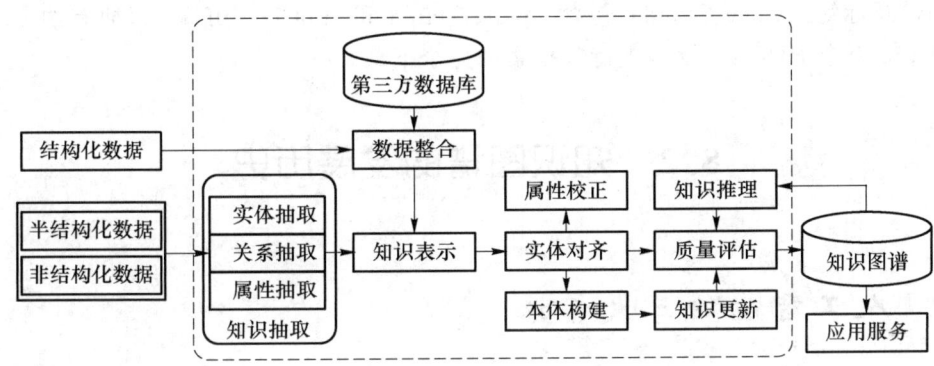

图 8-2 知识图谱的体系架构

8.1.3 开放知识图谱

当前世界范围内知名的高质量大规模开放知识图谱包括 DBpedia、Yago、Wikidata、BabelNet 以及 Microsoft Concept Graph 等。

DBpedia 是一个多语言的大规模百科知识图谱,它提取自维基百科的结构化信息,包括实体的 abstract、infobox、categor 和 page link 等。它包含 127 种语言、超过 2 800 万个实体和数亿个 RDF 三元组,并与其他数据集建立了实体映射关系,具有高正确率和支持完全下载的特点。

Yago 是一个整合了维基百科和 WordNet 的大规模本体库,通过抽取维基百科的 infobox 和 category 信息,利用推断和映射技术构建了实体和概念之间的关系。Yago2 和 Yago3 在时间和空间信息方面进行了扩展,并支持多种语言。目前 Yago 拥有 10 种语言、约 459 万个实体和 2 400 万个 Facts,其 Facts 的正确率约为 95%,并且可以完全下载。

Wikidata 是一个由维基媒体基金会发起的多语言百科知识库,允许自由协作编辑,用于抽取、存储和关联维基百科、维基文库和维基导游等项目中的结构化知识。它包含多语言标签、别名、描述和声明,支持超过 350 种语言,拥有近 2 500 万个实体和超过 7 000 万个声明。Wikidata 的目标是支持谷歌的语义搜索,并且支持数据集的完全下载。

BabelNet 是世界上最大的多语言百科同义词典,以语义网络的形式呈现,包含超过 1 400 万个词目和对应的同义词组。它将 WordNet 的英文 Synset 与维基百科页面进行映射,并整合其他资源如 Wikidata 和 GeoNames,提供 271 个语言版本。BabelNet 的正确率约为 91%,可通过 HTTP API 调用,并需非商用认证才能完全下载数据集。

Microsoft Concept Graph 是一个大规模的英文 Taxonomy,包含概念间和实例间的 IsA 关系,通过自动化抽取数十亿网页和搜索记录来完成构建。每个 IsA 关系都有一个概率值,支持短文本理解、基于 Taxonomy 的关键词搜索和万维网表格理解等应用。它拥有约 530 万个概念、1 250 万个实例和 8 500 万个 IsA 关系(正确率约 92.8%)。数据集可以通过 HTTP API 调用,并需非商用认证后才可下载。

除了前面提到的知识图谱,中文领域还有一些可用的大规模开放知识图谱。其中,Zhishi.me 是一个类似于 DBpedia 的中文链接数据集,从百度百科、互动百科和中文维基百科中抽取实体信息,并通过对齐完成数据集的链接。它拥有约 1 000 万个实体和 12 000 万个 RDF 三元组。Zhishi.schema 是一个中文模式知识库,抽取自社交站点的分类目录(Category Taxonomy)及标签云(Tag Cloud),包含 equal、related 和 subClassOf 关系,拥有约 40 万个中文概念和 150 万个 RDF 三元组,支持数据集的完全下载。

8.2 知识图谱的发展历史

8.2.1 人工智能的三大学派

到目前为止,人工智能分为三大学派。

① 连接主义(Connectionism),又称为仿生学派或生理学派,其主要原理为神经网络及神经网络间的连接机制与学习算法。它属于感知智能,如语音识别、图像识别,主要让机器能够感知周围事物,而感知智能当前已经发展得非常成熟,如人脸识别、语音翻译等已经大规模商用。

② 符号主义(Symbolicism),又称为逻辑主义、心理学派或计算机学派,其原理主要为物理符号系统(即符号操作系统)假设和有限合理性原理。它属于认知智能,让机器像人一样思考,能够自我学习、理解知识、交流问题。而我们要介绍的知识图谱就属于这个学派。

③ 行为主义(Actionism),又称为进化主义或控制论学派,其原理为控制论及感知-动作型控制系统。它属于行为智能,如足球机器人、无人驾驶汽车。

近年来,随着数据积累和计算能力提升,深度学习在感知处理、博弈类游戏、机器翻译等领域取得突破,使得人工神经网络和机器学习取得了人工智能研究领域的核心地位,逐渐超越了传统的符号派方法。

8.2.2 知识图谱的发展路径

在弱人工智能时代,知识图谱是人工智能的基础。知识图谱技术的诞生有它自己的发展路径(图 8-2)。

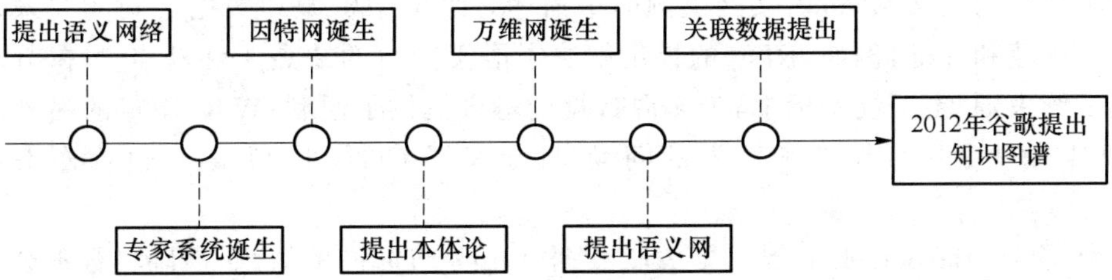

第8章 知识图谱

```
提出语义网络    因特网诞生    万维网诞生    关联数据提出
    ○────○────○────○────○────○────○────○──→  2012年谷歌提出
         │         │         │                        知识图谱
      专家系统诞生  提出本体论  提出语义网
```

图 8-3　知识图谱发展路径

1960年，认知科学家 Allan M. Collins 提出用语义网络（Semantic Network）（注意不是语义网）研究人脑的语义记忆，并提出用相互连接的节点和边来表示知识。节点表示对象、概念，边表示节点之间的关系。语义网络可以比较容易地让我们理解语义和语义关系。其表达形式简单直白。然而，由于缺少标准，比较难应用于实践。

1965年，美国著名计算机学家费根鲍姆领导斯坦福大学团队开发了第一个专家系统 Dendral，它能根据化学仪器的读数自动鉴定化学成分。专家系统的提出和商业化发展提升了知识库（Knowledge Base）构建和知识表示的重要性，其核心思想是用计算机符号表示人脑中的知识，并通过推理机进行模拟处理，认为计算机系统应该由知识库和推理机两部分组成而非仅由函数等过程性代码构成。

1969年，因特网诞生。它的前身是美国的"阿帕网"（ARPAnet），这是一个军用网络研究系统，后来才逐渐发展成为连接大学及高等院校计算机的学术系统，现在则已发展成为一个覆盖150多个国家的开放型全球计算机网络系统，拥有许多服务商。

1980年，本体论出现，哲学概念"本体"被引入人工智能领域用来刻画知识。

1989年，英国科学家 Tim Berners-Lee 在欧洲高能物理研究所工作的时候，发明了万维网技术。万维网技术用网页（HTML）来表示信息，用超链接 HTTP 把不同的网页链接起来。万维网一下子激活了信息组织的灵活性，使万维网成为互联网上的最大应用。

1998年，在上述技术基础上，英国科学家 Tim Berners-Lee 又提出语义网，希望把万维网技术向前推进一步。Tim Berners-Lee 提出了最初的语义网体系结构，随着人们对语义网的深入研究，语义网的体系结构也在不断地发展演变。语义网的体系结构如图 8-4 所示。可以看出，语义网是传统人工智能与 Web 融合的结果，是符号主义核心知识的表示与推理在现代 Web 中的应用，其中的 RDF/OWL 都是面向 Web 的知识表示语言。

语义网当中的相关技术 RDF、schema 和 inference languages 等的目的是将万维网所有的文档数据降到数据级别，降到能够被计算机理解的语义，我们就可以将当前网络上非结构化或半结构化的文档转换为网络数据，将网络变成一个巨大的数据库，从而使计算机与人更好的合作。

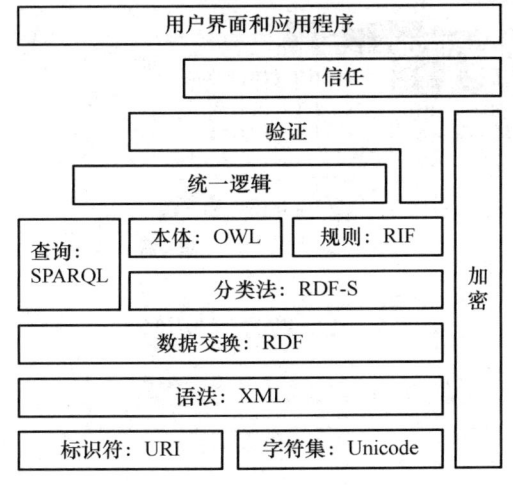

图 8-4　语义网的体系结构

相对于最早的语义网络，语义网更倾向于描述万维网中资源和数据之间的关系。语义网提出了更多规范和标准：例如，RDF的提出解决了语义网络的缺点1和缺点2，在节点和边的取值上做了约束，制定了统一标准，为多源数据的融合提供了便利；W3C制定的另外两个标准RDFS、OWL解决了区分概念和对象的问题，即定义了Class和Object（也称作Instance和Entity）。

2006年，Tim Berners-Lee提出了关联数据（Linked Data）的概念，鼓励将数据公开并通过互联网链接起来，以解决语义网"自顶向下"设计模型的困难。关联数据强调在不同数据集之间创建链接，最初用于定义如何使用语义网技术发布数据，并提出了一系列原则（2006年有4条原则，2009年精简为3条原则）。

在上述背景下，大型数据集项目越来越多，包括国外的DBpedia项目、Wikidata项目、Freebase项目等。在中文社区类似的项目有清华大学的XLore、复旦大学的CN-pedia等。

2012年，谷歌基于之前的技术，特别是收购的Freebase，推出了知识图谱，旨在提升搜索引擎的答案质量和用户查询效率。通过将知识图谱作为辅助，搜索引擎可以理解用户查询背后的语义信息，返回更准确、结构化的信息，更好地满足用户的需求。

8.3　知识图谱的价值

知识图谱最早的应用是提升搜索引擎的能力。随后，知识图谱在辅助智能问答、自然语言理解、大数据分析、推荐计算、物联网设备互联、可解释性人工智能等多个方面展现出巨大的应用价值。

1. 辅助搜索

知识图谱和语义技术使得搜索引擎能够实现对各种事物的直接搜索，包括文本、图片、视频、音频和IoT设备等信息资源，从而推动互联网向万物互联的终极形态迈进，如图8-5所示。

图8-5　搜索引擎辅助搜索

2. 辅助问答

知识图谱在人机问答交互中扮演着重要角色,如 IBM Watson、Amazon Alexa、度秘、Siri 的进化版 Viv 和小爱机器人等利用百科知识库、语言学知识库和海量知识图谱实现深度知识问答,推动了人与机器之间实现用自然语言进行问答与对话的进程。

基于知识图谱的问答对话技术在智能驾驶、智能家居和智能厨房等领域得到了广泛应用,采用了语义解析、图匹配、模板学习、表示学习和深度学习等方法,知识图谱在语义解析、实体匹配、神经网络训练和排序模型等方面发挥重要作用,成为人机交互问答不可或缺的组成部分。

3. 辅助大数据分析

知识图谱和语义技术也被用于辅助数据分析与决策。例如,大数据公司 Palantir 基于本体融合和集成多种来源的数据,通过知识图谱和语义技术增强数据之间的关联,使用户可以用更加直观的图谱方式对数据进行关联挖掘与分析。

知识图谱在文本数据的处理和分析中也能发挥独特的作用。知识图谱被广泛用来作为先验知识从文本中抽取实体和关系,如在远程监督中的应用。知识图谱也被用来辅助实现文本中的实体消歧(Entity Disambiguation)、指代消解和文本理解等。

近年来,描述性数据分析(Declarative Data Analysis)越来越受重视。描述性数据分析是指依赖数据本身的语义描述实现数据分析的方法。不同计算性数据分析主要以建立各种数据分析模型来区分,如深度神经网络,而描述性数据分析突出预先抽取数据的语义,建立数据之间的逻辑,并依靠逻辑推理的方法(如 Datalog)来实现数据分析。

4. 辅助语言理解

背景知识,特别是常识知识,被认为是实现深度语义理解(如阅读理解、人机问答等)必不可少的构件。一个典型的例子是 Winograd Schema Challenge(WSC)。WSC 由著名的人工智能专家 Hector Levesque 教授提出,2016 年,在国际人工智能大会 IJCAI 上举办了第一届 WSC。WSC 主要关注那些必须叠加背景知识才能理解句子语义的任务。例如,在下面这个例子中,当描述 it 是 big 时,人很容易理解 it 指代 trophy;而当 it 与 small 搭配时,也很容易识别出 it 指代 suitcase。

The trophy would not fit in the brown suitcase because it was too big(small). What was too big(small)?

Answer 0: the trophy

Answer 1: the suitcase

这个看似非常容易的问题,机器却毫无办法。正如自然语言理解的先驱 Terry Winograd 所说的,当一个人听到一句话或看到一段句子的时候,会使用自己所有的知识和智能去理解。这不仅包括语法知识,还包括其拥有的词汇知识、上下文知识,更重要的是对相关事物的理解。

5. 辅助设备互联

人机对话的主要挑战是语义理解,即让机器理解人类语言的语义。另一个挑战是机器之间的对话,这也需要技术手段来表达和处理机器语言的语义。语义技术也可被用来辅助设备之间的语义互联。如图 8-6 所示,一个设备产生的原始数据在封装了语义描述之后,可以更加容易地与其他设备的数据进行融合、交换和互操作,并可以进一步链接进入知识图谱中,以便支持搜索、推理和分析等任务。

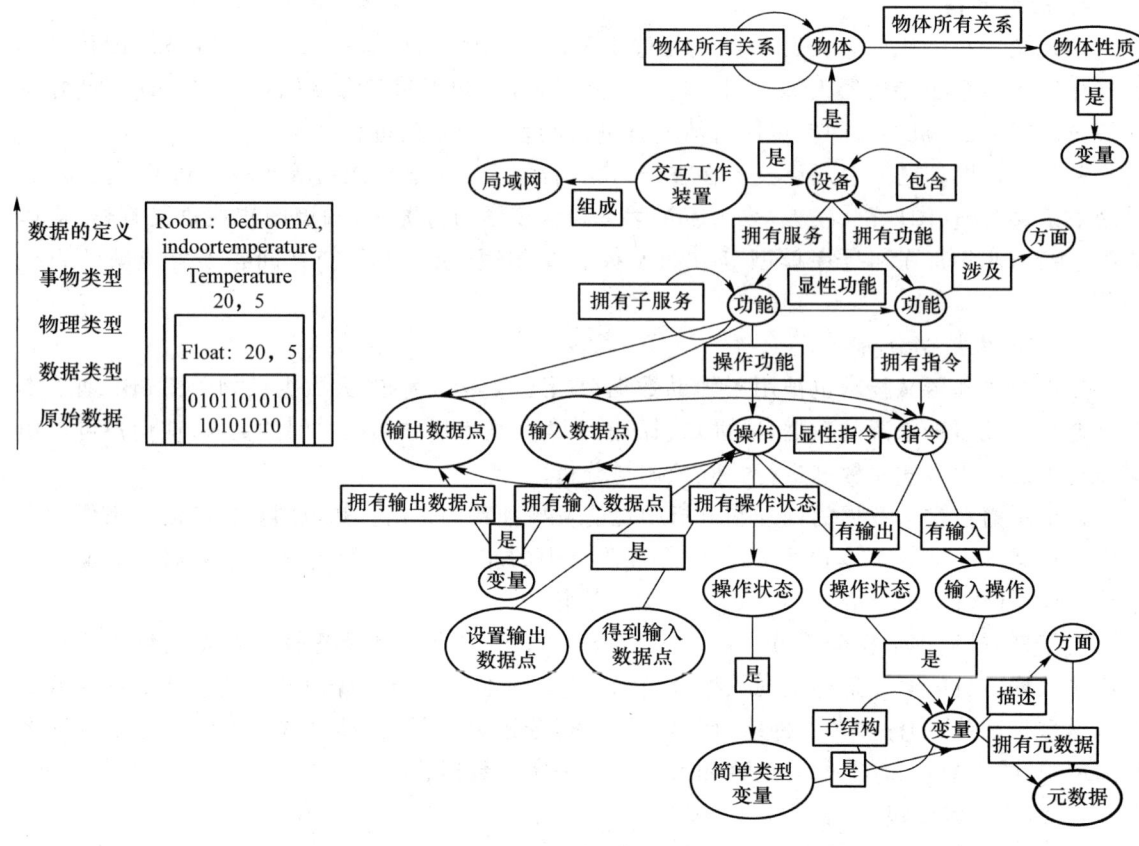

图 8-6　设备语义的封装

8.4　知识图谱的构建

人工智能的终极算法是通过数学化模拟进化和人类经验,以及对知识的结构化来实现对人类知识的模拟。知识图谱厂商普遍认同连接主义、行为主义和符号主义等流派,因为人工智能的本质是模拟人类学习能力的各个方面,包括认知、交流、规划、推理等能力。

AlphaGo ZERO 的经验主义方法与知识图谱的结构化方法不同,但它们并不是相互割裂的。知识图谱是一种可知的、结构化的方法,类似于企业信息管理或数据管理工作中的数据结构化,而知识图谱在更高层次上实现了知识的结构化。实际上,知识由数据构成,企业的数据平台和数据管理工作为知识图谱技术的应用提供了优势基础。

大规模知识库的构建与应用需要多种技术的支持。通过知识提取技术,可以从半结构化、非结构化和结构化数据库的数据中提取出实体、关系、属性等知识要素。知识表示则通过一定的有效手段对知识要素进行表示,以便于进一步处理使用。通过知识融合,可消除实体、关系、属性等指称项与事实对象之间的歧义,形成高质量的知识库。知识推理则是在已有的知识库基础上进一步挖掘隐含的知识,从而丰富、扩展知识库。分布式的知识表示形成的综合向量对知识库的构建、推理、融合以及应用均具有重要的意义。因此,知识图谱是一系列技术的组合,可以分成 4 个层次:知识提取(文本分析和抽取技术)、知识融合(语义计算、数据整合和存储)、知识加工(本体构建、分析推理)和知识呈现(图谱可视化、搜索)。

8.4.1 知识提取

知识提取是面向开放链接数据的技术,通常典型的输入是自然语言文本或者多媒体内容文档(图像或者视频)等。通过自动化或者半自动化的技术抽取出可用的知识单元,知识单元主要包括实体(概念的外延)、关系以及属性3个要素,并以此为基础,形成一系列高质量的事实表达,为上层模式层的构建奠定基础。

处理非结构化数据时,首先,提取正文,过滤广告后保留用户关注的文本内容。然后,使用实体链接或命名实体识别技术来识别文章中的实体,并构建实体间的同义词表。这涉及分词、词性标注、分布式表达等技术。同时,还可以提取关键词和潜在主题等,以获取不同粒度的知识。最后,进行实体关系识别,有些方法利用句法结构或语义解析来帮助确定实体之间的关系。如果想获取事件的详细内容,就需要确定事件的触发词,并获取描述事件的句子以及识别事件描述句子中实体的角色。

处理半结构化数据主要通过机器学习半结构化数据的抽取规则来实现,通过对数据进行少量标注,先让机器学习一定的规则,然后在整个站点使用这些规则来抽取同类型或符合某种关系的数据。当用户数据存储在生产系统的数据库中时,需要使用 ETL(Extract-Transform-Load)工具对数据进行重新组织、清洗和检测,以获取符合用户使用目的的数据。

8.4.2 语义类提取

语义类抽取是指从文本中自动抽取信息来构造语义类并建立实体和语义类的关联,作为实体层面上的规整和抽象。下面介绍一种行之有效的语义类抽取方法,其包含3个模块:并列相似度计算、上下位关系提取以及语义类生成。

1. 并列相似度计算

并列相似度计算的结果是词和词之间的相似性信息,例如三元组(苹果,梨,s1),s1表示苹果和梨的相似度。两个词有较高的并列相似度的条件是它们具有并列关系(同属于一个语义类),并且有较大的关联度。按照这样的标准,北京和上海具有较高的并列相似度,而北京和汽车的并列相似度很低,因为它们不属于同一个语义类。对于海淀、朝阳、闵行三个市辖区来说,海淀和朝阳的并列相似度大于海淀和闵行的并列相似度(因为前两者的关联度更高)。

当前主流的并列相似度计算方法有分布相似度法(Distributional Similarity)和模式匹配法(Pattern Matching)。分布相似度法基于哈里斯(Harris)的分布假设(Distributional Hypothesis),即经常出现在类似的上下文环境中的两个词具有语义上的相似性。分布相似度法的实现分3个步骤:定义上下文、将每个词表示为特征向量、计算特征向量之间的相似度来衡量词之间的相似性。模式匹配法则将一些模式应用于源数据,获得词与词之间的共同出现信息,并将这些信息聚合起来生成相似度。模式可以手动定义,也可以根据种子数据自动生成。分布相似度法和模式匹配法都可用于从数十亿个句子或网页中提取词的相似性信息。

2. 上下位关系提取

该模块从文档中抽取词的上下位关系信息,生成(下义词,上义词)数据对,如(狗,动物)。提取上下位关系最简单的方法是解析百科类站点的分类信息,如维基百科的"分类"和百度百科的"开放分类"。这种方法的主要缺点是:并不是所有的分类词条都代表上位词;生成的关系图中没有权重信息,因此不能区分同一个实体所对应的不同上位词的重要性;覆盖率偏低,即很多上下位关系并没有包含在百科站点的分类信息中。

3. 语义类生成

该模块包括聚类和语义类标定两个子模块,聚类结果确定生成的语义类及其包含的实体,语义类标定为语义类附加一个或多个公共上位词作为成员。模块利用并列相似性和上下位关系信息进行聚类和标定。一些研究仅依赖上下位关系图生成语义类,但经验表明,并列相似性信息对提高最终生成的语义类的精度和覆盖率至关重要。

8.4.3 属性和属性值抽取

属性抽取的任务是为每个本体语义类构造属性列表,属性值抽取则是为一个语义类的实体附加属性值,两者形成知识图谱维度。常见的方法包括从百科类站点、垂直网站、网页表格和模式句子/查询日志中提取。通过解析百科类站点的半结构化信息可以获取常见的语义类和属性/属性值,但需采用其他方法增加覆盖率和丰富实体的属性值。

垂直网站(如电子产品网站、图书网站)包含大量实体的属性信息,可以通过建立规则模板从中提取属性信息,方法包括手工法、监督法、半监督法和无监督法。无监督包装器归纳方法通过对比同一网站下多个网页的超文本标签树来生成模板,公共部分对应模板/属性名,不同部分可能是属性值,重复标签块表示重复记录。

从网页表格中提取属性信息是一项具有挑战性的任务,因为表格类型各异且制作不规则,而机器缺乏背景知识等因素,使得高质量的属性信息提取变得复杂。

通过挖掘半结构化信息来获取属性和属性值是上述3种方法的共同点,避开了自然语言理解的难题。大多数计算机知识库中的属性值确实是通过这些方法获取的。然而,实际情况是,只有一部分人类知识以半结构化形式存在,更多的知识隐藏在自然语言句子中,因此直接从句子中提取信息是提高知识库覆盖率的关键。目前,从句子和查询日志中提取属性和属性值的基本方法是使用模式匹配和浅层自然语言处理,通过句子中的模式匹配生成(语义类,属性)关系图,这是一种半监督的知识提取过程。此过程分3步。

① 模式生成:在句子中匹配种子列表中的词和属性,从而生成模式。模式通常由词和属性的环境信息生成。

② 模式匹配。

③ 模式评价与选择:通过生成的(语义类,属性)关系图对自动生成的模式的质量进行自动评价并选择高分值的模式作为下一轮匹配的输入。

8.4.4 关系抽取

关系抽取的目标是解决实体语义链接的问题。关系的基本信息包括参数类型、满足此关系的元组模式等。例如,关系 BeCapitalOf(表示一个国家的首都)的基本信息如下。

- 参数类型:(Capital,Country)。
- 元组:(北京,中国);(华盛顿,美国)。

Capital 和 Country 表示首都和国家两个语义类。

早期的关系抽取主要是通过人工构造语义规则以及模板的方法识别实体关系。随后,实体间的关系模型逐渐替代了人工预定义的语法与规则。但是仍需要提前定义实体间的关系类型。

最初实体关系识别任务在1998年的MUC(Message Understanding Conference)中以MUC-7任务被引入,目的是通过填充关系模板槽的方式抽取文本中特定的关系。1998年后,其在ACE(Automatic Content Extraction)中被定义为关系检测和识别的任务。2009年,ACE并入TAC(Text Analysis Conference),关系抽取被并入KBP(Knowledge Base Population)领域的槽填充任务。从关系任务定义上,其分为限定领域(Close Domain)和开放领域(Open IE);从方法上看,实体关系识别从流水线识别方法逐渐过渡到端到端的识别方法。

基于统计学的方法将从文本中识别实体间关系的问题转化为分类问题。基于统计学的方法在实体关系识别时需要加入实体关系上下文信息以确定实体间的关系,然而基于监督的方法依赖大量的标注数据,因此半监督或者无监督的方法受到了更多关注。

8.4.5 知识表示

传统的知识表示方法主要是以RDF(资源描述框架)的三元组SPO(Subject,Property,Object)来描述实体之间的关系。这种表示方法简单且被广泛认可,但在计算效率、数据稀疏性等方面存在问题。近年来,以深度学习为代表的表示学习技术取得了重要进展,可以将实体的语义信息表示为稠密低维实值向量,进而在低维空间中高效计算实体、关系及其之间的复杂语义关联,对知识库的构建、推理、融合以及应用均具有重要的意义。

知识表示学习的代表模型包括距离模型、单层神经网络模型、双线性模型和翻译模型等。例如,距离模型使用结构化嵌入方法(如Structured Embedding,SE)来表示知识库中的实体和关系,通过投影和计算向量之间的距离来判断实体间关系的置信度。针对距离模型的不足,单层神经网络的非线性模型(Single Layer Model,SLM)为每个三元组定义了评价函数。另外,TransE模型将知识库中实体之间的关系视为平移操作,并用向量表示。

知识库中的实体关系类型也可分为1-to-1、1-to-N、N-to-1、N-to-N 4种类型,而复杂关系主要指的是1-to-N、N-to-1、N-to-N 3种关系类型。由于TransE模型不能用在处理复杂关系上,人们提出了一系列基于它的扩展模型,有TransH模型、TransR模型、TransD模型、TransG模型等。

8.4.6 知识融合

知识提取是从非结构化和半结构化数据中获取实体、关系和属性信息的,但由于知识来源广泛,存在质量参差不齐、重复和层次结构缺失等问题,因此需要进行知识融合。知识融合是将来自不同知识源的知识在统一框架下进行整合、消歧、加工和推理验证等步骤,以实现异构数据的整合,并形成高质量的知识库,实现数据、信息、方法、经验和人思想的融合。

在知识融合的过程中,需要通过统一术语的本体将来自不同数据源的知识整合成一个庞大的知识库,本体提供了统一的术语字典、术语间的关系和约束。数据映射技术用于建立本体术语和不同数据源抽取知识中词汇的映射关系,实体匹配用于将指向同一客体的实体数据的不同数据源进行融合。本体融合技术用于处理不同本体中描述同一类数据的术语。最终融合的知识库需要一个适当的存储和管理解决方案,根据查询场景的不同可能采用 NoSQL 或关系数据库等存储架构,并结合大数据平台(如 Spark 或 Hadoop)提供高性能计算能力。

实体对齐(Entity Alignment)也称为实体匹配(Entity Matching)、实体解析(Entity Resolution)或者实体链接(Entity Linking),主要用于消除异构数据中实体冲突、指向不明等问题,可以从顶层创建一个大规模的统一知识库,从而帮助机器理解多源异构的数据,形成高质量的知识。

在大数据环境下,受知识库规模的影响,在进行知识库实体对齐时,主要会面临 3 个方面的挑战。

① 计算复杂度:匹配算法的计算复杂度会随知识库的规模呈二次增长。

② 数据质量:由于不同知识库的构建目的与构建方式有所不同,可能存在知识质量良莠不齐、数据重复、数据孤立、数据时间粒度不一致等问题。

③ 先验训练数据:在大规模知识库中,想要获得这种先验数据非常困难,通常情况下,需要研究者手工构造先验训练数据。

综上所述,知识库实体对齐的主要流程如下。

① 将待对齐数据进行分区索引,以降低实例融合的复杂度。
② 利用相似度函数或相似性算法查找匹配实例。
③ 使用实体对齐算法进行实体对齐。
④ 将步骤②与步骤③的结果结合起来,形成最终的对齐结果。

对齐算法可分为成对实体对齐与集体实体对齐两大类,而集体实体对齐又可分为局部集体实体对齐与全局集体实体对齐。

通过实体对齐可以得到一系列基本事实表达或初步的本体雏形,然而事实并不等于知识,它只是知识的基本单位。要形成高质量的知识,还需要经过知识加工的过程,从层次上形成一个大规模的知识体系,统一对知识进行管理。知识加工主要包括本体构建与质量评估两方面的内容。

8.5 知识图谱相关技术

知识图谱属于交叉领域,涉及的相关领域包括人工智能、数据库、自然语言处理、机器学习、分布式系统等。下面分别从数据库系统、智能问答、机器推理、推荐系统、区块链与去中心化等角度介绍知识图谱相关技术(图 8-7)的进展。

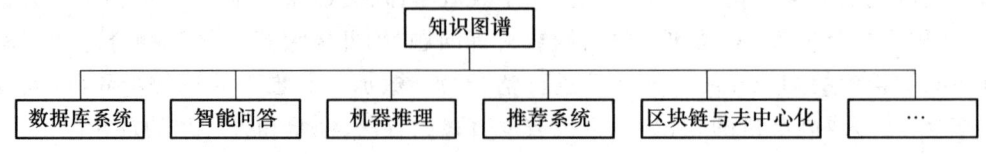

图 8-7　知识图谱相关技术

8.5.1 知识图谱与数据库系统

随着知识图谱规模的日益增长,知识图谱数据管理问题愈加突出。近年来,知识图谱和数据库领域均认识到大规模知识图谱数据管理任务的紧迫性。由于传统关系数据库无法有效适应知识图谱的图数据模型,知识图谱领域形成了 RDF 数据的三元组库(Triple Store),数据库领域开发了管理属性图的图数据库(Graph Database)。

RDF 三元组主要由 Semantic Web 领域研发者推动开发的数据库来管理,其数据模型 RDF 语言 SPARQL 从语法上借鉴了 SQL 语言,属于声明式查询语言。为有效查询 RDF 三元组集,SPARQL 1.1 版本设计了三元组模式(Triple Pattern)、基本图模式(Basic Graph Pattern)、属性路径(Property Path)等多种查询机制。

图数据库是专门为存储和管理图模型数据而设计的数据库管理系统,采用属性图数据模型,并支持多种声明式查询语言,如 Neo4j 的 Cypher、Oracle 的 PGQL 和 LDBC 的 G-Core。随着图数据库的发展,统一的图数据库查询语言成为一个紧迫的需求,类似于关系数据库采用统一的 SQL 查询语言。

目前,还没有一种数据库系统被公认为是具有主导地位的知识图谱数据库。但可以预见,随着三元组库和图数据库的相互融合发展,知识图谱的存储和数据管理手段将愈加丰富和强大。

8.5.2 知识图谱与智能问答

基于知识图谱的问答(Knowledge-based Question Answering,KBQA,下称"知识问答")是智能问答系统的核心功能,是一种人机交互的自然方式。知识问答依托一个大型知识库(知识图谱、结构化数据库等),将用户的自然语言问题转化成结构化查询语句(如 SPARQL、SQL 等),直接从知识库中导出用户所需的答案。

近几年,知识问答聚焦于解决事实型问答,问题的答案是一个实义词或实义短语。事实型问题按问题类型可分为单知识点问题(Single-hop Questions)和多知识点问题(Multi-hop Questions);按问题的领域可分为垂直领域问题和通用领域问题。相对于通用领域或开放领域,垂直领域下的知识图谱规模更小、精度更高,知识问答的质量更容易提升。

知识问答技术的成熟与落地不仅能提高人们检索信息的精度和效率,还能提升用户的产品体验。

实现知识问答的关键在于理解并解析用户提出的自然语言问句。这涉及自然语言处理、信息检索和推理(Reasoning)等多个领域的不同技术。相关研究工作在近 5 年来受到越来越多国内外学者的关注,研究方法主要可分为 3 大类:基于语义解析(Semantic Parsing)的方法、基于信息检索(Information Retrieval)的方法和基于概率模型(Probabilistic Models)的方法。

大部分先进的知识问答方法基于语义解析,将自然语言问句转化为结构化查询语句,通过在知识库上执行查询来获取答案。通过语义解析,生成的语义结构可以解释答案的生成过程,并在错误答案产生时帮助开发者定位可能的错误来源,这一优势在实际工程应用中对用户理解答案的产生也具有帮助。

微软在解决单知识点问答(Single-hop Question Answering)领域中,通过语义解析技术做出了突出贡献。其将任务分解为话题词识别和关系检测两个子任务,通过计算语义相似性将问句解析成结构化查询,并在大型知识库中寻找与问句含义匹配的关系。其还标注了问题的语义解析结果,贡献了 WebQuestionsSP 数据集。

在基于语义解析的方法训练过程中,问答模型隐式地学习了标注数据中蕴涵的语法解析规律。这使得模型能具有更好的可解释性。但是,数据标注需要花费大量的人力和财力,这是不切实际的。而基于信息检索的方法回避了这个问题。基于信息检索的知识问答大致可分为两步:①通过粗粒度信息检索,在知识库中直接筛选出候选答案;②根据问句中抽取出的特征,对候选答案进行排序。这就要求模型对问句的语义有充分的理解。而在自然语言中,词语同义替换等语言现象提升了理解问题的难度。

为了实现有效的信息检索式知识问答,学者们聚焦于如何让机器理解用户的问题,以及掌握问题与知识库间的匹配规律。可行的方法包括:

- 集成额外的文本信息,如 Wikipedia 或搜索引擎结果;
- 提出更多、更复杂的网络结构,如 L. Dong 等人在 "Question answering over freebase with multi-column convolutional neural networks" 一文中提出的多列卷积神经网络 (Multi-Column Convolutional Neural Networks,MCCNN)、J. Lehmann 等人在 "Dbpedia-a large-scale, multilingual knowledge base extracted from wikipedia" 中提出的深度残差双向长短时记忆网络 (Deep Residual Bidirectional Long Short-term Memory Network) 和 Y. Yu 等人在 "Knowledge base relation detection via multi-view Matching" 一文中提出的注意力最大池化层 (Attentive Max Pooling Layer)、W. YIN 等人在 "Simple question answering by attentive convolutional neural network" 一文中提出的联合训练 (含实体链接和关系检测两个模块)。

除上述两大流派外,有部分学者将知识问答问题看作一个条件概率问题,即要求给定问句 Q 时,答案为 a 的概率为 $P(A=a|Q)$,进而引入概率分解或变分推理的技巧,将目标概率分而治之。

大部分现有的知识问答解决方案专注于回答单知识点的事实型问题。在这类问题中,基于语义解析和基于信息检索的方法并非完全对立,它们通常将知识问答视为话题词识别和关系检测两个子任务的串行处理。一些论文声称在单知识点问答方面已接近人类水平。

未来,学者们必然将更多的精力投入解决复杂的多知识点事实型问答上。这类问题涉及的自然语言现象更丰富,如关系词的词汇组合性 (Sub-Lexical Compositionality)、多关系词间语序等。另外一种思路是:研究如何将多知识点问题转化为单知识点问题。因此,先进的单知识点问答模型可以直接被复用。

8.5.3 知识图谱与机器推理

推理是指基于已知的事实或知识推断得出未知的事实或知识的过程。典型的推理包括演绎推理 (Deductive Reasoning)、归纳推理 (Inductive Reasoning)、溯因推理 (Abductive Reasoning)、类比推理 (Analogical Reasoning) 等。在知识图谱中,推理主要用于对知识图谱进行补全 (Knowledge Base Completion,KBC) 和知识图谱质量的校验。

知识图谱中的知识可分为概念层和实体层。知识图谱推理的任务是根据知识图谱中已有的知识推理出新的知识或识别出错误的知识。其中,概念层的推理主要包括概念之间的包含关系推理,实体层的推理主要包括链接预测与冲突检测,实体层与概念层之间的推理主要包括实例检测。推理的方法主要包含基于规则的推理、基于分布式表示学习的推理、基于神经网络的推理以及混合推理。

1. 基于规则的推理

基于规则的推理通过定义或学习知识中的规则进行,可分为硬逻辑规则和软逻辑规则。硬逻辑规则是绝对正确的,软逻辑规则具有区间概率。软逻辑规则多通过挖掘共现特征学习得到,可以转化为硬逻辑规则。硬逻辑规则可以表示为 SWRL 规则,通过本体推理机进行推理。大型知识图谱上的规则推理效率受限,可使用可微的规则推理机 TensorLog 提高效率。

基于规则的推理方法最主要的优点是,在通常情况下,规则比较接近人思考问题时的推理过程,其推理结论可解释,所以对人比较友好。在知识图谱中已经沉淀的规则具有较好的演绎能力。

2. 基于分布式表示学习的推理

分布式表示学习通过将知识图谱映射到连续的向量空间中,将其元素学习为低维稠密的向量或矩阵。通过计算分布式表示之间的关系,完成隐式的推理。不同的分布式表示学习方法基于不同的空间假设对三元组进行建模,如 TransE 基于平移不变性、DistMult 基于线性转换、SCAL114 基于张量分解。针对多步推理,PTransE 和 CVSM 是相关的表示学习方法。

3. 基于神经网络的推理

基于神经网络的推理通过模拟知识图谱推理的神经网络设计,如 TN117 使用双线性张量层判断实体关系,ConvE 使用卷积神经网络进行链接预测,R-GCN 使用图卷积网络捕捉实体的相邻信息,IRN 使用记忆矩阵和递归神经网络进行多步推理。基于神经网络的知识图谱推理具有强大的表达能力,在链接预测等任务中取得了良好的效果,并且网络结构多样,能够满足不同推理需求。

4. 混合推理

混合推理一般结合了规则、表示学习和神经网络。DeepPath 和 MINERVA 用强化学习方法学习知识图谱多步推理过程中的路径选择策略。RUGE 将已有的推理规则输入知识图谱表示学习过程中,约束和影响表示学习结果并取得更好的推理效果。在"DeepPath: A reinforcement learning method for knowledge graph reasoning"中,W. Xiong 等人使用对抗生成网络(GAN)提升了知识图谱表示学习过程中的负样本生成效率。混合推理能够结合规则推理、表示学习推理以及神经网络推理的能力并实现优势互补,能够同时提升推理结果的精确性和可解释性。

基于规则的知识图谱推理研究主要分为两部分:一是自动规则挖掘系统,二是基于规则的推理系统。目前,二者的主要发展趋势是提升规则挖掘的效率和准确度,基于神经网络结构的设计代替在知识图谱上的离散搜索和随机游走搜索是目前研究的热点方向。

基于表示学习的知识图谱推理研究的主要趋势是提升对语义信息的捕捉能力,目前主要集中在链接预测任务上,其他推理任务仍待进一步研究;另外,利用分布式表示作为桥梁,将知识图谱与文本、图像等异质信息结合,实现信息互补和多样化的综合推理。

基于神经网络的知识表示推理的主要发展趋势是设计更加有效和有意义的神经网络结构,来实现更加高效且精确的推理,通过对神经网络中间结果的解析实现对推理结果的部分解释是比较值得关注的方向。

8.5.4 知识图谱与推荐系统

随着互联网技术的发展和信息的急剧增长，推荐系统成为解决信息过载问题的重要途径，但面临冷启动和数据稀疏等挑战，知识图谱作为先验知识可以为推荐算法提供语义特征，有效缓解问题并提升模型性能。

基于知识图谱的推荐模型大部分是以现有的推荐模型为基础的，如基于协同过滤和基于内容的推荐模型，将知识图谱中关于商品、用户等实体的结构化知识加入推荐模型中，通过引入额外的知识改善早期推荐模型中数据稀疏的问题。在文献"A graph-based recommendation across heterogeneous domains"中，D. Yang等人提出了将DBpedia知识图谱中的层次类别信息应用于推荐任务中，他们通过传播激活算法在知识图谱中寻找推荐实体。而在文献"dbrec—music recommendations using DBpedia"中，作者提出通过计算知识图谱中蕴涵的语义距离建立音乐推荐模型。下面分别介绍3类利用知识图谱的推荐模型，即基于知识图谱中元路径的推荐模型、基于概率逻辑程序的推荐模型、基于知识图谱表示学习技术的推荐模型。

考虑到知识图谱是一个表示不同实体之间关系的图，研究人员利用知识图谱中的元路径信息计算物品相似度，并结合协同过滤模型实现个性化推荐。通过计算路径相似度和潜在因子模型，利用路径传递用户偏好信息，但路径需要人工选择。

R. Catherine等人在文献"Personalized recommendations using knowledge graphs：A probabilistic logic programming approach"中提出了基于概率逻辑程序的推荐模型，将推荐问题形式化为逻辑程序，该逻辑程序对目标用户按查询得分高低输出推荐物品的结果，最终寻找到目标用户的推荐物品。文献作者提出了3种不同的推荐方法，分别为EntitySim、TypeSim和GraphLF，其性能超过了以前的最佳方法。这3种方法都是基于通用目的的概率逻辑系统ProPPR。其中，EntitySim方法只使用图上的连接信息；TypeSim方法使用了实体的type信息，GraphLF提出了一个结合概率逻辑程序和用户物品潜在因子模型的方法。他们的基本思路类似于文献"Personalized recommendations using knowledge graphs：A probabilistic logic programming approach"的工作，通过规则在知识图谱中传递用户的偏好，解决了路径人工选择的问题。但是，他们将推荐的流程分为寻找用户偏好实体和通过偏好实体寻找物品两个步骤，导致无法有效地利用物品与物品之间的关系和用户与用户之间的关系。

通过知识图谱表示学习技术，可以获得知识图谱中实体和关系的低维稠密向量，其可以在低维的向量空间中计算实体间的关联性，与传统的基于符号逻辑在图上查询和推理的方法相比，大大降低了计算的复杂度。W. Y. Wang等人在文献"Programming with personalized pagerank：a locally groundable first-order probabilistic logic"中提出使用知识图谱表示学习技术提取知识图谱中的特征，该特征向量使用K近邻的方法寻找与用户最相近的物品，但是该模型与推荐模型结合较为松散，仅使用知识图谱表示学习作为特征提取的一种方法。

文献"Collaborative knowledge base embedding for recommender systems"在王灏等人发表的"Collaborative deep learning for recommender systems"一文工作的基础上进行扩展，通过表示学习的方法将知识图谱中的信息加入推荐模型中，提出了协同知识图谱表示学习的推荐模型（Collaborative Knowledge Base Embedding Recommender System），该方法通过知识表示学习获取知识图谱中与推荐物品相关的结构化信息，并利用编码器网络学习文本和图像的表示向量，将其引入物品的潜在因子向量中，通过矩阵分解算法完成推荐。然而，在推荐领域的知识图谱中,关系稠密且类型有限,传统模型如 TransE 不适合处理一对多、多对多关系,尽管 TransR 改进了这个问题,但对于相同类型的一对多、多对一和多对多关系,算法实际上仍退化为 TransE。因此,本书在协同过滤算法上引入一类新的知识图谱表示学习的技术,在提取知识图谱中借鉴了 Grover A. 等人发表的"node2vec:Scalable feature learning for networks"与 Palumbo E. 等人发表的"Entity2rec:Learning user-item relatedness from knowledge graphs for top-n item recommendation"中的结构化信息,最终提出了一个基于知识图谱表示学习的协同过滤推荐系统。

8.5.5 区块链与去中心化的知识图谱

语义网的早期理念实际上包含 3 个方面:知识的互联、去中心化的架构和知识的可信。知识图谱在一定程度上实现了"知识互联"的理念,然而在去中心化的架构和知识可信两个方面都仍然没有出现较好的解决方案。

对于去中心化,比起现有的多为集中存储的知识图谱,语义网强调知识以分散的方式互联和相互链接,知识的发布者拥有完整的控制权。近年来,国内外已经有研究机构和企业开始探索通过区块链技术实现去中心化的知识互联。这包括去中心化的实体 ID 管理、基于分布式账本的术语及实体命名管理、基于分布式账本的知识溯源、知识签名和权限管理等。

知识的可信与鉴真也是当前很多知识图谱项目面临的挑战和问题。由于很多知识图谱数据来源广泛,且知识的可信度量需要作用到实体和事实级别,怎样有效地对知识图谱中的海量事实进行管理、追踪和鉴真,也成为区块链技术在知识图谱领域的一个重要应用方向。

此外,将知识图谱引入智能合约(Smart Contract)中,可以帮助解决目前智能合约内生产知识不足的问题。例如,PCHAIN 引入知识图谱 Oracle 机制,解决传统智能合约数据不闭环的问题。

8.6 国内外典型的知识图谱项目

从人工智能的概念被提出开始,构建大规模的知识库一直都是人工智能、自然语言理解等领域的核心任务之一。下面分别介绍早期的知识库项目、互联网时代的知识图谱、中文开放知识图谱和垂直领域知识图谱。

8.6.1 早期的知识库项目

Cyc 是持续时间最久、影响范围广泛的知识库项目,旨在建立人类最大的常识知识库。Cyc 知识库主要由术语(Term)和断言(Assertion)组成,支持复杂推理,但形式化的特点限制了其扩展性和灵活性。

WordNet 是最著名的词典知识库,由普林斯顿大学认知科学实验室从 1985 年开始开发。WordNet 主要定义了名词、动词、形容词和副词之间的语义关系。

ConceptNet 最早源于 MIT 媒体实验室的 OMCS(Open Mind Common Sense)项目。与 Cyc 相比,ConceptNet 采用了非形式化、更加接近自然语言的描述,而不是像 Cyc 一样采用形式化的谓词逻辑。与链接数据和谷歌知识图谱相比，ConceptNet 比较侧重于词与词之间的关系。从这个角度来看，ConceptNet 更加接近于 WordNet，但又比 WordNet 包含的关系类型多。

8.6.2 互联网时代的知识图谱

互联网的发展为知识工程提供了新的机遇。在一定程度上，互联网的出现帮助传统知识工程突破了在知识获取方面的瓶颈。从 1998 年 Tim Berners Lee 提出语义网至今，涌现出了大量以互联网资源为基础的新一代知识库。这类知识库的构建方法可以分为 3 类：互联网众包、专家协作和互联网挖掘。

Freebase 是一个开放共享的大规模链接数据库，由社区协作构建，基于 RDF 三元组模型，数据来源包括 Wikipedia 和其他数据库，2016 年迁移至 Wikidata 并关闭。DBpedia 是早期的语义网项目，从 Wikipedia 抽取链接数据，包含严格的本体定义，与多个数据集建立了数据链接，采用 RDF 语义数据模型，包含 30 亿个 RDF 三元组。

Schema.org 是由搜索引擎公司共同支持的语义网项目，通过语义标签将语义化的链接数据嵌入网页中，搜索引擎自动收集并提取这些数据，提供词汇本体描述标签，已覆盖 600 多个类和 900 多个关系，谷歌的定制化知识图谱和其他平台也采用了 Schema.org 功能，以实现高质量的知识图谱数据采集。

Wikidata 是一个免费开放的、多语言的大规模链接知识库，由 Wikipedia 发起并得到多家机构的资助。它采用三元组的方式进行自由编辑，每个三元组代表一个关于条目的陈述，已经包含超过 5 000 万个知识条目。

BabelNet 是一个多语言词典知识库，通过将 WordNet 与 Wikipedia 集成来解决非英语语种中数据缺乏的问题，它包含了 271 种语言、1 400 万个同义词组、36.4 万个词语关系和 3.8 亿个从 Wikipedia 中抽取的链接关系，是目前最大规模的多语言词典知识库。

NELL(Never-Ending Language Learner)是卡内基梅隆大学开发的知识库。NELL 主要采用互联网挖掘的方法从 Web 中自动抽取三元组知识。NELL 的基本理念是：给定一个初始的本体(少量类和关系的定义)和少量样本，让机器能够通过自学习的方式不断地从 Web 中学习和抽取新的知识。目前，NELL 已经抽取了 300 多万条三元组知识。

Yago 是由德国马普研究所研制的链接数据库。Yago 主要集成了 Wikipedia、WordNet 和 GeoNames 3 个数据库的数据。Yago 将 WordNet 的词汇定义与 Wikipedia 的分类体系进行了融合集成，使得 Yago 具有更加丰富的实体分类体系。Yago 还考虑了时间和空间知识，为很多知识条目增加了时间和空间维度的属性描述。目前，Yago 包含 1.2 亿条三元组知识。Yago 也是 IBMWatson 的后端知识库之一。

MicrosoftConceptGraph 是一个以概念层次体系为核心的知识图谱，通过概念定义和 IsA 关系来组织概念之间的关联，可用于短文本理解和语义消歧。它包含超过 540 万个概念、1 255 万个实体和 8 760 万个关系，并通过从互联网和网络日志中挖掘数据进行构建。

LOD(Linked Open Data)旨在实现 Tim Berners-Lee 的链接数据(Linked Data)概念，遵循数据链接的 4 个规则，包括使用 URI 标识、使用 HTTP URI 访问描述、采用 RDF 和 SPARQL 标准，以及建立数据之间的 URI 链接。LOD 已经包含 1 143 个链接数据集，涵盖社交媒体、政府、出版和生命科学等领域，其中超过 90% 的数据集对外建立了链接，最多链接的数据集是 DBpedia。LOD 鼓励使用公共的开放词汇和术语,同时也允许使用私有词汇和术语,目前 41% 的术语是公共的开放术语。

8.6.3 中文开放知识图谱

OpenKG 是一个面向中文域开放知识图谱的社区项目,主要目的是促进中文领域知识图谱数据的开放与互联。OpenKG.CN 聚集了大量开放的中文知识图谱数据、工具及文献,如图 8-8 所示。典型的中文开放知识图谱数据包括百科类的 Zhishime(狗尾草科技东南大学)、CN-DBpedia(复旦大学)、XLore(清华大学)、Belief-Engine、(中科院自动化所)、PKUPie(北京大学)等。OpenKG 对这些主要百科数据进行了链接计算和融合工作,并通过 OpenKG 提供开放的 Dump 或开放访问 API,完成的链接数据集也向公众完全免费开放。此外,OpenKG 还对一些重要的知识图谱开源工具进行了收集和整理,包括知识建模工具 Protege、知识融合工具 Limes、知识问答工具 YodaQA 等。

图 8-8 OpenKG 的主网站

知识图谱 Schema 定义了知识图谱的基本类、术语、属性和关系等本体层概念。cnSchema.ORG 是 OpenKG 发起和完成的开放的知识图谱 Schema 标准。cnSchema 的词汇集包括了上千种概念分类(Classes)、数据类型(Data Types)、属性(Propertities)和关系(Relations)等常用概念定义,以支持知识图谱数据的通用性、复用性和流动性。结合中文的特点,复用、连接并扩展了 Schemaorg、Wikidata、Wikipedia 等已有的知识图谱 Schema 标准,为中文领域的开放知识图谱、聊天机器人、搜索引擎优化等提供可供参考和扩展的数据描述和接口定义标准。通过 cnSchema,开发者也可以快速对接上百万基于 Schema.org 定义的网站,以及 Bot 的知识图谱数据 API。cnSchema 主要解决如下 3 个问题:①Bots 是搜索引擎后新兴的人机接口,对话中的信息粒度缩小到短文本、实体和关系,要求文本与结构化数据的结合、更丰富的上下文处理机制等,这都需要 Schema 的支持;②知识图谱 Schema 缺乏对中文的支持;③知识图谱的构建成本高,容易"重新发明轮子",需要用合理的方法实现成本分摊。

OpenBase.AI 是 OpenKG 实现的类似于 Wikidata 的开放知识图谱众包平台。与 WikiData 不同,OpenBase 主要以中文为中心,更加强调机器学习与众包的协同,将自动化的知识抽取、挖掘、更新、融合与群智协作的知识编辑、众包审核和专家验收等结合起来。此外,OpenBase 还支持将图谱转化为 Bots,允许用户选择算法、模型、图谱数据等来定制生成 Bots,即时体验新增知识图谱的作用。

8.6.4 垂直领域知识图谱

垂直领域知识图谱是相对于 DBpedia、Yago、Wikidata、百度和谷歌等搜索引擎在使用的知识图谱等通用知识图谱而言的,它是面向特定领域的知识图谱,如电商、金融、医疗等。相比较而言,领域知识图谱的知识来源更多、规模化扩展要求更迅速、知识结构更加复杂、知识质量要求更高、知识的应用形式也更加广泛。表 8-1 从多个方面对通用知识图谱和领域知识图谱进行了比较分析。下面以电商、医疗、金融领域知识图谱为例,介绍领域知识图谱的主要特点及技术难点。

表 8-1 通用知识图谱和领域知识图谱的比较

比较项	通用知识图谱	领域知识图谱
知识来源及规模化	以互联网开放数据,如 Wikipedia 或社区众包为主要来源,逐步扩大规模	以领域或企业内部的数据为主要数据,通常要求快速扩大规模
对知识表示的要求	主要以三元组事实型知识为主	知识结构更加复杂,通常包含较为复杂的本体工程和规则型知识
对知识质量的要求	较多地采用面向开放域的 Web 抽取,对知识抽取质量有一定容忍度	知识抽取的质量要求更高,较多地依靠从企业内部的结构化、非结构化数据进行联合抽取,并依靠人工进行审核校验,以保障质量
对知识融合的要求	主要起到提升质量的作用	融合多源的领域数据是扩大构建规模的有效手段
知识的应用形式	主要以搜索和问答为主要应用形式,对推理要求较低	应用形式更加全面,除搜索问答外,通常还包括决策分析、业务管理等,对推理的要求更高,并有较强的可解释性要求
举例	DBpedia、Yago、百度、谷歌等	电商、医疗、金融、农业、安全等

1. 电商领域知识图谱

阿里巴巴电商知识图谱是一个百亿级别的知识图谱,以阿里巴巴的结构化商品数据为基础,与行业合作伙伴、政府工商管理和外部开放数据进行融合扩展。它包含复杂的电商本体、规则型知识和简单的三元组,并且对知识的覆盖面和准确性有高要求。该知识图谱广泛应用于商品搜索、智能问答、平台治理、销售趋势预测等场景,并具有较高的动态性。

2. 医疗领域知识图谱

医疗领域构建有大量的规模巨大的领域知识库。例如,仅 Linked Life Data 项目包含的 RDF 三元组规模就达到 102 亿个,包含基因、蛋白质、疾病、化学、神经科学、药物等多个领域的知识。再如,国内构建的中医药知识图谱通常需要融合各类基础医学、文献、医院临床等多种来源的数据,规模也达到 20 多亿个三元组。医学领域的知识结构更加复杂,如医学语义网络 UMLS 包含大量复杂的语义关系,GeneOnto 则包含复杂的类层次结构。在知识质量方面,特别是涉及临床辅助决策的知识库通常要求完全避免错误知识。

3. 金融领域知识图谱

金融领域的知识图谱应用广泛。例如,Kensho 等金融科技公司将其用于投资顾问和研究;恒生电子等金融科技机构以及银行和证券机构等主体也借助知识图谱技术,在风险评估、客户画像、精准营销等多方面开展应用。构建金融知识图谱主要依赖机构的结构化数据和公开信息的抽取,表示形式复杂且具有层次性,并使用规则型知识进行投资因素分析。其主要应用形式是金融问答和投顾投研决策分析,动态性和时效性是金融知识图谱的显著特点。

  由上面的例子可以初步了解金融领域知识图谱的应用情况。进一步地,其还具有规模巨大、知识结构更加复杂、来源更加多样、知识更加异构、高度的动态性和时效性、更深层次的推理需求等特点。

第 9 章 专家系统

20 世纪 80 年代,专家系统在全世界范围内得到迅速发展和广泛应用。进入 21 世纪以来,专家系统仍然不失为一个富有价值的智能工具和助手。

专家系统能够以人类专家的水平完成特别困难的某一专业领域的任务。在设计专家系统时,知识工程师的任务就是使计算机尽可能模拟人类专家解决某些实际问题的决策和工作过程,即模仿人类专家如何运用他们的知识和经验来解决所面临问题的方法、技巧和步骤。

9.1 专家系统的定义

专家系统来源于问题及对问题解决方案的应对步骤及策略。其所具有的知识往往集成不同专业及领域的众多专家给出的解决问题的具体方案。

人们为什么要开发与应用专家系统呢?要回答这个问题有必要对专家系统和人类专家进行比较。专家为任何组织提供了有价值的资源,包括提供创造性思想、解决难题或者高效完成日常事务的方法。他们可以增强组织的生产力,反过来也提高了其自身的市场竞争力。然而,专家系统如何实现这种价值呢?可从表 9-1 所示人类专家与专家系统的比较回答这个问题。

表 9-1 人类专家与专家系统的比较

因素	人类专家	专家系统
可用时间	工作日	全天候
地理位置	局部	任何可行的地方
安全性	不可取代	可取代
耐用性	较次	较优
性能	可变	恒定
速度	可变	恒定(较快)
代价	高	偿付得起

辅助人类专家是专家系统最常见的应用。在这类应用中,该系统辅助人类专家处理常规或者平凡的任务。例如,医生可能有大多数疾病的知识,但由于疾病太多,医生仍需要专家系

统支持以加快疾病的筛选过程。银行贷款员也能借此加快每天大量贷款申请的处理。在这两种应用情况下,在专家系统的辅助下人类专家能充分完成任务。这种应用的目标就是提高当前实际总产量。开发专家系统来辅助人类专家的具体理由是:辅助专家做常规工作以提高产量。

专家系统作为机器可以持续工作,可以比人类专家工作时间长得多。作为计算机程序,专家系统复制简便,可应用到人类专家缺乏的地方。人类专家的技术会消失。随着专家死亡、退休或者工作调动,一个组织会失去专家的才干。一旦把人类专家的技术收入专家系统中,人类专家的技术就能为组织长期拥有,获得持续支持。组织也能按照训练模式使用专家系统,向新手传授人类专家技术。人类专家解决问题的速度受到许多因素的影响。相反地,专家系统能保持稳定的速度,在许多情况下能比专家更快地完成任务。例如,开发用在信用清理机构(Credit Clearing House,CHH)的专家系统,能够在服饰产业中辅助客户完成信用等级评价和限定美元的信用极限建议分配。对于过去需要三天才能完成的任务,现在这个系统只需10秒就够了。

9.2 专家系统的发展历史

专家系统是人工智能的一个重要研究与应用领域,而且专家系统的发展和命运是与人工智能的发展和命运休戚与共的。

9.2.1 孕育时期

人工智能开拓者们在数理逻辑、计算本质、控制论、信息论、自动机理论、神经网络模型和电子计算机等方面做出的创造性贡献(详情见第1章),奠定了人工智能发展的理论基础,也为专家系统的建立与发展提供了重要的理论基础和必不可少的条件。

9.2.2 形成期

人工智能经历了从诞生到形成的热烈时期(详情见第1章),已经成为一门独立的学科,为专家系统建立了良好的学术和科技环境,打下了进一步发展的重要基础。

9.2.3 暗淡期

在形成期和蓬勃发展期之间,交叠地存在一个人工智能的暗淡(低潮)期。在取得"热烈"发展的同时,人工智能也遇到一些困难和问题。

一方面,由于一些人工智能研究者被"胜利冲昏了头脑",盲目乐观,对人工智能的未来发展和成果做出了过高的预言,而这些预言的失败给人工智能的声誉造成了重大伤害。同时,许多人工智能理论和方法未能得到通用化和推广应用,专家系统也尚未获得广泛开发。

另一方面,科学技术的发展对人工智能提出新的要求甚至挑战。例如,当时认知生理学研究发现,人类大脑含有10^{11}个以上神经元,而人工智能系统或智能机器在现有技术条件下无法从结构上模拟大脑的功能。此外,哲学、心理学、认知生理学和计算机科学都对人工智能的本质、理论和应用各方面一直抱有怀疑和批评的态度,使人工智能四面楚歌。

到了1970年,围绕人工智能的"兴高采烈"情绪被一种冷静的情绪所替代,构建智能程序来解决实际问题是一个挑战。

9.2.4 蓬勃发展期

按照美国国家航空航天局(NASA)的要求,斯坦福大学在1965年开发了名为"灯塔"的专家系统。那时,NASA正打算发送一个无人太空飞船到火星上去,并需要开发一个能够执行火星土壤化学分析的计算机程序:只要给定土壤的大量光谱数据,这个程序就能探知分子结构。该研究一直持续10多年,1978年费根鲍姆等人在《人工智能》(*Artificial Intelligence*)杂志上发表了关于DENDRAL和Meta-DENDRAL及其应用情况的论文。

在化学实验室里,解决这个问题的传统方法是测试技术。首先产生能够解释大量光谱数据的可能结构,然后测试每个结构看看它是否与参考数据匹配。斯坦福大学研究小组面临的基本困难就是将可能产生的数百万个可能结构,通过结构稳定性等参数的约束,尽可能地筛选出可行的结构且可以管理的最小数目量级。

第一个研制成功的商用专家系统是20世纪70年代在卡内基·梅隆大学(CMU)完成的,称为XCON。XCON原称R1,用于辅助数据设备公司(DEC)的VAX计算机系统的配置设计。使用OPS开发XCON,OPS是一种今日专家系统设计者仍然爱用的基于规则的程序设计语言。XCON为DEC提供了一种有用的工具。到1986年为止,它为这个公司每年大约节省了2 000万美元。XCON的成功促使DEC公司创建了独立的小组,致力于人工智能的研究。该小组到1988年为止已开发了超过40个其他用途的专家系统。

另一个非常成功的专家系统PROSPECTOR也在20世纪70年代建成。它在斯坦福研究所制造,用于辅助地质学家探测矿藏。该系统因在东华盛顿的托尔曼山脉(Mount Tolman)附近钻探开采成功而获得很高的声望,这里被证实含有价值约1亿美元的钼矿藏。

1979年,一批与早期专家系统开发有密切关系的人(沃特曼和费若德瑞克为主席)召开了讨论会,交换对专家系统和知识工程领域的看法。他们回顾过去10年的发展,通过对这种技术的能力和潜能的理解预测:"随着时间的推移,知识工程领域将影响所有知识对重要问题求解提供力量的人类活动领域。"这是一个相当大胆的预测。到20世纪70年代末,专家系统已经成为一项成熟且成功的技术。诸如MYCIN、XCON和PROSPECTOR等系统的成功重新点燃了人们对这个领域的兴趣和希望,还提供了其他人设计专家系统时可遵循的路径。在许多应用领域大规模建造专家系统的时机已经成熟了。

此时,已把专家系统看作一种解决实际世界问题的实用工具。20世纪80年代,这项技术走出小团体,许多人都参加进来。大多数大学迅速开设和提供专家系统课程。很多公司启动专家系统项目,形成人工智能团队。例如,DuPont公司拥有自己的人工智能专家队伍,到1988年他们已经建造了约100个专家系统,每年为公司节省约1 000万美元,还有另外500个系统正在开发。超过2/3的"财富1000"公司开始在日常商业活动中应用这项技术。政府机构对专家系统研发的可行资助的增长做出了响应。国际上对这项技术的兴趣也掀起了巨浪。1981年,日本宣布了第五代计算机项目,即建造智能机器的十年计划。与此计划相呼应的是,在美国微电子和计算机技术公司(MCC)诞生,其成为致力于进一步开发专家系统的研究协会。20世纪80年代初,医疗专家系统占了主流,其主要原因是它具备高效诊断能力而且开发比较容易。

20世纪80年代,专家系统和知识工程在全世界得到迅速发展,使人工智能度过困难时期,促进了人工智能的发展。专家系统为企业等用户赢得了巨大的经济效益。

9.2.5 集成发展期

20世纪80年代中期,专家系统一直由基于规则的系统主宰,然而从20世纪80年代后期开始向面向对象的系统转变。在专家系统世界中,基于框架的专家系统开始走到舞台的中央。框架(Frame)的概念是由明斯基提出的。由于其具有更容易表示描述性和行为性对象信息的能力以及一套强有力的表示工具,相比基于规则的专家系统,基于框架的专家系统能够处理应对更复杂的应用,其适用领域正在扩大和发展。大多数的早期基于框架的专家系统很好地解决了仿真问题。

人工智能不同观点、方法和技术的集成是人工智能和专家系统发展的必需和必然。现在基于规则的专家系统、基于框架的专家系统、基于模型(包括神经网络模型和模糊逻辑模型)的专家系统、基于网络的专家系统等不同专家系统竞相发展,集成开发,优势互补,迎来专家系统百花齐放的春天。

我国对专家系统的研究起步较晚。早期的专家系统有20世纪80年代开发的机器人规划专家系统(中南工业大学,现中南大学)、战场指挥决策专家系统(国防科学技术大学)、地质勘探多领域专家系统(桂林地质研究所)、汽车运输调度专家系统、铁路货物运输调度管理专家系统和课表编排专家系统等。经过多年的开发,全国已有成百上千的各类专家系统投入运行,其应用涉及工业、农业、国防、医学、商业、教育和决策管理等领域。例如,在航天领域应用比较成功的有人工智能遥测信号判断系统(北京邮电大学与航天科技集团合作开发),在工业领域有高炉炉况监视和管理系统(宝钢与复旦大学合作开发)等。

9.3 专家系统的分类

20世纪90年代早期,专家系统继续发展,其使用数量也在迅速增长。

根据待求解问题的类型可对专家系统进行分类,如表9-2所示。

表9-2 专家系统所解决的问题的类型

待求解问题的类型	描述
控制	管理系统行为以满足要求
设计	按约束配置对象
诊断	从观察到的现象推断出系统的故障
教学	诊断、调试并修复学生的行为
解释	从数据推断现状描述
监视	把观察到的现象与期望相比较

续表

待求解问题的类型	描述
规划	设计行为
预测	推断出给定情况下的可能结论
调试	推荐系统故障的解决方案
筛选	从一组可能性中挑出最好的选择
仿真	对系统组件之间的交互进行建模
决策	为用户的各种请求寻找最佳的实施方案

图 9-1 显示了表 9-2 中每种待求解问题类型应用的百分比。这个百分比可能随着年份的变化而有所改变,但作为整体分布考虑还是有借鉴作用的。需要注意,许多应用会用于多种活动场景。例如,一个诊断系统可能首先要解释现有的数据,然后给出故障的解决方法。

由图 9-1 可见,专家系统的主要功能就是诊断。调查显示每 4 个已建造的专家系统中就有一个是用于诊断的。一个原因是大多数专家都是发挥这种作用的,如医疗、工程和制造领域的专家都是帮助诊断的。另一个原因是大多数诊断系统相对容易开发,有确切的可能解组并且解决问题只需要比较有限的信息。这提供了有利于高效系统设计的开发环境。

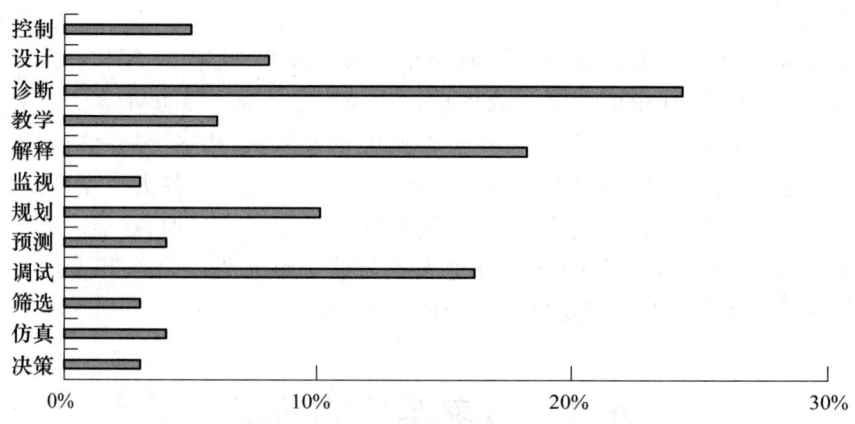

图 9-1 对于不同的待求解问题类型专家系统应用的百分比

解释专家系统的任务是通过对已知信息和数据的分析与解释,确定它们的含义。解释专家系统具有下列特点。

① 系统理据量很大,且往往是不准确的、有错误的或不完全的。

② 系统能够从不完全的信息中得出解释,并能对数据做出某些假设。

③ 系统的推理过程可能很复杂且很长,因而要求系统具有对自身的推理过程做出解释的能力。

解释专家系统的例子有语音理解、图像分析、系统监视、化学结构分析和信号解释等。例如,卫星图像(云图等)分析、集成电路分析、DENDRAL 化学结构分析、ELAS 石油测井数据分析、染色体分类、PROSPECTOR 地质勘探数据解释和丘陵找水等实用系列。

预测专家系统的任务是通过对过去和现在已知状况的分析,推断未来可能发生的情况。预测专家系统具有下列特点。

① 系统处理的数据随时间变化，而且可能是不准确和不完全的。

② 系统需要有适应时间变化的动态模型，能够从不完全和不准确的信息中得出预报并达到快速响应的要求。

预测专家系统可用于气象预报、军事预测、人口预测、交通预测、经济预测和谷物产量预测等，如恶劣气候（包括暴雨、飓风、冰雹等）预报、战场前景预测和农作物病虫害预报等专家系统。

诊断专家系统的任务是根据观察到的情况（数据）来推断某个对象机能失常（即故障）的原因。诊断专家系统具有下列特点。

① 能够了解被诊断对象或客体各组成部分的特性以及它们之间的联系。

② 能够区分一种现象及其所掩盖的另一种现象。

③ 能够向用户提供测量的数据，并从不确切信息中得出尽可能正确的诊断。

诊断专家系统的例子特别多，有医疗诊断、电子机械和软件故障诊断以及材料失效诊断等。用于抗生素治疗的 MYCIN、用于肝功能检验的 PUFF、用于青光眼治疗的 CASNET、用于内科疾病诊断的 INTERNIST-I 等医疗诊断专家系统，计算机故障诊断系统 DART DASD 以及火电厂锅炉给水系统故障检测与诊断系统、雷达故障诊断系统、太空站热力控制系统的故障检测与诊断系统等，都是国内外颇有名气的实例。

设计专家系统的任务是根据设计要求，求出满足设计问题约束的目标配置。设计专家系统具有如下特点。

① 善于从多方面的约束中得到符合要求的设计结果。

② 系统需要检索较大的可能解空间。

③ 善于分析各种子问题，并处理好子问题间的相互作用。

④ 能够试验性地构造出可能的设计方案，并易于对所得设计方案进行修改。

⑤ 能够使用已被证明是正确的设计方案来解释当前新的设计方案。

设计专家系统涉及电路（如数字电路和集成电路）设计、土木建筑工程设计、计算机结构设计、机械产品设计和生产工艺设计等。比较有影响力的专家设计系统有 VAX 计算机结构设计专家系统 R1(XCOM)、花布立体感图案设计和花布印染专家系统、大规模集成电路设计专家系统、齿轮加工工艺设计专家系统等。

规划专家系统的任务在于找出能够达到某个给定目标的动作序列或步骤。规划专家系统的特点如下。

① 所要规划的目标可能是动态的或静态的，因而需要对未来动作作出预测。

② 所涉及的问题可能很复杂，要求系统能抓住重点，处理好各子目标间的关系和不确定的数据信息，并通过试验性动作得出可行规划。

规划专家系统可用于机器人规划、交通运输调度、工程项目论证、通信与军事指挥以及农作物施肥方案规划等。比较典型的规划专家系统的例子有军事指挥调度系统、ROPES 机器人规划专家系统、汽车和火车运行调度专家系统、小麦和水稻施肥专家系统等。

监视专家系统的任务在于对系统、对象或过程的行为进行不断观察，并把观察到的行为与其应当做出的行为进行比较，以发现异常情况，发出警报。监视专家系统具有下列特点。

① 系统具有快速反应能力，能在事故发生之前及时发出警报。

② 系统发出的警报有很高的准确性。在需要发出警报时发警报，在不需要发出警报时不得轻易发警报（假警报）。

③ 系统能够随时间和条件的变化而动态地处理其输入信息。

监视专家系统可用于核电站安全监视、防空监视与预警、国家财政监控、传染病疫情监视、农作物病虫害监视与警报等。黏虫测报专家系统是监视专家系统的一个实例。

控制专家系统的任务是自适应地管理一个受控对象或客体的全面行为，使之满足预期要求。

控制专家系统的特点为：能够解释当前情况，预测未来可能发生的情况，诊断可能发生的问题及其原因，不断修正计划，并控制计划的执行。也就是说，控制专家系统具有解释预报、诊断、规划和执行等多种功能。空中交通管制、商业管理、自主机器人控制、生产过程控制和生产质量控制等都是控制专家系统的潜在应用方面。例如，已经在海、陆、空无人驾驶，生产线调度，产品质量控制等领域进行控制专家系统的研究。

调试专家系统的任务是对失灵的对象给出处理意见和方法，调试专家系统的特点是同时具有规划、设计、预测和诊断等专家系统的功能。

调试专家系统可用于新产品或新系统的调试，也可用于维修站进行被修设备的调整、测量与试验。在这方面的实例还比较少见。

教学专家系统的任务是根据学生的特点、弱点和基础知识，以最适当的教案和教学方法对学生进行教学和辅导。教学专家系统具有以下特点。

① 同时具有诊断和调试等功能。
② 具有良好的人机界面。

已经开发和应用的教学专家系统有MACSYMA符号积分与定理证明系统、计算机程序设计语言和物理智能计算机辅助教学系统、聋哑人语言训练专家系统等。

修理专家系统的任务是对发生故障的对象（系统或设备）进行处理，使其恢复正常工作。修理专家系统具有诊断、调试、计划和执行等功能。ACI电话和有线电视维护修理系统是修理专家系统的一个应用实例。

此外，还有决策专家系统和咨询专家系统等。

9.4 专家系统的结构

专家系统的结构是指专家系统各组成部分的构造方法和组织形式。系统结构选择恰当与否，是与专家系统的适用性和有效性密切相关的。选择什么结构最为恰当，要根据系统的应用环境和所执行任务的特点而定。例如，MYCIN系统的任务是疾病诊断与解释，其问题的特点是需要较小的可能解空间、可靠的数据及比较可靠的知识，这就决定了它可采用穷尽检索解空间和单链推理等较简单的控制方法和系统结构。HEARSAY-Ⅱ系统的任务是进行口语理解，它需要检索巨大的可能解空间，数据和知识都不可靠，缺少比较固定的路线，经常需要猜测才能继续推理等。这些特点决定了它必须采用比MYCIN更为复杂的系统结构。

在专家系统中应采用专家的两个主要优点（专家的知识和推理能力）建模。要实现这一点，专家系统必须有两个主要模块：知识库和推理机。图9-2为专家系统的简化结构图。专家系统将专家的领域知识集中存储在知识库模块中。

知识库是专家系统包含领域知识的部分。工作内存是专家系统包含执行任务时发现的问题事实的部分。推理机是专家系统的知识处理器，它将工作内存中的事实与知识库中的领域知识相匹配，以得出问题的结论。推理机处理工作内存中的事实和知识库中的领域知识，以提取新信息。具体来说，推理机搜寻工作内存中的信息与规则之间的匹配关系。当推理机找到匹配时，就把规则的结论加入工作内存中，并继续扫描规则，寻求新的匹配。

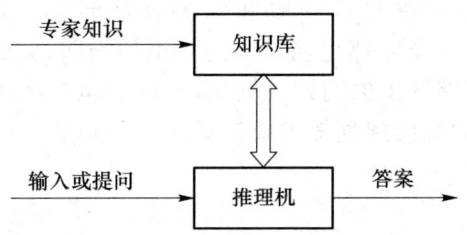

图 9-2　专家系统的简化结构图

图 9-3 为理想专家系统结构图。由于每个专家系统所要完成的任务和特点不同,因此其系统结构也不尽相同,一般只具有图 9-3 中的部分模块。

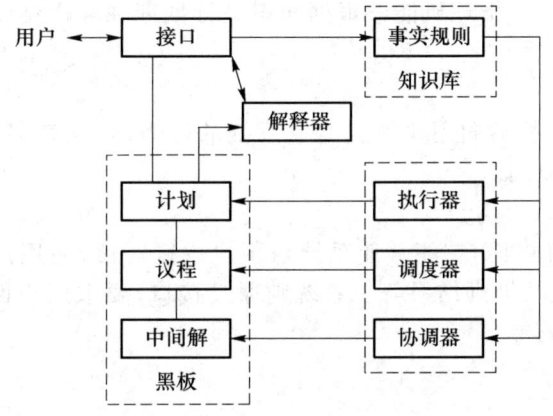

图 9-3　理想专家系统结构图

接口是人与系统进行信息交流的媒介,它为用户提供了直观方便的交互手段。接口的功能是识别与解释用户向系统提供的命令、问题和数据等信息,并把这些信息转化为系统的内部表示形式。另外,接口也将系统向用户提出的问题、得出的结果和做出的解释以用户易于理解的形式提供给用户。

黑板是用来记录系统推理过程中用到的控制信息、中间假设和中间结果的数据库。它包括计划、议程和中间解 3 个部分。计划记录了当前问题总的处理计划、目标、问题的当前状态和问题背景。议程记录了一些待执行的动作,这些动作大多是由黑板中已有结果与知识库中的规则作用而得到的。中间解区域中存放当前系统已产生的结果和候选假设。

知识库包括两部分内容。一部分是已知的同当前问题有关的数据信息;另一部分是进行推理时要用到的一般知识和领域知识。这些知识大多以规则、网络和过程等形式表示。

调度器按照系统建造者所给的控制知识(通常使用优先权办法)从议程中选择一个项作为系统下一步要执行的动作。执行器使用知识库中及黑板中记录的信息,执行调度器所选定的动作。协调器的主要作用就是当得到新数据或新假设时,对已得到的结果进行修正,以保持结果前后的一致性。

解释器向用户解释系统的行为,包括解释结论的正确性及系统输出其他候选解的原因。为实现这一功能,其通常需要利用黑板中记录的中间结果、中间假设和知识库中的知识。

下面把专家系统的主要组成部分归纳如下。

(1) 知识库

知识库(Knowledge Base)用于存储某领域专家系统的专门知识,包括事实、可行操作与规则等。为了建立知识库，要解决知识获取和知识表示问题。知识获取涉及知识工程师（Knowledge Engineer）如何从专家那里获得专门知识的问题；知识表示则要解决如何用计算机能够理解的形式表达和存储知识的问题。例如，它可能包含医生所提供的用来诊断血液疾病的知识、投资顾问所提供的部门规划知识或者石油工程师所提供的用来解释地球物理调查数据的知识。

(2) 综合数据库

综合数据库（Global Database）又称全局数据库或总数据库，它用于存储领域或问题的初始数据和推理过程中得到的中间数据（信息），即被处理对象的一些当前事实。

(3) 推理机

推理机（Reasoning Machine）用于记忆所采用的规则和控制策略的程序，使整个专家系统能够以逻辑方式协调工作。推理机能够根据知识进行推理和导出结论，而不是简单地搜索现成的答案。

(4) 解释器

解释器（Interpreter）能够向用户解释专家系统的行为，包括解释推理结论的正确性以及系统输出其他候选解的原因。

(5) 接口

接口（Interface）又称界面，它能够使系统与用户进行对话，使用户能够输入必要的数据、提出问题、了解推理过程及推理结果等。系统则通过接口，要求用户回答提问，并回答用户提出的问题和进行必要的解释。

9.5 专家系统的特点和优点

1. 专家系统的特点

在总体上，专家系统具有如下特点。

(1) 符号推理

专家系统按照符号形式表示知识，能运用专家的知识与经验进行推理、判断和决策。可以使用符号表示大量知识，如事实、概念或者规则。世界上的大部分工作和知识都是非数学性的，只有小部分的人类活动是以数学公式或数字计算为核心的（约占 8%）。即使是化学和物理学科，大部分也是靠推理进行思考的；对于生物学、大部分医学和全部法律，情况也是这样的。企业管理的思考几乎全靠符号推理，而不是数值计算。专家系统通过符号操作而不是数字处理来解决问题。一般而言，可把传统的程序看作数据处理器，而把专家系统看作知识处理器。

(2) 启发式推理

专家擅长提取经验，以加快当前问题的求解过程。他们凭经验形成对问题的实际理解，并把经验运用于拇指规则或者启发信息中。专家解决问题时用到的典型启发信息有：

① 我总是首先检查电子系统。

② 人们很少在夏天感冒。

③ 如果我担心癌症，那么我要检查家庭历史。

大多数早期的人工智能工作都寻求应用启发式搜索技术来解决问题。明斯基是这样评价计算机的启发式搜索的："如果您不能告诉计算机做什么最好，那么就编程让它试试很多方法。"

专家利用启发信息找到求解的捷径。要想在专家系统中也套用这种推理策略,就得使用非传统程序中严格过程的方法。

传统程序使用算法处理数据,而专家系统常使用启发式推理技术。一个算法表示一系列严格定义的将要执行任务。例如:

① 获取温度和压力。
② 按照一定的约束关系把它们乘在一起。
③ 计算出流速。
④ 如果流速大于 100,那么……

这个算法总是按照同样的顺序执行相同的操作。传统程序在数字处理方面以精确见长。启发式推理使用可行的信息来得出问题的结论,但不会遵循预定的步骤顺序。为了决定是否存在低流速,启发式程序可使用不同的方法。

传统程序在信息完整且精确的情况下提出问题,如数据库管理系统或者财会系统。但是如果数据是不完整的或者有丢失的,传统程序将无能为力,这就是说要么什么都能干,要么什么也干不成。

如前所述,与传统程序相比,专家系统处理的问题类型缺乏结构性。可用的信息可能是不充分的,以致得不到精确的解。然而,专家系统仍然能得出合理的结果,尽管这个结果可能不是最优的。专家系统与传统程序的一些区别如表 9-3 所示。

表 9-3 专家系统与传统程序的区别

传统程序	专家系统
数字的	符号的
算法式	启发式
信息与控制集成	知识与控制分离
难于修改	易于修改
精确信息	不确定信息
指令界面	带解释自然对话
给出最终结果	解释性建议
最优解	可接受解

(3) 透明性

专家系统能够解释本身的推理过程和回答用户提出的问题,以便用户能够了解推理过程,提高对专家系统的信任感。例如,一个医疗诊断专家系统诊断某患者患有肺炎,而且必须用某种抗生素治疗,那么这一专家系统将会向患者解释为什么他患有肺炎,而且必须用某种抗生素治疗,就像一位医疗专家对患者详细解释病情和治疗方案一样。

(4) 灵活性

专家系统能不断地增长知识,修改原有知识,不断更新。由于这一特点,专家系统具有十分广泛的应用领域。

(5) 知识与控制分离

知识库和推理机是专家系统中独立的模块。把系统的知识与其控制分离是专家系统颇有价值的特征。这种分离也是专家系统区别于传统程序的特征。

一般应用程序与专家系统的区别在于：前者把问题求解的知识隐含地编入程序,而后者则把其应用领域的问题求解知识单独组成一个实体,即知识库。知识库的处理是通过与知识库分开的控制策略进行的。更明确地说,一般应用程序把知识组织为两级,即数据级和程序级；大多数专家系统则将知识组织成3级,即数据、知识库和控制。

在数据级上,是已经解决了的特定问题的说明性知识以及需要求解问题的有关事件的当前状态。知识库级是保存的专家系统的专门知识与经验。是否拥有大量知识是专家系统成功与否的关键,因而知识表示就成为设计专家系统的关键。在控制程序级,根据既定的控制策略和所求解问题的性质来决定应用知识库中的哪些知识。这里的控制策略是指推理方式。按照是否需要概率信息来决定采用非精确推理或精确推理。推理方式还取决于所需搜索的范围。

（6）处理专家知识

专家系统所用知识的重要特征就是它体现了人类专家的专业技术。在专家系统中力求获取和表示的就是这个专家技术。它包括领域知识和问题求解的技能。专家技术是少数个人拥有的资源,他们成功地用专家技术解决其他人不能解决的问题。它不是唯一的,但它是特别的,值得在专家系统中提取。"专家"这个词意味着熟练地以高效的方式解决问题。诊断疾病的医生、审查抵押申请的银行贷款经理或者修理一些系统的技师可能都是相应领域的专家。当他们在其专业上展示出胜过他人的推理能力时,就称他们为专家。

（7）聚焦专家技术

大多数人类专家都能够在其狭窄的专业领域内熟练地解决问题,但他们在这个领域之外能力就有限。专家系统也一样。

这个问题从某种程度上说是明显的。例如,不期望设计用来诊断汽车故障的专家系统在用于金融规划时也有效。然而,当设计者试图在专家系统中表示广泛的知识时,另一个更微妙的难题出现了。

专家系统开发者常面临一个共同难题,它不仅给开发过程增添负担,还带来诸多挫折,根源或许在于对问题范围的界定。实践表明,最成功的专家系统项目往往是那些目标明确、聚焦精准的。相反,若设计者在开发时目标分散、缺乏重点,通常很难取得成功。

（8）允许非精确推理

专家系统在非精确推理的应用上已经获得相当的成功。这类应用的特征有不确定、模糊或者不可行的信息和本来就不精确的领域知识。例如,在急诊室里为患者诊断的医生可能由于时间紧迫而无法得到更详尽的测试信息。这种情况每天都在大多数医院里发生,然而主治医生仍能通过好的判断做出决定。

下面给出一些不精确信息和知识的例子。

不精确信息：

① 我将可能从鲍勃处买得汉堡包。

② 我没有心电图测试结果。

③ 摩托车跑得热了。

不精确知识：

① 鲍勃的汉堡包经常是好的。

② 如果没有心电图测试结果,而患者正承受胸痛,我可能仍怀疑他患有心脏病。

③ 在热的摩托车里添加一些油。

(9) 局限于可解问题

专家系统项目启动之前,首先必须决定这个问题是否可以被解决。初次涉足专家系统领域的新手可能以为人工智能能解决任何问题。而现实是,如果能解决这个问题的专家不存在,那么专家系统不太可能做得更好。如果问题太新或者变化太快,实际上就可能没有专家能解决这个问题。不应该设计专家系统用于提出新的研究专题,其只能用于人类专家现在能解决的问题。

(10) 擅长复杂推理

问题应该是相当复杂、不太容易或者很难的。一般来说,如果任务太容易,只需专家几分钟就能解决,评估这种努力就是困难的。然而,对于一些简单任务,专家系统仍然有价值,甚至专家只需花几分钟时间就可以解决。例如,一个证实旅行费用的秘书可能只需几分钟就处理一项。但是通常需要证实大量的费用表,并对每个表做出相似的决策。专家系统能对每个旅行费用进行相同的决策,从而简化这个任务。

问题不能难得连专家系统都处理不了。如果这个任务需要专家花几小时才能解决,那么它可能就在专家系统的能力之外了。专家需要几分钟就能解决的问题就是对专家系统来说合适的问题。如果这个问题更复杂,那就试着把它拆成多个子问题,每个子问题由简单的专家系统解决。

(11) 会犯错误

一些专家很厉害,但他们也跟其他人一样有缺点;他们也是人,任何人都可能犯错误。无论何时咨询专家,人们都意识到有这种可能性,但是人们仍然相信他们的判断。因为专家系统的任务是尽可能获取专家的知识,所以专家系统和人类一样也会犯错误。

2. 专家系统的优点

近 20 多年来,专家系统获得迅速发展,应用领域越来越广,解决实际问题的能力越来越强,这是由专家系统的优良性能以及对国民经济的重大作用决定的。具体来说,专家系统的优点主要包括下列几个方面。

① 专家系统能够高效率、准确、周到、迅速和不知疲倦地工作。

② 专家系统解决实际问题时不受周围环境的影响,也不可能遗漏忘记。

③ 专家系统可以使专家的专长不受时间和空间的限制,以便推广珍稀的专家知识与经验。

④ 专家系统能促进各领域的发展,它使各领域专家的专业知识和经验得到总结和精炼,能够广泛有力地传播专家的知识、经验。

⑤ 专家系统能汇集和集成多领域专家的知识和经验以及他们协作解决重大问题的能力,它拥有更渊博的知识、更丰富的经验和更强的工作能力。

⑥ 军事专家系统的水平是一个国家国防现代化和国防能力的重要标志之一。

⑦ 专家系统的研制和应用具有巨大的经济效益和社会效益。

⑧ 研究专家系统能够促进整个国家科学技术的发展。专家系统对人工智能各个领域的发展起到了很大的促进作用,并将对科技、经济、国防、教育、社会和人民生活产生极其深远的影响。

9.6 构建专家系统的步骤

相对于那些成熟的程序开发技术,专家系统还不成熟。值得讨论的是构建专家系统的主要步骤。和传统的程序设计不同,专家系统的开发是一个不断重复的过程。成功地建立系统的关键在于尽可能早地着手建立系统,从一个比较小的系统开始,逐步将其扩充为一个具有相当规模和日臻完善的试验系统。

构建专家系统的一般步骤如下。

(1) 设计初始知识库

知识库的设计是建立专家系统最重要和最艰巨的任务。初始知识库的设计包括:

① 问题知识化,即辨别所研究问题的实质,如要解决的任务是什么,它是如何定义的,可否把它分解为子问题或子任务,它包含哪些典型数据等。

② 知识概念化,即概括知识表示所需要的关键概念及其关系,如数据类型、已知条件(状态)和目标(状态)、提出的假设以及控制策略等。

③ 概念形式化,即确定用来组织知识的数据结构形式,应用人工智能中各种知识表示方法把与概念化过程有关的关键概念、子问题及信息流特性等变换为比较正式的表达,它包括假设空间、过程模型和数据特性等。

④ 形式规则化,即编制规则、把形式化了的知识变换为由编程语言表示的可供计算机执行的语句和程序。

⑤ 规则合法化,即确认规则化了的知识的合理性,检验规则的有效性。

(2) 原型机(Prototype)的开发与试验

在选定知识表达方法之后,即可着手建立整个系统所需要的实验子集,它包括整个模型的典型知识,而且只涉及与试验有关的足够简单的任务和推理过程。

(3) 知识库的改进与归纳

反复对知识库及推理规则进行改进试验,归纳出更完善的结果。经过相当长时间(如数月,甚至两三年)的努力,使系统在一定范围内达到人类专家的水平。

构建专家系统的步骤如图 9-4 所示。

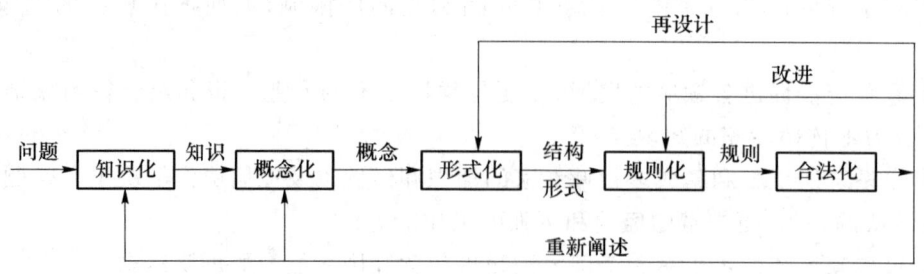

图 9-4 构建专家系统的步骤

从专家获取知识的过程称为知识获取。知识获取的目标在于掌握可指引开发的有关问题的知识。这些知识提供问题的见解,为专家系统的设计提供材料。

知识获取是获得、组织和学习知识的过程。学习涉及和专家在一起研讨问题的某些方面的会议。在项目的早期阶段,学习涉及的内容就是关于一般本质的。其目标在于首先找出专家所用的关键概念和问题求解的一般方法,然后利用系统测试得到的信息来探索更多的信息。知识获取一直被认为是专家系统开发的瓶颈。

9.7 传统程序设计与专家系统开发之间的区别

传统程序员的兴趣世界是数据。他们关注的焦点在于问题的数据,通过数据他们努力找到求解的方法。专家系统设计者的兴趣在于问题的知识。他们获取、组织并学习知识,以实现对问题的理解。他们也开发并测试系统,来强化其理解。而对这种理解进行阐释,最终会自然衍生出相应成果。专家系统设计者为专家系统的开发过程起了个术语,称为知识工程。

知识工程是构建专家系统的过程。传统程序设计与专家系统开发之间的主要区别体现在开发焦点、编程力量和程序开发等方面,如表 9-4 所示。

表 9-4 传统程序设计与专家系统开发之间的主要区别

方面	传统程序设计	专家系统开发
开发焦点	聚焦于解答	聚焦于问题
编程力量	程序员单独工作	团队努力
程序开发	顺序式开发	重复式开发

(1) 开发焦点

传统程序员首先尝试在处理问题之前获得对问题的完全理解。当这一步完成时,程序员通常能预想出最后的解,并且把大部分时间花在问题求解的算法开发上。专家系统设计者所遵循的过程没有这么严格。设计者一边开发系统,一边获得对问题的更好理解,比传统程序员更难预想出最后的解。专家系统开发是一个通过一系列重复步骤完成的探索过程。设计者使用每个知识以改进系统和自己对问题的理解,通过在专家系统开发中不断引入新的知识而自然地得出解答。

(2) 编程力量

在传统程序设计中,程序员大部分单独工作,只有当发生困难或者需要新的指导时才进行交流。专家系统设计者在整个项目中都与专家紧密合作。他们一起工作,发现每个关键的知识、知识之间的自然联系以及问题求解的策略。他们也在系统测试阶段一起工作,以发现知识和问题求解方法的不足。他们一起把专家系统变成对专家的问题求解能力建模的形式。项目的成功依赖于专家和设计者的团队努力。

(3) 程序开发

直到程序员完成了设计、编码和调试 3 个主要任务之后,传统程序才可以交付使用。这时,程序的性能级别应该已达到最初的期望。专家系统设计者按照重复风格开发程序。首先将少量的知识添加到专家系统中,然后测试和评估系统对问题的理解。专家系统开发类似于教小孩一些新概念。首先教小孩少量的有关概念的知识,然后测试和评估这个小孩对这些概念的理解。当向这个小孩提供新的知识来强化小孩对概念的理解时,常提出已发现的缺点。

总之，关键在于传统程序是建造而成，而专家系统是发展而成的。

9.8　人在专家系统中的作用

任何科学技术都是人创造的，专家系统也不例外。在专家系统研究、设计、开发、应用和管理过程中，人起到关键作用。在专家系统中起主要作用的有领域专家、知识工程师和终端用户。在专家系统开发过程中，他们都发挥了关键作用。图 9-5 所示为专家系统开发过程中人的作用，而表 9-5 表示每种人为有效完成项目所需要的资格条件。

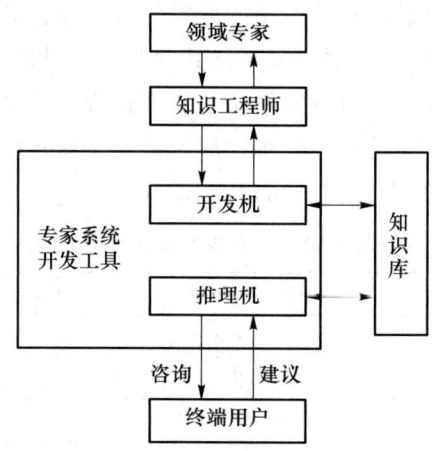

图 9-5　专家系统开发中人的作用

表 9-5　专家系统项目的工作人员所需要的资格条件

领域专家	知识工程师	终端用户
具有专家知识 有效的问题求解技能 能进行知识通信	具有知识工程师的技能 具有良好的通信技能 能够协调软件问题 具有专家系统编程技能	能帮助定义界面说明 能辅助知识获取 能辅助系统开发

（1）领域专家

领域专家（Domain Expert）是指那些具有以超越他人的方式求解特定问题的知识和技能的人。

"领域"一词在专家系统中具有特别重要的意义。建立专家系统用其来解决给定领域的专门、具体问题。采用专家知识求解具体问题的个人称为领域专家。简而言之，领域专家具有特定问题领域的知识，即具有专家知识，是专家系统的知识之源；专家知识是建立专家系统，特别是专家系统知识库的基础和关键。

专家和非专家的主要区别在于专家具备解决有关问题的知识，而非专家不具备。戴维斯（Davis）于 1983 年提出这一点。他说："专家的绝对值就是他具备的有关给定问题的知识。"

专家这个术语经常被误解为那些具有一些复杂主题知识的人。例如，大多数人把哲学博士当作专家。但是，应该意识到秘书在一些问题上也可以是专家。例如，审阅和批准公司的销售人员提交的一套旅行费用报告就需要专家技术。

在构建专家系统时,要寻找有能力解决感兴趣问题的人。有些人能够在一个组织内解决这个问题。关键是要找到在这个问题上具备优于他人能力的人作为专家。

(2) 知识工程师

专家系统设计者在项目中起到几种作用。他不仅要有良好的心理状态、善于交际,而且是精通计算机技术的研究人员。设计者必须具备这 3 种功能中的任何一个,因为他们的主要职责就是获取知识、处理知识,并对知识进行编码。

由于专家系统项目设计者的工作焦点在问题的知识上,所以就称专家系统的设计开发者为知识工程师。知识工程师是设计、构建和测试专家系统的人。从某种意义上讲,知识工程师类似于传统程序员,因为他们都要进行计算机编码。但是,知识工程师总是负责与传统程序员不同的任务。要完成这些任务,知识工程师必须熟悉知识工程。

知识工程师的主要职责如下:

① 评估问题,看看采用专家系统解决某个问题是否需要和可行。需要研究问题的特征和难点,对项目进行成本/效益分析等。

② 会见领域专家,与他们交换意见,发现专家知识,揭示问题的关键概念和专家的问题求解方法。另外,还需要某些交际技巧来引导会谈,有效地发现专家知识。这是一个有挑战性的任务。

③ 辨识概念,组织从领域专家那里收集到的知识并有效地映射至专家系统;辨识问题求解方法,能够让专家系统以类似于人类专家求解问题的方式工作。

④ 选择适合于所设计专家系统的软件包,用于表示专家知识和推理策略。

⑤ 具备较强的编程能力,对获取的专家知识进行编码、试验和修改,直至系统能够显示领域专家具有的性能。

⑥ 把专家系统集成于工作场所,并负责系统的日常维护。

(3) 终端用户

终端用户(End-user)是最终应用专家系统进行工作的个体或人员。专家系统是否成功在很大程度上取决于系统能否迎合用户的需要。在专家系统历史上,一些自认为技术上是成功的系统由于没有很好地考虑终端用户的需要而未能投入应用。

终端用户的主要职责如下:

① 规定接口技术规范,涉及系统存取、信息登记、系统解释、形成最终结果和效用支持等。

② 辅助知识获取,在项目一开始就为知识工程师们提供专家系统要解决问题的广泛理解和细节描述。

从上述讨论可以看出,与其说专家系统是个智能计算机程序系统,还不如说专家系统是一类领域专家、知识工程师和终端用户有效合作形成的智慧的结晶。人力资源,尤其是高级智力资源,是一种非常宝贵的资源。

第 10 章 大 数 据

10.1 大数据简介

云计算、物联网、移动互连、社交媒体等新兴信息技术和应用模式的快速发展促使全球数据量急剧增加,推动人类社会迈入大数据时代。

大数据蕴含大信息,大信息提炼大知识,大知识将在更高的层面、更广的视角、更大的范围提升用户的洞察力和决策力。与此同时,大数据呈现出个性化、不完备化、价值稀疏、交叉复用等特征,这些特征必然为大数据的计算环节带来前所未有的挑战。大数据计算系统要求具备高计算性能、实时传输性能、较广的分布式特性、系统可扩展性、数据的可易用性。

有人将云计算看作对过去传统IT架构的颠覆,其实云计算仅仅是在硬件层面对底层系统进行了改造,而大数据的分析应用却是对行业中业务层面的升级。大数据将改变企业之间的竞争模式,企业之间竞争的焦点将在原有资本、技术、商业模式的竞争中增加对大数据应用的竞争。企业竞争能力取决于一个企业拥有的数据的规模、数据的全面性以及基于数据构建的产品和商业模式的能力。目前来看,越来越多的传统大型企业看到了云计算和大数据的价值,从传统的 IT 形式积极向数据(DT)时代转型,然而简单地解决云化的问题并不能给其带来更多价值。

10.1.1 大数据的应用

如何把数据资源转化为解决方案,实现产品化,是我们特别关注的问题。大数据只是数据存在的一种状态,它本身并不会自动呈现价值,只有经过加工处理的大数据才能产生价值。那么我们需要对大数据做什么?使它体现哪方面的价值?在通常意义下,最常见的是利用大数据实现以下通用功能。

(1) 追踪

互联网和物联网无时无刻不在记录,大数据可以追踪、追溯任何记录,形成真实的历史轨迹。追踪是许多大数据应用的起点,包括消费者购买行为、购买偏好、支付手段、搜索和浏览历史、位置轨迹信息等。

(2) 识别

通过轨迹定位、本体特征比对、偏好筛选等单维度或者多维度特征计算,可实现精准识别,尤其是对文字、语音、图像、视频、电子信号等进行识别与检测,使可分析的内容大大丰富,得到的结果更为精准。

(3) 画像

通过对同一主体不同数据源的追踪、识别、匹配,形成更立体的刻画和更全面的认识。例如:对消费者画像,可以为其精准地推送广告和产品;对企业画像,可以准确地判断其信用及面临的风险。

(4) 预测

利用大量的历史单维度数据或者多维度数据联合计算以及参考环境约束条件等,可对事件未来发展趋势及重复出现的可能性进行精准预测,当某些变化超预期时给予提示、预警等,大数据大大丰富了预测手段,对建立风险控制模型有深刻意义。

(5) 匹配

在海量信息中精准追踪和识别,利用相关性、接近性等进行筛选比对,更有效、更精准地实现需求方和供给方之间的匹配。

(6) 优化

按照时间最短、距离最短、成本最低等一些给定的原则,通过各种算法对时间、路径、资源、地点等进行优化配置。

上述介绍是局部的、一般性的,大数据的应用会随着社会需求的变化、社会的发展而发展,是千姿百态的。大数据技术完成的很多应用并不都是大数据技术所特有的,只是大数据技术远远超出了以前的相关技术,可以做得更精准、更快、更好。

10.1.2 国内大数据发展现状

最近几年,大数据理念在国内已经深入人心,人们对大数据的认识也更加深入,"用数据说话"已经成为国内很多人的共识,大数据分析和大数据建设被各行各业所重视,数据成为堪比石油的战略资源。数据产业主要包括数据资源建设、数据加工以及数据应用三大部分。今天的大数据生态就是想让数据来源更丰富、让数据加工更高效、让数据应用市场更广阔。大数据实践逐渐落地,国内的大数据产业政策日渐完善,技术、应用和产业都取得了非常明显的进步。

从时间上看,最早成立的是广东省大数据管理局,而级别最高的则是贵州省大数据发展管理局,它是省政府直属的正厅级部门。此外,因与阿里合作而备受瞩目的杭州市数据资源管理局也是大数据的政府部门。这些大数据部门大部分隶属于各省市的工信委或经信委,另一部分挂靠在当地政府,或由省、市政府直接管辖。一般隶属于工信委、经信委的大数据部门会更加偏重于产业方面的大数据建设工作,而直接隶属或挂靠于各级省市政府的大数据部门可能会更加侧重于政务大数据工作的开展以及社会治理的大数据工作的推进。

大数据应用逐步落地。在金融领域内,商业银行全面部署大数据基础设施,逐步开启了人民币数字化的进程。在电信领域,中国电信、中国联通、中国移动等运营商也实现了数据整合,大数据产品体系已经推出娱乐、征信、指数、营销等产品种类。

围绕数据的产生、汇聚、处理、应用、管控等环节的产业生态从无到有,不断壮大。中国信息协会大数据分会发布的《2021—2022 中国大数据产业发展报告》显示,中国大数据产业市场将保持12%以上的增速,2023年整体规模达到11 522.5亿元。

数据产生价值链条长。很多政府部门和企业不知道数据怎么用或者没有支撑的数据平台。对于它们来说,把数据变成价值的链条是非常长的。从采集、整合到分析,整个链条涉及的部门比较多,涉及业务部门、数据平台部门、数据分析与数据产品部门,而后又回到业务部门,这导致要让数据产生价值很困难。

从数据的产生端到数据价值链条顶端的决策行动支持,要经过整合、管理、分析、洞察这几个关键步骤,在当前国内的大数据生态中,大数据价值实现的难点和重点在于数据的有效融合和深度分析。

需要看到,以互联网为代表的新一代信息技术所带来的这场社会经济"革命",在广度、深度和速度上都将是空前的,也会是远远超出我们从工业社会获得的常识和认知、远远超出我们的预期的,适应信息社会的个体素质的养成、满足未来各种新兴业态就业需求的合格劳动者的培养,将是我们面临的巨大挑战。唯有全民提升对大数据的正确认知,具备用大数据思维认识和解决问题的基本素质和能力,才有可能积极防范大数据带来的新风险;唯有加快培养适应未来需求的合格人才,才有可能在数字经济时代形成国家的综合竞争力。

10.2　大数据平台技术

如今,信息每天都在以爆炸式的速度增长,其复杂性也越来越高,当人类的认知能力受到传统形式的限制时,隐藏在大数据背后的价值就难以发挥出来。理解大数据并借助其做出决策,才能发挥它的巨大价值和无限潜力。其中的一把金钥匙就是大数据技术。

(1) 可视化分析

大数据分析的使用者有大数据分析专家,也有普通用户,二者对于大数据分析最基本的要求都是可视化分析,因为可视化分析能够直观地呈现大数据的特点,同时能够非常容易地被读者所接受,就如同看图说话一样简单明了。

(2) 数据挖掘算法

大数据分析的理论核心是数据挖掘算法。各种数据挖掘算法基于不同的数据类型和格式才能更加科学地呈现出数据本身的特点,也正是因为有这些被全世界统计学家所公认的统计方法(可以称为真理),才能深入数据内部,挖掘出公认的价值。另外,也是因为有这些数据挖掘的算法,才能更快速地处理大数据,如果一个算法得花费好几年才能得出结论,那么大数据的价值也就无从说起了。

(3) 预测性分析能力

大数据分析重要的应用领域之一就是预测性分析,从大数据中挖掘出特点,科学地建立模型,之后便可以通过模型代入新的数据,从而预测未来的数据。

(4) 语义引擎

大数据分析广泛应用于网络数据挖掘,可以从用户的搜索关键词、标签关键词或其他输入语义分析来判断用户的需求,从而实现更好的用户体验和广告匹配。

(5) 数据质量和数据管理

大数据分析离不开数据质量和数据管理,高质量的数据和有效的数据管理,无论是在学术研究还是在商业应用领域,都能够保证分析结果真实和有价值。

大数据技术的基础就是以上几个方面,当然如果更加深入地分析大数据的话,则还有很多更加有特点、更加深入、更加专业的大数据分析方法。

10.2.1 大数据技术的演进

大数据技术可以分成两个大的层面,即大数据平台技术与大数据应用技术。要使用大数据,必须先有计算能力,大数据平台技术包括数据的采集、存储、流转、加工所需要的底层技术。大数据应用技术是指对数据进行加工,把数据转化成商业价值的技术。这些数据加工的底层平台包括平台层的工具以及平台上运行的算法,也可以沉淀到一个大数据的生态市场中,避免重复研发,大大提高了大数据的处理效率。

大数据首先需要有数据,要有数据首先要解决数据采集与存储的问题。数据采集与存储技术随着数据量的爆发与大数据业务的飞速发展也在不停地进化。在大数据技术发展的早期,或者很多企业的发展初期,只有关系型数据库用来存储核心业务数据,它既是数据仓库,也是集中型 OLAP 关系型数据库。一旦出现独立的数据仓库,就会涉及 ETL(Extract-Transform-Load),如数据抽取、数据清洗、数据校验、数据导入,甚至是数据安全脱敏。如果数据来源仅仅是业务数据库,那么 ETL 不会很复杂;如果数据的来源是多方的,如日志数据、App 数据、爬虫数据、购买的数据、整合的数据等,那么 ETL 就会变得很复杂,数据清洗与校验的任务就会变得很重要。这时的 ETL 必须配合数据标准来实施,如果没有数据标准,可能会导致数据仓库中的数据都是不准确的,错误的大数据会导致上层数据应用和数据产品的结果都是错误的。错误的大数据结论还不如没有大数据。由此可见,数据标准与 ETL 中的数据清洗、数据校验都是非常重要的。

随着数据的来源越来越多、数据的使用者越来越多,整个大数据流转就变成了一个非常复杂的网状拓扑结构。在这个网络中,每个人都在导入数据、清洗数据,同时每个人也都在使用数据,但是谁都不相信对方导入和清洗的数据,就会导致重复数据越来越多,数据任务越来越多,任务的关系也越来越复杂。要解决这样的问题,必须引入数据管理,也就是针对大数据的管理,如元数据标准、公共数据服务层(可信数据层)、数据使用信息披露等。

随着数据量的持续增加,比如每天需要处理 100 PB 以上的数据,每天有 100 万个以上的大数据任务,以上方案就没有办法解决了,这时候就出现了一些更大的基于 MR 分布式的解决方案,如大数据技术生态体系中的 Hadoop、Spark 和 Storm。它们是目前最重要的三大分布式计算系统,Hadoop 常用于离线的、复杂的大数据处理,Spark 常用于离线的、快速的大数据处理,而 Storm 常用于在线的、实时的大数据处理。

10.2.2 分布式计算系统概述

Hadoop 是一个由 Apache 基金会发布的开源的、可靠的、可扩展的、分布式的运算存储系统。Hadoop 框架最核心的设计是 Hadoop 分布式文件系统(HDFS)和分布式计算框架(MapReduce)。HDFS 为海量的数据提供了存储功能,而 ManReduce 为海量的数据提供了计算功能。Hadoop 作为一个基础框架,可以承载很多其他东西,如 Hive(Hadoop 数据仓库工具),不想用程序语言开发 MapReduce 的人、熟悉 SQL 的人可以使用 Hive 离线地进行数据处理与分析工作。HBase 作为面向列的数据库运行在 HDFS 之上,HDFS 缺乏随机读写操作,

HBase 正是为此而设计的,它是一个分布式的、面向列的开源数据库。

Spark 也是 Apache 基金会的开源项目,它由加州大学伯克利分校的实验室开发,是另一种重要的分布式计算系统。Spark 与 Hadoop 的最大不同点在于,Hadoop 使用硬盘来存储数据,而 Spark 使用内存来存储数据,因此 Spark 可以提供超过 Hadoop 100 倍的运算速度。Spark 可以在使用 YARN(Yet Another Resource Negotiator,另一种资源协调者)的 Hadoop 集群中运行。Spark 在生态上也不断进步,希望能够上下游兼容,用一套技术栈解决用户的多种需求,比如,SparkSQL 对应着 Hadoop Hive,Spark Streaming 对应着 Storm。

Storm 是 Twitter 主推的分布式计算系统,是 Apache 基金会的孵化项目。它在 Hadoop 的基础上提供了实时运算的特性,可以实时地处理大数据流。不同于 Hadoop 和 Spark,Storm 不进行数据的收集和存储工作,它直接通过网络实时地接收数据并且实时地处理数据,然后直接通过网络实时地传回结果。Storm 擅长处理实时流式数据。例如,日志、网站购物的点击流是源源不断的、按顺序的、没有终结的,所有数据通过 Kafka 等消息队列传来后,Storm 就开始工作。Storm 不收集数据也不存储数据,对于传来的数据,一边处理,一边输出结果。

上面的 3 个系统只是大规模分布式计算底层的通用框架,通常也用计算引擎来描述它们。除了计算引擎外,想要做数据的加工应用,我们还需要一些平台工具,如集成开发环境 IDE、作业调度系统、数据同步工具、商业智能(BI)模块、数据管理平台等,它们与计算引擎一起构成大数据的基础平台。

10.2.3 Hadoop

Hadoop 是一个分布式系统的基础架构。Hadoop 提供一个 HDFS。HDFS 有着高容错性的特点,并且被部署在相对低成本的 x86 服务器上。它提供高传输率来访问应用程序的数据,适合有着超大数据集的应用程序。

Hadoop 的 MapReduce 是一个能够对大量数据进行分布式处理的软件开发框架,是一个能够让用户轻松使用的分布式计算平台。用户可以轻松地在 Hadoop 上开发和运行处理海量数据的应用程序。它主要有以下几个优点。

① 高可靠性:Hadoop 存储和处理海量数据的能力极强,同时具备高可靠性。

② 高扩展性:Hadoop 采用分布式设计,可以方便地扩展到数以千计的节点中。

③ 高效性:Hadoop 能够在节点之间动态地移动数据,并保证各个节点的动态平衡,因此处理速度非常快。

④ 高容错性:Hadoop 能够自动保存数据的多个副本,并且能够自动将失败的任务重新分配。

⑤ 高性价比:与常见的大数据处理一体机、商用数据仓库等数据集市相比,Hadoop 是开源的,设备通常采用高性价比的 x86 服务器,因此项目的软硬件成本会大大降低。

1. 拓扑结构

如图 10-1 所示,Hadoop 由许多元素构成。最底层的元素是 HDFS,其用于存储 Hadoop 集群中所有存储节点上的文件。HDFS 的上一层是 MapReduce 分布式计算框架,该引擎由 Job Tracker 和 Task Tracker 组成。HBase 将 Hadoop HDFS 作为其文件存储系统,利用 Hadoop MapReduce 来处理 HBase 中的海量数据,利用 ZooKeeper 进行协同服务。

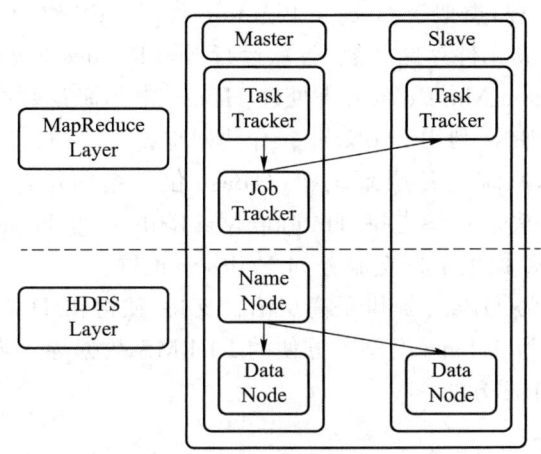

图 10-1　Hadoop 的拓扑结构

(1) HDFS

在 Hadoop 中,所有数据都被存储在 HDFS 上,而 HDFS 由一个管理节点和 N 个数据节点(Data Node)组成,每个节点均为一台普通的 x86 服务器。其在使用上与单机的文件系统类似,可以建立目录,创建、复制和删除文件,查看文件内容等。但其底层实现是把文件切割成块(通常为 64 MB),这时块分散存储在不同的数据节点上,每个块还可以复制数份存储于不同的数据节点上,达到容错冗余的目的。名字节点是 HDFS 的核心,通过维护一些数据结构记录每个文件被切割成多少个块、这些块可以从哪些数据节点中获得、各个数据节点的状态等重要信息。

HDFS 可以保存比一台机器的可用存储空间更大的文件,这是因为 HDFS 是一套具备可扩展能力的存储平台,能够将数据分发至成千上万个分布式节点及低成本服务器上,并让这些硬件设备以并行方式共同处理同一任务。

(2) MapReduce

MapReduce 通过把对数据集的大规模操作分发给网络上的每个节点以实现可靠性。MapReduce 实现了大规模的计算:应用程序被分割成许多小部分,而每个部分在集群中的节点上并行执行(每个节点处理自己的数据)。

总之,Hadoop 是一种分布式系统的平台,通过它可以很轻松地搭建一个高效、高质量的分布式系统。Hadoop 的分布式包括两部分:一个是分布式文件系统 HDFS;另一个是分布式计算框架、编程模型,也就是 MapReduce。两者缺一不可,用户可以通过 MapReduce 在 Hadoop 平台上进行分布式的计算编程。

(3) 基于 Hadoop 的应用生态系统

Hadoop 框架包括 Hadoop 内核、MapReduce、HDFS 和 Hadoop YARN 等。Hadoop 是一个生态系统,包括很多组件。除了 HDFS 和 MapReduce 外,还有 NoSQL 数据库的 HBase、数据仓库工具 Hive、Pig 工作流语言、机器学习算法库 Mahout、在分布式系统中扮演重要角色的 ZooKeeper、内存计算框架的 Spark、数据采集的 Flume 和 Kafka。总之,用户可以在 Hadoop 平台上开发和部署任何大数据应用程序。

HBase 是 Hadoop 数据库,是一个高可靠性、高性能、面向列、可伸缩的分布式存储系统,利用 HBase 技术可在高性价比的 x86 服务器上搭建大规模的结构化存储集群。HBase 是

Google Bigtable 的开源实现，类似于 Google Bigtable 利用 GFS 作为其文件存储系统，HBase 利用 Hadoop HDFS 作为其文件存储系统；谷歌运行 MapReduce 来处理 Bigtable 中的海量数据，HBase 同样利用 Hadoop MapReduce 来处理 HBase 中的海量数据；Google Bigtable 利用 Chubby 作为协同服务，HBase 利用 ZooKeeper 作为对应。

在 Hadoop 应用生态系统的各层系统中，HBase 位于结构化存储层，Hadoop HDFS 为 HBase 提供了高可靠性的底层存储支持，Hadoop MapReduce 为 HBase 提供了高性能的计算框架，ZooKeeper 为 HBase 提供了稳定服务和 Failover 机制。

此外，Pig 和 Hive 还为 HBase 提供了高层语言支持，使得在 HBase 上进行数据统计处理变得非常简单。Saoop 则为 HBase 提供了方便的 RDBMS 数据导入功能，使得传统数据库数据向 HBase 中迁移变得非常方便。

2. 行业应用

总之，数据处理模式会发生变化，不再是传统的针对每个事务从众多源系统中拉数据，而是由源系统将数据推至 HDFS，ETL 引擎先处理数据，再保存结果。将来结果可以用 Hadoop 分析，也可以提交到传统报表和分析工具中分析。以金融行业为例，Hadoop 在以下几个方面可以对用户的应用有帮助。

① 内容管理平台。海量低价值密度的数据存储可以实现诸如结构化、半结构化、非结构化数据的存储。

② 风向管理。反洗黑钱系统等利用 Hadoop 做海量数据的查询系统或者离线的查询系统。例如，用户交易记录的查询，甚至一些离线分析，都可以在 Hadoop 上完成。

③ 用户行为分析及组合式推销。例如，基于用户位置变化的精准广告推送可以通过 Hadoop 数据库的海量数据分析功能来完成。

3. 软件厂商

发布 Hadoop 软件的主要厂商有 Cloudera 和 Hortonworks。Cloudera 是被广泛采用的纯 Hadoop 软件的发布厂商，其核心的开源产品 Cloudera Distribution 包括 Apache Hadoop（CDH）。Cloudera 和很多硬件方面的大型 IT 公司结成了合作伙伴关系。

Hortonworks 为 Hadoop 生态系统提供专业服务，Yahoo 和 Benchmark Capital 在 2011 年 6 月合资创建了 Hortonworks。除了进一步开发 Apache Hadoop 的开源分发外，Hortonworks 也提供 Hadoop 专业服务，它在整个 Hadoop 产业中是技术领导者和生态环境的构建者。其发布的 Hortonworks Data Platform 集成了纯粹的开源 Apache Hadoop 软件。

4. 成功案例

Hadoop 尤其适合大数据的分析与挖掘。因为从本质上讲，Hadoop 提供了在大规模服务器集群中捕捉、组织、搜索、共享以及分析数据的模式，且可以支持多种数据源（结构化、半结构化和非结构化），规模则能够从几十台服务器扩展到上千台服务器。

基于 Hadoop 的应用目前已经开始遍地开花，尤其是在互联网领域。Yahoo 通过集群运行 Hadoop，支持广告系统和 Web 搜索的研究；Facebook 借助集群运行 Hadoop，支持其数据分析和机器学习；搜索引擎公司百度则使用 Hadoop 进行搜索日志分析和网页的数据挖掘工作；淘宝的 Hadoop 系统用于存储并处理电子商务交易的相关数据。

随着越来越多的传统企业开始关注大数据的价值，Hadoop 也开始在传统企业的商业智能或数据分析系统中扮演重要角色。相比于传统的基于数据库的商业智能解决方案，Hadoop 拥有无可比拟的灵活性优势和成本优势。Hadoop 的经典用户有百度、新浪、奇虎、世纪佳缘网、搜狐、优酷、赶集网、爱奇艺等。

10.2.4 Spark

随着大数据技术的发展，人们对大数据的处理要求也越来越高。原有的批处理框架 MapReduce 适合离线计算，却无法满足实时性要求比较高的业务，如实时推荐、用户行为分析等。因此，Hadoop 生态系统又发展出以 Spark 为代表的新计算框架。相比于 MapReduce，Spark 速度快，开发简单，并且能够同时兼顾批处理和实时数据分析。

Apache Spark 是加州大学伯克利分校的 AMPLabs 开发的开源分布式轻量级通用计算框架，于 2014 年 2 月成为 Apache 的顶级项目。Spark 基于内存设计，使其拥有比 Hadoop 更好的性能，并且对多语言（Scala Java、Python）提供支持。Spark 的框架类似于 Hadoop MapReauce。Spark 拥有 Hadoop MapReduce 所具有的优点，但不同于 MapReduce 的是，工作中间输出的结果可以保存在内存中，从而不再需要读写 HDFS（MapReduce 的中间结果要放在文件系统上）。因此，在性能上，Spark 比 MapReduce 框架快 100 倍左右，对 100 TB 的数据排序只需要 20 分钟左右。正是因为 Spark 主要在内存中执行，所以 Spark 对内存的要求非常高，一个节点通常需要配置 24 GB 的内存。在业界，我们有时把 MapReduce 称为批处理计算框架，把 Spark 称为实时计算框架、内存计算框架或流式计算框架。

Hadoop 使用数据复制来实现容错性，而 Spark 使用弹性分布式数据集（Resilient Distributed Datasets，RDD）来实现数据的容错性。RDD 是只读的、分区记录的集合。如果一个 RDD 的一个分区丢失，RDD 含有如何重建这个分区的相关信息。这就避免了使用数据复制来保证容错性的要求，从而减少了对磁盘的访问次数。通过 RDD，后续步骤如果需要相同的数据集，就不必重新计算或从磁盘加载，这个特性使得 Spark 非常适合流水线式的数据处理。

虽然 Spark 可以独立于 Hadoop 运行，但 Spark 还是需要一个集群管理器和一个分布式存储系统。对于集群管理，Spark 支持 Hadoop YARN、Apache Mesos 和 Spark 原生集群。对于分布式存储，Spark 可以使用 HDFS、Cassandra、OpenStack Swift 和 Amazon S3。Spark 支持 Java、Python 和 Scala（Scala 是 Spark 最推荐的编程语言，Spark 和 Scala 能够紧密集成，Scala 程序可以在 Spark 控制台上执行）。应该说，Spark 紧密集成 Hadoop 生态系统中的上述工具。Spark 可以与 Hadoop 上的常用数据格式（如 Avro 和 Parquet）交互，能读写 HBase 等 NoSQL 数据库，它的流式处理组件 Spark Streaming 能连续从 Flume 和 Kafka 之类的系统上读取数据，它的 SQL 库 Spark SQL 能和 Hive Metastore 交互。

Spark 可用来构建大型的、低延迟的数据分析应用程序。如图 10-2 所示，Spark 包含的库有 Spark SQL、Spark Streaming、MLlib（用于机器学习）和 GraphX。其中，Spark SQL 和 Spark Streaming 最受欢迎，大概 60% 的用户在使用这两个库中的一个。而且 Spark 还能替代 MapReduce 成为 Hive 的底层执行引擎。

Spark 的内存缓存使它适合进行迭代计算。机器学习算法需要多次遍历训练集，可以将训练集缓存在内存中。在对数据集进行探索时，数据科学家可以在运行查询的时候将数据集放在内存中，这样就节省了访问磁盘的开销。

虽然 Spark 目前被广泛认为是下一代 Hadoop，但是 Spark 本身的复杂性也困扰着开发人员。Spark 的批处理能力仍然比不过 MapReduce，Spark SQL 与 Hive SQL 相比功能还有一定的差距，Spark 的统计功能与 R 语言相比则没有可比性。

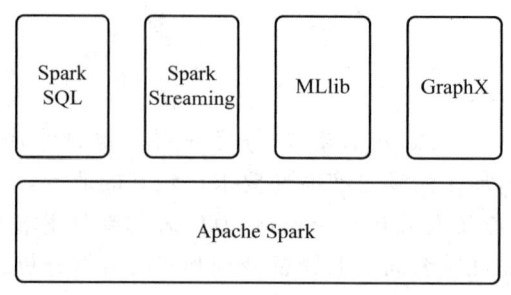

图 10-2　Spark 组件

10.2.5　Storm

Storm 是 Twitter 支持开发的一款分布式的、开源的、实时的、主从式的大数据流式计算系统，使用的协议为 Eclipse Public License 1.0，其核心部分使用高效流式计算的函数式语言 Clojure 编写，极大地提高了系统性能。为了方便用户使用，其支持用户使用任意编程语言进行项目的开发。

1. 任务拓扑

任务拓扑（Task Topology）是 Storm 的逻辑单元，一个实时应用的计算任务将被打包为任务拓扑后发布，任务拓扑一旦提交就会一直运行，除非显式地去中止。一个任务拓扑是由一系列 Spout 和 Bolt 构成的有向无环图，通过数据流（Stream）实现 Spout 和 Bolt 之间的关联，如图 10-3(a)所示。其中，Spout 负责从外部数据源不间断地读取数据，并以元组（Tuple）的形式发送给相应的 Bolt。Bolt 负责对接收到的数据流进行计算，实现过滤、聚合、查询等具体功能，可以级联，也可以向外发送数据流。

数据流是 Storm 对数据的抽象，它是时间上无穷的元组序列。如图 10-3(b)所示，数据流通过流分组（Stream Grouping）所提供的不同策略实现在任务拓扑中的流动。此外，为了确保消息能且仅能被计算 1 次，Storm 还提供了事务任务拓扑。

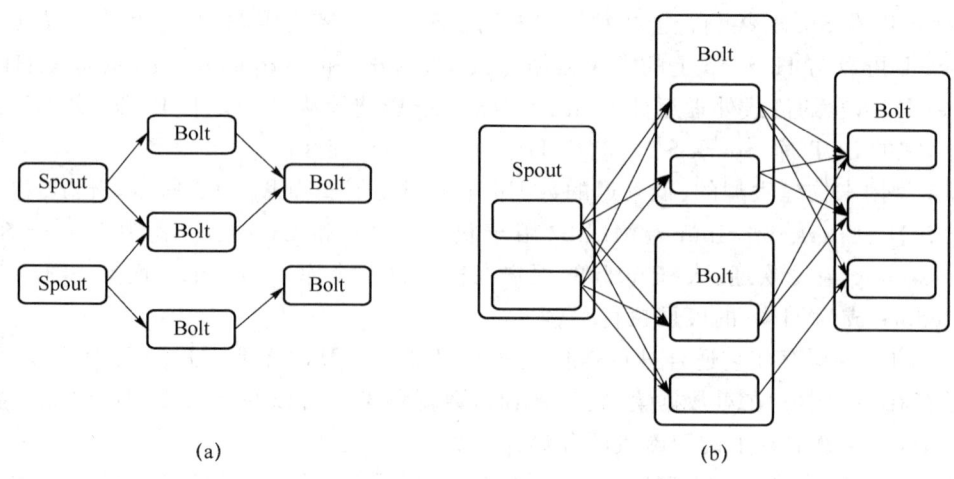

图 10-3　Storm 任务拓扑和 Storm 数据流组

如图 10-4 所示,Storm 采用主从系统架构,在一个 Storm 系统中有两类节点(一个主节点 Nimbus、多个从节点 Supervisor)及 3 种运行环境(Master、Cluster 和 Slaves)。

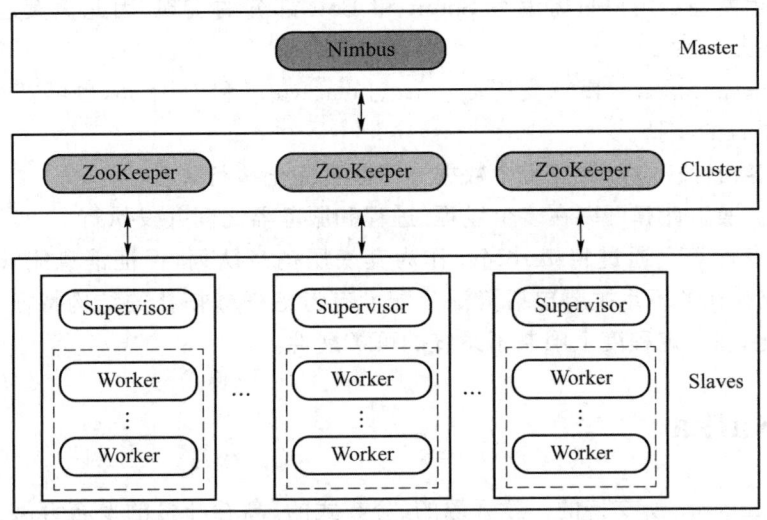

图 10-4　Storm 系统架构

主节点 Nimbus 运行在 Master 环境中,是无状态的,负责全局的资源分配、任务调度、状态监控和故障检测。一方面,主节点 Nimbus 接收客户端提交来的任务,验证后分配任务到从节点 Supervisor 上,同时把该任务的元信息写入 ZooKeeper 目录中;另一方面,主节点 Nimbus 需要通过 ZooKeeper 实时监控任务的执行情况。当出现故障时进行故障检测,并重启失败的从节点 Supervisor 和工作进程 Worker。

从节点 Supervisor 运行在 Slaves 环境中,也是无状态的,负责监听并接受主节点 Nimbus 所分配的任务,并启动或停止自己所管理的工作进程 Worker。其中,工作进程 Worker 负责具体任务的执行。一个完整的任务拓扑往往由分布在多个从节点 Supervisor 上的 Worker 进程来协调执行,每个 Worker 都执行且仅执行任务拓扑中的一个子集。在每个 Worker 内部会有多个 Executor,每个 Executor 对应一个线程。Task 负责具体数据的计算,即用户所实现的 Spout/Blot 实例。每个 Executor 会对应一个或多个 Task,因此系统中 Executor 的数量总是小于等于 Task 的数量。

ZooKeeper 是一个针对大型分布式系统的可靠协调服务和元数据存储系统。通过配置 ZooKeeper 集群,可以使用 ZooKeeper 系统所提供的高可靠性服务。Storm 系统引入 ZooKeeper,极大地简化了 Nimbus、Supervisor、Worker 之间的设计,保障了系统的稳定性。ZooKeeper 在 Storm 系统中具体实现了以下功能。

① 存储客户端提交的任务拓扑信息、任务分配信息、任务的执行状态信息等,便于主节点 Nimbus 监控任务的执行情况。

② 存储从节点 Supervisor、工作进程 Worker 的状态和心跳信息,便于主节点 Nimbus 监控系统各节点的运行状态。

③ 存储整个集群的所有状态信息和配置信息,便于主节点 Nimbus 监控 ZooKeeper 集群的状态。在主 ZooKeeper 节点发生故障后,可以重新选取一个节点作为主 ZooKeeper 节点,并进行恢复。

2．系统特征

Storm 系统的主要特征如下。

① 简单编程模型。用户只需编写 Spout 和 Bolt 部分的实现，因此极大地降低了实时大数据流式计算的复杂性。

② 支持多种编程语言。默认支持 Clojure、Java、Ruby 和 Python，也可以通过添加相关协议实现对新增语言的支持。

③ 作业级容错性。可以保证每个数据流作业被完全执行。

④ 水平可扩展。计算可以在多个线程、进程和服务器之间并发执行。

⑤ 快速消息计算。通过将 7eroMO 作为其底层消息队列，保证消息能够得到快速的计算。Storm 系统存在的不足主要包括资源分配没有考虑任务拓扑的结构特征，无法适应数据负载的动态变化，在一定程度上限制了系统的可扩展性。

10.2.6 Kafka

Kafka 是 Linkedin 所支持的一款开源的、分布式的、高吞吐量的发布订阅消息系统，可以有效地处理互联网中活跃的流式数据，如网站的页面浏览量、用户访问频率、访问统计、好友动态等，开发语言是 Scala，可以使用 Java 进行编写。Kafka 系统在设计过程中主要考虑了以下需求特征。

① 消息持久化是一种常态需求。

② 吞吐量是系统需要满足的首要目标。

③ 消息的状态作为订阅者（Consumer）存储信息的一部分，在订阅者服务器中进行存储。

④ 将发布者（Producer）、代理（Broker）和订阅者（Consumer）显式地分布在多台机器上构成显式的分布式系统。

Kafka 系统形成了以下关键特性。

① 在磁盘中实现消息持久化的时间复杂度为 $O(1)$，数据规模可以达到万亿字节（TB，太字节）级别。

② 实现了数据的高吞吐量，可以满足每秒数十万条消息的处理需求。

③ 实现了在服务器集群中进行消息的分片和序列管理。

④ 实现了对 Hadoop 系统的兼容，可以将数据并行地加载到 Hadoop 集群中。

1．系统架构

Kafka 系统的架构是由发布者、代理和订阅者共同构成的显式分布式架构，他们分别位于不同的节点上，如图 10-5 所示。各部分构成一个完整的逻辑组，并对外界提供服务，各部分通过消息（Message）进行数据传输。其中，发布者可以向一个主题（Topic）推送相关消息，订阅者可以以组为单位关注并拉取自己感兴趣的消息，通过 ZooKeeper 实现对订阅者和代理的全局状态信息及其负载均衡的实现。

2．数据存储

Kafka 系统通过仅进行数据追加的方式实现对磁盘数据的持久化保存和对大数据的稳定存储，有效地提高了系统的计算能力。通过采用 Sendfile 系统调用的方式优化了网络传输，提高了系统的吞吐量。即使对于普通的硬件，Kafka 消息系统也能够支持每秒处理数十万条消息。此外，在 Kafka 消息系统中，仅保存订阅者已消费数据的偏移量信息。这样一方面能有效节省数据存储空间；另一方面还能简化系统的计算逻辑，助力系统在出现故障时更便捷地恢复。

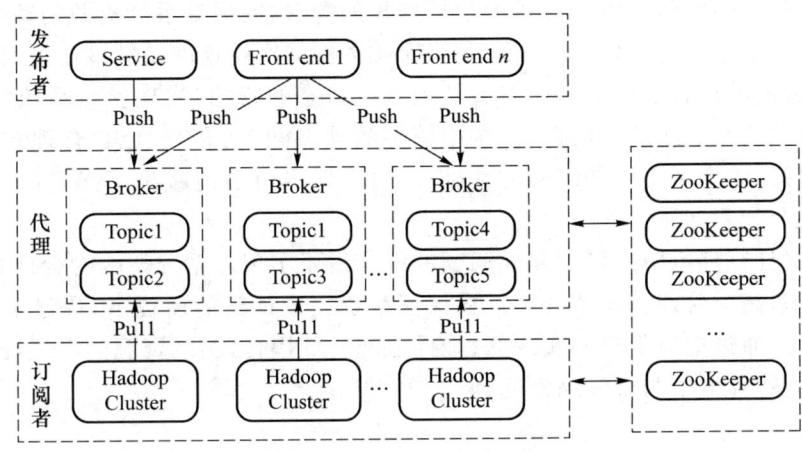

图 10-5　Kafka 系统架构

3. 消息传输

Kafka 系统采用推送、拉取相结合的方式进行消息的传输。其中，当发布者需要传输消息时，会主动地推送该消息到相关的代理节点；当订阅者需要访问数据时，其会从代理节点进行拉取。通常情况下，订阅者可以从代理节点中拉取自己感兴趣的主题消息。

4. 负载均衡

在 Kafka 系统中，发布者和代理节点之间没有负载均衡机制，但可以通过专用的第 4 层负载均衡器在 Kafka 代理上实现基于 TCP 连接的负载均衡的调整。订阅者和代理节点之间通过 ZooKeeper 实现负载均衡机制，在 ZooKeeper 中管理全部活动的订阅者和代理节点信息。当有订阅者和代理节点的状态发生变化时，才实时地进行系统负载均衡的调整，保障整个系统处于一个良好的均衡状态。

5. 存在的不足

Kafka 系统存在的不足之处主要包括：只支持部分容错，节点失效转移时会丢失原节点内存中的状态信息；代理节点没有副本机制保护，一旦代理节点出现故障，该代理节点中的数据将不可用；代理节点不保存订阅者的状态，删除消息时无法判断该消息是否已被阅读。

10.2.7　各类技术平台的比较

流式大数据作为大数据的一种重要形态，在商业智能、市场营销和公共服务等诸多领域有着广泛的应用前景，并已在金融银行业、互联网、物联网等场景的应用中取得了显著的成效。但流式大数据以其实时性、无序性、无限性、易失性、突发性等显著特征，使得传统的先存储后计算的批量数据计算理念不适用于大数据流式计算的环境中，也使得当前诸多数据计算系统无法更好地适应流式大数据在系统可伸缩性、容错、状态一致性、负载均衡、数据吞吐量等方面所带来的诸多新的技术挑战。

1. 可伸缩性

在大数据流式计算环境中，系统的可伸缩性是制约大数据流式计算系统广泛应用的一个重要因素。Storm 和 Kafka 等系统没有实现对系统可伸缩性的良好支持：一方面，流式数据的产生速率在高峰时期会不断增加且数据量巨大，持续时间往往很长，因此需要大数据流式系统具有很好的"可伸"的特征，可以实时适应数据增长的需求，实现对系统资源的动态调整和快速部署，并保证整个系统的稳定性；另一方面，当流式数据的产生速率持续减小时，需要及时回收在高峰时期所分配的但目前已处于闲置或低效利用状态的资源，实现整个系统"可缩"的友好特征，并保障对用户是透明的。因此，系统中资源的动态配置、高效组织、合理布局、科学架构和有效分配是保障整个系统可伸缩性的基础，同时又能尽可能地减少不必要的资源和能源的浪费。

大数据流式计算环境中的可伸缩性问题的解决需要实现对系统架构的合理布局以及系统资源的有序组织、高效管理和灵活调度。在保证系统完成计算的前提下，尽量不要太久、太多地占用系统资源，通过虚拟化机制实现软、硬件之间的低耦合，实现资源的在线迁移，并最终解决大数据流式计算环境中的可伸缩性问题。

2．容错

在大数据流式计算环境中，系统容错机制是进一步改善整个系统的性能、提高计算结果的满意度、保证系统可靠持续运行的一个重要措施，也是当前大多数大数据流式计算系统所缺失的。Kafka 等系统实现了对部分容错的支持，Storm 系统实现了对作业级容错的支持。大数据流式计算环境对容错机制提出了新的挑战：一方面，数据流是实时、持续地到来的，呈现出时间上不可逆的特征，一旦数据流流过，再次重放数据流的成本是很大的，甚至是不现实的，由于数据流所呈现出的持续性和无限性，也无法预测未来流量的变化趋势；另一方面，在流式大数据的计算过程中，大部分"无用"的数据将被直接丢弃，能被永久保存下来的数据量是极少的。当需要进行系统容错时，其中不可避免地会出现一个时间段内数据不完整的情况。再则需要针对不同类型的应用，从系统层面上设计符合其应用特征的数据容错级别和容错策略，避免不必要的资源浪费及应用需求的不吻合。

大数据流式计算环境中容错策略的确定，需要根据具体的应用场景进行系统的设计和权衡，并且需要充分考虑到流式大数据的持续性、无限性、不可恢复性等关键特征。但是，没有任何数据丢失的容错策略也未必是最佳的，需要综合统筹容错级别和资源利用、维护代价等要素间的关系。但在对系统资源占用合理、对系统性能影响可接受的情况下，容错的精度越高必然越好。

3．状态一致性

在大数据流式计算环境中，维持系统中各节点间状态的一致性对于系统的稳定高效运行、故障恢复都至关重要。然而，当前多数系统不能有效地支持系统状态的一致性，如 Storm 和 Kafka 等系统尚不支持维护系统状态的一致性。大数据流式计算环境对状态一致性提出了新的挑战：一方面，在系统实时性要求极高、数据速率动态变化的环境中，维护哪些数据的状态一致性，如何从高速、海量的数据流中识别这些数据是一个巨大的挑战；另一方面，在大规模分布式环境中，如何组织和管理实现系统状态一致性的相关数据，满足系统对数据的高效组织和精准管理的要求，也是一个巨大的挑战。

大数据流式计算环境中的状态一致性问题的解决需要从系统架构的设计层面上着手。存在全局唯一的中心节点的主从式架构方案无疑是实现系统状态一致性的最佳解决方案，但需要有效避免单点故障问题。通常情况下，在大数据流式计算环境中，程序和数据一旦启动后将会常驻内存，对系统的资源占用也往往相对稳定。因此，单点故障问题在大数据流式计算环境中并没有在批量计算环境中那么复杂。批量计算环境中的很多策略将具有很好的参考和借鉴价值。

4. 负载均衡

在大数据流式计算环境中,系统的负载均衡机制是制约系统稳定运行、高吞吐量计算、快速响应的一个关键因素。然而,当前多数系统不能有效地支持系统的负载均衡,如 Storm 系统不支持负载均衡机制,Kafka 在流式计算环境中,系统的数据速率具有明显的突变性,并且持续时间往往无法有效预测,这就导致在传统环境中具有很好的理论和实践效果的负载均衡策略在大数据流式计算环境中不再适用。另外,当前大多数开源的大数据流式计算系统在架构的设计上尚未充分地、全面地考虑整个系统的负载均衡问题。在实践应用中,相关经验又相对缺乏,因此,给大数据流式计算环境中负载均衡问题的研究带来了诸多实践中的困难和挑战。

大数据流式计算环境中的负载均衡问题的解决需要结合具体的应用场景,系统地分析和总结隐藏在大数据流式计算中数据流变化的基本特征和内在规律,结合传统系统负载均衡的检验,根据实践检验情况,不断进行相关机制的持续优化和逐步完善。

5. 数据吞吐量

在大数据流式计算环境中,数据吞吐量呈现出了根本性的增加。在传统的流式数据环境中,所处理的数据吞吐量往往在吉字节(GB)级别,这满足不了大数据流式计算环境对数据吞吐量的要求。在大数据流式计算环境中,数据的吞吐量往往在太字节(TB)级别以上,且其增长的趋势是显著的。然而,当前流式数据处理系统(如 Storm)均无法满足太字节(TB)级别的应用需求。

大数据流式计算环境中的数据吞吐量问题的解决,不仅仅需要从硬件的角度进行系统的优化,设计出更符合大数据流式计算环境的硬件产品,在数据的计算能力上实现大幅提升,更需要从系统架构的设计中进行优化和提升,设计出更加符合大数据流式计算特征的数据计算逻辑。

在方案选型时,一个常见的误区是忽略业务的复杂性,要用工具来解决或者绕开业务的逻辑。企业选择数据平台的方案时,要合理地选型,既要充分地考虑搭建数据平台的目的,也要对各种方案有充分的认识。对于数据层面来说,企业还是倾向于选择一些灵活性很强的方案,因为数据中心对于企业来说太重要了,更希望它是透明的,是可以被自己完全掌控的,这样企业才有能力实现对数据中心更加充分的利用。因为不知道未来需要它去担任一个什么样的角色。

10.3 大数据存储与计算技术

企业要做 AI 和大数据分析,首先要考虑数据的准备,这其实就是数据平台的建设。有人也许会问:业务跑得好好的,各系统稳定运行,为何还要搭建企业的数据平台?企业一般在什么情况下需要搭建数据平台,从而实现对各种数据进行重新架构?

从业务的视角来看,业务系统过多,彼此的数据没有打通,这种情况下,进行数据分析就很难,可能需要分析人员从多个系统中提取数据,再进行数据整合,之后才能分析。

从系统的视角来看,业务系统压力大,而数据分析又是一项比较耗费资源的任务。那么人们自然会想到,通过将数据抽取出来,用独立的服务器来处理数据查询、分析的任务,从而释放业务系统的压力。

从数据处理性能的视角来看,企业越做越大,与此同时,数据也会越来越多。这些数据可能是历史数据的积累,也可能是新数据的加入。当原始数据平台不能承受对更大数据量的处理时,或者效率已经十分低下时,重新构建一个大数据处理平台就是必需的了。

这3种情况有时并非独立的,往往是其中两种甚至3种情况同时出现。这时,一个数据平台的出现不仅可以承担数据分析的压力,还可以对业务数据进行整合,从而从不同程度上提高数据处理的性能,基于数据平台实现更丰富的功能需求。

AI和大数据分析的成功需要的不仅仅是原始数据,更需要高质量的数据。更准确的说法应该是,AI的成功需要那些准备好的数据。对于分析,如果把大量质量参差不齐的数据放到分析解决方案中,将会得到不好的结果。所以,大多数数据科学家和数据分析师花费大量时间来为AI准备数据。数据平台通过打通数据通道实现数据汇聚、资源共享,同时提供数据的存储、计算、加工、分析等基础能力。大数据时代到来,人们开始将数据当成资源、当作资产,数据管理的意义也越来越大。

一个完整的企业级基础数据平台包含几个部分,即数据存储平台(包含相应的数据架构、数据存储策略以及应用切分点等)、应用(包含报表、数据挖掘、系统应用等)、数据管控(包含质量管理办法,如数据标准等)、数据交换采集调度平台和数据处理(包含实施数据区、大数据处理、历史数据存储等)等。这类混合架构既要考虑结构性数据的处理方法,也要考虑非结构化数据的处理和文本等的混合运算方法。这个架构能够帮助我们清晰地把握后续的发展方向,我们不一定开始就要完成这样一个架构,但是可以考虑好这些相应的数据项目,包括以后扩展的接口。

10.3.1 数据存储和计算

文本、音频、图片、视频、各类传感器的数据等混杂,分别存储在不同的数据库、不同的地域中。要处理这些数据,没有一个实时计算的数据平台几乎是很难实现的。大数据时代的业务场景是多元化的,不同的数据产品面向的场景很不一样。以多媒体为存储的核心对象来构建场景,清晰、及时地呈现业务,是一项非常重要的工作。

数据平台建设、部署对数据进行规范化定义,实现了数据的唯一性、准确性、完整性、规范性和时效性,实现了数据的共享共用,解决了数据层面的孤岛问题。这就要求建立的数据平台能够整合各个业务系统,从物理和逻辑上将数据集中起来,同时数据平台起到了物理隔离生产系统、减轻对生产系统的压力、提升效率的作用。数据平台可以分成以下几类。

1. 常规数据仓库

常规数据仓库的重点在于数据整合,同时这也是对业务逻辑的一个梳理。虽然也可以将数据打包成SaaS(多维数据值)、Cube(多维数据库)等来提升数据的读取性能,但是数据仓库更多是为了解决企业的业务问题,而不仅仅是性能问题。常规数据仓库的优点如下。

① 方案成熟。数据仓库的架构有着非常广泛的应用,而且能将其落地的人也不少。

② 实施简单。涉及的技术层面主要是仓库的建模以及ETL的处理,很多软件公司具备数据仓库的实施能力,实施难度的大小更多地取决于业务逻辑的复杂程度,而并非技术上的实现。

③ 灵活性强。数据仓库的建设是透明的,如果需要,可以对仓库的模型、ETL逻辑进行修改,来满足变更的需求。同时,对于上层的分析而言,通过SQL对仓库数据的分析具备极强的灵活性。

常规数据仓库的缺点如下。

① 实施周期相对比较长。实施周期的长与短取决于业务逻辑的复杂性,时间花在业务逻辑的梳理,而非技术的瓶颈上。

② 数据的处理能力有限。这个有限也是相对的,海量数据的处理肯定不行,非关系型数据的处理也不行,但是TB以下级别数据的处理还是可以的(也取决于所采用的数据库系统)。相当一部分企业的数据其实是很难超过这个级别的。

实时处理的要求是区别大数据应用和传统数据仓库技术的关键之一。随着每天创建的数据量爆炸性的增长,就数据保存来说,传统数据库能改进的可能性并不大,如此庞大的数据量存储就是传统数据库所面临的非常严峻的问题。

2. MPP(大规模并行处理)结构

传统的数据库在海量数据面前显得很弱,其造价非常昂贵,架构难以扩展,独立主机的数据处理和IO吞吐都没办法满足海量数据计算的需求。分布式存储和分布式计算正是解决这一问题的关键,无论是MapReduce计算框架(Hadoop)还是MPP计算框架,都是在这一背景下产生的。

Greenplum是基于MPP架构的,它的数据库引擎是基于PostgreSQL的,并且通过Interconnect连接实现了对同一个群体中多个PostgreSQL实例的高效协同和并行计算。同时,基于Greenplum的数据平台建设可以实现两个层面的处理:一个是对数据处理性能的提升,目前Greenplum在100 TB数量级左右的数据量上是非常轻松的;另一个是数据仓库可以搭建在Greenplum中,这一层面也是对业务逻辑的梳理、对公司业务数据的整合。Greenplum的优点如下。

① 海量数据支持,存在大量成熟的应用案例。

② 扩展性:最多线性扩展到10 000个节点,并且每增加一个节点,查询、加载性能都呈线性增长。

③ 易用性:不需要复杂的调优需求,并行处理由系统自动完成,依然是以SQL作为交互语言,简单、灵活、强大。

④ 高级功能:Greenplum还研发了很多高级数据分析管理功能,如外部表、Primary/Mirror镜像保护机制、行/列混合存储等。

⑤ 稳定性:Greenplum原本作为一个纯商业数据产品,具有很长的历史,其稳定性比Hadoop产品更有保障。Greenplum有非常多的应用案例,纳斯达克、纽约证券交易所、平安银行、建设银行、华为等都建立了基于Greenplum的数据平台。其稳定性是可以从侧面验证的。

Greenplum的缺点如下。

① Greenplum主要应用于OLAP领域,不擅长OLTP交易系统。当然,我们搭建的数据中心也不是用来做交易系统的。

② 关于成本,有两个方面的考虑:一是硬件成本,Greenplum有其推荐的硬件规格,对内存、网卡都有要求;二是实施成本,这里主要是需要人,从基本的Greenplum的安装配置到Greenplum中数据仓库的构建,都需要人和时间。

③ 相对于数据仓库，Greenplum 的技术门槛肯定更高一点。

10.3.2 大数据管理技术

数据管理和数据治理有很多地方是互相重叠的，它们都围绕数据这个领域展开，因此这两个术语经常被混为一谈。此外，每当人们提起数据管理和数据治理的时候，还有一对类似的术语叫信息管理和信息治理，更混淆了人们对它们的理解。关于企业信息管理这个课题，还有许多相关的子集，包括主数据管理、元数据管理、数据生命周期管理等。于是，出现了许多不同的关于企业中数据和信息管理以及治理如何运作的理论描述：它们如何单独运作，又如何协同工作，以及"自下而上"和"自上而下"的方法哪种更高效。

1. 数据治理

其实，数据管理包含数据治理，数据治理是整体数据管理的一部分，这个概念目前已经得到了业界的广泛认同。数据管理包含多个不同的领域，其中一个最显著的领域就是数据治理。CMMI 协会颁布的数据管理成熟度（DMM）模型使这个概念具体化。DMM 模型中包括 6 个有效数据管理分类，而其中一个就是数据治理。在数据管理知识体系（DMBOK）中，数据管理协会（DAMA）也认为，数据治理是数据管理的一部分。在企业信息管理（EIM）这个定义上，Gartner 认为 EIM 是"在组织和技术的边界上结构化、描述、治理信息资产的一个综合学科"。Gartner 的这个定义不仅强调了数据/信息管理和治理的紧密关系，也重申了数据管理包含治理这个观点。

在明确数据治理是数据管理的一部分之后，下一个问题就是定义数据管理。数据管理是一个更为广泛的定义，它与任何时间采集和应用数据的可重复流程的方方面面都紧密相关。例如，简单地建立和规划一个数据平台是数据管理层面的工作。定义谁访问这个数据平台、如何访问这个数据平台，并且实施各种各样针对元数据和资源库管理工作的标准，也是数据管理层面的工作。

2. 数据建模

数据建模是另一个数据管理中的关键领域。规范化的数据建模有利于将数据管理工作扩展到其他业务部门。遵从一致性的数据建模令数据标准变得有价值（特别是应用于大数据和 AI 中）。我们利用数据建模技术直接关联不同的数据管理领域，如数据血缘关系以及数据质量。当需要合并非结构化数据时，数据建模会更有价值。此外，数据建模加强了结构和形式。

数据管理在 DMM 中有 5 个类型，包括数据管理战略、数据质量、数据操作（生命周期管理）、平台与架构（如集成和架构标准）以及支持流程，数据管理本身着重提供一整套工具和方法，确保企业实际管理好这些数据。首先是数据标准。有了标准才有数据质量，质量是数据满足业务需求的程度。有了标准，才能够衡量数据，可以在整个平台的每一层做技术上的校验或者业务上的校验，可以做到自动化的配置和相应的校验，并生成报告来帮助我们解决问题。有了数据标准，就可以建立数据模型了。数据至少包括以下内容。

① 数据元（属性）定义。

② 数据类（对象）定义。

③ 主数据管理。

大数据给现有数据库管理技术带来了很多挑战。同样，在传统数据库上，创建大数据的数据模型可能会面临很多挑战。经典数据库技术并没有考虑数据的多类别，也没有考虑非结构化数据的存储问题。一般而言，借助数据建模工作也可以在传统数据库上创建多类别的数据模型，或直接在 HBase 等大数据数据库系统上创建。

数据模型是分层次的，主要分为 3 层：基础模型一般用于关系建模，主要实现数据的标准化；融合模型一般用于维度建模，主要实现跨越数据的整合，整合的形式可以是汇总、关联，也包括解析；挖掘模型其实是偏应用的，但如果用的人多了，则可以把挖掘模型作为企业的知识沉淀到平台上，比如某个模型具有很大的共性，就应该把它整合到平台上，以便开放给其他人使用。

10.3.3 数据安全

安全技术体系采取技术手段、策略、组织和运作体系紧密结合的方式，从应用、数据、主机、网络、物理等方面进行信息安全建设。

① 应用安全，从身份鉴别、访问控制、安全审计、剩余信息保护、通信完整性、通信保密性、抗抵赖、软件容错、资源控制、代码安全等方面进行考虑。

② 数据安全，从数据属性、空间数据、数据完整性、数据敏感性、数据备份和恢复等方面进行考虑。

③ 主机安全，从身份鉴别、访问控制、安全审计、剩余信息保护、入侵防范、恶意代码防范、资源控制等方面进行考虑。

④ 网络安全，从结构安全、访问控制、安全审计、边界完整性检查、入侵防范、恶意代码防范和网络设备防护等方面进行考虑。

⑤ 物理安全，是指机房物理环境达到国家信息系统安全和信息安全相关规定的要求。安全管理体系建设具体包括安全管理制度、安全管理机构、人员安全管理、系统建设管理、系统运维管理等方面的建设。

数据安全管控是整个安全体系框架的一个组成部分，它是从属性数据、空间数据、数据完整性、数据保密性、数据备份和恢复等几方面考虑的。对于一些敏感数据，数据的传输与存储采用不对称加密算法和不可逆加密算法确保数据的安全性、完整性和不可篡改性。对于敏感性极高的空间数据，坐标信息通过坐标偏移、数据加密算法及空间数据分存等方法进行处理。在数据的传输、存储、处理的过程中，使用事务传输机制对数据完整性进行保证，使用数据质量管理工具对数据完整性进行校验，在监测到完整性错误时进行告警，并采用必要的恢复措施。数据的安全机制应至少包含以下 4 个部分。

① 身份/访问控制。通过用户认证与授权实现，在授权合法用户进入系统访问数据的同时，保护其免受非授权的访问。

② 数据加密。在数据传输的过程中，采用对称密钥或 VPN 隧道等方式进行数据加密，再通过网络进行传输。

③ 网络隔离。通过内外网方式保障敏感数据的安全性，即数据传输采用公网，数据存储采用内网。

④ 灾备管理。通过数据镜像、数据备份、分布式存储等方式实现，保障数据安全。

10.3.4　数据质量

当前越来越多的企业认识到了数据的重要性,大数据平台如雨后春笋般出现。但数据是一把双刃剑,它给企业带来业务价值的同时,也是组织最大的风险来源,糟糕的数据质量常常意味着糟糕的业务决策,将直接导致数据统计分析不准确,监管业务难,高层领导难以决策等问题。

大数据时代数据集成融合的需求会愈加迫切,不仅要融合企业内部的数据,也要融合企业外部(互联网等)的数据。如果没有对数据质量问题建立相应的管理策略和技术工具,那么数据质量问题的危害会更加严重。数据质量问题会造成"垃圾进,垃圾出"。数据质量不好造成的结果对业务的分析不但起不到好的效果,相反还有误导的作用。很多人可能在纠结,数据质量问题究竟是"业务"的问题还是"技术"的问题。根据我们以往的经验,造成数据质量问题的原因主要有以下几种。

① 数据来源渠道多,责任不明确。
② 业务需求不清晰,数据填报缺失。
③ 在ETL处理过程中,业务部门变更代码导致数据加工出错,影响报表的生成。

①和②都是业务的问题,③虽然表面上看是技术的问题,但本质上还是业务的问题。因此,大部分数据质量问题主要还是来自业务。很多企业认识不到数据质量问题的根本原因,只从技术方面来解决问题,没有形成管理机制,导致效果大打折扣。在走过弯路之后,很多企业认识到了这一点,开始从业务上着手解决数据质量问题。在治理数据质量问题时,可以采用规划顶层设计,制定统一数据架构、数据标准,设计数据质量的管理机制,建立相应的组织架构和管理制度,用分类处理的方式持续提升数据质量。另外,还可以通过增加清洗处理逻辑的复杂度,提高ETL处理的准确度。

第 11 章 数据挖掘

11.1 数据挖掘概述

11.1.1 数据挖掘的概念

数据挖掘指有组织、有目的地收集、整理、分析数据,并从大量数据中提取出有用的信息,从而找出数据中存在的规律、规则、特征、知识以及模式、关联、变化、异常和有意义的结构。数据挖掘是涉及机器学习、数理统计、神经网络、数据库、模式识别、粗糙集、模糊数学等学科与相关技术的交叉学科。

数据挖掘的价值在于利用好数据并使其产生学术与应用价值,促进生产。数据挖掘的最终目的是实现数据的价值。

数据挖掘技术(方法)分为以下两大类。
- 预言(Predication):用历史预测未来。
- 描述(Description):了解数据中潜在的规律。

11.1.2 数据挖掘产生的背景

数据正在以空前的速度增长,现在不缺乏数据,缺乏的是从海量数据中发现有用信息的能力。如果不借助强大的工具和技术,很难弄清楚大数据中所蕴含的信息和知识。重要决策如果只是基于决策制定者的个人经验,而不是基于数据信息,就极大地浪费了数据资源,也会让决策变得粗糙,甚至出现错误。所以,能够方便、高效、快速地从大数据中提取出重要的信息和知识是有重要意义的。数据挖掘技术应运而生,它填补了数据和人们所需信息、知识之间的鸿沟。

11.1.3 数据挖掘与数据分析的区别

数据分析包含广义的数据分析和狭义的数据分析。

广义的数据分析包括狭义的数据分析和数据挖掘。简单来说,狭义的数据分析就是对数据进行分析,即根据分析目的,用适当的统计分析方法及工具对收集来的数据进行处理与分析,提取有价值的信息,发挥数据的作用。其主要有三大作用:现状分析、原因分析和预测分析(定量)。狭义的数据分析目标明确,先做假设,然后通过数据分析来验证假设是否正确,从而得到相应的结论。

数据挖掘是指从大量的数据中,通过统计学、人工智能、机器学习等方法挖掘出未知的、具有价值的信息和知识的过程。数据挖掘主要采用决策树、神经网络、关联规则、聚类分析等统计学、人工智能、机器学习等方法,其结果是输出模型或规则,并且相应得到模型得分或标签,模型得分如流失概率值、总和得分、相似度、预测值等,标签如高中低价值用户、流失与非流失、信用优中差等。

总之,数据分析(狭义)与数据挖掘的本质是一样的,都是从数据中发现关于业务的知识(有价值的信息),从而帮助企业运营业务、改进产品以及更好地作决策。数据分析(狭义)与数据挖掘构成广义的数据分析。

11.2 数据的采集

11.2.1 数据采集的概念

数据采集是大数据的基石。数据采集,又称数据获取,它通过各种技术手段对外部各种数据源产生的数据进行实时或非实时地采集并加以利用。在数据大爆炸的时代,被采集的数据的类型是复杂多样的,包括结构化数据、半结构化数据、非结构化数据。结构化数据最常见,就是保存在关系数据库中的数据。非结构化数据的数据结构不规则或不完整,没有预定义的数据模型,包括所有格式的传感器数据、办公文档、文本、图片、XML、HTML、报表、图像和音频/视频信息等。

大数据采集与传统的数据采集既有联系又有区别,大数据采集是在传统的数据采集基础之上发展起来的,一些经过多年发展的数据采集架构、技术和工具被继承下来,同时,大数据本身具有数据量大、数据类型丰富、处理速度快等特性,这使得大数据采集又表现出不同于传统数据采集的一些特点(表 11-1)。

表 11-1 传统数据采集与大数据采集的区别

类型	传统数据采集	大数据采集
数据源	来源单一,数据量相对较少	来源广泛,数据量巨大
数据类型	结构单一	数据类型丰富,包括结构化、半结构化和非结构化数据
数据存储	关系数据库和并行数据仓库	分布式数据库,分布式文件系统

11.2.2 数据采集的特点

大数据采集的特点如下。

(1) 全面性

数据量足够具有分析价值,数据面足够支撑分析需求。

(2) 多维性

数据重要的是能满足分析需求。数据采集必须能够灵活、快速地自定义数据的多种属性和不同类型,从而满足不同的分析目标要求。

(3) 高效性

高效性包含技术执行的高效性、团队内部成员协同的高效性,以及数据分析需求和目标实现的高效性。也就是说,采集数据一定要明确采集目的,带着问题搜集信息,使信息采集更高效、更有针对性。

(4) 时空性

在很多情形下,数据采集还要考虑数据的空间地理属性和时效性。譬如,对于人口普查信息的采集,我们要充分考虑被采集人员的行政区划属性、采集的时间属性,这样才能了解人口总量、分布等。

11.2.3 数据采集的数据源

数据采集的主要数据源包括传感器数据、互联网数据、日志文件、企业业务系统数据等。

(1) 传感器数据

传感器是一种检测装置,能感受到被测量环境的信号,并能将感受到的信号按一定规律进行处理、记录、存储、显示、传输等。

(2) 互联网数据

互联网数据的采集通常借助于网络爬虫来完成。所谓网络爬虫(简称爬虫),就是一个在网上定向或不定向抓取网页数据的程序。

(3) 日志文件

许多公司的业务平台每天都会产生大量的日志文件。日志文件一般由数据源系统产生,用于记录数据源系统执行的各种操作活动,如手机用户接入网络行为、金融应用的股票交易行为、管理员对系统的操作行为等。

(4) 企业业务系统数据

一些企业或者部门用户会使用传统的关系数据库来存储业务系统数据,除此之外,像 Redis 和 MongoDB 这样的非关系型数据库也常用于数据的存储。用户每时每刻产生的业务数据都以数据库行记录的形式被直接写入数据库中。

11.2.4 数据采集方法

数据采集是数据系统必不可少的关键操作,也是数据平台的根基。根据不同的应用环境及采集对象,有多种不同的数据采集方法,包括系统日志采集、分布式消息订阅分发、ETL、网络数据采集等。

1. 系统日志采集

Flume 是 Cloudera 公司提供的一个高可用的、高可靠的、分布式的海量日志采集、聚合和传输工具,Flume 支持在日志系统中定制各类数据发送方,用于收集数据;同时 Flume 提供对数据进行简单处理并将其写到各种数据接收方（可定制）的能力。

Flume 运行的核心是 Agent。Flume 以 Agent 为最小的独立运行单位，一个 Agent 就是一个 Java 虚拟机（Java Virtual Machine，JVM）。Agent 是一个完整的数据采集工具，包含 3 个核心组件，分别是数据源（Source）、数据通道（Channel）和数据槽（Sink），如图 11-1 所示。通过这些组件，事件（Event）可以从一个地方流向另一个地方。每个组件的具体功能如下。

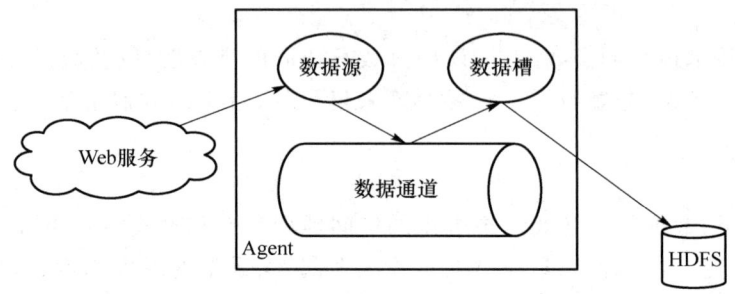

图 11-1　Flume 的核心组件

① 数据源是数据的收集端，负责将数据捕获后进行特殊的格式化处理，将数据封装到事件中，并将事件推入数据通道。

② 数据通道是连接数据源和数据槽的组件，可以将它看作一个数据的缓冲区（数据队列）。它可以将事件暂存到内存中，也可以将其持久化保存到本地磁盘上，直到数据槽处理完该事件。

③ 数据槽取出数据通道中的数据，将其存储到文件系统和数据库，或者提交到远程服务器。

2. 分布式消息订阅分发

分布式消息订阅分发也是一种常见的数据采集方式，其中，Kafka 就是一种具有代表性的产品。Kafka 是由 LinkedIn 公司开发的一种高吞吐量的分布式发布/订阅消息系统。Kafka 设计的初衷是构建一个可以处理海量日志、用户行为和网站运营统计等的数据处理框架。为了满足上述应用需求，数据处理框架就需要同时提供实时在线处理的低延迟和批量离线处理的高吞吐量等功能。Kafka 包括以下组件（图 11-2）。

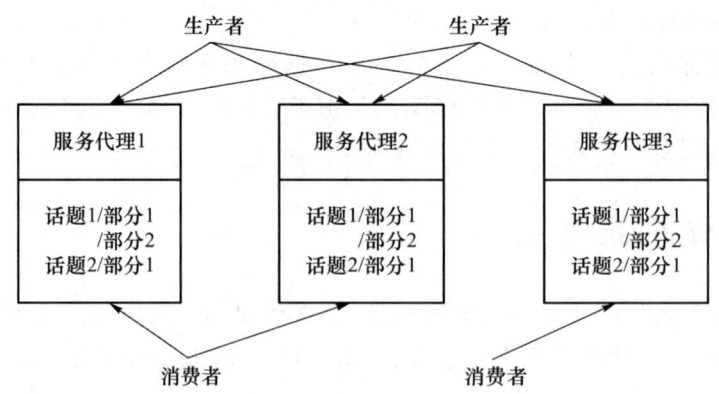

图 11-2　Kafka 的组件

① 话题（Topic）：特定类型的消息流。

② 生产者（Producer）：能够发布消息到话题的任何对象。

③ 服务代理(Broker)：保存已发布的消息的服务器，被称为代理或 Kafka 集群。

④ 消费者(Consumer)：可以订阅一个或多个话题，并从服务代理拉取数据，从而"消费"这些已发布的消息。

3. ETL

ETL(Extract-Transform-Load)常用于数据仓库中的数据采集和预处理环节。从英文全称可以看出，ETL 是从原系统中抽取数据，并根据实际商务需求对数据进行转换，把转换结果加载到目标数据存储中。ETL 的源和目标通常都是数据库和文件，但也可以是其他类型的数据，如消息队列。ETL 是实现大规模数据初步加载的理想解决方案，它提供了高级的转换能力。ETL 任务通常在"维护时间窗口"进行，在 ETL 任务执行期间，数据源默认不会发生变化，这就使得用户不必担心 ETL 任务开销对数据源的影响，但同时意味着，对于商务用户而言，数据和应用并非任何时候都是可用的。目前，市场上主流的 ETL 工具包括 DataPipeline、Kettle、Talend、Informatica、Datax、Oracle Goldengate 等。

4. 网络数据采集

网络数据采集是指通过网络爬虫或网站公开应用程序编程接口等方式从网站上获取数据信息。该方法可以将非结构化数据从网页中抽取出来，将其存储为统一的本地数据文件并以结构化的方式存储。

(1) 网络爬虫简介

网络爬虫(Web Crawler)是按照一定的规则自动浏览万维网并获取信息的机器人程序(或叫作脚本)，曾经被广泛应用于互联网搜索引擎中。使用过互联网和浏览器的人都知道，网页除了提供用户阅读的文字信息之外，还包含一些超链接。网络爬虫系统正是通过网页中的超链接信息不断获得网络上的其他页面的。正因为如此，网络数据采集的过程就像一个爬虫或者蜘蛛在网络上漫游，所有才被形象地称为网络爬虫或者网络蜘蛛。

(2) 通用网络爬虫

首先我们来看通用网络爬虫的实现原理。通用网络爬虫的实现原理及实现过程可以简要概括如下(图 11-3)。

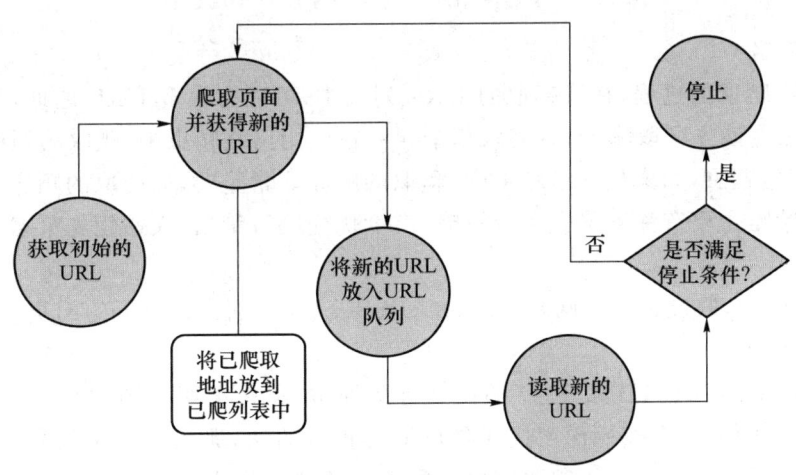

图 11-3　通用网络爬虫的实现原理及实现过程

① 获取初始的 URL。初始的 URL 地址可以由用户人为地指定，也可以由用户指定的某个或某几个初始爬取网页决定。

② 根据初始的 URL 爬取页面并获得新的 URL。获得初始的 URL 地址之后,首先需要爬取对应 URL 地址中的网页,然后将网页存储到原始数据库中,在爬取网页的同时,发现新的 URL 地址,并将已爬取的 URL 地址存放到一个 URL 列表中,用于去重及判断爬取的进程。

③ 将新的 URL 放到 URL 队列中。在第②步中,获取了下一个新的 URL 地址之后,会将新的 URL 地址放到 URL 队列中。

④ 从 URL 队列中读取新的 URL,并依据新的 URL 爬取网页,同时从新的网页中获取新的 URL,重复上述的爬取过程。

⑤ 满足爬虫系统设置的停止条件时,停止爬取。

(3) 聚焦网络爬虫

由于需要有目的地进行爬取,所以对于通用网络爬虫来说,必须增加目标的定义和过滤机制,具体来说,此时,其执行原理和过程需要比通用网络爬虫多 3 步,即目标的定义、无关链接的过滤、下一步要爬取的 URL 地址的选取等,如图 11-4 所示。

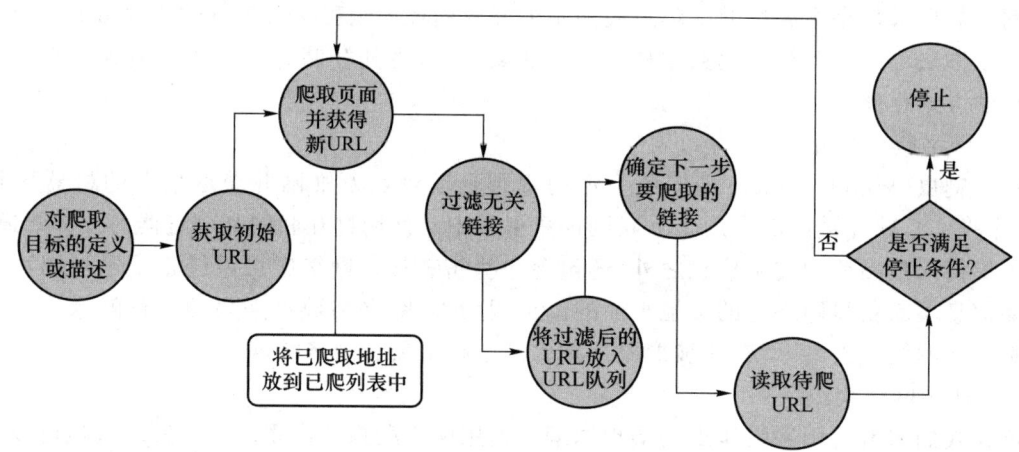

图 11-4　聚焦网络爬虫的实现原理及实现过程

(4) 爬行策略

在网络爬虫爬取的过程,在待爬取的 URL 列表中,可能有很多 URL 地址,那么对于这些 URL 地址,爬虫应该先爬取哪个,后爬取哪个呢?在通用网络爬虫中,爬取的顺序并不是那么重要,但是在其他爬虫,如聚焦网络爬虫中,爬取的顺序非常重要,而爬取的顺序一般由爬行策略决定。爬行策略主要有深度优先爬行策略、广度优先爬行策略、大站优先策略、反链策略、其他爬行策略等。

如图 11-5 所示,假设有一个网站,A、B、C、D、E、F、G 分别为站点下的网页,图中箭头表示网页的层次结构。

假如此时网页 A、B、C、D、E、F、G 都在爬行队列中,那么按照不同的爬行策略,其爬取的顺序是不同的。比如,如果按照深度优先爬行策略爬取的话,那么会首先爬取一个网页,然后将这个网页的下层链接依次深入爬取完再返回上一层进行爬取。所以,若按深度优先爬行策略,图 11-5 中网站的爬行顺序可以是:A → D → E → B → C → F → G。

如果按照广度优先的爬行策略爬取的话,那么此时首先会爬取同一层次的网页,将同一层次的网页全部爬取完后,再选择下一个层次的网页去爬行。比如,在上述的网站中,如果按照广度优先的爬行策略爬取的话,爬行顺序可以是:A→B→C→D→E→F→G。

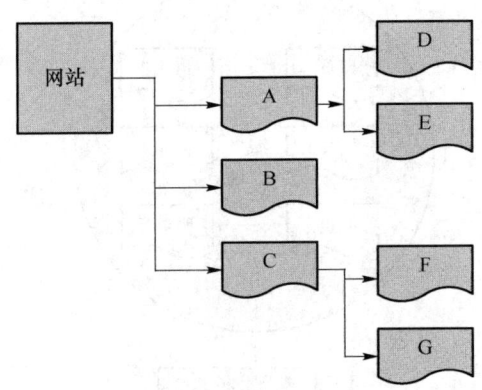

图 11-5　某网站的网页层次结构示意图

除了以上两种爬行策略之外,我们还可以采用大站优先策略。我们可以按对应网页所属的站点进行归类,如果某个网站的网页数量多,那么我们将其称为大站。按照这种策略,网页数量越多的网站越大,优先爬取大站中的网页 URL 地址。

(5) 网页更新策略

一个网站的网页经常会更新,作为爬虫方,在网页更新后,我们需要对这些网页进行重新爬取,那么什么时候爬取合适呢?若网站更新过慢,而爬虫爬取得过于频繁,则必然会增加爬虫及网站服务器的压力;若网站更新较快,而爬虫爬取的时间间隔较长,则爬取的内容版本会过老,不利于新内容的爬取。

具体来说,常见的网页更新策略有 3 种:用户体验策略、历史数据策略、聚类分析策略等。

在用搜索引擎查询某个关键词的时候,会出现一个排名结果,在排名结果中,通常会有大量的网页,但是大部分用户都只会关注排名靠前的网页,所以在爬虫服务器资源有限的情况下,爬虫会优先更新排名靠前的网页。这种更新策略称为用户体验策略。那么在这种策略中,爬虫到底何时去爬取这些排名靠前的网页呢?此时,爬取中会保留对应网页的多个历史版本,并进行对应分析,依据这些历史版本的内容更新、搜索质量影响、用户体验等信息,来确定对这些网页的爬取周期。

除此之外,我们还可以使用历史数据策略来确定对网页更新爬取的周期。比如,我们可以依据某一个网页的历史更新数据,通过泊松过程进行建模等手段,预测该网页下一次更新的时间,从而确定下一次对该网页爬取的时间,即确定更新周期。

以上两种策略都需要历史数据作为依据。有的时候,若一个网页为新网页,则不会有对应的历史数据,并且如果要依据历史数据进行分析,则需要爬虫服务器保存对应网页的历史版本信息,这无疑给爬虫服务器带来了更多的压力和负担。

如果想要解决这些问题,则需要采取新的更新策略。比较常用的是聚类分析策略。

将聚类分析算法运用在爬虫对网页的更新上,我们可以这样做,如图 11-6 所示。

经过大量的研究发现,网页可能具有不同的内容,但是一般来说,具有类似属性的网页,其更新频率类似。这是聚类分析算法运用在爬虫网页的更新上的一个前提指导思想。首先,我们可以对海量的网页进行聚类分析,在聚类之后,会形成多个类,每个类中的网页具有类似的属性,即一般具有类似的更新频率。然后,我们可以对同一个聚类中的网页进行抽样,并求出该抽样结果的平均更新值,从而确定对每个聚类的爬行频率。

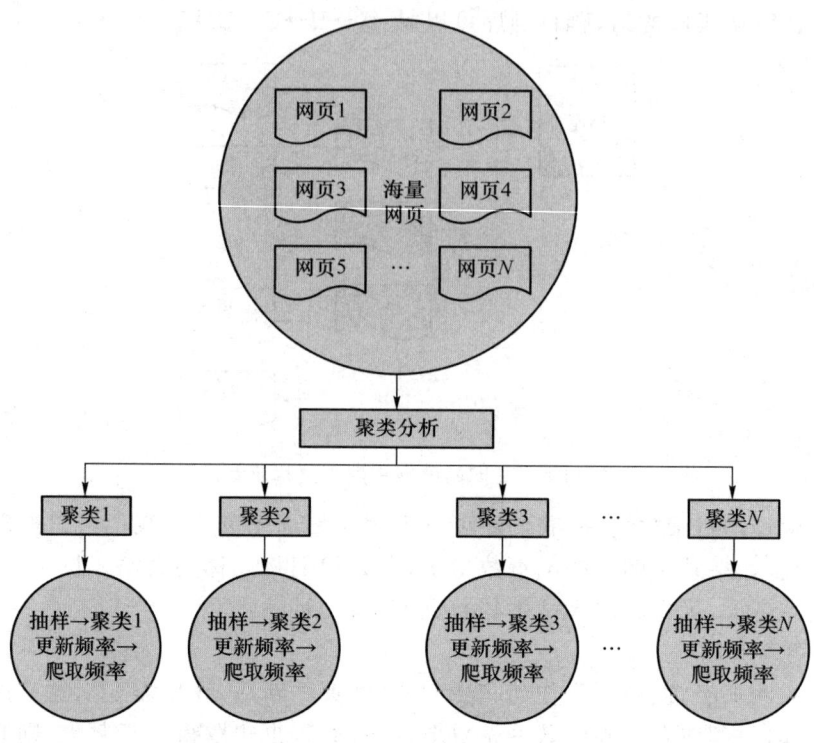

图 11-6 网页更新策略之聚类分析策略

以上就是爬虫爬取网页的 3 种常见更新策略,掌握了其算法思想后,在后续我们进行爬虫的实际开发的时候,编写出来的爬虫执行效率会更高,并且执行逻辑会更合理。

(6) 网页更新

在搜索引擎中,爬虫爬取了对应的网页之后,会将网页存储到服务器的原始数据库中,之后,搜索引擎会对这些网页进行分析并确定各网页的重要性,即会影响用户检索的排名结果。

搜索引擎的网页分析算法主要分为 3 类:基于用户行为的网页分析算法、基于网络拓扑的网页分析算法、基于网页内容的网页分析算法。

① 基于用户行为的网页分析算法。基于用户行为的网页分析算法是比较好理解的。这种算法会依据用户对这些网页的访问行为,对这些网页进行评价,比如,依据用户对该网页的访问频率、用户对网页的访问时长、用户的点击率等信息对网页进行综合评价。

② 基于网络拓扑的网页分析算法。基于网络拓扑的网页分析算法是依靠网页的链接关系、结构关系、已知网页或数据等对网页进行分析的一种算法。所谓拓扑,简单来说,即结构关系。

③ 基于网页内容的网页分析算法。基于网页内容的网页分析算法会依据网页的数据、文本等网页内容特征对网页进行相应的评价。

(7) 网络爬虫实现技术

开发网络爬虫的语言有很多,常见的有 Python、Java、PHP、Node.JS、C++、Go 等。以下分别介绍用这些语言写爬虫的特点。

① Python:爬虫框架非常丰富,多线程的处理能力较强,简单易学,代码简洁,优点很多。

② Java:适合开发大型爬虫项目。

③ PHP:后端处理能力很强,代码很简洁,模块较丰富,但是并发能力相对较弱。

④ Node.JS:支持高并发与多线程处理。
⑤ C++:运行速度快,适合开发大型爬虫项目,成本较高。
⑥ Go:高并发能力非常强。

11.3　数据预处理技术

11.3.1　数据清洗

数据清洗是指将大量原始数据中的"脏"数据"洗掉",它是发现并纠正数据文件中可识别的错误的最后一道程序,包括检查数据一致性、处理无效值和缺失值等。例如,在构建数据仓库时,由于数据仓库中的数据是面向某一主题的数据的集合,这些数据从多个业务系统中抽取而来,而且包含历史数据,因此避免不了有的数据是错误数据,有的数据相互冲突,这些错误的或有冲突的数据(称为"脏"数据)显然是我们不想要的。我们要按照一定的规则把"脏"数据"洗掉",这就是数据清洗。

1. 数据清洗的内容

数据清洗主要是对缺失值、异常值、数据类型有误的数据和重复值进行处理。数据清洗的主要内容如下。

① 缺失值处理。由于调查、编码和录入误差,数据中可能存在一些缺失值,需要对其进行适当的处理。常用的处理方法有估算、整列删除、变量删除和成对删除。

② 异常值处理。异常值处理是指根据每个变量的合理取值范围和相互关系,检查数据是否合乎要求,发现超出正常范围、逻辑上不合理或者相互矛盾的数据。SPSS、SAS和Excel等计算机软件都能够根据定义的取值范围,自动识别超出范围的变量值。

③ 数据类型转换。数据类型往往会影响后续的数据处理分析环节,因此需要明确每个字段的数据类型。例如,来自A表的"学号"是字符型,而来自B表的"学号"是字符串型,在数据清洗的时候就需要对二者的数据类型进行统一处理。

④ 重复值处理。重复值的存在会影响数据分析和挖掘结果的准确性,所以在数据分析和建模之前需要进行数据重复性检验,如果存在重复值,就需要删除重复值。

2. 数据清洗的注意事项

在进行数据清洗时,需要注意如下事项。

① 数据清洗时可优先进行缺失值、异常值和数据类型转换的操作,最后进行重复值处理。

② 在对缺失值、异常值进行处理时,要根据业务的需求进行,这些处理并不是一成不变的。

③ 在数据清洗之前,最重要的是对数据表进行查看,要了解表的结构和发现需要处理的值,这样才能将数据清洗彻底。

④ 数据量的大小关系着数据的处理方式。如果总数据量较大,而异常的数据(包括缺失值和异常值)量较小,可以选择直接删除,因为这通常不太会影响最终的分析结果;但是,如果总数据量较小,则每个数据都可能影响分析结果,这个时候就需要认真对数据进行处理(可能需要通过其他的关联表找到相关数据进行填充)。

⑤ 在导入数据表后,一般需要对所有列依次进行清洗,来保证数据处理的彻底性。有些数据可能看起来是正常的、可以使用的,实际上在进行处理时可能会出现问题。例如,某列数据看起来是数值类型,但其实是字符串类型,这就会导致在进行数值操作时无法使用该列数据。

11.3.2 数据转换

数据转换就是将数据进行转换或归并,从而构成一个适合数据处理的形式。本节首先介绍常见的数据转换策略,然后重点介绍数据转换策略中的平滑处理和规范化处理。

1. 数据转换策略

常见的数据转换策略如下。

① 平滑处理:帮助除去数据中的噪声。常用的方法包括分箱、回归和聚类等。

② 聚集处理:对数据进行汇总操作。例如,对每天的数据进行汇总操作可以获得每月或每年的总额。这一操作常用于构造数据立方体或对数据进行多粒度的分析。

③ 数据泛化处理:用更抽象(更高层次)的概念来取代低层次的数据对象。例如,街道属性可以泛化到更高层次的概念,如城市、国家。再如,年龄属性可以映射到更高层次的概念,如青年、中年和老年。

④ 规范化处理:将属性值按比例缩放,使之落入一个特定的区间,如 0.0~1.0。

⑤ 属性构造处理:根据已有属性集构造新的属性,后续数据处理直接使用新增的属性。例如,根据已知的质量和体积属性,计算出新的属性——密度。

2. 平滑处理

平滑处理旨在帮助用户去掉数据中的噪声。噪声是指被测变量的一个随机错误和变化。常用的方法包括分箱、回归和聚类等。

分箱(Bin)利用被平滑数据点的周围点(近邻点),对一组排序数据进行平滑处理,排序后的数据被分配到若干箱子中。

典型的分箱方法一般有两种:一种是等高方法,即每个箱子中元素的个数相等;另一种是等宽方法,即每个箱子的取值间距(左右边界之差)相同,如图 11-7 所示。

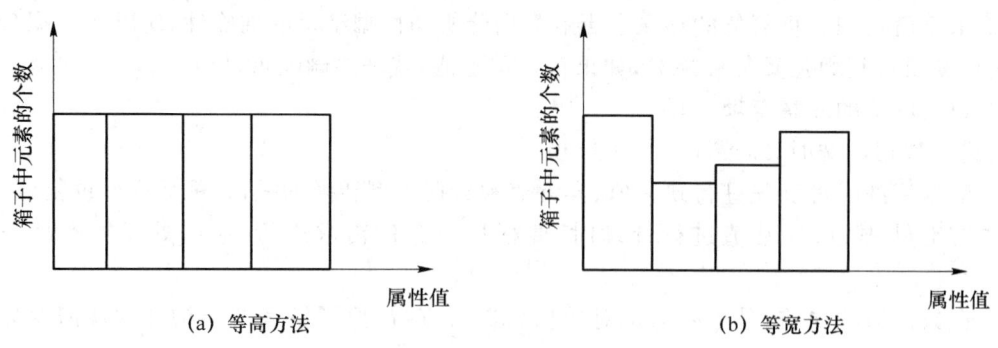

图 11-7 两种典型分箱方法

回归是利用拟合函数对数据进行平滑处理。例如,借助线性回归方法(包括多变量回归方法),可以获得多个变量之间的拟合关系,从而达到利用一个(或一组)变量值来预测另一个变量值的目的。利用线性回归方法所获得的拟合函数能够平滑数据并除去其中的噪声。对数据进行线性回归拟合,如图11-8所示。

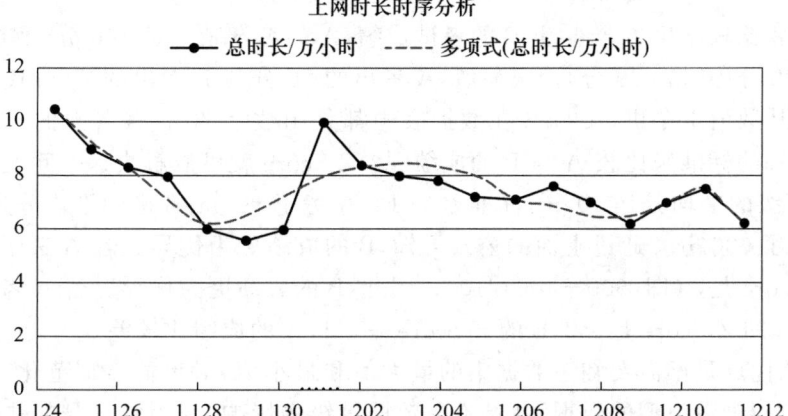

图 11-8　对数据进行线性回归拟合

聚类可帮助用户发现异常数据。如图11-9所示,相似或相邻的数据聚合在一起形成了各个聚类集合,而那些位于这些聚类集合之外的数据对象被认为是异常数据。

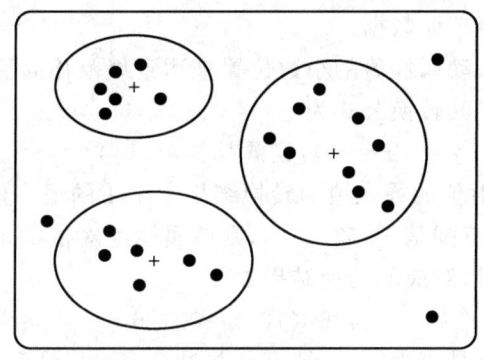

图 11-9　基于聚类的异常数据监测

3. 规范化处理

规范化处理是一种重要的数据转换策略。它将一个属性取值范围投射到一个特定范围,以消除数值型属性因大小不一而造成的挖掘结果的偏差,常用于神经网络、基于距离计算的最近邻分类和聚类挖掘的数据预处理等。

常用的规范化处理方法包括 Min-Max 规范化、Z-Score 规范化和小数定标规范化。

Min-Max 规范化方法对被转换数据进行一种线性转换,其转换公式如下:

$$x=(待转换属性值-属性最小值)/(属性最大值-属性最小值)$$

例如,假设属性的最大值和最小值分别是 87 000 元和 11 000 元,现在需要利用 Min-Max 规范化方法,将"顾客收入"属性的值映射到 0~1 的范围内,则"顾客收入"属性的值为 72 400 元时,对应的转换结果如下:

$$(72\,400-11\,000)/(87\,000-11\,000) \approx 0.808 \qquad (11\text{-}1)$$

Min-Max 规范化比较简单,但是也存在一些缺陷,当有新的数据加入时,最大值和最小值可能会变化,需要重新定义属性最大值和最小值。

Z-Score 规范化的主要目的是将不同量级的数据统一转化为同一个量级的数据,统一用计算出的 Z-Score 值衡量，以保证数据之间具有可比性。其转换公式如下：

$$z = (待转换属性值 - 属性平均值)/属性标准差$$

假设我们要比较学生 A 与学生 B 的考试成绩，A 的考卷满分是 100 分（及格 60 分），B 的考卷满分是 700 分（及格 420 分）。很显然，A 考出的 70 分与 B 考出的 70 分代表着完全不同的意义。但是从数值上来讲，A 与 B 在数据表中都是用数字 70 代表各自的成绩。那么如何能够用一个同等的标准来比较 A 与 B 的成绩呢？Z-Score 就可以解决这一问题。

假设 A 班级的平均分是 80 分，标准差是 10，A 考了 90 分；B 班的平均分是 400 分，标准差是 100，B 考了 600 分。通过上面的公式可知，B 的成绩更为优异。若 A 考了 60 分，B 考了 300 分，则 Z-Score 是 2（即(600-400)/100），因此，B 的成绩更为优异。若 A 考了 60 分，B 考了 300 分，则 A 的 Z-Score 是 -2，B 的 Z-Score 是 -1，A 的成绩比较差。

Z-Score 的优点是不需要知道数据集的最大值和最小值，对离群点规范化效果好。此外，Z-Score 能够应用于数值型的数据，并且不受数据量级的影响，因为它本身的作用就是消除量级给分析带来的不便。

但是 Z-Score 也有一些缺陷。首先，Z-Score 对于数据的分布有一定的要求，正态分布是最有利于 Z-Score 计算的。其次，Z-Score 消除了数据具有的实际意义，A 的 Z-Score 与 B 的 Z-Score 与他们各自的分数不再有关系，因此 Z-Score 的结果只能用于比较数据间的结果，探究数据的真实意义时还需要还原数据。

小数定标规范化通过移动属性值的小数位置来达到规范化的目的。所移动的小数位数取决于属性绝对值的最大值。其转换公式为

$$x = 待转换属性值/(10^k) \qquad (11-2)$$

其中，k 为能够使该属性绝对值的最大值的转换结果小于 1 的最小值。

例如，假设属性的取值范围是 $-957 \sim 924$，则该属性绝对值的最大值为 957，很显然，这时 $k=3$。当属性的值为 426 时，对应的转换结果如下：

$$426/(10^3) = 0.426 \qquad (11-3)$$

小数定标规范化的优点是直观简单，缺点是并没有消除属性间的权重差异。

11.3.3 数据脱敏

数据脱敏是在给定的规则、策略下对敏感数据进行变换、修改的技术，能够在很大程度上解决敏感数据在非可信环境中使用的问题。它会根据数据保护规范和脱敏策略，通过对业务数据中的敏感信息实施自动变形，实现对敏感信息的隐藏和保护。

1. 数据脱敏的对象

最早数据脱敏技术是针对数据库数据脱敏需求进行研发的，主要是对非生产数据库的数据进行脱敏。随着国内外对数据安全的要求逐步提高，数据脱敏的对象也在向所有数据进行拓展，从数据库文件逐步扩展到文本数据，包括 txt、xml，从图像数据中的文字识别到图像数据中不同类别事物，包括人脸、动作的识别，从音频数据到视频数据的识别。根据数据的特点，数据脱敏产品处理的对象主要包括结构化数据、非结构化数据和半结构化数据。

（1）结构化数据

结构化数据也称作行数据，是由二维表结构来逻辑表达和实现的数据，严格地遵循数据格式与长度规范，主要通过关系型数据库进行存储和管理。典型的结构化数据包括信用卡号码、

日期、财务金额、电话号码、地址、产品名称等。数据脱敏产品最初就是为数据库的脱敏设计的。用于测试库的数据脱敏技术就是参照 ETL 技术，从源数据库抽取数据，将抽取的数据采用特定算法进行变形，最后将变形后的数据加载至目标数据库。面向生产数据库时，数据脱敏技术要能对敏感数据的查询和调用进行实时脱敏，用户不希望真实数据被检索或导出，因此数据脱敏技术是基于上行 SQL 语句改写技术，对于包含敏感字段查询的语句，通过对敏感字段采用函数运算的方式，让数据库自动返回改写后不包含敏感数据的结果。

(2) 非结构化数据

非结构化数据是数据结构不规则或不完整，没有预定义的数据模型，不方便用数据库二维逻辑表来表现的数据。它不符合任何预定义的模型，因此它存储在非关系数据库中。它可能是文本的或非文本的，也可能是人为的或机器生成的。简单地说，非结构化数据就是字段可变的数据。

很多非结构化数据是基于人的行为生成的，也是为人人们服务的，包括来自文本文件、电子邮件、社交媒体、网站、移动数据、通信软件、媒体、业务应用程序的数据。

此类非结构化数据可能包含了大量个人敏感信息。为了能更好地服务市场，达到数据脱敏的目的，以去标识化为目标的数据脱敏技术出现了，它能够对该类非结构化数据进行去标识化处理，从而既满足国家法律法规的规定，又尽量满足网络运营者的需求。

非结构化数据脱敏涉及自然语言处理等技术，在实际操作中有较高的技术门槛。第一个技术难点是如何识别文本中的敏感数据，常规的数据识别技术主要是利用正则表达式，但是在文本数据脱敏领域正则表达式的识别能力有限，需要结合自然语言处理和深度学习等技术对文本中的敏感数据进行精确识别。

(3) 半结构化数据

所谓半结构化数据，就是介于结构化数据(如关系型数据库、面向对象数据库中的数据)和非结构化数据(如声音、图像文件等)之间的数据，xml、html 文档就属于半结构化数据。它一般是自描述的，数据的结构和内容混在一起，没有明显的区分。该类数据的脱敏技术可以参考结构化数据和非结构化数据的脱敏技术。

2. 处理过程

数据脱敏技术对数据的处理基本经过 5 个过程，分别是元数据识别、脱敏数据识别、数据脱敏方案制定、脱敏执行及脱敏前后对比。

① 元数据识别：数据脱敏平台读入脱敏文本，脱敏平台可设置读入数据的行数，默认支持的文件格式为 txt、csv、xml 等，用户可自行设置间隔符号。若文本文件中默认不包含元数据头文件，则用户可自行设置元数据名称与格式。

② 脱敏数据识别：经过元数据识别/设置后，文本脱敏的敏感数据识别与数据库敏感数据识别是相同的，均按照元数据描述及抽样数据本身的特点，使用系统的敏感数据扫描可识别出疑似敏感数据。

③ 数据脱敏方案制定：在疑似敏感数据基础上，用户根据实际需求对需要脱敏的数据、脱敏规则进行设置，形成文本文件的脱敏方案。

④ 脱敏执行：设置脱敏后数据的目标(需支持到文件、到库)，脱敏执行过程将数据抽取、处理、装载一次性完成。

⑤ 脱敏前后对比：脱敏后，用户在界面上可看到脱敏前后的对比，对比的内容包括脱敏前数据条数、脱敏后数据条数等。

3. 脱敏方法

数据脱敏技术通过对指定的敏感数据进行编辑,使得敏感数据不再含有敏感内容,从而达到使人或机器无法获取敏感数据的敏感意义的目的。在数据脱敏技术中,常用的方法有以下5种。

① 仿真:根据敏感数据的原始内容生成符合原始数据编码和校验规则的新数据,使用相同含义的数据替换原有的敏感数据,例如,姓名脱敏后仍然为有意义的姓名,住址脱敏后仍然为住址。仿真算法能够保证脱敏后数据的业务属性和关联关系,从而具备较好的可用性。

② 数据替换:用某种规律字符对敏感内容进行替换,从而破坏数据的可读性,并不保留原有语义和格式,如特殊字符、随机字符、固定值字符等。

③ 加密:通过加密算法(包括国密算法)进行加密。例如,Hash算法是指对完整的数据进行 Hash 加密,使数据不可读。

④ 数据截取:对原始数据选取部分内容进行截断。

⑤ 数据混淆:将敏感数据的内容进行无规则打乱,从而在隐藏敏感数据的同时保持原始数据的组成方式。

4. 基于应用场景的数据脱敏技术分类

基于应用场景,数据脱敏技术可以大体分为两类:静态数据脱敏与动态数据脱敏。

(1) 静态数据脱敏

静态数据脱敏一般都是对非实时访问的数据进行数据脱敏,数据脱敏前统一设置好脱敏策略,并将脱敏结果导入新的数据中,包括文件或者数据库中。早期数据脱敏产品仅针对数据库进行脱敏,也仅针对非生产数据库,对数据进行处理后将经过脱敏的数据导入一个新的数据库中,这类数据用于自身测试库及与第三方进行数据共享或者处理。

随着数据脱敏产品应用领域的不断拓展,数据脱敏产品逐步应用于文本数据、XML 文档、视频数据、语音数据等方面。数据脱敏产品通过对静态数据进行全量扫描,利用经过采样形成的敏感数据特征库,对数据进行匹配脱敏。

(2) 动态数据脱敏

动态数据脱敏是指对实施访问的数据或者数据流进行数据脱敏,可以实时修改数据脱敏规则,数据脱敏仅针对通过数据脱敏产品的数据进行,并将数据脱敏结果展示给用户的过程。动态脱敏在静态脱敏的基础之上,对结构化数据进行延伸,探索非结构化数据的动态脱敏,包括大数据库平台、文本文件等。动态数据脱敏一开始是为了解决生产环境下数据库访问过程中敏感数据脱敏的问题,通过设置数据脱敏策略,以访问用户为对象,对不同的访问对象设置不同的脱敏策略,调取后台数据库中的敏感数据并对其进行脱敏后,再把脱敏后的数据在前台进行呈现。

5. 数据脱敏的应用

随着互联网、云计算等信息技术与通信技术的迅猛发展,人类社会逐步进入数据时代。海量数据在各种信息系统上被存储和处理,其中包含大量有价值的敏感数据。目前,大量敏感数据都存储在政府、企业或机构的数据平台中,基于当前的法律法规,数据在进行采集、传输、交换和共享的过程中要采用必要的手段防止数据泄露,保证数据安全。数据脱敏技术的主要目的是在数据共享的过程中保证数据安全,因此,数据脱敏技术主要应用于数据共享的场景中。数据脱敏技术主要应用于以下领域。

① 政务行业:公安、工商、税务、社保等政府及公共事业部门采集了大量的公民个人信息

及企业敏感信息。以上信息需要通过数据脱敏处理，将敏感部分进行不可逆的处理，并降低数据在共享过程中被重新聚合分析的可能性。

② 金融行业：银监会要求，测试中如需使用生产数据，应对相应数据进行脱敏、变形处理。通过部署脱敏产品，在生产数据交付到测试环境前进行脱敏，既能满足相关规范要求，又能有效防止敏感数据泄露。

③ 电信行业：运营商内部存储了大量的客户信息，而日常运维工作往往都是由第三方外包人员负责的。为防止运维人员恶意查询和下载客户敏感信息，通过部署数据脱敏产品，对数据库查询返回的结果进行敏感数据遮盖，防止数据泄露。

未来，越来越多的行业将采集数据，利用大数据技术提高产业效率，从而推动产业升级。数据量将进一步汇聚，规模将以指数级增长，数据脱敏技术的应用场景将扩展到国民经济的各个领域，随着需求的增长和多样化，数据脱敏技术也将得到长足的发展。

6．数据脱敏技术的发展趋势

近几年来数据脱敏技术经历了从静态数据脱敏延伸到动态数据脱敏的技术演进，覆盖面从非生产系统到生产系统。随着大数据、云平台的发展，大数据平台与云平台上数据隐私保护的研究与产品也将得到长足的发展。非结构化数据、文本文档、图片及生物特征识别信息等将成为未来脱敏技术的重要研究对象，脱敏的目标从一维数据脱敏向多维隐私信息去标识化处理转变。利用最新的机器学习领域技术成果，如树算法、神经网络、深度学习等，进行敏感数据的智能探测、智能分析与统计和智能处理，将会被作为一个重要的产品发展方向。

11.4 数据挖掘与知识发现

知识发现（Knowledge Discovery in Database，KDD），是所谓数据挖掘的一种更广义的说法，即从各种媒体表示的信息中，根据不同的需求获得知识。

知识发现的目的是向使用者屏蔽原始数据的烦琐细节，从原始数据中提炼出有意义的、简洁的知识，直接向使用者报告。基于数据库的知识发现和数据挖掘还存在着混淆，通常这两个术语替换使用。KDD 表示将低层数据转换为高层知识的整个过程。

KDD 被简单定义为：KDD 是确定数据中有效的、新颖的、潜在有用的、基本可理解的模式的特定过程。而数据挖掘可认为是观察数据中模式或模型的抽取，这是对数据挖掘的一般解释。虽然数据挖掘是知识发现过程的核心，但它通常仅占 KDD 的一部分（15%～25%）。

知识发现是一个完整的数据分析过程，如图 11-10 所示，主要包括以下几个步骤。

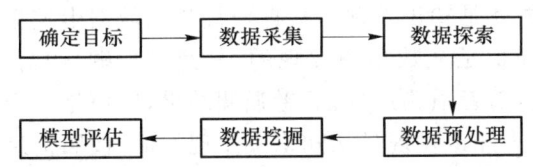

图 11-10　数据分析过程

① 确定知识发现的目标：确定知识发现的目标，即要发现哪些知识。

② 数据采集：从网络爬虫、数据库导出、CSV 文件等数据源获取目标数据采集到指定的

系统中。"数据质量决定数据挖掘的上限,而算法仅仅是逼近这个上限。"

③ 数据探索:采集到的数据往往不可以直接使用,需采用可视化技术,将数据的特征展现出来,探索数据特征的基本统计描述、数据特征间的相似性/相异性。

④ 数据预处理:主要包括数据清理、数据集成、数据规约、数据变换和离散化等几个部分。

⑤ 数据挖掘(模型选择):对预处理后的数据进行挖掘的过程。传统的数据挖掘将算法大体分为有监督的学习与无监督的学习两种。

⑥ 模型评估:对数据挖掘结果的评价,也是评价模型效果好与坏的标准,常见的评估指标有精度、召回率等。

11.4.1 知识发现

海量数据与知识贫乏导致数据挖掘和知识发现研究的出现。知识发现是从数据中识别出有效的、新颖的、潜在有用的、最终可理解的模式的非平凡过程。

知识发现的方法分为统计方法、机器学习方法与神经计算方法。统计方法除了回归分析(多元回归、自回归等)、判别分析(贝叶斯判别、费舍尔判别、非参数判别等)、聚类分析(系统聚类、动态聚类等)及探索性分析(主成分分析、相关分析)等方法外,还包括模糊集方法、支持向量机方法、粗糙集方法等。常用的机器学习方法包括规则归纳、决策树、范例推理、遗传算法等。常用的神经计算方法包括自组织映射网络、反传网络等。

11.4.2 关联规则挖掘与非相关文献知识发现的差异性

数据挖掘中的关联规则与非相关文献的知识发现的本质是相同的。就概念数量及概念之间的关系来讲,关联规则的数据挖掘与非相关文献的知识发现存在着共同之处。

所不同的是,关联规则中不同的信息元之间往往使用相同的概念关系。无论是基于数据挖掘的关联规则还是基于非相关文献的知识发现,两个(信息或知识)元之间必然存在共同的概念或概念关系。这种共同关系是挖掘与发现的前提,共同概念的识别是比较容易的。一般来讲,都是基于形式的分析,只是个别情况需要进行语义验证。

11.4.3 数据挖掘与知识发现的关系

关于数据挖掘与知识发现的关系主要有3种观点:数据挖掘就是知识发现;数据挖掘是知识发现的一个步骤;数据挖掘与知识发现是完全不同的两个概念。

第一种观点:数据挖掘就是知识发现。数据挖掘是从数据中挖掘,知识发现并不是从知识中发现,而是发现知识。知识是从数据中发现的,是经过挖掘发现的。数据挖掘是从源头入手,知识发现视目标而论。前者强调过程,后者强调结果,应该是一个概念的两种表述,强调重点有所不同而已。如果认为知识发现是从知识中发现的话,按照信息链或信息转化理论,发现的结果应该是智能或情报,而不是知识。从知识中发现新的知识,叫作知识创新,所经过的过程叫作知识推理。所以说,知识发现的概念是不确切的,准确的说法是数据库知识发现,或者说知识发现是数据库知识发现的简化说法。

第二种观点:数据挖掘是知识发现的一个步骤。数据库知识发现指从数据中获取有用知识的整个过程。数据挖掘是从数据中抽取模式的具体算法的应用。KDD过程除了数据挖掘之外,还有数据预处理、数据筛选、数据清洗、已有匹配知识的吸收、结果的解释与评估,以确保从数据中抽取的知识是有用的。数据挖掘首先从数据集中选出目标数据,对其进行滤重、去噪、数据清洗等预处理后,进行降维,以减少后续过程中需要考虑的特征或变量个数,然后从变换后的数据中挖掘出模式(Pattern),最后进行解释与评价使其变成有用的知识。数据挖掘方法的盲目应用会导致发现一些无意义或者无效的模式。

第三种观点:数据挖掘与知识发现是完全不同的两个概念。数据挖掘主要针对结构化数据,其数据项是不可分割的,符合第一范式(1NF);而知识发现的处理对象是半结构化与非结构化的知识,数据项可以进一步分割,不符合1NF。数据挖掘主要运用回归分析、主成分分析、多元分析、关联规则、支持向量机、模糊集等方法,走统计与规则的技术路线;而知识发现主要是运用神经网络、遗传算法、决策树、范例推理、贝叶斯信念网络等方法,走归纳与演绎的推理过程。数据挖掘的结果往往是精确的、定量的(尽管有置信度这样一个指标);知识发现的结果往往是模糊的、定性的。数据挖掘主要应用于统计、数据分析等领域;而知识发现主要应用于人工智能领域。数据挖掘与知识发现的对比分析如表11-2所示。

表11-2 数据挖掘与知识发现的对比分析

类型	数据挖掘	知识发现
处理对象	数据	知识
数据项	不可分割	可以分割
数据特点	结构化	半结构化、非结构化
技术路线	统计、规则	推理、归纳与演绎
主要方法	回归分析、主成分分析、多元分析、关联规则、支持向量机、模糊集等	神经网络、遗传算法、决策树、范例推理、贝叶斯信念网络等
结果	精确的、定量的	模糊的、定性的
应用领域	统计、数据分析	人工智能

11.4.4 知识挖掘与文本挖掘

下面从非相关文献的知识发现的经典案例分析知识挖掘与文本挖掘的关系。"文献 x 中论述到,材料 A 可以提取成分 B,文献 y 中论述到成分 B 可以治疗疾病 C"。可以得出:
- R_1=材料 A 可以提取成分 B;
- R_2=成分 B 可以治疗疾病 C;

那么根据 R_1 和 R_2 可以推断: R_3=材料 A 可以治疗疾病 C。

根据 R_1 和 R_2 推出 R_3 是知识发现的过程,R_1 和 R_2 的来源问题属于知识抽取的过程。R_1 和 R_2 是从文献中抽取的知识,是用文本来表述的。绝大多数知识都是以文本形式展现的,因此知识挖掘主要指文本挖掘。同样,知识挖掘是指从文本中挖掘知识,文本挖掘强调处理对象,知识挖掘强调处理结果。

11.5 机器学习和数据挖掘算法

机器学习和数据挖掘是计算机学科中最活跃的研究分支之一,数据处理与分析环节需要用到大量的机器学习和数据挖掘算法。

机器学习是一门多领域交叉学科,涉及概率论、统计学、逼近论、凸分析、算法复杂度理论等多门学科,专门研究计算机怎样模拟或实现人类的学习行为,以获取新的知识或技能,重新组织已有的知识结构使之不断改善自身的性能。

数据挖掘是指从大量的数据中通过算法搜索隐藏于其中的信息的过程。数据挖掘可以视为机器学习与数据库的交叉,它主要利用机器学习界提供的算法来分析海量数据,利用数据库界提供的存储技术来管理海量数据。

典型的机器学习和数据挖掘算法包括分类、聚类、回归分析和关联规则等。

11.5.1 分类

分类是一种重要的机器学习和数据挖掘技术。分类的目的是根据数据集的特点构造一个分类函数或分类模型(也常称作分类器),该模型能把未知类别的样本映射到给定类别中。

构造分类模型的过程一般分为训练和测试两个阶段。在构造模型之前,将数据集随机地分为训练数据集和测试数据集。首先使用训练数据集来构造分类模型,然后使用测试数据集来评估模型的分类准确率。如果认为模型的准确率可以接受,就可以用该模型对其他数据元组进行分类。一般来说,测试阶段的代价远低于训练阶段。典型的分类方法包括决策树、朴素贝叶斯、支持向量机和人工神经网络等。

11.5.2 聚类

聚类又称群分析,是一种重要的机器学习和数据挖掘技术。聚类的目的是将数据集中的数据对象划分到若干个簇中,并且保证每个簇之间的样本尽量接近,不同簇的样本间距离尽量远。通过聚类生成的簇是一组数据对象的集合。

聚类的算法可形式化描述如下:给定一组数据的集合 D,D 的每一条记录包含由若干个属性组成的一个特征向量,用矢量 $\boldsymbol{x}=(x_1,x_2,\cdots,x_n)$ 表示。x_i 可以有不同的值域,当一个属性的值域为连续域时,该属性为连续属性,否则为离散属性。聚类算法将数据集 D 划分为 k 个不相交的族 $\{C=c_1,c_2,\cdots,c_k\}$,其中 $c_i \cap c_j = \varnothing, i \neq j$,且 $D = \bigcup\limits_{i=1}^{k} c_i$。

11.5.3 回归分析

回归分析(Regression Analysis)指的是确定两种或两种以上变量间相互依赖的定量关系的一种统计分析方法。回归分析按照涉及变量的多少,分为一元回归分析和多元回归分析;按照因变量的多少,可分为简单回归分析和多重回归分析;按照自变量和因变量之间的关系类型,可分为线性回归分析和非线性回归分析。

在大数据分析中,回归分析是一种预测性的建模技术,它研究的是因变量(目标)和自变量(预测器)之间的关系。这种技术通常用于预测分析、时间序列模型以及发现变量之间的因果关系。

11.5.4 关联规则

关联分析(Association Analysis):在大规模数据集中寻找有趣的关系。

频繁项集(Frequent ltem Sets):经常出现在一块的物品的集合,即包含 0 个或者多个项的集合称为项集。

支持度(Support):数据集中包含该项集的记录所占的比例,是针对项集来说的。

置信度(Confidence):出现某些物品时,另外一些物品必定出现的概率,针对规则而言。

关联规则(Association Rules):暗示两个物品之间可能存在很强的关系。形如 $A->B$ 的表达式,规则 $A->B$ 的度量包括支持度和置信度。

项集支持度:一个项集出现的次数与数据集所有事物数的百分比称为项集支持度,即

$$\text{support}(A \Rightarrow B) = P(A \cup B) \tag{11-4}$$

支持度反映了 A 和 B 同时出现的概率,关联规则的支持度等于频繁项集的支持度。

项集置信度:包含 A 的数据集中包含 B 的百分比:

$$\text{confidence}(A \Rightarrow B) = P(B|A) = \frac{\text{support}(A \cup B)}{\text{support}(A)} = \frac{\text{support\_count}(A \cup B)}{\text{support\_count}(A)} \tag{11-5}$$

置信度反映了如果交易包含 A,则交易包含 B 的概率。也可以称为,在 A 发生的条件下,B 发生的概率,即条件概率。只有支持度和置信度(可信度)较高的关联规则才是用户感兴趣的。

关联规则定义为:假设 $I=\{I_1,I_2,I_3,\cdots,I_m\}$ 是项的集合。给定一个交易数据库 D,其中每个事务 t 是 I 的非空子集,即每一个交易都与一个唯一的标识符 TID 对应。关联规则在 D 中的支持度是 D 中事务同时包含 X、Y 的百分比,即概率;置信度是在 D 中事务已经包含 X 的情况下,包含 Y 的百分比,即条件概率。如果满足最小支持度阈值和最小置信度阈值,则认为关联规则是可信的。这些阈值是根据挖掘需要人为设定的。

这里举一个简单的例子进行说明。表 11-3 是数据库 D 中的顾客购买记录,包含 6 个事务。项集 $I=\{$乒乓球拍,乒乓球,运动鞋,羽毛球$\}$。考虑关联规则(频繁二项集):乒乓球拍与乒乓球,事务 1、2、3、4、6 包含乒乓球拍,事务 1、2、6 同时包含乒乓球拍和乒乓球,这里用 X 表示购买了乒乓球,用 Y 表示购买了乒乓球拍,则 $X \wedge Y=3$,$D=6$,支持度$(X \wedge Y)/D=0.5$;$X=5$,置信度$(X \wedge Y)/X=0.6$。若给定最小支持度 $\alpha=0.5$,最小置信度 $\beta=0.6$,则认为购买乒乓球拍和购买乒乓球之间存在关联。

表 11-3 顾客购买记录

TID	乒乓球拍	乒乓球	运动鞋	羽毛球
1	1	1	1	0
2	1	1	0	0
3	1	0	0	0
4	1	0	0	0
5	0	1	1	1
6	1	1	0	0

常见的关联规则挖掘算法包括 Apriori 算法和 FP-Growth 算法等。

Apriori 算法是一种挖掘关联规则的频繁项集算法，其核心思想是通过候选集生成和情节的向下封闭检测两个阶段来挖掘频繁项集。

(1) 支持度

支持度揭示了 A 与 B 同时出现的概率。如果 A 与 B 同时出现的概率小，则说明 A 与 B 的关系不大；如果 A 与 B 同时出现得非常频繁，则说明 A 与 B 总是相关的。

支持度：$P(A\cup B)$，即 A 和 B 这两个项集在事务集 D 中同时出现的概率。

$$\text{support}(A\Rightarrow B)=P(A\cup B) \tag{11-6}$$

(2) 置信度

置信度揭示了 A 出现时，B 是否也会出现或有多大概率出现。如果置信度为 100%，则 A 和 B 可以捆绑销售了。如果置信度太低，则说明 A 的出现与 B 是否出现关系不大。

置信度：$P(B|A)$，即在出现项集 A 的事务集 D 中，项集 B 也同时出现的概率。

$$\text{confidence}(A\Rightarrow B)=P(B|A)=\frac{\text{support}(A\cup B)}{\text{support}(A)}=\frac{\text{support\_count}(A\cup B)}{\text{support\_count}(A)} \tag{11-7}$$

(3) 设定合理的支持度和置信度

对于某条规则：$(A=a)->（B=b)$(support=30%,confident=60%)，其中 support=30% 表示在所有的数据记录中，同时出现 $A=a$ 和 $B=b$ 的概率为 30%；confident=60% 表示在所有的数据记录中，在出现 $A=a$ 的情况下出现 $B=b$ 的概率为 60%，也就是条件概率。支持度揭示了 $A=a$ 和 $B=b$ 同时出现的概率，置信度揭示了当 $A=a$ 出现时，$B=b$ 是否一定会出现的概率。

Apriori 算法的核心是基于两阶段频繁项集思想的递推算法。该关联规则在分类上属于单维、单层、布尔关联规则。在这里，所有支持度大于最小支持度的项集称为频繁项集，简称频集。

在图 11-11 中，已知阴影项集{2,3}是非频繁的。利用这个知识，我们就知道项集{0,2,3}、{1,2,3}以及{0,1,2,3}也是非频繁的。也就是说，一旦计算出了{2,3}的支持度，知道它是非频繁的后，就可以紧接着排除{0,2,3}、{1,2,3}和{0,1,2,3}。

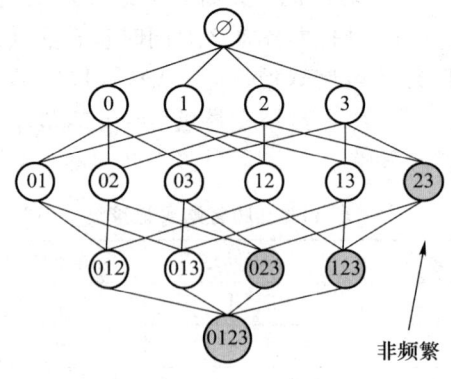

图 11-11 示例图

Apriori 算法的思想如下。

① 找出所有的频集，这些项集出现的频繁性至少和预定义的最小支持度一样。

② 由频集产生强关联规则，这些规则必须满足最小支持度和最小可信度。

③ 使用①中找到的频集产生期望的规则，产生只包含集合的项的所有规则，其中每一条规则的右部只有一项，这里采用的是关联规则的定义。

④ 一旦这些规则被生成，那么只有那些大于用户给定的最小可信度的规则才被留下来。为了生成所有频集，使用了递推的方法。

图 11-12 所示为 Apriori 算法过程。

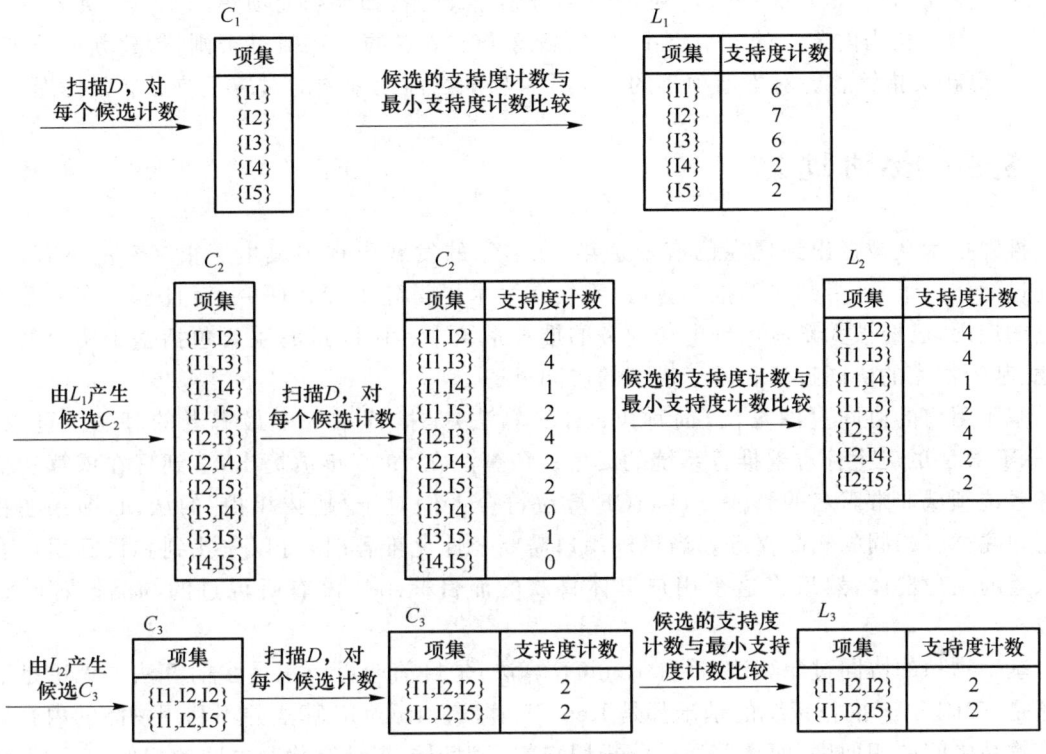

图 11-12　Apriori 算法过程

可见，Apriori 算法有两个主要步骤。

① 连接：将项集进行两两连接形成新的候选集。利用已经找到的 k 个项的频繁项集 L_k，通过两两连接得出候选集 C_{k+1}，注意进行连接的 $L_k[i]$、$L_k[j]$，必须有 $k-1$ 个属性值相同，然后另外两个不同的属性值分别分布在 $L_k[i]$、$L_k[j]$ 中，这样求出的 C_{k+1} 为 L_{k+1} 的候选集。

② 剪枝：去掉非频繁项集。候选集 C_{k+1} 中的并不都是频繁项集，必须进行剪枝，且越早越好，以防止所处理的数据无效项越来越多。只有子集都是频繁集的候选集才是频繁集，这是剪枝的依据。

Apriori 算法在数据集很大的时候需要不断扫描数据集，导致运行效率很低。而 FP-Growth 算法就很好地解决了这个问题。它的思路是先把数据集中的事务映射到一棵 FP-Tree 上，再根据这棵树找出频繁项集。FP-Tree 的构建过程只需要扫描两次数据集。

FP-Growth 算法发现频繁项集的基本过程如下。

① 构建 FP 树。

② 从 FP 树中挖掘频繁项集。

输入：数据集、最小值尺度。

输出：FP 树、头指针表。

① 遍历数据集，统计各元素项出现次数，创建头指针表。
② 移除头指针表中不满足最小值尺度的元素项。
③ 第二次遍历数据集，创建 FP 树。对每个数据集中的项集：
- 初始化空 FP 树。
- 对每个项集进行过滤和重排序。
- 使用这个项集更新 FP 树，从 FP 树的根节点开始：如果当前项集的第一个元素项存在于 FP 树当前节点的子节点中，则更新这个子节点的计数值。否则，创建新的子节点，更新头指针表。对当前项集的其余元素项和当前元素项的对应子节点递归处理。

11.5.5 协同过滤

推荐技术从被提出到现在已有十余年，在多年的发展历程中诞生了很多新的推荐算法。协同过滤作为最早、最知名的推荐算法，不仅在学术界得到了深入研究，而且至今在业界仍有广泛的应用，已经被大量应用到电子商务的推荐系统中。协同过滤主要包括基于用户的协同过滤、基于物品的协同过滤和基于模型的协同过滤。

基于用户的协同过滤算法（简称 UserCF 算法）是推荐系统中最古老的算法。可以说，UserCF 算法的诞生标志着推荐系统的诞生。该算法在 1992 年被提出，直到现在该算法仍是推荐系统领域非常著名的算法。UserCF 算法符合人们对于"趣味相投"的认知，即兴趣相似的用户往往有相同的物品喜好。当目标用户需要个性化推荐时，可以先找到和目标用户有相似兴趣的用户群体，然后将这个用户群体喜欢的而目标用户没有听说过的物品推荐给目标用户。

基于物品的协同过滤算法（简称 ItemCF 算法）是目前业界应用最多的算法。无论是亚马逊还是 Netflix，其推荐系统的基础都是 ItemCF 算法。ItemCF 算法并不利用物品的内容属性计算物品之间的相似度，而主要通过分析用户的行为记录来计算物品之间的相似度，该算法基于的假设是：物品 A 和物品 B 具有很大的相似度是因为喜欢物品 A 的用户大多也喜欢物品 B。例如，该算法会因为你购买过《数据挖掘导论》而给你推荐《机器学习实战》，因为买过《数据挖掘导论》的用户多数也购买了《机器学习实战》。

基于模型的协同过滤算法（简称 ModelCF 算法）是通过已经观察到的用户给物品的打分，来推断每个用户的喜好并向用户推荐合适的物品。实际上，ModelCF 算法同时考虑了用户和物品两个方面，因此它也可以看作 UserCF 算法和 ItemCF 算法的混合形式。

第 12 章 模式识别

12.1 模式识别的概念

模式识别研究旨在利用计算机对物体进行分类,以最小化错误概率并尽量与实际物体相匹配。机器识别事物的基本方法是通过计算,比较计算机要分析的事物与标准模板的相似程度。因此,首先需要通过度量方法来找出不同事物之间的差异,以便准确识别当前的事物。

12.1.1 模式的描述方法

在模式识别技术中,被观测的每个对象称为样品。对于每个样品来说,必须确定一些与识别有关的因素,作为研究的根据,每一个因素称为一个特征。模式就是对样品所具有的特征集合的描述。

12.1.2 模式识别系统

一个典型的模式识别系统如图 12-1 所示,由数据获取、预处理、特征提取、分类决策及分类器设计 5 部分组成。

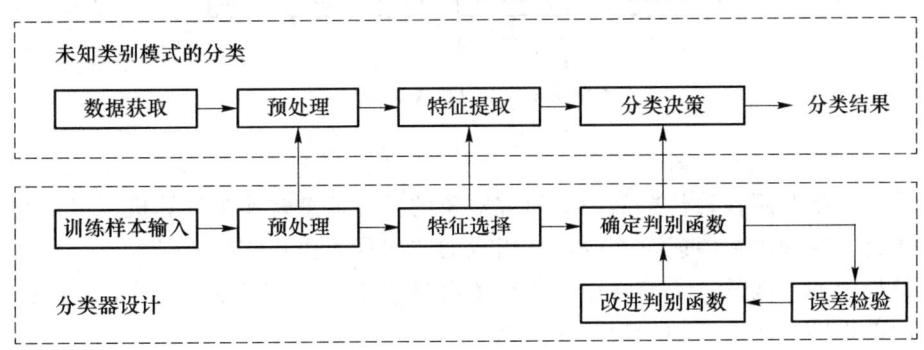

图 12-1 模式识别系统及识别过程

① 特征提取和选择。对原始数据进行变换,得到最能反映分类本质的特征。将维数较高的测量空间(原始数据组成的空间)转变为维数较低的特征空间(分类识别赖以进行的空间)。

② 分类决策。在特征空间中用模式识别方法把被识别对象归为某一类别。

③ 分类器设计。基本做法是在样品训练集基础上确定判别函数,改进判别函数和误差检验。

12.1.3 统计模式识别研究的主要问题

① 特征选择与优化:特征空间优化有两种方法。特征选择选取紧致分布的特征,提供分类器基础;特征组合优化通过映射变换构造新的精简特征空间。

② 分类判别:已知样本类别和特征,建立判别分类函数,学习过程由机器完成,对未知对象进行分类,属于监督学习方法。

③ 聚类判别:已知对象和特征,未知类别和分组数量,通过相似性度量将具有相似特征的对象归为一类,属于非监督学习方法。

12.1.4 模式、模式类和模式识别

模式类与模式或者模式与样本在集合论中是子集与元素之间的关系。当用一定的度量来衡量两个样本,而找不出它们之间的差别时,它们在这种度量条件下属于同一个等价类,也就是说它们属于同一子集,是一个模式或一个模式类。

12.2 模式系统概述

12.2.1 模式识别的步骤

模式识别基本上分为 3 步,即数据采集、数据处理和分类决策或模型匹配,如图 12-2 所示。

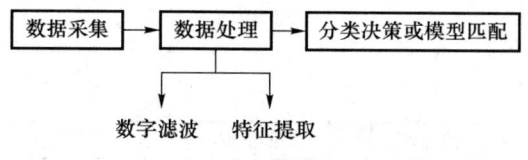

图 12-2 模式识别的步骤

数据采集是指利用各种传感器把被研究对象的各种信息转换为计算机可以接受的数值或符号(串)集合。这种由数值或符号(串)所组成的空间称为模式空间。

数据处理中的清洗是为了消除输入数据或信息中不相干的数据,只留下与被研究对象的性质和采用的识别方法密切相关的特征数据。

特征提取是指从已经处理过的数据中衍生出有用的信息,从许多特征中寻找出最有效的

特征,以降低后续处理过程的难度。

基于数据处理生成的模式特征空间,就可以进行模式分类或模型匹配。

12.2.2 模式识别的典型应用

1. 语音识别

计算机语音识别是模式识别技术最成功的应用之一。图 12-3 给出了一个简化的语音识别系统的框架。首先,语音通过信号采集系统进入计算设备,成为数字化的时间序列信号。每一帧语音信号经过信号处理后被提取成一个特征向量,这就是要进行模式识别的样本,我们要识别的是这个样本对应哪个音素。一种语言中的基本音素数目是很有限的,每一个音素就是一个类,音素识别就是把样本分到多类中的一类。

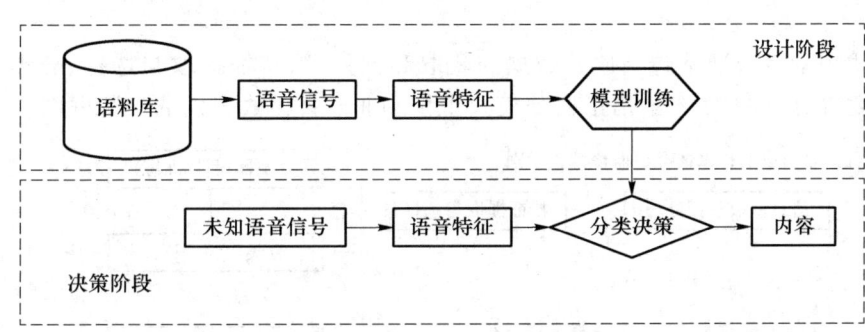

图 12-3 一个简化的语音识别系统的框架

语音识别分类器的工作分两个阶段:设计阶段与决策阶段。在设计阶段,用大量已知的语音信号来确定分类器模型中的一系列参数,这一过程称作训练。在决策阶段,未知的语音信号经过与设计阶段同样的预处理后进入训练好的分类器,分类器给出对语音的识别结果。

2. 说话人识别

说话人识别与语音识别关系十分密切,目的是通过语音来确定说话者的身份,而不是识别说话的内容。说话人的分类目标从语音变成了说话人,而为此采用的信号特征也会有所不同。

3. 字符与文字识别

各种形式的字符与文字识别是模式识别的另一个典型应用。光学字符识别是指通过扫描仪把印刷或手写的文字稿件输入计算机中,并且由计算机自动识别出其中的文字内容。

4. 医学影像分析

医学影像分析(Medical Image Analysis)属于多学科交叉的综合研究领域,涉及医学影像、数据建模、数字图像处理与分析、人工智能和数值算法等多个学科。

斯坦福大学的研究者发布了一系列成功的研究案例,如发表在 *Nature* 上的论文"Dermatologist-level classification of skin cancer with deep neural networks"提出的诊断皮肤癌的算法,准确率高达 91%,与人类医生的表现相同。澳门科技大学医学院联合清华大学、中山大学等在期刊 *Cell* 发文"Clinically applicable AI system for accurate diagnosis, quantitative measurements and prognosis of COVID-19 pneumonia using computed tomography",展示了最新研发的面向新冠肺炎的全诊疗流程的智慧筛查、诊断与预测系统,其可以根据胸部的 CT 影像,对大量疑似病例进行快速筛查、辅助诊断和住院临床分级预警,实现对 COVID-19 病人的全生命周期管理。

12.2.3 监督模式识别和非监督模式识别

假定已知要划分的类别,并且获得了一定数量类别的训练样本,这种情况下建立分类器的问题属于监督学习问题,称作监督模式识别(Supervised Pattern Recognition)。

在面对一堆未知的对象时,要通过考察这些对象之间的相似性来把它们区分开来。根据样本特征将样本聚成几个类,使属于同一类的样本在一定意义上是相似的,而不同类之间的样本则有较大差异。这种学习过程称作非监督模式识别(Unsupervised Pattern Recognition)。

12.2.4 模式识别系统的典型组成

一个模式识别系统通常包括原始数据的获取和预处理、特征提取与选择、分类或聚类、后处理4个主要部分。图12-4给出了监督模式识别和非监督模式识别的步骤框图。

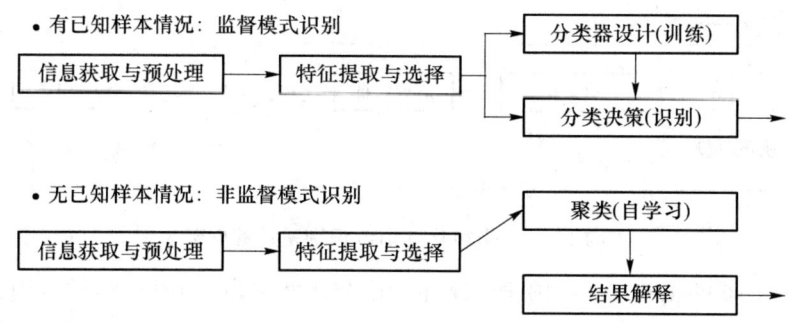

图 12-4 监督模式识别与非监督模式识别步骤框图

面对实际问题时,我们把应用监督模式识别和非监督模式识别的过程分别归纳为5个基本步骤。

处理监督模式识别问题的一般步骤如图12-5所示。

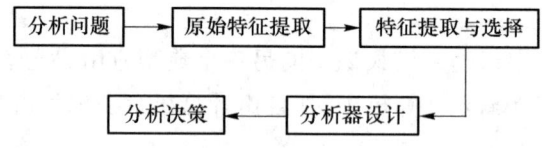

图 12-5 处理监督模式识别问题的一般步骤

- 分析问题:深入研究应用领域的问题,分析是否属于模式识别问题。
- 原始特征获取:设计实验,得到已知样本,对样本实施观测和预处理,获取可能与样本分类有关的观测向量(原始特征)。
- 特征提取与选择:为了更好地进行分类,可能需要采用一定的算法对特征进行再次提取和选择。
- 分类器设计:选择一定的分类器方法,用已知样本进行分类器训练。
- 分类决策:利用一定的算法对分类器性能进行评价;对未知样本实施同样的观测、预处理和特征提取与选择,用所设计的分类器进行分类,必要时根据领域知识进行进一步的后处理。

处理非监督模式识别问题的一般步骤如图 12-6 所示。

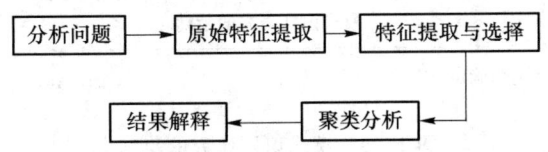

图 12-6　处理非监督模式识别问题的一般步骤

- 分析问题：深入研究应用领域的问题，分析研究目标能否通过寻找适当的聚类来达到。
- 原始特征获取：设计实验，得到待分析的样本，对样本实施观测和预处理。
- 特征提取与选择：采用一定的算法对特征进行再次提取选择。
- 聚类分析：选择一定的非监督模式识别方法，用样本进行聚类分析。
- 结果解释：考察聚类结果的性能，分析所得聚类与研究目标之间的关系，根据领域知识分析结果的合理性，对聚类的含义给出解释；如果有新样本，把聚类结果用于新样本分类。

解决模式识别问题的方法可以归纳为基于知识的方法和基于数据的方法两大类。所谓基于知识的方法，主要是指以专家系统为代表的方法，其基本思想是，根据人们已知的知识，整理出若干描述特征与类别间关系的准则，建立一定的计算机推理系统，对未知样本通过这些知识推理决策其类别。所谓基于数据的方法，主要是指在确定了描述样本所采用的特征之后，收集一定数量的已知样本，用这些样本作为训练集来训练一定的模式识别机器，使之在训练后能够对未知样本进行分类。

在图 12-7 中，G 表示从对象观测特征的过程，特征用向量 x 表示，y 表示我们所关心的对象的性质，在模式识别中就是分类。S 表示决定 x 和 y 之间关系的系统，它存在但我们不知道其内部机理（如果知道就可采用基于知识的方法）。我们可以得到一定数量的已知样本，即一定数量的 x 和对应的 y 的数据对 $\{(x,y)\}$。基于数据的模式识别就是利用这样的训练样本来训练学习机器（LM），也就是建立实现从特征向量 x 判断类别 y' 的一个数学模型，用来计算（预测）未知样本的类别。

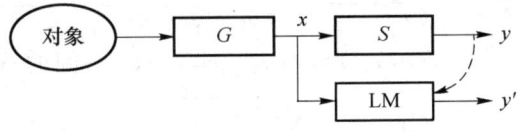

图 12-7　该机器学习系统的基本思想

基于数据的模式识别方法的基础是统计模式识别，即依据统计的原理来建立分类器，这也是本书的主要内容。统计模式识别方法中的线性判别函数等内容诞生于 20 世纪 30 年代，而整个模式识别学科从 20 世纪 60 年代起得到了发展，逐渐形成比较完整的体系。

模式识别研究范畴广，涵盖从完全确定到完全随机的情况，如图 12-8 所示。当完全确定时，模式特征清晰固定，如正方形识别，依预设规则算法即可，结果确定一致。当完全随机时，数据无规律，像复杂噪声环境中的信号，虽实际少见，但自然或复杂系统数据中可能有近似随机特征，需借助先进技术挖掘潜在模式。实际中更多情况介于两者之间，如手写文字识别，字体有差异但有书写规范可循。对此，研究者要综合运用统计分析、机器学习等技术，构建合适的模型来准确识别。此外,模式识别应用于生物医学、安防、交通等多个领域,各领域需求也促进其逐渐发展完善。

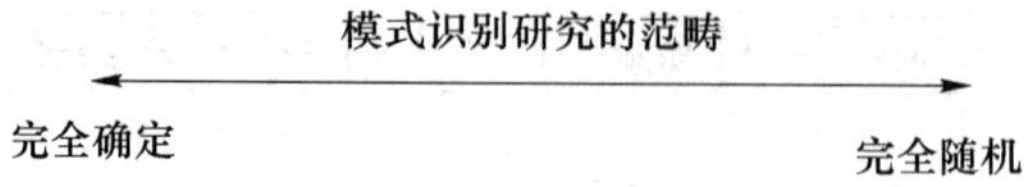

```
        模式识别研究的范畴
    ←——————————————————→
    完全确定              完全随机
```

图 12-8　模式识别研究的范畴

12.3　统计模式识别

统计模式识别分为距离分类法、判别函数法和概率分类法三大类,距离分类法属于非监督分类,判别函数法和概率分类法属于监督分类。

12.3.1　距离分类法(最小距离分类法)

最小距离分类法是分类器里面最基本的一种分类方法,它是通过先求出未知类别向量 X 到事先已知的各类别(如 A、B、C 等)中心向量的距离 D,然后将待分类的向量 X 归结为这些距离中最小的那一类的分类方法。

1. 分类器的距离

目前有很多的距离公式,如欧氏距离、曼哈顿距离、闵可夫斯基距离、切比雪夫距离、标准化欧氏距离等。

(1) 欧氏距离

欧氏距离是最易于理解的一种距离计算方法,源自欧氏空间中两点间的距离公式。

① 二维平面上两点 $a(x_1,y_1)$ 与 $b(x_2,y_2)$ 间的欧氏距离:

$$d_{12} = \sqrt{(x_1-x_2)^2+(y_1-y_2)^2} \tag{12-1}$$

② 三维空间中两点 $a(x_1,y_1,z_1)$ 与 $b(x_2,y_2,z_2)$ 间的欧氏距离:

$$d_{12} = \sqrt{(x_1-x_2)^2+(y_1-y_2)^2+(z_1-z_2)^2} \tag{12-2}$$

③ 两个 n 维向量 $a(x_{11},x_{12},\cdots,x_{1n})$ 与 $b(x_{21},x_{22},\cdots,x_{2n})$ 间的欧氏距离:

$$d_{12} = \sqrt{\sum_{k=1}^{n}(x_{1k}-x_{2k})^2} \tag{12-3}$$

(2) 曼哈顿距离

想象一下,你在曼哈顿要从一个十字路口开车到另外一个十字路口,驾驶距离是两点间的直线距离吗?显然不是,除非你能穿越大楼。实际驾驶距离就是这个曼哈顿距离。而这也是曼哈顿距离名称的来源,曼哈顿距离也称为城市街区距离(City Block Distance)。

① 二维平面上两点 $a(x_1,y_1)$ 与 $b(x_2,y_2)$ 间的曼哈顿距离:

$$d_{12} = |x_1-x_2|+|y_1-y_2| \tag{12-4}$$

② 两个 n 维向量 $a(x_{11},x_{12},\cdots,x_{1n})$ 与 $b(x_{21},x_{22},\cdots,x_{2n})$ 间的曼哈顿距离:

$$d_{12} = \sum_{k=1}^{n}|x_{1k}-x_{2k}| \tag{12-5}$$

(3) 闵可夫斯基距离

闵可夫斯基距离不是一种距离,而是一组距离。

两个 n 维变量 $\boldsymbol{a}(x_{11},x_{12},\cdots,x_{1n})$ 与 $\boldsymbol{b}(x_{21},x_{22},\cdots,x_{2n})$ 间的闵可夫斯基距离定义为

$$d_{12} = \sqrt[p]{\sum_{k=1}^{n} |x_{1k} - x_{2k}|^p} \tag{12-6}$$

其中 p 是一个变参数。当 $p=1$ 时,就是曼哈顿距离;当 $p=2$ 时,就是欧氏距离;当 $p\to\infty$ 时,就是切比雪夫距离。p 取不同的值,公式也不一样,所以随着参数 p 的不同,闵可夫斯基距离可以表示一类距离。

2. 最小距离分类法的步骤

最小距离分类法的一般步骤如下。

① 确定类别 m,并提取每一类所对应的已知的样本。

② 从样本中提取出一些可以区分不同类别的特征。

③ 分别计算每一个类别的样本所对应的特征。

④ 为了消除不同特征因为量纲不同的影响,对每一维的特征进行归一化。

⑤ 利用选取的距离准则,对待分类的样本进行判定。

3. 最小距离分类法的优点和缺点

最小距离分类法原理简单,容易理解,计算速度快,但是因为其只考虑每一类样本的均值,而不管类别内部的方差(每一类样本的分布),所以分类精度不高。

12.3.2 判别函数法

模式识别系统的主要作用是判别各个模式的所在类别。

若分属于 ω_1、ω_2 的两类模式可用方程 $d(\boldsymbol{X})=0$ 来划分,那么称 $d(\boldsymbol{X})$ 为判别函数或判决函数、决策函数。

例如,一个二维的两类判别问题,模式分布如图 12-9 所示,这些分属于 ω_1、ω_2 的模式可用直线方程 $d(\boldsymbol{X})=0$ 来划分。

$$d(\boldsymbol{X}) = \omega_1 x_1 + \omega_2 x_2 + \omega_3 = 0 \tag{12-7}$$

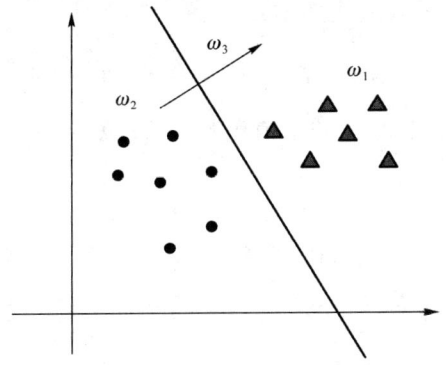

图 12-9 一个二维两类判别问题的模式分布

1. 线性判别函数

如果一些模式类能用线性判别函数分开,则称这些模式类是线性可分的。

(1) 线性判别函数的一般形式

将二维模式推广到 n 维,线性判别函数的一般形式为

$$d(\boldsymbol{X})=\omega_1 x_1+\omega_2 x_2+\cdots+\omega_n x_n+\omega_{n+1}=\boldsymbol{W}^{\mathrm{T}}\boldsymbol{X}+\omega_{n+1} \tag{12-8}$$

其中,$\boldsymbol{X}=(x_1,x_2,\cdots,x_n)^{\mathrm{T}}$,$\boldsymbol{W}=(\omega_1,\omega_2,\cdots,\omega_n)^{\mathrm{T}}$,是权向量,即参数向量。

增广向量形式如下:

$$\begin{aligned}d(\boldsymbol{X})&=\omega_1 x_1+\omega_2 x_2+\cdots+\omega_n x_n+\omega_{n+1}\cdot 1\\&=[\omega_1,\omega_2,\cdots,\omega_n,\omega_{n+1}][x_1,x_2,\cdots,x_n,1]^{\mathrm{T}}=\boldsymbol{W}^{\mathrm{T}}\boldsymbol{X}\end{aligned} \tag{12-9}$$

其中,$\boldsymbol{X}=(x_1,x_2,\cdots,x_n,1)^{\mathrm{T}}$,$\boldsymbol{W}=(\omega_1,\omega_2,\cdots,\omega_n,\omega_{n+1})^{\mathrm{T}}$ 为增广权向量。

(2) 线性判别函数的性质

① 两类情况。若已知两类模式 ω_1、ω_2,则判别函数 $d(\boldsymbol{X})=\boldsymbol{W}^{\mathrm{T}}\boldsymbol{X}$ 具有如下性质:$d(x)=0$ 是不可分情况。

② 多类情况。对 M 个线性可分模式类 $\omega_1,\omega_2,\cdots,\omega_M$,有 3 种划分方式。

- $\omega_i/\bar{\omega}_i$ 两分法。用线性判别函数将属于 ω_i 类的模式与其余不属于 ω_i 类的模式分开。将某个待分类模式 $\boldsymbol{X}$ 分别代入 M 个类的 $d(\boldsymbol{X})$ 中,若只有 $d_i(\boldsymbol{X})>0$,其他 $d(\boldsymbol{X})$ 均小于 0,则判为 ω_i 类。对某一模式区,$d_i(\boldsymbol{X})>0$ 的条件超过一个,或全部的 $d_i(\boldsymbol{X})<0$,分类失效,相当于不确定区(Indefinite Region,IR)。

- ω_i/ω_j 两分法。一个判别界只能分开两个类别,不能把其余所有的类别都分开,能够分开 ω_i 类和 ω_j 类的判别函数为:$d_{ij}(\boldsymbol{X})=\boldsymbol{W}_{ij}^{\mathrm{T}}\boldsymbol{X}$,这里 $d_{ij}=-d_{ji}$。

- ω_i/ω_j 两分法特例。当 ω_i/ω_j 两分法中的特例函数 $d_{ij}(\boldsymbol{X})$ 可以分解为 $d_{ij}(\boldsymbol{X})=d_i(\boldsymbol{X})-d_j(\boldsymbol{X})$ 时,$d_i(\boldsymbol{X})>d_j(\boldsymbol{X})$ 相当于多类情况中的 $d_{ij}(\boldsymbol{X})>0$。因此,具有判别函数:$d_i(\boldsymbol{X})=\boldsymbol{W}_i^{\mathrm{T}}\boldsymbol{X}$,$i=1,\cdots,M$ 的 M 类情况,判别函数性质为

$$d_i(\boldsymbol{X})>d_j(\boldsymbol{X}) \quad \forall j\neq i,i,j=1,2,\cdots,M \quad (若\ \boldsymbol{X}\in\omega_i)$$

$$d_i(\boldsymbol{X})\max\{d_k(\boldsymbol{X}),\quad k=1,2,\cdots,M\} \quad (若\ \boldsymbol{X}\in\omega_i)$$

2. 广义线性判别函数

对非线性边界,通过某映射,把模式空间 $\boldsymbol{X}$ 变成 $\boldsymbol{X}^*$,以便将 $\boldsymbol{X}$ 空间中非线性可分的模式集变成在 $\boldsymbol{X}^*$ 空间中线性可分的模式集。

非线性判别函数的形式之一是非线性多项式函数。设一训练用模式集 $\{x\}$,在模式空间 $\boldsymbol{X}$ 中线性不可分,非线性判别函数形式如下:

$$d(\boldsymbol{X})=\omega_1 f_1(\boldsymbol{X})+\omega_2 f_2(\boldsymbol{X})+\cdots+\omega_k f_k(\boldsymbol{X})+\omega_{k+1}=\sum_{i=1}^{k+1}\omega_i f_i(\boldsymbol{X}) \tag{12-10}$$

其中,$\{f_i(\boldsymbol{X}),i=1,2,\cdots,k\}$ 是模式 $\boldsymbol{X}$ 的单值函数,$f_{k+1}(\boldsymbol{X})=1$。

广义形式的模式向量为

$$\boldsymbol{X}^*=(x_1^*,x_2^*,\cdots,x_k^*,1)^{\mathrm{T}}=(f_1(\boldsymbol{X}),f_2(\boldsymbol{X}),\cdots,f_k(\boldsymbol{X}),1)^{\mathrm{T}} \tag{12-11}$$

这里 $\boldsymbol{X}^*$ 空间的维数 k 大于 $\boldsymbol{X}$ 空间的维数 n。$d(\boldsymbol{X})$ 可以改写为

$$d(\boldsymbol{X})=\boldsymbol{W}^{\mathrm{T}}\boldsymbol{X}^*=d(\boldsymbol{X}^*),\quad \boldsymbol{W}=(\omega_1,\omega_2,\cdots,\omega_k,\omega_{+1})^{\mathrm{T}} \tag{12-12}$$

3. 感知器算法

对于线性判别函数,当模式的维数已知时,判别函数的形式实际上就已经定下来了,如:

- 二维:

$$\boldsymbol{X}=(x_1,x_2)^{\mathrm{T}},\quad d(\boldsymbol{X})=\omega_1 x_1+\omega_2 x_2+\omega_3$$

- 三维:

$$\boldsymbol{X}=(x_1,x_2,x_3)^\mathrm{T}, \quad d(\boldsymbol{X})=\omega_1 x_1+\omega_2 x_2+\omega_3 x_3+\omega_4$$

剩下的工作就是确定权重向量,只要求出权重向量,分类器的设计即告成功。

如果经过算法的有限次迭代运算后,求出了一个使训练集中所有样本都能正确分离的 W,则称算法是收敛的。可以证明感知器算法是收敛的。对于感知器算法,只要模式是线性可分的,就可以在有限的迭代步数内求出权重向量的解。

4. 梯度下降法

绝大多数的机器学习模型都会有一个损失函数。例如,常见的均方误差(Mean Squared Error)损失函数为

$$L(\omega,b)=\frac{1}{N}\sum_{i=1}^{N}(y_i-f(\omega x_i+b))^2 \tag{12-13}$$

其中, y_i 表示样本数据的实际目标值, $f(\omega x_i+b)$ 表示预测函数 f 根据样本数据 x_i 计算出的预测值。从几何意义上来说,它可以看成预测值和实际值的平均距离的平方。

损失函数里一般有两种参数,一种是控制输入信号量的权重(Weight,简称 ω),另一种是调整函数与真实值距离的偏差(Bias,简称 b)。我们所要做的工作,就是通过梯度下降法,不断地调整权重 ω 和偏差 b,使得损失函数的值变得越来越小。

假设在某个损失函数中,模型损失值与权重 ω 有图 12-10 所示的关系。在实际模型中,可能会有多个权重 ω,这里为了简单起见,举只有一个权重 ω 的例子。权重 ω 目前的位置是在 A 点。此时如果求出 A 点的梯度 $\dfrac{\mathrm{d}L}{\mathrm{d}\omega}$,便可以知道如果我们向右移动,可以使损失函数的值变得更小。

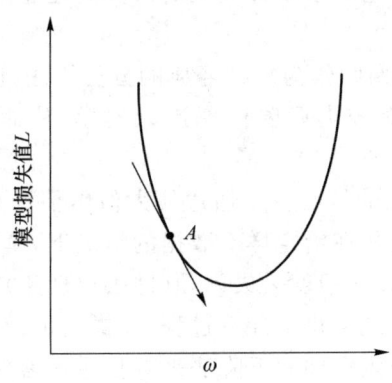

图 12-10 模型损失函数

通过计算梯度,我们就可以知道 ω 的移动方向,应该让 ω 向右走而不是向左走,也可以知道什么时候会到达最低点(梯度为 0 的地方)。

现在知道了 ω 需要前进的方向,接下来需要知道应该前进多少。这里我们用到学习率 (Learning Rate)这个概念。通过学习率,可以计算前进的距离(步长)。

我们用 ω_i 表示权重的初始值,+1 表示更新后的权重值,用 α 表示学习率,则有

$$\omega_i+1=\omega_i-\alpha\frac{\mathrm{d}L}{\mathrm{d}\omega_i} \tag{12-14}$$

在梯度下降中,我们会重复式(12-14)多次,直至损失函数值收敛不变。

把上面的内容稍微整理一下,可以得到梯度下降的整体过程。

① for $i=0$ to 训练数据的个数:
- 计算第 i 个训练数据的权重 ω 和偏差 b 相对于损失函数的梯度。于是我们最终会得到每一个训练数据的权重和偏差的梯度值。
- 计算所有训练数据权重 ω 的梯度的总和。
- 计算所有训练数据偏差 b 的梯度的总和。

② 使用上面所得的结果,计算所有样本的权重和偏差的梯度的平均值。

③ 使用下面的式子,更新每个样本的权重值和偏差值。

$$\omega_{i+1}=\omega_i-\alpha\frac{\mathrm{d}L}{\mathrm{d}\omega_i} \tag{12-15}$$

$$b_i+1=b_i-\alpha\frac{\mathrm{d}L}{\mathrm{d}b_i} \tag{12-16}$$

12.3.3 概率分类法

对模式基于概率进行分类的方法称为概率分类法。基于概率的模式识别是指对与模式 x 所对应的类别 y 的后验概率 $p(y|x)$ 进行学习。其所属类别为后验概率达到最大值时所对应的类别。

$$\hat{y}=\arg\max_{y=1,\cdots,c} p(y|x) \tag{12-17}$$

类别的后验概率 $p(y=\hat{y}|x)$ 可以理解为模式 x 属于类别 y 的可信度。另外,基于概率的模式识别算法还有一个优势,就是对于多种类别的分类问题通常会有较好的分类结果。

1. Logistic 回归

在机器学习领域,Logistic 回归作为一种经典的分类算法,广泛应用于二分类和多分类问题中。它基于线性对数函数,对分类后验概率进行建模,从而实现对数据样本所属类别的预测。

Logistic 回归模型学习过程的核心在于通过最大似然估计来确定模型的参数。最大似然估计的目标是找到一组参数,使得在给定样本数据的情况下,模型预测结果的概率最大。为了避免计算过程中因数值过小导致的精度丢失问题(即丢位现象),通常会对似然函数取对数,将乘法运算转化为加法运算,这样既简化了计算过程,又提高了计算的稳定性。

在实际求解过程中,常采用概率梯度下降法来寻找最优参数。具体步骤如下。

① 初始化参数:为模型的参数赋予适当的初始值。这些初始值虽然是随机设定的,但对算法的收敛速度和最终结果有着重要影响。合适的初始值能够加快收敛速度,减少迭代次数,提高算法效率。

② 随机选取样本:从训练数据集中随机挑选一个训练样本。随机选择样本的方式有助于打破数据的固有顺序和结构,避免算法陷入局部最优解,从而使模型具有更好的泛化能力。

③ 更新模型参数:针对选定的训练样本,按照梯度上升的方向对模型参数进行更新。假设当前的参数为 θ,更新公式为 $\theta=\theta+\alpha\nabla_\theta\mathcal{L}(\theta)$。其中,$\theta$ 是一个大于 0 的常数,称为学习率,它控制着梯度上升的幅度,决定了每次参数更新的步长。如果取值过大,算法可能会在最优解附近来回振荡,难以收敛;如果取值过小,算法的收敛速度会非常缓慢,增加训练时间。$\nabla_\theta\mathcal{L}(\theta)$ 表示该训练样本所对应的对数似然关于参数的梯度上升方向,沿着这个方向更新参数,能够使对数似然值不断增大,逐步接近最优解。

④ 迭代优化：不断重复步骤②和步骤③，持续更新模型参数。直到模型的解满足预设的收敛精度要求，即参数的变化量小于某个预先设定的阈值时，认为算法收敛，此时得到的参数即 Logistic 回归模型的最优参数。

从 Logistic 损失最小化学习的角度来理解，在二分类问题中，Logistic 回归模型通过特定的关系式，可以将模型的参数个数从 $2b$ 个减少为 b 个。这一优化不仅简化了模型结构，降低了计算复杂度，还提高了模型的训练效率和可解释性。

2. 最小二乘分类器

最小二乘分类器也是一种常用的分类方法，它通过对各个类别的后验概率进行建模来实现分类。与 Logistic 回归不同，最小二乘分类器采用与参数相关的线性模型对后验概率进行模型化。

在最小二乘分类器中，对于每个类别，都构建一个与参数相关的线性模型。假设存在 K 个类别，对于第 k 个类别，其对应的线性模型可以表示为

$$f_k(x) = w_k^T x + b_k \tag{12-18}$$

其中，x 是输入特征向量，w_k 是权重向量，b_k 是偏置项。通过这些线性模型，可以计算出样本 x 属于每个类别的得分。

最小二乘分类器的核心思想是通过最小化预测值与真实标签之间的误差平方和来确定模型的参数。具体来说，对于训练集中的每个样本：

$$(x_i, y_i) \tag{12-19}$$

其中，y_i 是样本的真实类别标签（通常用独热编码表示，即只有一个类别为 1，其他类别为 0），计算预测值 $\hat{y}_i$ 与真实标签 y_i 之间的误差平方和：

$$J = \sum_{i=1}^{n} \sum_{k=1}^{K} (y_{ik} - \hat{y}_{ik})^2 \tag{12-20}$$

其中，n 是训练样本的数量。通过最小化这个损失函数 J，可以得到每个类别对应的线性模型的最优参数 w_k 和 b_k。

最小二乘分类器的优点是计算简单，易于实现，在一些数据特征较为线性可分的情况下，能够取得较好的分类效果。然而，它也存在一些局限性。例如，对噪声数据比较敏感，因为最小二乘方法会试图使所有样本的误差平方和最小，这可能导致噪声数据对模型参数的估计产生较大影响。此外，在处理高维数据和复杂数据分布时，其性能可能不如一些更复杂的分类算法。

对比 Logistic 回归和最小二乘分类器，Logistic 回归基于概率建模，通过最大似然估计和梯度下降法求解，对数据的概率分布假设更为明确，在处理分类问题时更侧重于对后验概率的建模和优化；而最小二乘分类器则基于最小化误差平方和的思想，模型结构相对简单直接，但在处理复杂数据和噪声数据时存在一定的局限性。在实际应用中，需要根据具体的数据特点和问题需求，选择合适的分类器来获得最佳的分类性能。

12.4 概率密度函数估计

在数理统计中，用来判断估计好坏的常用标准是无偏性、有效性和一致性。如果当样本数趋于无穷时估计才具有无偏性，则称为渐近无偏。如果一种估计的方差比另一种估计的方差小，则称方差小的估计更有效。而如果对于任意给定的正数 ε，总有

$$\lim_{n \to \infty} P(|\hat{\theta}_n - \theta| > \varepsilon) = 0 \tag{12-21}$$

则称 $\hat{\theta}$ 是 θ 的一致估计。显然，无偏性、有效性都只是说明对于多次估计来说，估计量能以较小的方差平均地表示其真实值，并不能保证具体的一次估计的性能；而一致性则保证当样本数无穷多时，每一次的估计量都将在概率意义上任意地接近其真实值。

12.4.1 最大似然估计

1. 最大似然估计的原理

在最大似然估计（Maximum Likelihood Estimation）中，我们做以下基本假设。

① 我们把要估计的参数记作 θ，它是确定但未知的量（多个参数时是向量），这与把它看作随机量的方法是不同的。

② 每类的样本集记作 $X_i, i = 1, 2, \cdots, c$，其中的样本都是从密度为 $p(x|\omega_i)$ 的总体中独立抽取出来的，即所谓满足独立同分布条件。

③ 类条件概率密度 $p(x|\omega_i)$ 具有某种确定的函数形式，只是其中的参数未知。比如在 x 是一维正态分布 $N(\mu, \sigma^2)$ 时，未知的参数就可能是 $\theta = [\mu, \sigma^2]^T$，不同类别的参数可以记作 θ_i，为了强调概率密度中待估计的参数，也可以把 $p(x|\omega_i)$ 写作 $p(x|\omega_i, \theta_i)$ 或 $p(x|\theta_i)$。

④ 各类样本只包含本类的分布信息，也就是说，不同类别的参数是独立的，这样就可以分别对每一类单独处理。

在这些假设的前提下，我们就可以分别处理 c 个独立的问题，即在一类中独立地按照概率密度 $p(x|\theta)$ 抽取样本集 X，用 X 来估计出未知参数 θ。

设样本集包含 N 个样本，即 $X = \{x_1, x_2, \cdots, x_N\}$。由于样本是独立地从 $p(x|\theta)$ 中抽取的，所以在概率密度为 $p(x|\theta)$ 时获得样本集。此时出现样本集中的各个样本的联合概率是

$$l(\theta) = p(X|\theta) = p(x_1, x_2, \cdots, x_N|\theta) = \prod_{i=1}^{N} p(x_i|\theta) \tag{12-22}$$

这个概率反映了在概率密度函数的参数是 θ 时，得到式（12-22）中这组样本的概率。现在因为已经得到了式（12-22）的样本集，而 θ 是不知道的，式（12-22）反映的是在不同参数取值下取得当前样本集的可能性，因此称 θ 是相对于每一个样本的似然函数。

图 12-11 示意了最大似然估计的基本原理。现在可以给出最大似然估计量的定义。

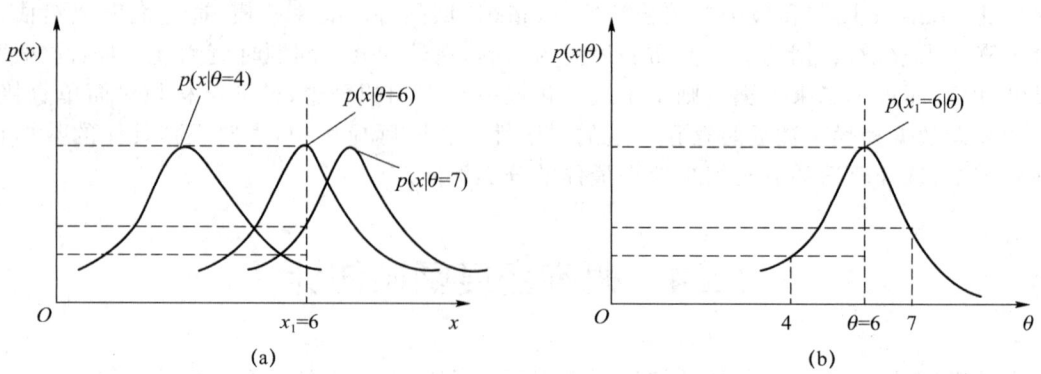

图 12-11 最大似然估计的基本原理

令 $l(\theta)$ 为样本集 X 的似然函数，$X=\{x_1,x_2,\cdots,x_N\}$，如果 $\hat{\theta}=d(X)=d(x_1,x_2,\cdots,x_N)$ 是参数空间 Θ 中能使似然函数 $l(\theta)$ 极大化的 θ 值，那么 $\hat{\theta}$ 就是 θ 的最大似然估计量，或者记作

$$\hat{\theta}=\arg\max l(\theta) \tag{12-23}$$

有时，为了便于分析，还可以定义对数似然函数：

$$H(\theta)=\ln l(\theta)=\ln\prod_{i=1}^{N}p(x_i\mid\theta)=\sum_{i=1}^{N}\ln p(x_i\mid\theta) \tag{12-24}$$

容易证明，使对数似然函数最大的值也使似然函数最大。

2. 最大似然估计的求解

在似然函数满足连续、可微的条件下，如果 θ 是一维变量，即只有一个待估计参数，其最大似然估计量就是如下微分方程的解：

$$\frac{\mathrm{d}l(\theta)}{\mathrm{d}\theta}=0 \tag{12-25}$$

或

$$\frac{\mathrm{d}H(\theta)}{\mathrm{d}\theta}=0 \tag{12-26}$$

更一般地，当 $\theta=[\theta_1,\cdots,\theta_i]^\mathrm{T}$ 是由多个未知参数组成的向量时，求解似然函数的最大值就需要对 θ 的每一维分别求偏导，即用下面的梯度算子：

$$\nabla_\theta=\left[\frac{\partial}{\partial\theta_1},\cdots,\frac{\partial}{\partial\theta_i}\right]^\mathrm{T} \tag{12-27}$$

来对似然函数或者对数似然函数求梯度并令其等于零：

$$\nabla_\theta l(\theta)=0 \tag{12-28}$$

或

$$\nabla_\theta H(\theta)=\sum_{i=1}^{N}\nabla_\theta\ln p(x_i\mid\theta)=0 \tag{12-29}$$

得到 i 个方程，方程组的解就是对数似然函数的极值点。

并不是所有的概率密度形式都可以用上面的方法求得最大似然估计。比如，已知一维随机变量服从均匀分布

$$p(x\mid\theta)=\begin{cases}\dfrac{1}{\theta_2-\theta_1}, & \theta_1<x<\theta_2\\ 0, & \text{其他}\end{cases} \tag{12-30}$$

其中，分布的参数 θ_1、θ_2 未知。从总体分布中独立抽取了 N 个样本 $x_1,x_2,\cdots,x_N$，则似然函数为

$$l(\theta)=p(x\mid\theta)=\begin{cases}p(x_1,x_2,\cdots,x_N\mid\theta_1,\theta_2)=\dfrac{1}{(\theta_2-\theta_1)^N}\\ 0\end{cases} \tag{12-31}$$

对数似然函数为

$$H(\theta)=-N\ln(\theta_2-\theta_1) \tag{12-32}$$

通过对式(12-29)求解，得

$$\frac{\partial H}{\partial\theta_1}=N\cdot\frac{1}{\theta_2-\theta_1} \tag{12-33}$$

$$\frac{\partial H}{\partial \theta_2} = -N \cdot \frac{1}{\theta_2 - \theta_1} \qquad (12\text{-}34)$$

从式(12-33)、式(12-34)中解出的参数 θ_1、θ_2 至少有一个为无穷大,这是无意义的结果,原因是似然函数在最大值的地方没有零斜率,所以必须用其他方法来找最大值。从式(12-30)看出,当 $\theta_2 - \theta_1$ 越小时,似然函数越大。而在给定一个有 N 个观察值 $[x_1, x_2, \cdots, x_N]$ 的样本集中,如果用 x' 表示观察值中最小的一个,用 x'' 表示观察值中最大的一个,显然 θ_1 不能大于 x',θ_2 不能小于 x'',因此 $\theta_2 - \theta_1$ 的最小可能值是 $x'' - x'$,这时 θ 的最大似然估计量显然是

$$\hat{\theta}_1 = x' \qquad (12\text{-}35)$$

$$\hat{\theta}_2 = x'' \qquad (12\text{-}36)$$

3. 正态分布下的最大似然估计

这里仅以单变量正态分布情况下估计其均值和方差为例来说明最大似然估计的用法。我们知道,单变量正态分布的形式为

$$p(x|\theta) = \frac{1}{\sqrt{2\pi}\sigma} \exp\left[-\frac{1}{2}\left(\frac{x-\mu}{\sigma}\right)^2\right] \qquad (12\text{-}37)$$

其中,均值 μ 和方差 σ^2 为未知参数,即我们要估计的参数为 $\theta = [\theta_1, \theta_2]^T = [\mu, \sigma^2]^T$,用于估计的样本仍然是 $X = [x_1, x_2, \cdots, x_N]$。根据式(12-31),最大似然估计应该是下面方程组的解:

$$\nabla_\theta H(\theta) = \sum_{k=1}^{N} \nabla_\theta \ln p(x_k | \theta) = 0 \qquad (12\text{-}38)$$

从正态分布式(12-37)可以得到

$$\ln p(x_k|\theta) = -\frac{1}{2}\ln 2\pi\theta_2 - \frac{1}{2\theta_2}(x_k - \theta_1)^2 \qquad (12\text{-}39)$$

分别对两个未知参数求偏导,得到

$$\nabla_\theta \ln p(x_k|\theta) = \begin{bmatrix} \dfrac{1}{\theta_2}(x_k - \theta_1) \\ -\dfrac{1}{2\theta_2} + \dfrac{1}{2\theta_2^2}(x_k - \theta_1)^2 \end{bmatrix} \qquad (12\text{-}40)$$

容易解得

$$\hat{\mu} = \hat{\theta}_1 = \frac{1}{N}\sum_{k=1}^{N} x_k \qquad (12\text{-}41)$$

$$\hat{\sigma}^2 = \hat{\theta}_2 = \frac{1}{N}\sum_{k=1}^{N}(x_k - \hat{\mu})^2 \qquad (12\text{-}42)$$

这正是人们经常使用的对均值和方差的估计,它们是对正态分布样本的均值和方差的最大似然估计。

对于多元正态分布,分析原理和上面相同,只是公式略微复杂一些,结论也和单变量情况很相似,即多元正态分布的均值和方差的最大似然估计是

$$\mu = \frac{1}{N}\sum_{i=1}^{N} x_i \qquad (12\text{-}43)$$

$$\hat{\Sigma} = \frac{1}{N}\sum_{i=1}^{N}(x_i - \hat{\mu})(x_i - \hat{\mu})^T \qquad (12\text{-}44)$$

从以上结果可以得出结论,均值向量 μ 的最大似然估计是样本均值。协方差矩阵 Σ 的最大似然估计是 N 个矩阵 $(x_k - \hat{\mu})(x_k - \hat{\mu})^T$ 的算术平均。由于真正的协方差矩阵是随机矩阵

$(x-\mu)(x-\mu)^{\mathrm{T}}$ 的期望值,所以这个结果是非常令人满意的。最大似然估计量是平方误差一致和简单一致估计量,但不一定都是无偏估计量。上例中 $\hat{\mu}$ 是无偏的,而 $\hat{\Sigma}$ 就不是无偏的,$\hat{\Sigma}$ 的无偏估计为 $\dfrac{1}{N-1}\sum_{k=1}^{N}(x_k-\hat{\mu})(x_k-\hat{\mu})^{\mathrm{T}}$。

12.4.2 贝叶斯估计与贝叶斯学习

贝叶斯估计(Bayesian Estimation)是概率密度估计中的另一类主要的参数估计方法,其结果在很多情况下与最大似然法相同或几乎相同,但是两种方法对问题的处理视角是不同的。一个根本的区别是,最大似然估计是把待估计的参数当作未知但固定的量,要做的是根据观测数据估计这个量的取值;而贝叶斯估计则把待估计的参数本身看作随机变量,要做的是根据观测数据对参数的分布进行估计。

1. 贝叶斯估计

可以把概率密度函数的参数估计问题看作一个贝叶斯决策问题,但是这里要决策的不是离散的类别,而是参数的取值,是在连续的空间里做决策。

把待估计参数 θ 看作具有先验分布密度 $p(\theta)$ 的随机变量,其取值与样本集 X 有关,我们要做的是根据样本集 $X=[x_1,x_2,\cdots,x_N]$ 估计最优的 θ(记作 θ^*)。

在用于分类的贝叶斯决策中,最优的条件可以是最小错误率或者最小风险。在这里,对连续变量 θ,我们假定把它估计为 $\hat{\theta}$ 所带来的损失 $\lambda(\hat{\theta},\theta)$,也称作损失函数。

设样本的取值空间是 E^d,参数的取值空间是 Θ,那么当用来作为估计时总期望风险就是

$$R = \int_{E^d}\int_{\Theta}\lambda(\hat{\theta},\theta)p(x,\theta)\mathrm{d}\theta\mathrm{d}x = \int_{E^d}\int_{\Theta}\lambda(\hat{\theta},\theta)p(\theta\mid x)p(x)\mathrm{d}\theta\mathrm{d}x \tag{12-45}$$

我们定义在样本下的条件风险为

$$R(\hat{\theta}\mid x) = \int_{\Theta}\lambda(\hat{\theta},\theta)p(\theta\mid x)\mathrm{d}\theta \tag{12-46}$$

那么,式(12-45)就可以写成

$$R = \int_{E^d}R(\hat{\theta}\mid x)p(x)\mathrm{d}x \tag{12-47}$$

现在的目标是对期望风险求最小。与贝叶斯分类决策时相似,这里的期望风险也是在所有可能的 x 情况下条件风险的积分,而条件风险又都是非负的,所以求期望风险最小就等价于对所有可能的 x 求条件风险最小。在有限样本集合 $X=[x_1,x_2,\cdots,x_N]$ 的情况下,我们所能做的就是对所有的样本求条件风险最小,即

$$\theta^* = \arg\min R(\hat{\theta}\mid X) = \int_{\Theta}\lambda(\hat{\theta},\theta)p(\theta\mid X)\mathrm{d}\theta \tag{12-48}$$

在决策分类时,需要事先定义决策表即损失表,而在连续情况下,需要定义损失函数。最常用的损失函数是平方误差损失函数,即

$$\lambda(\hat{\theta},\theta) = (\theta-\hat{\theta})^2 \tag{12-49}$$

可以证明,如果采用平方误差损失函数,则在样本 x 条件下的贝叶斯估计量 θ^* 是在给定 x 下 θ 的条件期望,即

$$\theta^* = E[\theta\mid x] = \int_{\Theta}\theta p(\theta\mid x)\mathrm{d}\theta \tag{12-50}$$

同样，在给定样本集 X 下 θ 的贝叶斯估计量是

$$\theta^* = E[\theta \mid X] = \int_\Theta \theta p(\theta \mid X) \mathrm{d}\theta \tag{12-51}$$

这样，在最小平方误差损失函数下，贝叶斯估计的步骤如下。

① 根据对问题的认识或者猜测确定 θ 的先验分布密度 $p(\theta)$。

② 由于样本是独立同分布的，而且已知样本密度函数的形式 $p(x|\theta)$，可以从形式上求出样本集的联合分布为

$$p(X \mid \theta) = \prod_{i=1}^{N} p(x_i \mid \theta) \tag{12-52}$$

其中，θ 是变量。

③ 利用贝叶斯公式求 θ 的后验概率分布：

$$p(\theta \mid X) = \frac{p(X \mid \theta) p(\theta)}{\int_\Theta p(X \mid \theta) p(\theta) \mathrm{d}\theta} \tag{12-53}$$

④ 根据式(12-51)，θ 的贝叶斯估计量是

$$\theta^* = \int_\Theta \theta p(\theta \mid X) \mathrm{d}\theta \tag{12-54}$$

在贝叶斯估计中，样本的概率密度函数 $p(x|\theta)$ 的形式是已知的，参数的先验分布密度 $p(\theta)$ 只有在某些特殊形式下才能使式(12-53)的后验概率在形式上方便计算。特别地，对于给定的概率密度函数 $p(x|\theta)$ 模型，如果先验密度 $p(\theta)$ 能够使参数的后验分布 $p(\theta|X)$ 具有与 $p(x|\theta)$ 相同的形式，则这样的先验密度函数形式称作与概率模型 $p(x|\theta)$ 共轭(Conjugate)。Bernardo 和 Smith 编写的教材 *Bayesian Theory* 给出了一些常用的共轭先验概率密度模型的例子，实际上最常用的是在 $p(x|\theta)$ 为正态分布时 $p(\theta)$ 也为正态分布。

应注意到，我们本来的目的并不是估计概率密度参数，而是估计样本的概率密度函数 $p(x|X)$ 本身，因为只有假定概率密度函数的形式已知，才转化为估计密度函数中参数的问题。实际上在上面介绍的贝叶斯估计框架下，从式(12-53)得到了参数的后验概率后就可以不必求对参数的估计，而是直接得到样本的概率密度函数

$$p(x \mid X) = \int_\Theta p(x \mid \theta) p(\theta \mid X) \mathrm{d}\theta \tag{12-55}$$

可以这样直观地理解式(12-55)：参数 θ 是随机变量，它有一定的分布，而要估计的概率密度 $p(x|X)$ 就是所有可能的参数取值下样本概率密度的加权平均，而这个加权就是在观测样本下估计出的参数 θ 的后验概率。在式(12-53)给出的参数分布估计中，决定分布形状的是 $p(X|\theta)p(\theta)$，即

$$p(\theta|X) \sim p(X|\theta) p(\theta) \tag{12-56}$$

分母只是对估计出的分布的归一化因子，保证概率密度函数下的积分为 1。可以看到，$p(\theta|X)$ 是由两项决定的：一项就是上一节定义的似然函数 $p(X|\theta)$，它反映了在不同参数取值下得到观测样本的可能性；另一项是参数取值的先验概率 $p(\theta)$，它反映了对参数分布的先验知识或者主观猜测。

2. 贝叶斯学习

现在来考虑更为一般的情况，即根据观测样本用式(12-54)来估计样本概率密度函数的

参数。为了反映样本的数目，把样本集重新记作 $X^N = \{x_1, x_2, \cdots, x_N\}$，式(12-54)重写如下：

$$\theta^* = \int_\Theta \theta p(\theta \mid X^N) \mathrm{d}\theta \tag{12-57}$$

其中，

$$p(\theta \mid X^N) = \frac{p(X^N \mid \theta) p(\theta)}{\int_\Theta p(X^N \mid \theta) p(\theta) \mathrm{d}\theta} \tag{12-58}$$

当 $N > 1$ 时，有

$$p(X^N \mid \theta) = p(x_N \mid \theta) p(X^{N-1} \mid \theta) \tag{12-59}$$

把它代入式(12-58)，可以得到如下的递推公式：

$$p(\theta \mid X^N) = \frac{p(x_N \mid \theta) p(\theta \mid X^{N-1})}{\int_\Theta p(x_N \mid \theta) p(\theta \mid X^{N-1}) \mathrm{d}\theta} \tag{12-60}$$

为了形式统一，把先验概率记作 $p(\theta \mid X^0) = p(\theta)$，表示在没有样本情况下的概率密度估计。根据式(12-60)，随着样本数的增加，可以得到一系列对概率密度函数参数的估计

$$p(\theta), p(\theta \mid x_1), p(\theta \mid x_1, x_2), \cdots, p(\theta \mid x_1, x_2, \cdots, x_N), \cdots \tag{12-61}$$

称作递推的贝叶斯估计。如果随着样本数的增加，式(12-61)的后验概率序列逐渐尖锐，逐步趋于以 θ 的真实值为中心的一个尖峰，当样本无穷多时收敛于在参数真实值上的脉冲函数，则这一过程称作贝叶斯学习。

3. 正态分布时的贝叶斯估计

下面以最简单的一维正态分布模型为例来说明贝叶斯估计的应用。假设模型的均值 μ 是待估计的参数，已知方差为 δ^2，我们可以把分布密度写为

$$p(x \mid \mu) = \frac{1}{\sqrt{2\pi}\delta} \exp\left(-\frac{1}{2\delta^2}(x - \mu)^2\right) \tag{12-62}$$

假定均值 μ 的先验分布也是正态分布，其均值为 μ_0、方差为 δ_0^2，即

$$p(\mu) = \frac{1}{\sqrt{2\pi}\delta_0} \exp\left(-\frac{1}{2\delta_0^2}(\mu - \mu_0)^2\right) \tag{12-63}$$

用式(12-53)来对均值 μ 进行估计：

$$p(\mu \mid X) = \frac{p(X \mid \mu) p(\mu)}{\int_\Theta p(X \mid \mu) p(\mu) \mathrm{d}\mu} \tag{12-64}$$

已经知道，这里的分母只是用来对估计出的后验概率进行归一化的常数项，可以暂时不考虑。现在来计算式(12-64)右边的分子部分。

$$p(X \mid \mu) p(\mu) = p(\mu) \prod_{i=1}^N p(x_i \mid \mu)$$

$$= \frac{1}{\sqrt{2\pi}\delta} \exp\left(-\frac{1}{2}\left(\frac{\mu - \mu_0}{\delta_0}\right)^2\right) \prod_{i=1}^N \left(\frac{1}{\sqrt{2\pi}\delta} \exp\left(-\frac{1}{2}\left(\frac{x_i - \mu}{\delta}\right)^2\right)\right)$$

把所有不依赖于 μ 的量都写入一个常数中，上式可以整理为

$$p(X \mid \mu) p(\mu) = a \exp\left(-\frac{1}{2}\left(\frac{\mu - \mu_N}{\delta_N}\right)^2\right) \tag{12-65}$$

可见 $p(\mu|X)$ 也是一个正态分布，可以得到

$$p(\mu|X) = \frac{1}{\sqrt{2\pi}\delta_N}\exp\left(-\frac{1}{2}\left(\frac{\mu-\mu_N}{\delta_N}\right)^2\right) \quad (12\text{-}66)$$

其中的参数满足

$$\frac{1}{\delta_N^2} = \frac{1}{\delta_0^2} + \frac{1}{\delta^2} \quad (12\text{-}67)$$

$$\mu_N = \delta_N^2\left(\frac{\mu_0}{\delta_0^2} + \frac{\sum_{i=1}^N x_i}{\delta^2}\right) \quad (12\text{-}68)$$

进一步整理后得

$$\mu_N = \frac{N\delta_0^2}{N\delta_0^2 + \delta^2}m_N + \frac{\delta^2}{N\delta_0^2 + \delta^2}\mu_0 \quad (12\text{-}69)$$

$$\delta_N^2 = \frac{\delta_0^2\delta^2}{N\delta_0^2 + \delta^2} \quad (12\text{-}70)$$

其中，$m_N = \frac{1}{N}\sum_{i=1}^N x_i$ 是所有观测样本的算术平均。

所以，贝叶斯估计告诉我们，待估计的样本密度函数的均值参数服从均值为 μ_N、方差为 δ_N^2 的正态分布。显然，可以用式(12-53)得到参数的贝叶斯估计值，即

$$\hat{\mu} = \int \mu p(\mu|X)\mathrm{d}\mu = \int \frac{\mu}{\sqrt{2\pi}\delta_N}\exp\left(-\frac{1}{2}\left(\frac{\mu-\mu_N}{\delta_N}\right)^2\right)\mathrm{d}\mu = \mu_N \quad (12\text{-}71)$$

在式(12-69)中，正态分布下贝叶斯估计的结果是由两项组成的，一项是样本的算术平均，另一项是对均值的先验认识。

在得到式(12-66)的后验分布后，我们也可以直接用式(12-55)求出样本的密度函数

$$p(x|X) = \frac{1}{\sqrt{2\pi}\sqrt{\delta^2+\delta_N^2}}\exp\left\{-\frac{1}{2}\left(\frac{x-\mu_N}{\sqrt{\delta^2+\delta_N^2}}\right)^2\right\} \sim N(\mu_N, \delta^2+\delta_N^2) \quad (12\text{-}72)$$

其中，μ_N、δ_N^2 仍然如式(12-70)、式(12-71)所示。可以看到，虽然我们的条件是已知方差 δ^2，但是由于均值是估计值 μ_N，贝叶斯估计得到的分布密度函数方差增加了，变成了 $\delta^2+\delta_N^2$，而所增加的项 δ_N^2 在样本趋于无穷大时趋于零。

4. 其他分布的情况

需要说明的是，在一般情况下，在求出参数的后验概率分布 $p(\theta|X)$ 后，计算式(12-54)的数学期望和式(12-55)的积分并不是非常容易的，对于某些概率模型甚至会非常困难。在这种情况下，比较简单的做法是直接根据 $p(\theta|X)$ 选取一个参数值作为估计，例如，选择后验概率最大的参数值，但在很多分布下最大值与数学期望的差距可能会很大。

12.4.3 概率密度估计的非参数方法

1. 非参数估计的基本原理与直方图方法

直方图（Histogram）方法是最简单直观的非参数估计方法，也是日常人们最常用的对数据进行统计分析的方法。图12-12给出了一个直方图的例子。

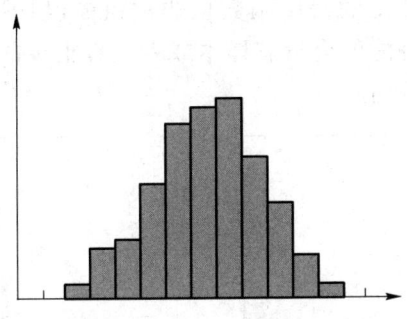

图 12-12　直方图举例

进行直方图估计的做法如下。

① 把样本 x 的每个分量在其取值范围内分成 k 个等间隔的小窗。如果 x 是 d 维向量,则这种分割就会得到多个小体积(或者称作小舱),每个小舱的体积记作 V。

② 统计落入每个小舱内的样本数目 q_i。

③ 把每个小舱内的概率密度看作常数,并用 $q_i/(NV)$ 作为其估计值,其中 N 为样本总数。

下面来分析非参数估计的基本原理。我们的问题是:已知样本集 $X=\{x_1,x_2,\cdots,x_N\}$ 中的样本是从服从密度函数 $p(x)$ 的总体中独立抽取出来的,求 $p(x)$ 的估计 $\hat{p}(x)$。与参数估计时相同,这里不考虑类别,即假设样本都来自同一个类别,对不同类别只需要分别进行估计即可。

考虑在样本所在空间的某个小区域 R,某个随机向量落入这个小区域的概率是

$$P_R = \int_R p(x)\mathrm{d}x \tag{12-73}$$

根据二项分布,在样本集 X 中恰好有 k 个样本落入小区域 R 的概率是

$$P_k = C_N^k P_R^k (1-P_R)^{N-k} \tag{12-74}$$

其中,C_N^k 表示在 N 个样本中取 k 个样本的组合方式的数量。则 k 的期望是

$$E[k] = NP_R \tag{12-75}$$

而且 k 的众数(概率最大的取值)是

$$m = [(N+1)P_R] \tag{12-76}$$

其中,[ ]表示取整数。因此,当小区域中实际落入了 k 个样本时,P_R 的一个很好的估计是

$$\hat{P}_R = \frac{k}{N} \tag{12-77}$$

当 $p(x)$ 连续且小区域 R 的体积 V 足够小时,可以假定在该小区域范围内 $p(x)$ 是常数,则式(12-73)可近似为

$$P_R = \int_R p(x)\mathrm{d}x = p(x)V \tag{12-78}$$

将式(12-77)的估计代入式(12-78),可得在小区域 R 的范围内

$$\hat{p}(x) = \frac{k}{NV} \tag{12-79}$$

这就是在上面的直方图中使用的对小舱内概率密度的估计。

在上面的直方图估计中,我们采用的是把特征空间在样本取值范围内等分的做法。可以设想,小舱的选择是与估计的效果密切相关的:如果小舱过宽,则假设 $p(x)$ 在小舱内为常数的

做法就显得粗糙,导致最终估计出的密度函数也非常粗糙,如图 12-13(a)所示;而另一方面,如果小舱过窄,则有些小舱内可能就会没有样本或者只有很少的样本,导致估计出的概率密度函数很不连续,如图 12-13(b)所示。

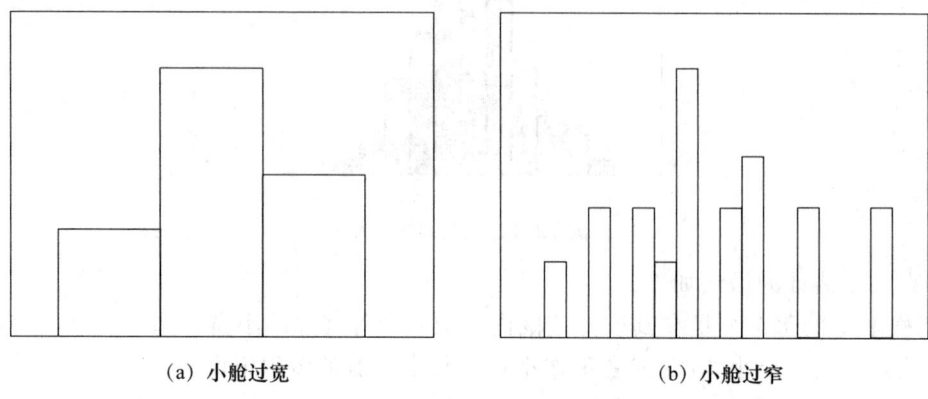

(a) 小舱过宽 (b) 小舱过窄

图 12-13 小舱宽度对直方图估计的影响示意

所以,小舱的选择应该与样本总数相适应。从理论上讲,假定样本总数是 n,小舱的体积为 V_n,在 x 附近位置上落入小舱的样本个数是 k,那么当样本趋于无穷多时 $\hat{p}(x)$ 收敛于 $p(x)$ 的条件是

$$\lim_{n\to\infty}V_n=0,\quad \lim_{n\to\infty}k_n=\infty,\quad \lim_{n\to\infty}\frac{k_n}{n}=0 \tag{12-80}$$

直观的解释是:随着样本数的增加,小舱体积应该尽可能小,同时又必须保证小舱内有充分多的样本,但每个小舱内的样本数必须是总样本数中很小的一部分。

2. k 近邻估计方法

k 近邻估计就是一种采用可变大小的小舱的密度估计方法,基本做法是:根据总样本确定一个参数 k_N,即在总样本数为 N 时我们要求每个小舱内拥有的样本个数。在求 x 处的密度估计 $\hat{p}(x)$ 时,我们调整包含 x 的小舱的体积,直到小舱内恰好落入 k_N 个样本,并用式(12-78)来估算 $\hat{p}(x)$,即

$$\hat{p}(x)=\frac{k_N/N}{V} \tag{12-81}$$

k 近邻估计方法与简单的直方图方法相比还有一个不同,就是 k 近邻估计方法并不是把 x 的取值范围划分为若干个区域,而是在 x 的取值范围内以每一点为小舱中心用式(12-81)进行估计,如图 12-14 所示。图 12-15 给出了在不同样本数目和不同参数时 k 近邻估计效果的例子。

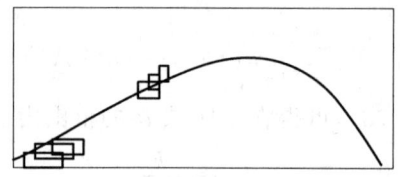

图 12-14 k 近邻估计法的窗口宽度与样本密度的关系示意

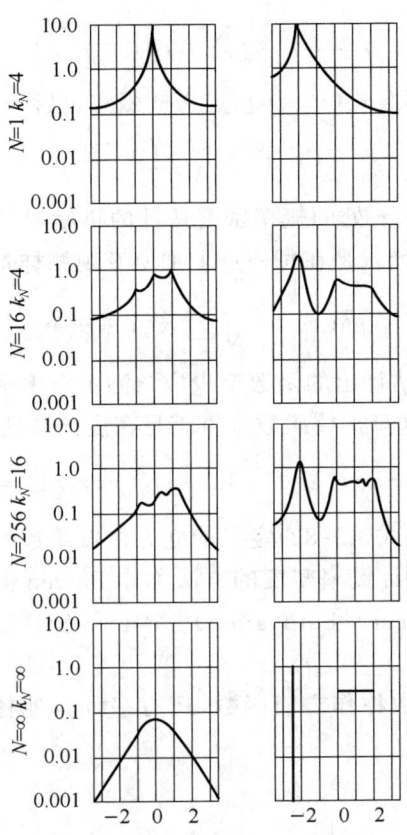

图 12-15 不同样本数和不同参数下 k 近邻估计的效果举例

3. Parzen 窗法

假设 $x \in R^d$ 是 d 维特征向量,并假设每个小舱是一个超立方体,它在每一维的棱长都为 h,则小舱的体积是

$$V = h^d \tag{12-82}$$

要计算每个小舱内落入的样本数目,可以定义如下的 d 维单位方窗函数:

$$\varphi([u_1, u_2, \cdots, u_d]^T) = \begin{cases} 1, & |u_j| \leqslant \dfrac{1}{2}, j=1,2,\cdots,d \\ 0, & \text{其他} \end{cases} \tag{12-83}$$

该函数在以原点为中心的 d 维单位超正方体内取值为 1,而在其他地方取值都为 0。对于每个 x,要考察某个样本 x 是否在以 x 为中心、h 为棱长的立方小舱内,就可以通过计算 $\varphi\left(\dfrac{x-x_i}{h}\right)$ 来进行。现在共有 N 个观测样本 $\{x_1, x_2, \cdots, x_N\}$,那么落入以 x 为中心的超立方体内的样本数就可以写成

$$k_N = \sum_{i=1}^{N} \varphi\left(\dfrac{x-x_i}{h}\right) \tag{12-84}$$

把它代入式(12-79)中,可以得到对于任意一点的密度估计的表达式:

$$\hat{p}(x) = \dfrac{1}{NV} \sum_{i=1}^{N} \varphi\left(\dfrac{x-x_i}{h}\right) \tag{12-85}$$

或者写成

$$\hat{p}(x) = \frac{1}{N}\sum_{i=1}^{N}\frac{1}{V}\varphi\left(\frac{x-x_i}{h}\right) \tag{12-86}$$

还可以从另外的角度来理解式(12-86):定义核函数(也称窗函数)

$$K(x,x_1) = \frac{1}{V}\varphi\left(\frac{x-x_i}{h}\right) \tag{12-87}$$

它反映了一个观测样本 x 对在 x 处的概率密度估计的贡献,与样本 x_i 和 x 的距离有关,也可记作 $K(x-x_i)$。概率密度估计就是在每一点上把所有观测样本的贡献进行平均,即

$$\hat{p}(x) = \frac{1}{N}\sum_{i=1}^{N}K(x-x_i) \tag{12-88}$$

一个基本的要求是,这样估计出的函数至少应该满足概率密度函数的基本条件,即函数值应该非负且积分为1。显然,这只需核函数本身满足密度函数的要求即可,即

$$K(x,x_i) \geq 0 \quad \text{且} \quad \int K(x,x_i)\mathrm{d}x = 1 \tag{12-89}$$

容易验证,由式(12-87)和式(12-83)定义的立方体核函数满足这一条件。

这种用窗函数(核函数)估计概率密度的方法称作 Parzen 窗法(Parzen Window Method)估计或核密度估计(Kernel Density Estimation)。Parzen 窗法估计也可以看作用核函数对样本在取值空间中进行插值。

由式(12-87)定义的核函数称作方窗函数,还有多种其他核函数。下面列举几种常见的核函数。

(1) 方窗

$$k(x,x_i) = \begin{cases} \dfrac{1}{h^d}, & |x^j-x_i^j|\leq h/2, j=1,2,\cdots,d \\ 0, & \text{其他} \end{cases} \tag{12-90}$$

其中,h 为超立方体的棱长。这种写法与式(12-86)定义是相同的。

(2) 高斯窗(正态窗)

$$k(x,x_1) = \frac{1}{\sqrt{(2\pi)^d\rho^{2d}|Q|}}\exp\left\{-\frac{1}{2}\frac{(x-x_i)^{\mathrm{T}}Q^{-1}(x-x_i)}{\rho^2}\right\} \tag{12-91}$$

即以样本 x_i 为均值、协方差矩阵为 $\Sigma=\rho^2 Q$ 的正态分布函数。在一维情况下,则为

$$k(x,x_1) = \frac{1}{\sqrt{2\pi}\delta}\exp\left\{-\frac{(x-x_i)^2}{2\delta^2}\right\} \tag{12-92}$$

(3) 超球窗

$$k(x,x_i) = \begin{cases} V^{-1}, & \|x-x_i\| \leq \rho \\ 0, & \text{其他} \end{cases} \tag{12-93}$$

其中,V 是超球体的体积,ρ 是超球体半径。

在这些窗函数中,都有一个表示窗口宽度的参数,也称作平滑参数,它反映了一个样本对多大范围内的密度估计产生影响。

图 12-16 给出了用高斯窗估计概率密度函数的例子。

当被估计的密度函数连续时,在核函数及其参数满足一定条件下,Parzen 窗法估计是渐近无偏和平方误差一致的。这些条件主要是:对称且满足式(12-89)的密度函数条件、有界(不能是无穷大)核函数取值随着距离的减小而迅速减小,对应小舱的体积应随着样本数的增加而趋于零,但是缩减速度不能太快,即慢于 $1/N$ 趋于零的速度。

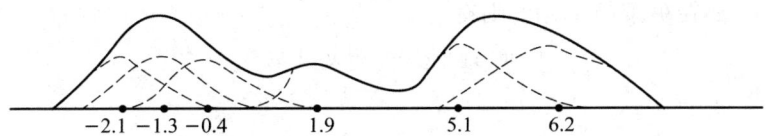

图 12-16 用高斯窗估计概率密度函数示例

12.5 线性分类器

从前面的介绍可以看到,如果能够很好地估计出样本的概率密度模型,则可以用贝叶斯决策来最优地实现两类或多类的分类。但是,在很多情况下,准确地估计概率密度函数并不是一件容易的事,在特征空间维数高和样本较少的情况下尤其如此。

实际上,模式识别的目的是在特征空间中设法找到两类(或多类)之间的分界面,估计概率密度函数并不是我们的目的。两步贝叶斯决策是首先根据样本进行概率密度函数估计,然后根据估计的概率密度函数求分类面。如果能直接根据样本求分类面,就可以省略对概率密度函数的估计。在介绍正态分布下的贝叶斯决策时,已经看到,在样本为正态分布且各类协方差矩阵相等的条件下,贝叶斯决策的最优分类面是线性的,两类情况下判别函数是 $g(x) = w^T x + \omega_0$,而一般情况下为二次判别函数。实际上,如果知道判别函数的形式,可以设法根据数据直接估计这种判别函数中的参数。这就是基于样本直接进行分类器设计的思想。进一步,即使不知道最优的判别函数是什么形式,仍然可以根据需要或对问题的理解设定判别函数类型,根据数据直接求解判别函数。

12.5.1 线性判别函数的基本概念

我们已经遇到过在两类情况下判别函数为线性的情况,这里给出它的一般表达式,即

$$g(x) = w^T x + \omega_0 \tag{12-94}$$

其中,x 是 d 维特征向量,又称样本向量,w 称为权向量,x 和 w 分别表示为

$$x = \begin{Bmatrix} x_1 \\ x_2 \\ \vdots \\ x_d \end{Bmatrix}, \quad w = \begin{Bmatrix} w_1 \\ w_2 \\ \vdots \\ w_d \end{Bmatrix}$$

ω_0 是个常数,称为阈值权。两类问题的线性分类器可以采用下述决策规则:令

$$g(x) = g_1(x) - g_2(x)$$

则

$$\text{如果} \begin{cases} g(x) > 0, \text{则决策 } x \in \omega_1 \\ g(x) < 0, \text{则决策 } x \in \omega_2 \\ g(x) = 0, \text{可将 } x \text{ 任意分到某一类,或拒绝} \end{cases} \tag{12-95}$$

方程 $g(x) = 0$ 定义了一个决策面,它把归类于 ω_1 类的点与归类于 ω_2 类的点分割开来。当 $g(x)$ 为线性函数时,这个决策面便是超平面。

假设 x_1 和 x_2 都在决策面 H 上，则有

$$w^T x_1 + \omega_0 = w^T x_2 + \omega_0 \tag{12-96}$$

或

$$w^T(x_1 - x_2) = 0 \tag{12-97}$$

这表明，w 和超平面 H 上任一向量正交，即 w 是 H 的法向量。一般说来，一个超平面 H 把特征空间分成两个半空间，即对 ω_1 类的决策域 $\mathcal{R}_1$ 和对 ω_2 类的决策域 $\mathcal{R}_2$。因为当 x 在 $\mathcal{R}_1$ 中时，$g(x)>0$，所以决策面的法向量是指向 $\mathcal{R}_1$ 的。因此，有时称 $\mathcal{R}_1$ 中的所有 x 在 H 的正侧，相应地，称 $\mathcal{R}_2$ 中的所有 x 在 H 的负侧。

判别函数 $g(x)$ 可以看作特征空间中某点 x 到超平面的距离的一种代数度量，如图 12-17 所示。

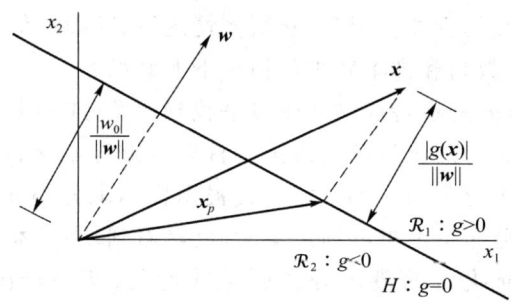

图 12-17 线性判别函数

若把 x 表示成

$$x = x_p + r \frac{w}{\|w\|} \tag{12-98}$$

其中，x_p 是 x 在 H 上的射影向量，r 是 x 到 H 的垂直距离，$\frac{w}{\|w\|}$ 是 w 方向上的单位向量。

将式(12-98)代入式(12-94)，可得

$$g(x) = w^T \left(x_p + r \frac{w}{\|w\|} \right) + \omega_0 = w^T x_p + \omega_0 + r \frac{w^T w}{\|w\|} = r \|w\|$$

或写作

$$r = \frac{g(x)}{\|w\|} \tag{12-99}$$

若 x 为原点，则

$$g(x) = \omega_0 \tag{12-100}$$

将式(12-100)代入式(12-99)，就得到从原点到超平面 H 的距离

$$r_0 = \frac{\omega_0}{\|w\|} \tag{12-101}$$

如果 $\omega_0>0$，则原点在 H 的正侧；若 $\omega_0<0$，则原点在 H 的负侧；若 $\omega_0=0$，则 $g(x)$ 具有齐次形式 $w^T x$，说明超平面 H 通过原点。图 12-17 对这些结果作了几何解释。

总之，利用线性判别函数进行决策就是用一个超平面把特征空间分割成两个决策区域。超平面的方向由权向量 w 确定，它的位置由阈值权 ω_0 确定。判别函数 $g(x)$ 正比于 x 点到超平面的代数距离（带正负号）。当 x 在 H 正侧时，$g(x)>0$；当 x 在 H 负侧时，$g(x)<0$。

12.5.2 Fisher 线性判别分析

现在从最直观的 Fisher 线性判别分析 (Linear Discriminant Analysis，LDA) 开始介绍一些具有代表性的线性判别方法。

两类的线性判别问题可以看作先把所有样本都投影到一个方向上，然后在这个一维空间中确定一个分类的阈值。

那么，如何确定投影方向呢？

在图 12-18 所示的例子中，可以看到，按左图中的方向投影后两类样本可以比较好地分开。Fisher 线性判别分析的思想就是，选择投影方向，使投影后两类相隔尽可能远，同时每一类内部的样本又尽可能聚集。

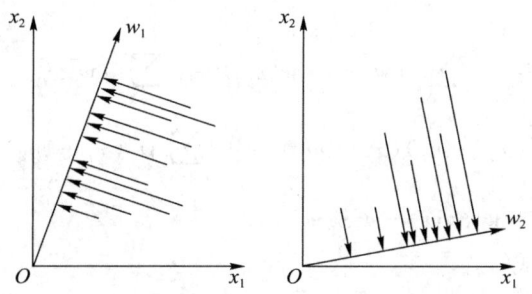

图 12-18 寻找有利于分类的投影方向

为了定量地研究这一问题，我们先来定义一些基本概念。

这里只讨论两类分类的问题。训练样本集是 $X=\{x_1,x_2,\cdots,x_N\}$，每个样本是一个 d 维向量，其中 ω_1 类的样本是 $X_1=\{x_1^1,\cdots,x_{N_1}^1\}$，$\omega_2$ 类的样本是 $X_2=\{x_1^2,\cdots,x_{N_2}^2\}$。我们要寻找一个投影方向 w（w 也是一个 d 维向量），投影以后的样本变成

$$y_i = w^\mathrm{T} x, \quad i=1,2,\cdots,N \tag{12-102}$$

在原样本空间中，类均值向量为

$$m_i = \frac{1}{N_i}\sum_{x_j \in X_i} x_j, \quad i=1,2 \tag{12-103}$$

定义各类的类内离散度矩阵 (Within-class Scatter Matrix) 为

$$S_i = \sum_{x_j \in X_i}(x_j - m_i)(x_j - m_i)^\mathrm{T}, \quad i=1,2 \tag{12-104}$$

即样本协方差矩阵。总类内离散度矩阵 (Pooled Within-class Scatter Matrix) 为

$$S_b = (m_1 - m_2)(m_1 - m_2)^\mathrm{T} \tag{12-105}$$

在投影以后的一维空间，两类的均值分别为

$$\tilde{m}_i = \frac{1}{N_i}\sum_{y_j \in Y_i} y_j = \frac{1}{N_i}\sum_{x_j \in X_i} w^\mathrm{T} x_j = w^\mathrm{T} m_i, \quad i=1,2 \tag{12-106}$$

类内离散度不再是一个矩阵，而是一个值，为

$$\tilde{S}_i^2 = \sum_{y_j \in Y_i}(y_j - \tilde{m}_i)^2, \quad i=1,2 \tag{12-107}$$

总类内离散度为

$$\tilde{S}_2 = \tilde{S}_1^2 + \tilde{S}_2^2 \tag{12-108}$$

而类间离散度就成为两类均值差的平方,即

$$\widetilde{S}_b^2 = (\widetilde{m}_1 - \widetilde{m}_2)^2 \tag{12-109}$$

前面已经提出,希望寻找的投影方向使投影以后两类尽可能分开,而各类内部又尽可能聚集,这一目标可以表示成如下的准则:

$$\max J_F(\omega) = \frac{\widetilde{S}_b^2}{\widetilde{S}_w^2} = \frac{(\widetilde{m}_1 - \widetilde{m}_2)^2}{\widetilde{S}_1^2 + \widetilde{S}_2^2} \tag{12-110}$$

这就是 Fisher 准则(Fisher's Criterion)函数。

把式(12-102)代入式(12-109)和式(12-107),得到

$$\begin{aligned}\widetilde{S}_b^2 &= (\widetilde{m}_1 - \widetilde{m}_2)^2 = (\boldsymbol{w}^T \boldsymbol{m}_1 - \boldsymbol{w}^T \boldsymbol{m}_2)^2 \\ &= \boldsymbol{w}^T (\boldsymbol{m}_1 - \boldsymbol{m}_2)(\boldsymbol{m}_1 - \boldsymbol{m}_2) \boldsymbol{w} = \boldsymbol{w}^T \boldsymbol{S}_b \boldsymbol{w}\end{aligned} \tag{12-111}$$

以及

$$\begin{aligned}\widetilde{S}_2 &= \widetilde{S}_1^2 + \widetilde{S}_2^2 = \sum_{x_j \in X_1} (\boldsymbol{w}^T x_j - \boldsymbol{w}^T \boldsymbol{m}_1)^2 + \sum_{x_j \in X_2} (\boldsymbol{w}^T x_j - \boldsymbol{w}^T \boldsymbol{m}_2)^2 \\ &= \sum_{x_j \in X_1} \boldsymbol{w}^T (x_j - \boldsymbol{m}_1)(x_j - \boldsymbol{m}_1)^T \boldsymbol{w} + \sum_{x_j \in X_2} \boldsymbol{w}^T (x_j - \boldsymbol{m}_2)(x_j - \boldsymbol{m}_2)^T \boldsymbol{w} \\ &= \boldsymbol{w}^T \boldsymbol{S}_1 \boldsymbol{w} + \boldsymbol{w}^T \boldsymbol{S}_2 \boldsymbol{w} = \boldsymbol{w}^T \boldsymbol{S}_w \boldsymbol{w}\end{aligned} \tag{12-112}$$

因此,Fisher 判别准则变成

$$\max J_F(\boldsymbol{w}) = \frac{\boldsymbol{w}^T \boldsymbol{S}_b \boldsymbol{w}}{\boldsymbol{w}^T \boldsymbol{S}_w \boldsymbol{w}} \tag{12-113}$$

这一表达式在数学物理中被称作广义 Rayleigh 商(Generalized Rayleigh Quotient)。

应注意到,我们的目的是求使得式(12-113)最大的投影方向 $\boldsymbol{w}$。由于对 $\boldsymbol{w}$ 幅值的调节并不会影响 $\boldsymbol{w}$ 的方向,即不会影响 $J_F(\boldsymbol{w})$ 的值,因此可以设定式(12-123)的分母为非零常数而最大化分子部分,即把式(12-113)的优化问题转化为

$$\begin{aligned}&\max \boldsymbol{w}^T \boldsymbol{S}_b \boldsymbol{w} \\ &\text{s.t.} \quad \boldsymbol{w}^T \boldsymbol{S}_w \boldsymbol{w} = c \neq 0\end{aligned} \tag{12-114}$$

其中,"s. t."表示优化问题中需要满足的约束条件。

这是一个等式约束下的极值问题,可以通过引入拉格朗日(Lagrange)乘子转化成以下拉格朗日函数的无约束极值问题:

$$L(\boldsymbol{w}, \lambda) = \boldsymbol{w}^T \boldsymbol{S}_b \boldsymbol{w} - \lambda (\boldsymbol{w}^T \boldsymbol{S}_w \boldsymbol{w} - c) \tag{12-115}$$

在式(12-115)的极值处,应该满足

$$\frac{\partial L(\boldsymbol{w}, \lambda)}{\partial \boldsymbol{w}} = 0 \tag{12-116}$$

由此可得,极值解 w^* 应满足

$$\boldsymbol{S}_b \boldsymbol{w}^* - \lambda \boldsymbol{S}_w \boldsymbol{w}^* = 0 \tag{12-117}$$

假定 $\boldsymbol{S}_w$ 是非奇异的(样本数大于维数时通常是非奇异的),可以得到

$$\boldsymbol{S}_w^{-1} \boldsymbol{S}_b \boldsymbol{w}^* = \lambda \boldsymbol{w}^* \tag{12-118}$$

也就是说,w^* 是矩阵 $\boldsymbol{S}_w^{-1} \boldsymbol{S}_b$ 的本征向量。我们把式(12-105)的 $\boldsymbol{S}_b$ 代入,式(12-117)变成

$$\lambda \boldsymbol{w}^* = \boldsymbol{S}_w^{-1} (\boldsymbol{m}_1 - \boldsymbol{m}_2)(\boldsymbol{m}_1 - \boldsymbol{m}_2)^T \boldsymbol{w}^* \tag{12-119}$$

应注意到，$(m_1-m_2)^T w^*$ 是标量，不影响 w^* 的方向，因此可以得到 w^* 的方向是由 $S_w^{-1}(m_1-m_2)$ 决定的。由于我们只关心 w^* 的方向，因此可以取

$$w^* = S_w^{-1}(m_1-m_2) \tag{12-120}$$

这就是 Fisher 判别准则下的最优投影方向。

Fisher 线性判别投影方向也可以直接用下面的方法求得。

式(12-113)的解满足如下极值条件：

$$\frac{\partial J_F(w)}{\partial w} = 0 \tag{12-121}$$

将 $J_F(w)$ 对 w 求导，可得

$$\frac{w^T(m_1-m_2)}{w^T S_w w}\left[2(m_1-m_2) + \left(\frac{w^T(m_1-m_2)}{w^T S_w w}\right)S_w w\right] = 0 \tag{12-122}$$

分析式(12-122)，可以看到，由于 $\frac{w^T(m_1-m_2)}{w^T S_w w}$ 是标量，在 S_w 非奇异的条件下，式(12-122)的解满足

$$w^* \propto S_w^{-1}(m_1-m_2) \tag{12-123}$$

由于我们只关心 w 的方向，所以式(12-119)就是式(12-122)的解。

需要注意的是，Fisher 判别函数最优的解本身只是给出了一个投影方向，并没有给出我们所要的分类面。要得到分类面，需要在投影后的方向（一维空间）上确定一个分类阈值 ω_0，并采取决策规则：

$$若 \begin{cases} g(x) = w^T x + \omega_0 > 0, 则\ x \in \omega_1 \\ g(x) = w^T x + \omega_0 < 0, 则\ x \in \omega_2 \end{cases} \tag{12-124}$$

回顾曾经讲到的，当样本是正态分布且两类协方差矩阵相同时，最优贝叶斯分类器是线性函数 $g(x) = w^T x + \omega_0$，且其中

$$w = \Sigma^{-1}(\mu_1-\mu_2) \tag{12-125}$$

$$\omega_0 = -\frac{1}{2}(\mu_1+\mu_2)^T \Sigma^{-1}(\mu_1-\mu_2) - \ln\frac{P(\omega_2)}{P(\omega_1)} \tag{12-126}$$

比较式(12-120)与式(12-125)可以看到，在样本为正态分布且两类协方差相同的情况下，如果把样本的算术平均作为均值的估计，把样本协方差矩阵当作真实协方差矩阵的估计，则 Fisher 线性判别所得的方向实际上就是最优贝叶斯决策的方向，因此可以用式(12-126)作为分类阈值，其中用 m_i 代替 μ_i，用 S_w^{-1} 代替 Σ^{-1}，即

$$\omega_0 = -\frac{1}{2}(m_1+m_2)^T S_w^{-1}(m_1-m_2) - \ln\frac{P(\omega_2)}{P(\omega_1)} \tag{12-127}$$

在样本不是正态分布时，这种投影方向和阈值并不能保证是最优的，但通常仍可以取得较好的分类结果。

如果不考虑先验概率的不同，则可以采用阈值

$$\omega_0 = -\frac{1}{2}(\tilde{m}_1+\tilde{m}_2) \tag{12-128}$$

或者

$$\omega_0 = \tilde{m} \tag{12-129}$$

其中，$\tilde{m}$ 是所有样本在投影后的均值。

把式(12-127)代入式(12-124)中并考虑到式(12-120),可以把决策规则写成

$$\text{若} \begin{cases} g(x) = w^T \left(x - \frac{1}{2}(m_1 + m_2)\right) > \log \frac{P(\omega_2)}{P(\omega_1)}, \text{则} \ x \in \omega_1 \\ g(x) = w^T \left(x - \frac{1}{2}(m_1 + m_2)\right) < \log \frac{P(\omega_2)}{P(\omega_1)}, \text{则} \ x \in \omega_2 \end{cases} \quad (12\text{-}130)$$

其直观的解释就是,把待决策的样本投影到 Fisher 判别的方向上,通过与两类均值投影的平分点相比较做出分类决策。在先验概率相同的情况下,以该平分点为两类的分界点;在先验概率不同时,分界点向先验概率小的一侧偏移,如图 12-19 所示。

Fisher 线性判别并不对样本的分布作任何假设。但在很多情况下,当样本维数比较高且样本数比较多时,投影到一维空间后样本接近正态分布。这时可以在一维空间中用样本拟合正态分布,用得到的参数来确定分类阈值。

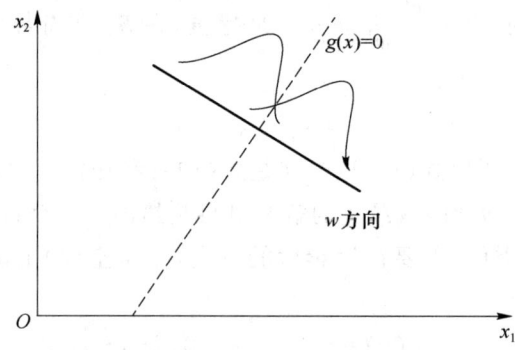

图 12-19 Fisher 线性判别示意图

12.5.3 感知器

Fisher 线性判别是把线性分类器的设计分为两步,一是确定最优的方向,二是在这个方向上确定分类阈值。下面研究一种直接得到完整的线性判别函数 $g(x) = w^T x + \omega_0$ 的方法——感知器(Perceptron)。

为了讨论方便,把向量 x 增加一维,但其取值为常数,即定义

$$y = (1, x_1, x_2, \cdots, x_d)^T \quad (12\text{-}131)$$

其中,x_i 为样本 x 的第 i 维分量。我们称 y 为增广的样本向量。相应地,定义增广的权向量为

$$a = (\omega_0, \omega_1, \omega_2, \cdots, \omega_d)^T \quad (12\text{-}132)$$

线性判别函数变为

$$g(y) = a^T y \quad (12\text{-}133)$$

决策规则是:如果 $g(y) > 0$,则 $y \in \omega_1$;如果 $g(y) < 0$,则 $y \in \omega_2$。

下面定义样本集可分性的概念。

对于一组样本 $y_1, \cdots, y_N$,如果存在这样的权向量 a,使得对于样本集中的任一个样本 y_i,$i = 1, \cdots, N$,若 $y \in \omega_1$,则 $a^T y_i > 0$,若 $y \in \omega_2$,则 $a^T y_i < 0$,那么称这组样本或这个样本集是线性可分的。即在样本的特征空间中,至少存在一个线性分类面能够把两类样本没有错误地分开。

如果定义一个新的变量 y',使对于第一类的样本,$y' = y$,而对第二类样本,$y' = -y$,即

$$y_i' = \begin{cases} y_i, & \text{若 } y_i \in \omega_1 \\ -y_i, & \text{若 } y_i \in \omega_2 \end{cases} \quad i=1,2,\cdots,N \tag{12-134}$$

则样本可分性条件就变成了存在 a，使

$$a^T y_i' > 0, \quad i=1,2,\cdots,N \tag{12-135}$$

这样定义的 y' 称作规范化增广样本向量。在本节和下一节，为了讨论方便，都采用规范化增广样本向量，并且把 y' 仍然记作 y。

本节只讨论样本线性可分的情况。

对于线性可分的一组样本 $y_1,\cdots,y_N$（采用规范化增广样本向量表示），如果一个权向量 a^* 满足

$$a^T y_i > 0, \quad i=1,2,\cdots,N \tag{12-136}$$

则称 a^* 为一个解向量。在权值空间中所有解向量组成的区域称作解区。

显然，权向量和样本向量的维数相同，可以把权向量画到样本空间中。对于一个样本 y_i，$a^T y_i = 0$ 定义了权空间中一个过原点的超平面 $\hat{H}_i$。对于这个样本来说，处于超平面 $\hat{H}_i$ 正侧的任何一个向量都能使 $a^T y_i > 0$，因而都是对这个样本的一个解。考虑样本集中的所有样本，解区就是每个样本对应超平面的正侧的交集，如图 12-20 所示。

解区中的任意一个向量都是解向量，都能把样本没有错误地分开。但是，从直观角度看，如果一个解向量靠近解区的边缘，虽然所有样本都能满足 $a^T y_i > 0$，但某些样本的判别函数可能刚刚大于零，考虑到噪声、数值计算误差等因素，靠近解区中间的解向量应该更加可靠。因此，人们提出了余量的概念，即把解区向中间缩小，不取靠近边缘的解，如图 12-21 所示。形式化表示就是引入余量 $b>0$，要求解向量满足

$$a^T y_i > b, \quad i=1,2,\cdots,N \tag{12-137}$$

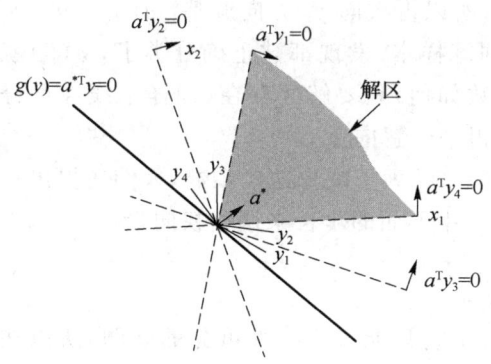

图 12-20 解向量和解区

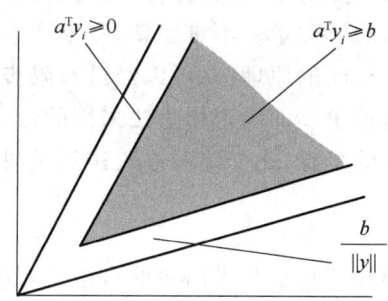

图 12-21 带有余量的解区

下面我们来看如何找到一个解向量。

对于权向量 a，如果某个样本 y 被错误分类，则 $a^T y_k \leq 0$。我们可以用对所有错分样本求和来表示对错分样本的惩罚：

$$J_P(a) = \sum_{a^T y_k \leq 0} (-a^T y_k) \tag{12-138}$$

这就是 20 世纪 50 年代 Rosenblatt 提出的感知器准则函数。

显然，当且仅当 $J_P(a^*) = \min J_P(a) = 0$ 时，a^* 是解向量。

感知器准则函数式(12-138)的最小化可以用梯度下降方法迭代求解

$$\boldsymbol{a}(t+1) = \boldsymbol{a}(t) - \rho_t \nabla J_P(\boldsymbol{a}) \tag{12-139}$$

即下一时刻的权向量是把当前时刻的权向量向目标函数的负梯度方向调整一个修正量,其中 ρ_t 为调整的步长。目标函数 J_P 对权向量 $\boldsymbol{a}$ 的梯度是

$$\nabla J_P(\boldsymbol{a}) = \frac{\partial J_P(\boldsymbol{a})}{\partial \boldsymbol{a}} = \sum_{\boldsymbol{a}^{\mathrm{T}}\boldsymbol{y}_k \leqslant 0}(-\boldsymbol{y}_k) \tag{12-140}$$

因此,迭代修正的公式就是

$$\boldsymbol{a}(t+1) = \boldsymbol{a}(t) + \rho_t \sum_{\boldsymbol{a}^{\mathrm{T}}\boldsymbol{y}_k \leqslant 0} \boldsymbol{y}_k \tag{12-141}$$

即在每一步迭代时把错分的样本按照某个系数加到权向量上。

通常情况下,一次将所有错误样本都进行修正的做法并不是效率最高的,更常用的是每次只修正一个样本的固定增量法,其算法步骤如下。

① 任意选择初始的权向量 $\boldsymbol{a}(0)$,置 $t=0$。

② 考察样本 $\boldsymbol{y}_j$,若 $\boldsymbol{a}(t)^{\mathrm{T}}\boldsymbol{y}_j \leqslant 0$,则 $\boldsymbol{a}(t+1) = \boldsymbol{a}(t) + \boldsymbol{y}_j$,否则继续。

③ 考察另一个样本,重复步骤②,直至对所有样本都有 $\boldsymbol{a}(t)^{\mathrm{T}}\boldsymbol{y}_j > 0$,即 $J_P(\boldsymbol{a})=0$。如果考虑余量 b,则只需将上面算法中的错分判断条件变成 $\boldsymbol{a}(t)^{\mathrm{T}}\boldsymbol{y}_j \leqslant b$ 即可。

在例子中,只有 3 个样本 $\boldsymbol{y}_1$、$\boldsymbol{y}_2$、$\boldsymbol{y}_3$(注意是规范化增广样本向量)。假设令权向量初值为 $\boldsymbol{a}(0)=0$(零向量,"1"位置)。第一步,考察 $\boldsymbol{y}_1$,$\boldsymbol{a}(0)^{\mathrm{T}}\boldsymbol{y}_1 = 0$,所以需要向 $\boldsymbol{y}_1$ 的方向修正权值 $\boldsymbol{a}(1) = \boldsymbol{a}(0) + \boldsymbol{y}_1$,权向量变成第二个点;第二步,考察 $\boldsymbol{y}_2$,$\boldsymbol{a}(1)^{\mathrm{T}}\boldsymbol{y}_2 > 0$,再考察 $\boldsymbol{y}_3$,发现 $\boldsymbol{a}(1)^{\mathrm{T}}\boldsymbol{y}_3 < 0$,所以采取修正 $\boldsymbol{a}(2) = \boldsymbol{a}(1) + \boldsymbol{y}_3$,得到了图中的第三个点;第三步,发现 $\boldsymbol{y}$ 又被分错,$\boldsymbol{a}(2)^{\mathrm{T}}\boldsymbol{y}_1 < 0$,再采取修正 $\boldsymbol{a}(3) = \boldsymbol{a}(2) + \boldsymbol{y}_1$,权向量变成了图中的第四点;第四步,$\boldsymbol{y}_2$ 依然是分类正确的,而 $\boldsymbol{y}_3$ 又被分错,所以需再次向 $\boldsymbol{y}_3$ 方向调整权值,$\boldsymbol{a}(4) = \boldsymbol{a}(3) + \boldsymbol{y}_3$,变成了图中的第五点;第五步,由于新的权值又对 $\boldsymbol{y}_1$ 错分了,所以再次向 $\boldsymbol{y}_1$ 方向调整,$\boldsymbol{a}(5) = \boldsymbol{a}(4) + \boldsymbol{y}_1$,得到第六点所示的权向量。此时再次考察 3 个训练样本,发现都被正确分类了,$\boldsymbol{a}(5)$ 就是迭代求得的解向量。不难想象,不论样本数目和维数如何,只要解区存在(即样本线性可分),那么根据相同的原理,总可以经过有限步的迭代求得一个解向量。

这种单步的固定增量法采用的修正步长是 $\rho_t = 1$。为了减少迭代步数,人们还提出可以使用可变的步长,比如绝对修正法就是对错分样本 $\boldsymbol{y}$ 用下面的步长来调整权向量:

$$\rho_t = \frac{|\boldsymbol{a}(k)^{\mathrm{T}}\boldsymbol{y}_j|}{\|\boldsymbol{y}_j\|^2} \tag{12-142}$$

感知器算法是最简单的可以学习的机器。由于它只能解决线性可分的问题,所以在实际应用中,直接使用感知器算法的场合并不多。但是,它是很多更复杂的算法的基础,比如本章将要介绍的支持向量机和下一章将要介绍的多层感知器人工神经网络。

12.5.4 最小平方误差判别

这一节讨论考虑线性不可分样本集的分类方法。在线性不可分的情况下,不等式组

$$\boldsymbol{a}^{\mathrm{T}}\boldsymbol{y}_i > 0, \quad i=1,2,\cdots,N \tag{12-143}$$

不可能同时满足。一种直观的想法就是,希望求解一个 $\boldsymbol{a}^*$ 使被错分的样本尽可能少,即不满足不等式(12-143)的样本尽可能少,这种方法通过解线性不等式组来最小化错分样本数目,

通常采用搜索算法求解。

但是,求解线性不等式组有时并不方便,为了避免此问题,可以引进一系列待定的常数,把不等式组(12-143)转变成下列方程组:
$$a^T y_i = b_i > 0, \quad i=1,2,\cdots,N \tag{12-144}$$
或写成矩阵形式
$$Ya = b \tag{12-145}$$
其中
$$Y = \begin{pmatrix} y_1^T \\ \vdots \\ y_N^T \end{pmatrix} = \begin{pmatrix} y_{11} & \cdots & y_{1\hat{d}} \\ \vdots & & \vdots \\ y_{N1} & \cdots & y_{N\hat{d}} \end{pmatrix} \tag{12-146}$$
$$b = (b_1, b_2, \cdots, b_N)^T \tag{12-147}$$

其中,$\hat{d}$ 是增广的样本向量的维数,$\hat{d} = d+1$。暂且不考虑常数向量 b 如何确定的问题,先来看这个方程组的求解。

通常情况下,$N > \hat{d}$,所以式(12-145)中方程个数大于未知数个数,属于矛盾方程组,无法求得精确解。方程组的误差为 $\hat{d} = d+1$,可以求解方程组的最小平方误差解,即
$$a^* : \min J_s(a) \tag{12-148}$$
其中,$J_s(a)$ 是最小平方误差准则函数
$$J_s(a) = \|Ya - b\|^2 = \sum_{i=1}^{N}(a^T y_i - b_i)^2 \tag{12-149}$$
这个准则函数的最小化主要有两类方法:伪逆法求解与梯度下降法求解。

$J_s(a)$ 在极值处对 a 的梯度应该为零,依此可以得到
$$\nabla J_s(a) = 2Y^T(Ya - b) = 0 \tag{12-150}$$
可得
$$a^* = (Y^T Y)^{-1} Y^T b = Y^+ b \tag{12-151}$$
其中,$Y^+ = (Y^T Y)^{-1} Y^T$ 是长方矩阵 Y 的伪逆。

也可以用梯度下降法来迭代求解式最小值。算法如下。
① 任意选择初始的权向量 $a(0)$,置 $t=0$。
② 按照梯度下降的方向迭代更新权向量:
$$a(t+1) = a(t) - \rho_t Y^T(Ya - b) \tag{12-152}$$
直到满足 $\nabla J_s(a) \leq \xi$ 或者 $\|a(t+1) - a(t)\| \leq \xi$ 时为止,其中 ξ 是事先确定的误差灵敏度。

参照感知器算法中的单步修正法,对最小平方误差准则,也可以采用单样本修正法来调整权向量:
$$a(t+1) = a(t) + \rho_t(b_k - a(t)^T y_k)y_k \tag{12-153}$$
其中,y_k 是使得 $a(t)^T y_k \neq b_k$ 的样本。

这种算法称作 Widrow-Hoff 算法,也称作最小均方根算法或 LMS 算法(Least-Mean-Square Algorithm)。

上面一直没有讨论 b 的选取问题。选择不同的 b 会带来不同的结果。可以证明,如果对应同一类样本的 b_i 选择为相同的值,那么最小平方误差方法的解等价于 Fisher 线性判别的解,把样本和权向量都还原成增广以前的形式后有

$$w^* \propto S_w^{-1}(m_1 - m_2) \qquad (12\text{-}154)$$

其中，m_1、m_2 是两类各自的均值向量，S_w 是总类内离散度矩阵。特别地，当 b 的选择为第一类样本对应的 b_i 都是 N/N_1，第二类样本对应的 b_i 都是 N/N_2 时，阈值 ω_0^* 为样本均值在所得一维判别函数方向的投影，即

$$\omega_0 = -m^{\mathrm{T}} w^* \qquad (12\text{-}155)$$

其中，N_1、N_2 分别是第一类和第二类的样本数，N 是样本总数，m 是全部样本的均值，即 $m = \dfrac{1}{N}(N_1 m_1 + N_2 m_2)$。

另外还可以证明，如果对所有样本都取 $b=1$，那么当 $N \to \infty$ 时，MSE 算法的解是贝叶斯判别函数

$$g_0(x) = P(\omega_1 | x) - P(\omega_2 | x) \qquad (12\text{-}156)$$

的最小平方误差逼近，即下面定义的均方逼近误差：

$$\varepsilon^2 = \int [a^{\mathrm{T}} y - g_0(x)] p(x) \mathrm{d}x \qquad (12\text{-}157)$$

在 $a^* = Y^+ \mathbf{1}_N$ 时取得最小值，其中 $\mathbf{1}_N$ 表示由 N 个 1 组成的列向量。

12.5.5 最优分类超平面与线性支持向量机

现在再回到线性可分情况。容易发现，只要一个样本集线性可分，就肯定存在无数多解，解区中的任何向量都是一个解向量。感知器算法采用不同的初始值和不同的迭代参数就会得到不同的解。如图 12-22 所示，在这些解中，哪一个更好呢？

1. 最优分类超平面

对于图 12-22 中的例子，如果要求我们手工画一条分类线，多数人会倾向于画在两类的中间大约线 AB 的位置上，因为这条分类线离两类样本都最远。下面来形式化地定义这样的分类线(面)。这里我们使用原始的样本向量表示而不采用增广向量。

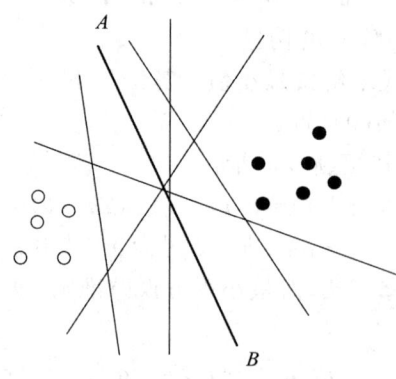

图 12-22　线性可分情况下的多解性

假定有训练样本集

$$(x_1, y_1), (x_2, y_2), \cdots, (x_N, y_N), \quad x_i \in R^d, y_i \in \{+1, -1\} \qquad (12\text{-}158)$$

其中，每个样本都是 d 维向量，y 是类别标号，ω_1 类用 $+1$ 表示，ω_2 类用 -1 表示。这些样本是线性可分的，即存在超平面

$$g(\boldsymbol{x}) = (\boldsymbol{w} \cdot \boldsymbol{x}) + b = 0 \tag{12-159}$$

把所有 N 个样本都没有错误地分开。这里，$\boldsymbol{w} \in R^d$ 是线性判别函数的权值，b 是其中的常数项，在前面几节中都用 ω_0 表示，而这里为了与其他有关支持向量机的文献一致，我们用 b 来表示。$(\boldsymbol{w} \cdot \boldsymbol{x})$ 表示向量 $\boldsymbol{w}$ 与 $\boldsymbol{x}$ 的内积，即 $\boldsymbol{w}^{\mathrm{T}} \boldsymbol{x}$。

如果一个超平面能够将训练样本没有错误地分开，并且两类训练样本中离超平面最近的样本与超平面之间的距离是最大的，则把这个超平面称作最优分类超平面（Optimal Separating Hyperplane），简称最优超平面（Optimal Hyperplane）。两类样本中离分类面最近的样本到分类面的距离称作分类间隔（Margin），最优超平面也称作最大间隔超平面，如图 12-23 所示。

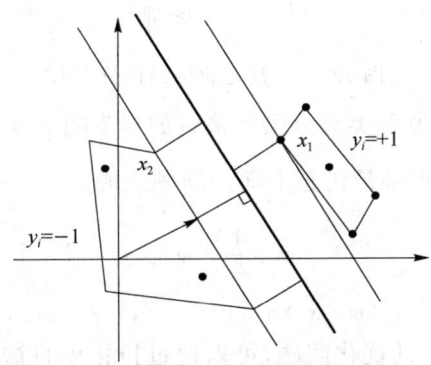

图 12-23　分类间隔与最优超平面

最优超平面定义的分类决策函数为

$$f(\boldsymbol{x}) = \mathrm{sgn}(g(\boldsymbol{x})) = \mathrm{sgn}((\boldsymbol{w} \cdot \boldsymbol{x}) + b) \tag{12-160}$$

其中，sgn( ) 为符号函数，当自变量为正值时函数取值为 1，当自变量为负值时函数取值为 -1。

根据基本知识我们知道，向量 $\boldsymbol{x}$ 到分类面 $g(\boldsymbol{x}) = 0$ 的距离是 $|g(\boldsymbol{x})| / \|\boldsymbol{w}\|$，其中 $\|\boldsymbol{w}\|$ 是权向量的模，即 $\|\boldsymbol{w}\| = (\boldsymbol{w} \cdot \boldsymbol{w})^{1/2}$。

容易注意到，对于式(12-160)的决策函数，对权值 $\boldsymbol{w}$ 和 b 作任何正的尺度调整都不会影响分类决策，同时也不会改变样本到分类面的距离，因此上面定义的最优分类面没有唯一解，而是有无数多个等价的解。为了使这一问题有唯一解，需要把 $\boldsymbol{w}$ 和 b 的尺度确定下来。

所有 N 个样本都可以被超平面没有错误地分开，就是要求所有样本都满足

$$\begin{cases} (\boldsymbol{w} \cdot \boldsymbol{x}_i) + b > 0, & y_i = +1 \\ (\boldsymbol{w} \cdot \boldsymbol{x}_i) + b < 0, & y_i = -1 \end{cases} \tag{12-161}$$

既然尺度可以调整，我们可以把式(12-161)的条件变成

$$\begin{cases} (\boldsymbol{w} \cdot \boldsymbol{x}_i) + b \geqslant 1, & y_i = +1 \\ (\boldsymbol{w} \cdot \boldsymbol{x}_i) + b \leqslant -1, & y_i = -1 \end{cases} \tag{12-162}$$

即要求第一类样本中 $g(\boldsymbol{x})$ 最小等于 1，而第二类样本中 $g(\boldsymbol{x})$ 最大等于 1。把样本的类别标号 y 值乘到不等式(12-162)中，就可以把两个不等式合并成一个统一的形式：

$$y_i [(\boldsymbol{w} \cdot \boldsymbol{x}_i) + b] \geqslant 1, \quad i = 1, 2, \cdots, N \tag{12-163}$$

用此条件约束分类超平面的权值尺度变化，这种超平面称作规范化的分类超平面（The Canonical Form of the Separating Hyperplane）。$g(\boldsymbol{x}) = 1$ 和 $g(\boldsymbol{x}) = -1$ 就是过两类中各自离分类面最近的样本且与分类面平行的两个边界超平面。

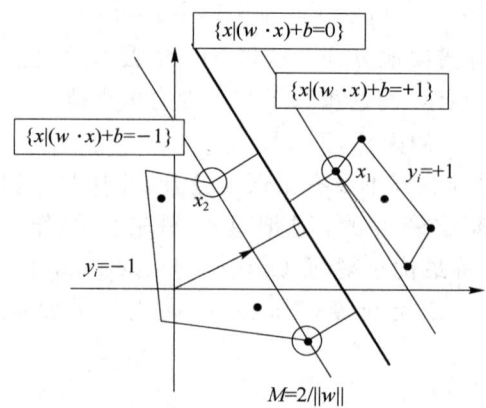

图 12-24 规范化的最优分类面

如图 12-24 所示,由于限制两类离分类面最近的样本的 $g(x)$ 分别等于 1 和 -1,因此分类间隔就是 $M=\dfrac{2}{\|w\|}$。于是,求解最优超平面的问题就成为

$$\min_{w,b} \frac{1}{2}\|w\|^2 \tag{12-164}$$

$$\text{s.t.} \quad y_i[(w \cdot x_i)+b]-1 \geqslant 0, \quad i=1,2,\cdots,N \tag{12-165}$$

这是一个在不等式约束下的优化问题,可以通过拉格朗日法求解。对每个样本引入一个拉格朗日系数

$$a_i \geqslant 0, \quad i=1,\cdots,N \tag{12-166}$$

可以把式(12-164)和式(12-165)的优化问题等价地转化为下面的问题:

$$\min_{w,b} \max_{a} L(w,b,a) = \frac{1}{2}(w \cdot w) - \sum_{i=1}^{N} a_i \{[y_i(w \cdot x_i)+b]-1\} \tag{12-167}$$

其中,$L(w,b,a)$ 是拉格朗日泛函,式(12-164)、式(12-165)的解等价于式(12-167)对 w 和 b 求最小而对 a 求最大,最优解在 $L(w,b,a)$ 的鞍点上取得,如图 12-25 所示。

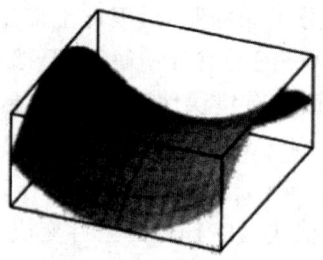

图 12-25 鞍点示意图

在式(12-167)的鞍点处,目标函数 $L(w,b,a)$ 对 w 和 b 的偏导数都为零,由此我们可以得到,在最优解处,有

$$w^* = \sum_{i=1}^{N} a_i^* y_i x_i \tag{12-168}$$

且

$$\sum_{i=1}^{N} y_i \boldsymbol{a}_i^* = 0 \tag{12-169}$$

将这两个条件代入拉格朗日泛函中可以得到,式(12-164)、式(12-165)的最优超平面问题的解等价于下面的优化问题的解:

$$\max_{\boldsymbol{a}} Q(\boldsymbol{a}) = \sum_{i=1}^{N} \boldsymbol{a}_i - \frac{1}{2} \sum_{i,j=1}^{N} \boldsymbol{a}_i \boldsymbol{a}_j y_i y_j (\boldsymbol{x}_i \cdot \boldsymbol{x}_j) \tag{12-170}$$

$$\text{s. t.} \quad \sum_{i=1}^{N} y_i \boldsymbol{a}_i = 0 \tag{12-171}$$

且

$$\boldsymbol{a}_i \geqslant 0, \quad i = 1, \cdots, N \tag{12-172}$$

这是一个对 $\boldsymbol{a}_i(i=1,\cdots,N)$、$N$ 的二次优化问题,称作最优超平面的对偶问题(the Dual Problem),而式(12-164)、式(12-165)的优化问题称作对偶超平面的原问题(the Primary Problem)。通过对偶问题的解 $\boldsymbol{a}_i^*, i=1,\cdots,N$ 可以求出原问题的解:

$$\boldsymbol{w}^* = \sum_{i=1}^{N} \boldsymbol{a}_i^* y_i \boldsymbol{x}_i \tag{12-173}$$

$$f(\boldsymbol{x}) = \text{sgn}\{g(\boldsymbol{x})\} = \text{sgn}\{(\boldsymbol{w}^* \cdot \boldsymbol{x}) + b\} = \text{sgn}\left\{\sum_{i=1}^{N} \boldsymbol{a}_i^* y_i (\boldsymbol{x}_i \cdot \boldsymbol{x}) + b^*\right\} \tag{12-174}$$

即最优超平面的权值向量等于训练样本以一定的系数加权后进行线性组合。

应注意到,判别函数式(12-174)中的 b^* 尚没有得到。现在来看 b^* 的求解问题。

根据最优化理论中的库恩-塔克(Kuhn-Tucker)条件,式(12-167)中的拉格朗日泛函的鞍点处满足

$$\boldsymbol{a}_i \{ y_i [(\boldsymbol{w} \cdot \boldsymbol{x}_i) + b] - 1 \} = 0, \quad i = 1, 2, \cdots, N \tag{12-175}$$

再考虑到式(12-165)和式(12-166),可以看到,对于满足式(12-165)中大于号的样本,必定有 $a_i = 0$。而只有那些使式(12-165)中等号成立的样本所对应的 a_i 才会大于 0。这些样本就是离分类面最近的那些样本,是这些样本决定了最终的最优超平面的位置;在式(12-173)和式(12-174)的加权求和中,实际上也只有这些 $a_i > 0$ 的样本参与求和。这些样本被称作支持向量(Support Vector),它们往往只是训练样本中的很少的一部分。

对于这些支持向量来说,有

$$y_i [(\boldsymbol{w}^* \cdot \boldsymbol{x}_i) + b^*] - 1 = 0 \tag{12-176}$$

因为已经求出了 $\boldsymbol{w}^*$,所以 b^* 可以用任何一个支持向量根据式(12-176)求得。在实际的数值计算中,人们通常采用所有 $\boldsymbol{a}_i$ 非零的样本用式(12-176)求解 b^* 后再取平均。

最优超平面的思想是苏联学者 Vapnik 和 Chervonenkis 在 20 世纪 70 年代提出的,20 世纪 90 年代由美国 AT&T 贝尔实验室 Vapnik 领导的小组对其进行了进一步发展,其从 20 世纪 90 年代末开始在国际上迅速得到重视。由于最优超平面的解最后是完全由支持向量决定的,所以这种方法后来被称作支持向量机(Support Vector Machine),通常被简写为 SVM 或 SV 机。

2. 大间隔与推广能力

从之前的讨论已经知道,模式识别是一种基于数据的机器学习,学习的目的不仅是要对训练样本进行正确分类,而且是要对所有可能的样本进行正确分类,这种能力叫作推广(Generalization)。在线性可分情况下,我们用感知器算法(或其他算法)可以得到无数多种可能的解,它们都是训练误差为 0 的,而我们要追求的最优解应该是这些解中推广能力最强

的解。

对于某个样本 x,其真实的类别为 y,我们要用判别函数 $f(x,w)$ 来估计 y,定义这种估计带来的损失是 $L(y,f(x,w))$,这里为了强调权值参数 w 对最后损失的影响,我们把它写为判别函数的自变量之一。那么,在某个 w 下对所有训练样本的分类决策损失就是

$$R_{\text{emp}}(w) = \frac{1}{N}\sum_{i=1}^{N}L(y_i,f(x_i,w)) \tag{12-177}$$

其称作经验风险。在线性可分情况下,通过感知器算法,已经能使经验风险达到零。

但是,我们真正关心的是在权值 w 下未来所有可能出现的样本的错误率或风险,即

$$R(w) = \int L(y,f(x,w))\mathrm{d}F(x,y) \tag{12-178}$$

其称作期望风险。其中,$F(x,y)$ 表示所有可能出现的样本及其类别的联合概率模型。对比式(12-177)和式(12-178)可以知道,经验风险只是在给定的训练样本上对期望风险的估计。

那么,这样的估计准确吗?如何才能在多个使经验风险为 0 的解中,找到使期望风险最小的解?

统计学习理论指出,在有限样本下,经验风险与期望风险是有差别的,期望风险可能大于经验风险,但它们之间满足下面的规律:

$$R(w) \leqslant R_{\text{emp}}(w) + \varphi\left(\frac{h}{N}\right) \tag{12-179}$$

其中,$\varphi(h/N)$ 称作置信范围,它与样本数 N 成反比,而与一个重要的参数 h 成正比。

式(12-179)给出了在有限样本下期望风险的上界。它告诉我们,在训练误差相同的情况下,学习机器的复杂度越低(VC 维越低),则期望风险与经验风险的差别就越小,因而学习机器的推广能力就越好。

在线性可分的问题中,我们能得到很多使 $R_{\text{emp}}(w)$ 为 0 的解,要使方法有最好的推广能力,就应该设法使 $\varphi(h/N)$ 最小。由于训练样本集是给定的,即 N 固定,能够调整的是算法的 VC 维。

统计学习理论中的另一个重要的结论是,对于规范化的分类超平面,如果权值满足 $\|w\|\leqslant A$,那么这种分类超平面集合的 VC 维有下面的上界:

$$h\leqslant \min([R^2A^2],d)+1 \tag{12-180}$$

其中,R^2 是样本特征空间中能包含所有训练样本的最小超球体的半径,d 是样本特征的维数。对于给定的样本集,这两项均是确定的。在求最大间隔分类超平面时,最大化分类间隔也就等价于最小化 A^2,实际上是使 VC 维上界最小。根据式(12-179),这样就使期望风险的置信范围尽可能小,即在经验风险都最小化为 A^2 的情况下追求期望风险的上界的最小化。

因此,支持向量机中最大分类间隔的准则是为了通过控制算法的 VC 维实现最好的推广能力。在这个意义下,所得的分类超平面是最优的。

3. 线性不可分情况

样本集不是线性可分,就是说对样本集

$$(x_1 y_1),(x_2 y_2),\cdots,(x_N y_N),\quad x_i\in R^d, y_i\in\{+1,-1\} \tag{12-181}$$

不等式

$$y_i[(w\cdot x_i)+b]-1\geqslant 0,\quad i=1,2,\cdots,N \tag{12-182}$$

不可能被所有样本同时满足。

假定某个样本 x_k 不满足式(12-182)的条件,即 $y_k[(w \cdot x_k)+b]-1<0$,那么总可以在不等式的左侧加上一个正数 ξ_k,使得新的不等式 $y_k[(w \cdot x_k)+b]-1+\xi_k \geq 0$ 成立。

从这个思路出发,对每一个样本引入一个非负的松弛变量 $\xi_i, i=1,\cdots,N$,就可以把式(12-182)的不等式约束条件变为

$$y_i[(w \cdot x_i)+b]-1+\xi_i \geq 0, \quad i=1,2,\cdots,N \tag{12-183}$$

如果样本 x_j 被正确分类,即 $y_j[(w \cdot x_j)+b]-1 \geq 0$,则 $\xi_j=0$;而如果有一个错分样本,则这个样本对应的 $y_j[(w \cdot x_j)+b]-1<0$,对应的松弛变量 $\xi_j>0$。

所有样本的松弛因子之和 $\sum_{i=1}^{N}\xi_i$ 可以反映在整个训练样本集上的错分程度,错分样本数越多,则 $\sum_{i=1}^{N}\xi_i$ 越大;同时,如果样本错误的程度越大(即在错误的方向上远离分类面),则 $\sum_{i=1}^{N}\xi_i$ 也越大。显然,我们希望 $\sum_{i=1}^{N}\xi_i$ 尽可能小。因此,可以在线性可分情况下的目标函数 $\frac{1}{2}\|w\|^2$ 上增加对错误的惩罚项,定义下面的广义最优分类面的目标函数:

$$\min_{w,b} \frac{1}{2}(w \cdot w) + C\left(\sum_{i=1}^{N}\xi_i\right) \tag{12-184}$$

这个目标函数反映了我们的两个目标:一方面希望分类间隔尽可能大(对于分类正确的样本来说);另一方面希望错分的样本尽可能少且错误程度尽可能低。参数 C 是一个常数,反映在这两个目标之间的折中。(注意,这里样本被错分的定义不是 $y_j[(w \cdot x_j)+b]<0$,而是 $y_j[(w \cdot x_j)+b]-1<0$,即第一类样本只要 $g(x)$ 小于 1 就算作错误,第二类样本只要 $g(x)$ 大于 -1 就算作错误。)

C 是一个需要人为选择的参数。通常,如果选择较小的 C,则表示对错误比较容忍而更强调对于正确分类的样本的分类间隔;相反,若选择较大的 C,则更强调对分类错误的惩罚。在实际应用中,如果样本线性可分,则 C 的大小只是影响算法的中间过程而不影响最后结果,因为 $\sum_{i=1}^{N}\xi_i$ 最终会为 0。在线性不可分情况下,有时需要试用不同的 C 来达到更理想的结果。

下面把引入松弛因子后的广义最优分类面问题正式表述如下:在给定训练样本

$$(x_1 y_1),(x_2 y_2),\cdots,(x_N y_N), \quad x_i \in R^d, y_i \in \{+1,-1\} \tag{12-185}$$

的情况下,求解

$$\min_{w,b,\xi_i} \frac{1}{2}(w \cdot w) + C\left(\sum_{i=1}^{N}\xi_i\right) \tag{12-186}$$

$$\text{s.t.} \quad y_i[(w \cdot x_i)+b]-1+\xi_i \geq 0, \quad i=1,2,\cdots,N \tag{12-187}$$

且

$$\xi_i \geq 0, \quad i=1,2,\cdots,N \tag{12-188}$$

与线性可分情况下的最优分类面类似,可以把这个问题转化为以下拉格朗日泛函的鞍点问题:

$$\min_{w,b,\xi_i}\max_{a} L(w,b,a) = \frac{1}{2}(w \cdot w) + C\sum_{i=1}^{N}\xi_i \\ - \sum_{i=1}^{N}a_i\{[y_i(w \cdot x_i)+b]-1+\xi_i\} - \sum_{i=1}^{N}\gamma_i\xi_i \tag{12-189}$$

其中,$a_i \geq 0, \gamma_i \geq 0$ 是对应式(12-187)和式(12-189)的拉格朗日乘子。

同样，把式(12-189)的拉格朗日泛函分别对 w、b、ξ 求导并令其为 0。经过一些简单的推导(读者可以作为课后练习)，可以得到广义最优分类面的对偶优化问题

$$\max_a Q(a) = \sum_{i=1}^{N} a_i - \frac{1}{2} \sum_{i,j=1}^{N} a_i a_j y_i y_j (\boldsymbol{x}_i \cdot \boldsymbol{x}_j) \tag{12-190}$$

$$\text{s.t.} \quad \sum_{i=1}^{N} y_i a_i = 0 \tag{12-191}$$

且

$$0 \leqslant a_i \leqslant C, \quad i=1,\cdots,N \tag{12-192}$$

原问题中的解向量满足

$$\boldsymbol{w}^* = \sum_{i=1}^{N} a_i^* y_i \boldsymbol{x}_i \tag{12-193}$$

广义最优分类面的判别函数是

$$f(\boldsymbol{x}) = \mathrm{sgn}\{g(\boldsymbol{x})\} = \mathrm{sgn}\{(\boldsymbol{w}^* \cdot \boldsymbol{x}) + b\} = \mathrm{sgn}\left\{\sum_{i=1}^{N} a_i^* y_i (\boldsymbol{x}_i \cdot \boldsymbol{x}) + b^*\right\} \tag{12-194}$$

我们注意到，对偶问题式(12-190)~式(12-192)与线性可分情况下最优分类面的对偶问题式(12-170)~式(12-172)几乎相同，唯一不同的是对 α 的约束条件式(12-192)比式(12-172)多了一个上界 C。

根据库恩-塔克条件，式(12-189)的鞍点满足以下两套条件：

$$a_i\{y_i[(\boldsymbol{w} \cdot \boldsymbol{x}_i) + b] - 1 + \xi_i\} = 0, \quad i=1,2,\cdots,N \tag{12-195}$$

$$\gamma_i \xi_i = (C - a_i)\xi_i = 0, \quad i=1,2,\cdots,N \tag{12-196}$$

从式(12-195)得到，多数 a_i 仍为 0，只有

$$y_i[(\boldsymbol{w} \cdot \boldsymbol{x}) + b] - 1 + \xi_i = 0 \tag{12-197}$$

的样本才会使 $a_i > 0$。这些样本又分为两种情况，一种是分类正确但处在分类边界面上的样本，它们的 $0 < a_i < C, \xi_i = 0$；另一种是分类错误的样本，它们的 $a_i = C, \xi_i > 0$。可以用其中 $0 < a_i < C$ 的样本通过式(12-197)求得 b。

需要说明的是，这两部分 $a_i > 0$ 的样本都是支持向量，但其含义与线性可分情况下已经不同。在某些文献中，把那些 $0 < a_i < C$ 的支持向量叫作边界向量(Margin Vector)。图 12-26 给出了两种不同的支持向量的例子。

12.5.6 多类线性分类器

在前几节中，讨论的都是两类的分类问题。在很多实际应用中，经常会面对多类的分类问题。解决多类分类问题有两种基本思路：一是把多类问题分解成多个两类问题，通过多个两类分类器实现多类的分类；另一种方法是直接设计多类分类器。

假如要解决 0,1,2,3,4,5,6,7,8,9 这 10 个数字的识别问题，可以设计多个两类的分类器，例如，第一个分类器把"0"和其他数字分开，第二个分类器把"1"和其他数字分开，依此类推，也可以这样设计多个两类分类器：用 9 个分类器分别把"0"和"1"、"0"和"2"……"0"和"9"分开，再用 8 个分类器分别把"1"和"2"、"1"和"3"……"1"和"9"分开，依此类推。这两种做法都可以最终实现把 0~9 10 个数字分开，它们代表了用多个两类分类器构造多类分类器的两种典型的做法。

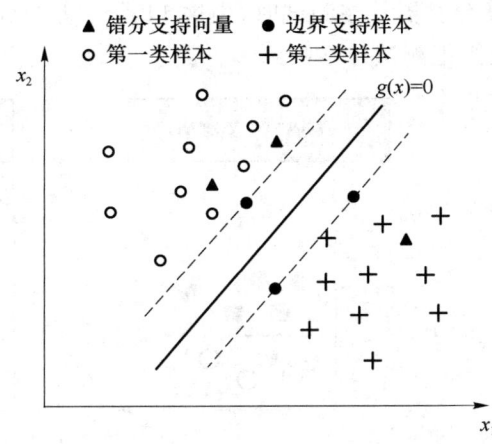

图 12-26　线性不可分情况下的广义最优分类面及其中的支持向量

第一种做法叫作"一对多",英文可以叫 one-vs-rest 或者 one-over-all。假设共有 c 个类,即 $\omega_1,\omega_2,\cdots,\omega_c$,我们共需要 $c-1$ 个两类分类器就可以实现 c 个类的分类。

这种做法可能会遇到两个问题。一个问题是,假如多类中各类的训练样本数目相当,那么在构造每个一对多的两类分类器时会面临训练样本不均衡的问题,即两类训练样本的数目差别过大。另一个问题是,用 $c-1$ 个线性分类器来实现 c 类分类,一般情况下,这种划分不会恰好得到 c 个区域,而是会多出一些区域,在这些区域内的分类会出现歧义,如图 12-27(a)中的阴影部分所示。

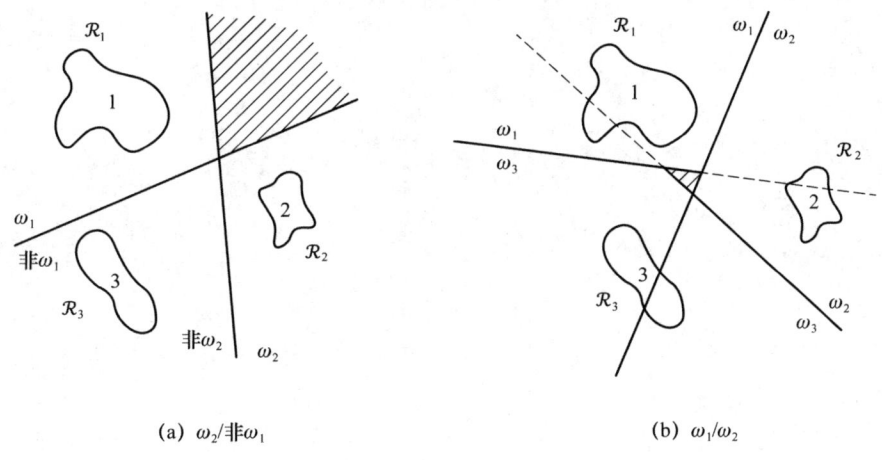

图 12-27　用多个两类分类器实现多类划分时可能出现的歧义区

第二种做法是对多类中的每两类构造一个分类器,称作逐对(Pairwise)分类。考虑到把 ω_i 和 ω_j 分开与把 ω_j 和 ω_i 分开相同,对于 c 个类别,共需要 $\frac{c(c-1)}{2}$ 个两类分类器。逐对分类不会出现两类样本数过于不均衡的问题,而且决策歧义的区域通常要比一对多分类器小,如图 12-27(b)中阴影部分所示。

图 12-28 给出了一个生物信息学中用多个 SVM 对基因芯片数据进行多种癌症分类的例子。在这个例子中,有 14 类癌症的基因表达数据,如乳腺癌、肺癌、直肠癌、前列腺癌等。为了把这 14 类分开,对每一类癌症建立一个线性 SVM 分类器,把这类癌症与其他种类的癌症分

开。这样共得到 14 个 SVM 分类器。在测试时,用这 14 个分类器分别对测试样本进行分类,哪个分类器给出最大的输出则把测试样本归到哪一类。

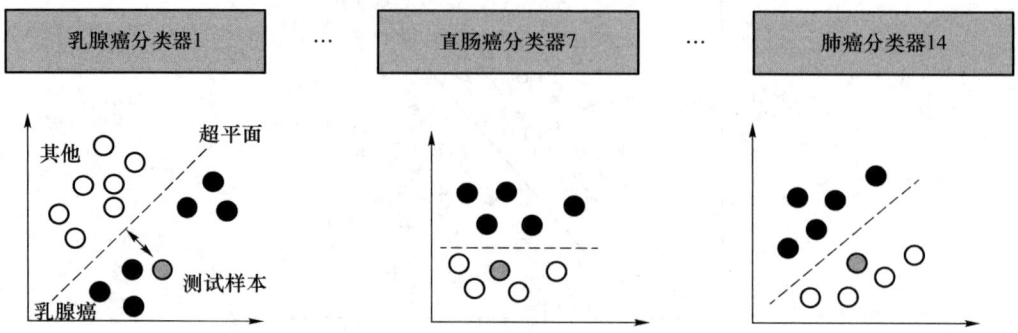

图 12-28　用多个两类 SVM 实现多类分类的例子

第 13 章
自然语言处理

13.1 自然语言处理简介

复杂的语言表达能力是人类区别于其他动物的主要特性之一。人类的智能几乎都与语言有着密切的关系。人类的逻辑思维以语言为形式,人类的绝大部分知识也是以语言文字的形式记载和流传下来的。因而,语言是智能的一个核心组成部分。人们期望可以用自己最习惯的语言来使用计算机,而无须花大量的时间和精力去学习各种特定的计算机语言。

自然语言处理(Natural Language Processing,NLP)是以语言为对象,利用计算机技术来分析、理解和处理自然语言的一门学科,在计算机的支持下对语言信息进行定量化的研究,这些研究包括自然语言理解(Natural Language Understanding,NLU)和自然语言生成(Natural Language Generation,NLG)两部分。它是典型的交叉学科,涉及语言科学、计算机科学、数学、认知学、逻辑学等领域。

无论是实现自然语言理解,还是实现自然语言生成,在现有技术条件下都是十分困难的,造成困难的根本原因是自然语言文本和对话广泛存在的歧义性或多义性(Ambiguity)。因此,自然语言处理是一个长期的研究过程。阶段性的成果已经有了许多应用,如多语种数据库和专家系统的自然语言接口、各种机器翻译系统、全文信息检索系统、自动文摘系统等。

目前存在的问题分为两个方面。一方面,迄今为止的语法都限于分析一个孤立的句子,上下文关系和谈话环境对本句的约束和影响还缺乏系统的研究,因此分析歧义、词语省略、代词所指、同一句话在不同场合或由不同的人说出来所具有的不同含义等问题,尚无明确的规律可循,需要加强语用学的研究才能逐步解决。另一方面,人理解一个句子不是单凭语法,还运用了大量的有关知识,包括生活知识和专门知识,这些知识无法全部存储在计算机中。因此,一个书面理解系统只能建立在有限的词汇、句型和特定的主题范围内;只有计算机的存储量和运转速度大大提高,才有可能适当扩大主题范围。另外,在人类尚未明了大脑是如何进行语言的模糊识别和逻辑判断的情况下,机器要想达到理解"信、达、雅"是不可能的。

13.1.1 自然语言处理的基本概念

语言是复杂的,为了实现自然语言处理,我们先将语言及其表达的相关概念表述如下。

① 语言是自然而然地随着人类社会发展演变而来的，是人们交流情感和思想的工具，和程序设计语言有着本质的区别。语音和文字是构成语言的两个载体，语音是语言的外壳，文字则是语言的符号系统。

② 美国计算机学家马纳瑞斯（Bill Manaris）将自然语言处理定义为："自然语言处理是研究人与人以及人与计算机交互中语言问题的一门学科。自然语言处理要研究并建立计算框架表示语言能力（Linguistic Competence）和语言应用（Linguistic Performance）的模型，提出相应的方法来不断地完善语言模型，根据语言模型设计各种实用系统，并探讨这些实用系统的评测技术。"

③ 语料库（Corpus，复数为 Corpora 或 Corpuses）的定义为：为语言研究和应用而收集的，在计算机中存储的语言材料，由自然出现的书面语或口语的样本汇集而成，用来代表特定的语言或语言变体。语料库具有以下 3 个基本特征：样本代表性、规模有限性、机读形式化。

④ 语言模型（Language Model）通过对句子的上下文特征进行数学建模，来回答出现的句子是否合理。语言模型是自然语言的基础。

⑤ 词（Word）被定义为能够形成完整言语的最小语言单位，词的最小语义部分称为词素（Morpheme），词素可用形素（Grapheme，字母和字符等书写符号）拼写出来或用音素（Phoneme，口语中可区分的语音单位）说出来。

⑥ 分词（Word Segmentation）指对字符序列进行分块处理的过程，其输出结果由分开的有意义的词元组成，是形态分析的基础步骤。

⑦ 语音分析（Speech Analysis）是指根据音位规则，先从语音流中区分出一个个独立的音素，再根据音位形态规则找出音节及其对应的词素或词。

⑧ 词法分析（Lexical Analysis）是指找出词汇的各个词素，从中获得语言学的信息，主要任务是词性标注和词义标注。

⑨ 句法分析（Parsing）是发现句子内部结构的方法，其显式地发现句子中可能存在的各种谓词－论元的依存关系。

⑩ 语义分析（Semantic Parsing）是在句子或文本中识别出意义块（Meaning Chunk），确定语言所表达的真正含义或概念，并尝试将其转换为某种数据结构的过程（将自然文本映射成计算机可处理的结构化表示），包括深层语义分析（Deep Semantic Parsing）与浅层语义分析（Shallow Semantic Parsing），又称语义角色标注（Semantic Role Labeling）。

⑪ 语用分析研究语言所存在的外界环境对语言使用者所产生的影响。

⑫ 命名实体识别（Named Entity Recognition，NER），又称未登录词识别，识别实体的每一次独立出现的名词，如一个地点、一个人物或一个组织机构。其主要包含 7 个类型实体：设施（FAC）、地理政治实体（GPE）、地点（LOC）、组织机构（ORG）、人（PER）、交通工具（VEH）、武器（WEA）。

⑬ 提及检测（Mention Detection）用于检测某种提及的边界并有选择地确定其语义类型（如人物或组织机构）及其他属性（如名称、名词或者代词）。

⑭ 共指消解（Coreference Resolution），也称指代消解（Anaphora Resolution），其确定代词或名词短语指的是什么，将指代相同实体的提及归结到一个等价类中。

⑮ 文档分类（Document Categorization/Classification），又称文本分类（Text Categorization/Classification）或信息分类（Information Categorization/Classification），其目的就是对大量的文档按照一定的分类标准（例如，根据主题或内容划分等）实现自动归类。

⑯ 情感分类（Sentiment Classification），或称文本倾向性识别（Text Orientation Identification），指以自然语言中的个人陈述，如意见（Opinion）、感情（Emotion）、情感（Sentiment）、评价（Evaluation）、信念（Belief）以及推测（Speculation）为主要研究目标，通过主观性（Subjectivity）分析和情感（Sentiment）分析，对文本进行分类，其中主观性分析对文本进行主观和客观的分类标注，情感分析更进一步将主观性文本划分为正向文本、负向文本以及中性文本。

⑰ 文本蕴含识别（Recognizing Textual Entailment，RTE）对一段文本中表示的事实进行推理（Text->Hypothesis），如需要知道一个句子中提到的事实是否被文档中前面的某个句子所蕴含。

⑱ 自动文摘（Automatic Summarizing 或 Automatic Abstracting）将相同主题的若干文档的主要内容和含义自动归纳、提炼出来，形成摘要。根据自动文摘不同的实现方式，将自动文摘分为文档的摘录（Extract）或文档的摘要（Abstract）。摘录通过提取文档中最重要的部分（找到若干句子或句子片段）来表示文本的大意，可能也会包含少量次要的部分进行文摘；摘要通过理解文本，描述了对文档内容的总结，不必直接包含文档内容的原句。

⑲ 信息抽取（Information Extraction），又称事件抽取（Event Extraction），指从文本中识别并抽取出特定的事件（Event）或事实信息，来解决 5W（Who、When、Where、Why、What）以及 How 的问题（谁在何时何地由于什么原因（对谁）做了什么（如何做））。例如，从时事新闻报道中抽取出某一恐怖事件的基本信息（时间、地点、事件制造者、受害人、袭击目标、伤亡人数等）；从经济新闻中抽取出某些公司发布的产品信息（如公司名称、产品名称、开发时间、某些性能指标等）。

⑳ 问答系统（Question Answering System，QA）：用自然语言方式提问，从信息库中检索，提供既准确又切合主题的答案。

㉑ 机器翻译（MT，Machine Translation）：在保留意义的情况下，把一种语言的文字转换为另一种语言。机器翻译作为 NLP 的起源，一直是 NLP 的研究目标，是一个没有最好只有更好的过程。

13.1.2 自然语言处理的方法

1. 语义分析技术及其应用

自然语言处理技术的核心为语义分析。语义分析是一种语义信息分析的方法，不仅在词法和句法上进行分析，而且还涉及单词、词组、句子、段落所包含的意义，目的是用句子的语义结构来表示语言的结构。语义分析技术具体包括如下几个部分。

（1）词法分析

词法分析包括词形分析和词汇分析两个方面。一般来讲，词形分析主要表现为对单词的前缀、后缀等进行分析，而词汇分析则是建立在词汇系统上的分析，能够较准确地分析用户输入信息的特征，最终准确地完成搜索过程。

（2）句法分析

句法分析是对用户输入的自然语言进行词汇短语的分析，目的是识别句子的句法结构，以实现自动句法分析的过程。

(3) 语用分析

语用分析相对于语义分析增加了对上下文、语言背景、语境等的分析，即从文章的结构中提取出意象、人际关系等附加信息，是一种更高级的语言学分析。它将语句中的内容与现实生活中的细节关联在一起，从而形成动态的表意结构。

(4) 语境分析

语境分析主要是指对原查询语篇之外的大量"空隙"进行分析，以便更准确地解释所要查询语言的技术。这些"空隙"包括一般的知识、特定领域的知识以及查询用户的需求等。

(5) 自然语言生成

AI 驱动的引擎能够根据收集的数据生成描述，通过遵循将数据中的结果转换为文本的规则，在人与技术之间创建无缝交互的软件引擎。结构化性能数据可以通过管道传输到自然语言引擎中，以自动编写内部和外部的管理报告。

自然语言生成接收结构化表示的语义，以输出符合语法的、流畅的、与输入语义一致的自然语言文本。

自然语言处理应用的技术体系主要包括字词级别的自然语言处理、句法级别的自然语言处理和篇章级别的自然语言处理。

① 字词级别的分析主要包括中文分词、命名实体识别、词性标注、同义词分词、字词向量等。

② 句法级别的分析主要包括依存文法分析、词位置分析、语义归一化、文本纠错等。

③ 篇章级别的分析主要包括标签提取、文档相似度分析、主题模型分析、文档分类和聚类等。

中文分词是计算机根据语义模型，自动将汉字序列切分为符合人类语义理解的词汇。分词就是将连续的字序列按照一定的规范重新组合成词序列的过程。

在英文的行文中，单词之间是以空格作为自然分界符的，而中文只是字、句和段能够通过明显的分界符来进行简单的划界，唯独词没有一个形式上的分界符，虽然英文也同样存在短语的划分问题，不过在词这一层面上，中文比英文要复杂得多、困难得多。

命名实体识别又称作专名识别（Named Entity Recognition，NER），是指对具有特定意义的实体进行自动识别的技术，是信息提取、知识图谱、问答系统、句法分析、搜索引擎、机器翻译等应用的重要基础。

词性标注（Part-of-Speech Tagging 或 POS Tagging）又称词类标注，是指为分词结果中的每个单词标注一个正确的词性的程序。具体来说就是，确定每个词是名词、动词、形容词或者是其他词性的过程（如图 13-1 所示）。

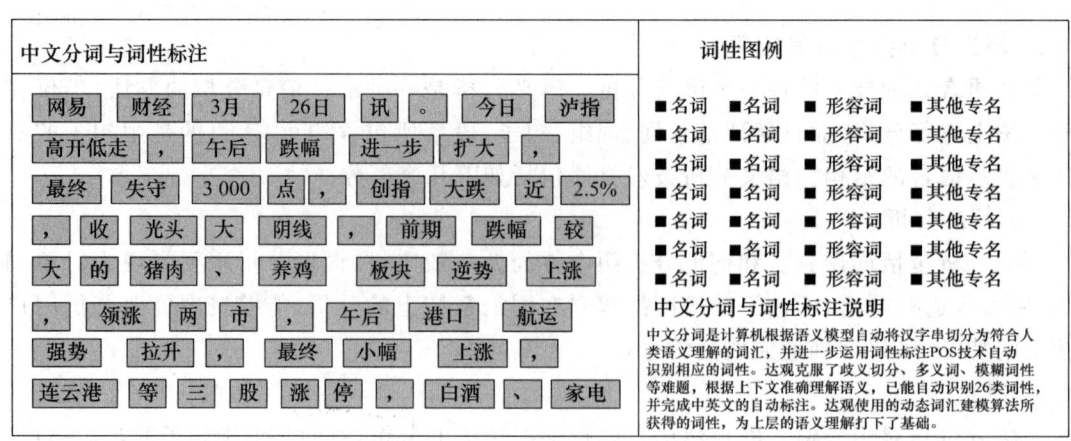

图 13-1　词性标注

在汉语中,词性标注比较简单,因为汉语词汇词性多变的情况比较少见,大多数词语只有一个词性,或者出现频次最高的词性远远高于第二位的词性。常用的方法有基于最大熵的词性标注、基于统计的最大概率输出词性、基于隐马尔可夫模型(HMM)的词性标注。

由于不同地区的文化差异,输入的查询文字很可能会出现描述不一致的问题。此时,业务系统需要对用户的输入进行同义词、纠错、归一化处理。同义词挖掘是一项基础工作,同义词算法包括词典、百科词条、元搜索数据、上下文相关性挖掘等。

词向量技术是指将词转化为稠密向量,相似的词对应的词向量也相近。在自然语言处理应用中,词向量作为深度学习模型的特征进行输入。

依存句法通过分析语言单位内成分之间的依存关系解释其句法结构,主张句子中的核心谓语动词是支配其他成分的中心成分,而它本身却不会受到其他任何成分的支配,所有受支配的成分都以某种关系从属于支配者,如表 13-1 所示。

表 13-1 依存句法分析标注关系

关系类型	标签	描述	示例
主谓关系	SBV	subject-verb	我送她一束花(我<--花)
动宾关系	VOB	直接宾语,verb-object	我送她一束花(送-->花)
间宾关系	IOB	间接宾语	我送她一束花(送-->她)
前置宾语	FOB	前置宾语,fronting-object	他什么书都读(书<--读)
兼语	DBL	double	他请我吃饭(请-->我)
定中关系	ATT	atribute	红苹果(红<--苹果)
状中结构	ADV	adverbial	非常美丽(非常<--美丽)
动补结构	CMP	complement	做完了作业(做-->完)
并列关系	COO	coordinate	大山和大海(大山-->大海)
介宾关系	POB	preposition-object	在贸易区内(在-->内)
左附加关系	LAD	left adjunct	大山和大海(和<--大海)
右附加关系	RAD	right adjunct	孩子们(孩子-->们)
独立结构	IS	Independent structure	两个单词在结构上彼此独立
标点	WP	punctuation	。
核心关系	HED	head	指整个句子的核心

举个例子说明:卫生局召开促进通用医疗发展工作专题会,如图 13-2 所示。

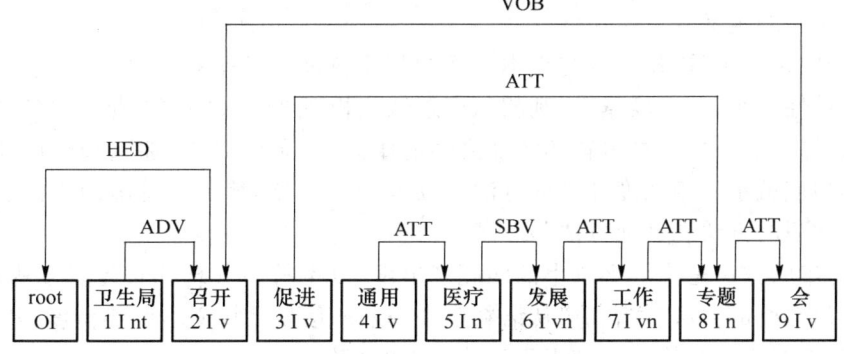

图 13-2 依存句法分析举例

从分析结果中我们可以看到,句子的核心谓语动词为"召开",主语是"卫生局","召开"的宾语是"会","会"的修饰语是"通用医疗发展工作专题"。有了上面的句法分析结果,我们就可以比较容易地看到,是"卫生局""召开"了会议,而不是"促进"了会议,即使"促进"距离"会"更近。

词位置分析:文章中不同位置的词对文章语义的贡献度不同。文章首尾出现的词成为主题词、关键词的概率要大于出现在正文中的词。对文章中词的位置进行建模,赋予不同位置不同的权重,从而能够更好地对文章进行向量化表示。

语义归一化通常是指从文章中识别出具有相同意思的词或短语,其主要任务是共指消解。共指消解是自然语言处理中的核心问题,在机器翻译、信息抽取以及问答等领域都有着非常重要的作用。

就拿常见的信息抽取的一个成型系统来讲,微软的学术搜索引擎会存有一些作者的档案资料,这些信息可能有一部分就是根据共指对象抽取出来的。比如,在一个教授的访谈录中,教授的名字可能只会出现一两次,更多的可能是"我""某某博士""某某教授"或"他"之类的代称,不出意外的话,这其中也会有一些同样的词代表记者,如何将这些词对应到正确的人,将成为信息抽取的关键所在。

文本纠错任务指的是,对于自然语言在使用过程中出现的错误进行自动地识别和纠正。文本纠错任务主要包含两个子任务,分别为错误识别和错误修正。错误识别的任务是指出错误出现的句子的位置,错误修正是指在识别的基础上自动进行更正。

相比于英文纠错来说,中文纠错的主要困难在于中文的语言特性:中文的词边界以及中文庞大的字符集。由于中文的语言特性,两种语言的错误类型也是不同的。

英文的修改操作包括插入、删除、替换和移动(移动是指两个字母交换顺序等),而对于中文来说,因为每一个中文汉字都可独立成词,因此插入、删除和移动的错误都只是作为语法错误。由于大部分的用户均为母语用户,且输入法一般会给出正确提示,语法错误的情况一般比较少,因此中文输入纠错主要集中在替换错误上。

文档的标签通常是几个词语或者短语,其作为对该文档主要内容的提要。标签是人们快速了解文档内容、把握主题的重要工具,在科技论文、信息存储、新闻报道中具有极其广泛的应用。文档的标签通常具有可读性、相关性、覆盖度等特点。

可读性指的是其本身作为一个词语或者短语就应该是有意义的;相关性指的是标签必须与文档的主题、内容紧密相关;覆盖度指的是文档的标签能较好地覆盖文档的内容,而不能只集中在某一句话中。

文本相似度在不同领域受到了广泛的讨论,然而由于应用场景的不同,其内涵也会有差异,因此没有统一的定义。

从信息论的角度来看,相似度与文本之间的共性和差异度有关,共性越大,差异度越小,则相似度越高;共性越小,差异度越大,则相似度越低。相似度最大的情况是文本完全相同。

相似度计算一般是指计算事物的特征之间的距离,如果距离小,那么相似度就大;如果距离大,那么相似度就小。相似度计算的方法可以分为四大类:基于字符串的方法、基于语料库的方法、基于知识的方法和其他方法。

基于字符串的方法是指从字符串的匹配度出发,以字符串共现和重复程度为相似度的衡量标准;基于语料库的方法是指利用从语料库中获取的信息计算文本的相似度;基于知识的方法是指利用具有规范组织体系的知识库计算文本的相似度。

主题分析模型(Topic Model)是以非监督学习的方式对文档的隐含语义结构进行统计和聚类,以用于挖掘文本中所蕴含的语义结构的技术。隐含狄利克雷分布(Latent Dirichlet Allocation,LDA)是常用的主题模型计算方法。

按照特定行业的文档分类体系,计算机自动阅读文档的内容并将其归属到相应类目的技术体系下。其典型的处理过程可分为训练和运转两种,即计算机预先阅读各个类目的文档并提取特征,完成有监督的学习训练,在运转阶段识别新文档的内容并完成归类。

文本聚类主要是依据著名的聚类假设:同类的文档相似度较大,而不同类的文档相似度较小。作为一种无监督的机器学习方法,聚类由于不需要训练过程,以及不需要预先对文档的类别进行手工标注,因此具有一定的灵活性和较高的自动化处理能力。

文本聚类已经成为对文本信息进行有效的组织、摘要和导航的重要手段。文本聚类的方法主要有基于划分的聚类算法、基于层次的聚类算法和基于密度的聚类算法。

2. 模型和算法

多年来的自然语言处理研究说明,前一节中所描述的那些知识可以使用数量有限的形式模型或理论来获得。值得庆幸的是,这些模型和理论都来自计算机科学、数学和语言学的工具,在这些领域受过训练的人对这样的工具一般都不会感到陌生。其中最重要的工具是状态机(State Machine)、形式规则系统(Formal Rule System)、逻辑(Logic)以及概率论(Probability Theory)和其他的机器学习工具。从熟知的计算范型出发,这样的模型本身就可以给出为数不多的算法。其中最重要的算法是状态空间搜索(State Space Search)算法和动态规划(Dynamic Programming)算法。

简单地说,状态机就是形式模型。形式模型应该包括状态、状态之间的转移以及输入表示等。这种基本模型的变体有确定的有限状态自动机(Deterministic Finite-state Automata)、非确定的有限状态自动机(Non-deterministic Finite-state Automata)和有限状态转录机(Finite-state Transducer),它们可以写到一个输出器中;另外,还有加权自动机(Weighted Automata)、马尔可夫模型(Markov Model)和隐马尔可夫模型(Hidden Markov Model),它们都包含一个概率组成成分。

与这些过程性模型紧密联系的模型是陈述性模型。在这些陈述性模型中,最重要的有正则语法(Regular Grammar)、正则关系(Regular Relation)、上下文无关语法(Context-free Grammar)、特征增益语法(Feature-augmented Grammar)以及这些文法的相应概率文法变体。状态机和形式规则系统是用于处理音系学、形态学和句法学的主要工具。

与状态机和形式规则系统相关联的最典型的算法就是搜索代表有关输入假设的状态空间。例如,在语音识别中,对于输入的词搜索其音位系列的空间;在剖析中,对于输入的句子的正确句法分析搜索其树的空间;等等。在自然语言处理中经常使用的算法是一些众所周知的图算法,例如,深度优先算法(Depth-first Search)以及最佳优先搜索算法(Best-first)和 A* 搜索算法(A* Search)等试探性算法的变体。动态规划范型对于很多这样的方法的计算可循性是至关重要的,因为只有这样才能确保避免冗余的计算。

对于获取语言知识起着关键性作用的第三种模型是逻辑。我们将讨论一阶逻辑(First Order Logic),即谓词演算(Predicate Calculus),以及诸如特征结构、语义网络、概念依存等有关的形式化方法。在传统上,这些逻辑表达方法是处理语义学、语用学和话语分析等方面知识的选择工具(正如我们将会看到的,尽管在这些领域的应用越来越依赖于在音系学、形态学和句法学中所使用的简单机制,但逻辑表达方法也非常重要)。

概率论是获取语言知识的技术中的最后一个部分。其他的各种模型(状态机、形式系统和逻辑)都可以使用概率论得到进一步提高。概率论的一个重要应用是解决前面我们讨论过的歧义问题。几乎所有语音处理和语言处理问题都可以这样来表述:"对于某个歧义的输入给出 N 个可能性,选择其中概率最高的一个。"

13.1.3 学派之分

自然语言处理大概可以分为两个学派:理性主义学派和经验主义学派。

1. 理性主义学派的主张

自然语言处理中的理性主义形式结构学派以语法为研究目的,而不是仅仅描写语言行为。它运用转换-生成语法的理论对人的语言能力做出解释,将语言直接作为在某一符号有限集合 V 中符号串的集合,而 V 就被叫作词汇。它要研究的是人脑中的认知系统和普遍语法。这种方法继承了哲学中理性主义的传统,多使用演绎法而很少使用归纳法。

1956 年,美国的乔姆斯基把有限状态自动机作为一种工具来刻画英语语法,并且把有限状态语言定义为由有限状态语法生成的语言,建立了自然语言的有限状态模型,但断言该模型不适合用来描述自然语言。他采用代数和集合论把形式语言定义为符号的序列,分别建立了 0 型短语词组语法、有限状态正则语法、上下文无关语法和上下文有关语法的数学模型。他主张严格地按照规则来描述自然语言的特征,试图使用有限的规则描述无限的语言现象,发现人类普遍的语言机制,建立所谓的"普遍语法"。上述语法的判定问题复杂度依次为半可判定、NP 完全、多项式和线性。他建立的形式语言理论为自然语言和形式语言找到了统一的数学描述语言,后者成为计算机科学最重要的理论基石。

2. 经验主义学派的主张

牛顿认为只能从经验事实出发去解释世界,因而经验归纳法是最好的论证方法,可以作为科学研究的一般方法论。他说:"实验科学只能从现象出发,并且只能用归纳来从这些现象中推演出一般的命题。"经验主义热衷于描写实际出现的语言,法国启蒙运动的代表人物伏尔泰就有明显的经验主义倾向,他用英国的经验主义推动了法国的启蒙运动,现代语言学的发展明显地受到这些经验主义哲学的影响。无论是规范语言学、历史语言学还是描写语言学,都注重语言事实,提倡经验主义。

统计经验主义者的信念是孩子的大脑只能做一些普通的操作,包括连接、模式识别、一般化。但孩子从丰富的信号输入中学习到了语言的结构。基于此统计学家认为可以用"观其外,知其内"的方法来设定一个语言模型,推导出参数值。每一种语言现象都可以给出统计量化指标。我们生活在一个充满不确定和不完整的信息的世界里,人类的认知是一个随机现象,所以语言也是一个随机现象。统计学派对语言现象进行估计并建立概率模型。

13.2 基于规则的自然语言理解

13.2.1 简单句理解

简单句就是只含有一个主谓结构并且句子各成分都只由单词或短语构成的独立句子或分

句。在简单句中主语和谓语是句子的主干,是句子的核心。对于人类,可以轻松识别简单句,但对于机器,则需要一个理解的过程。

要理解一个语句,需要建立起一个和该简单句相对应的机内表达。而要建立机内表达,需要做以下两方面的工作。

① 理解语句中的每一个词。

② 以这些词为基础组成一个可以表达整个语句意义的结构。

由于这个解释过程涉及许多事情,因而常常将这项工作分成以下 3 个部分来进行。

① 语法分析。将单词之间的线性次序变换成一个显示单词如何与其他单词相关联的结构。语法分析确定语句是否合乎语法,因为一个不合语法的语句就更难理解了。

② 语义分析。各种意义被赋予由语法分析程序所建立的结构,即在语法结构和任务领域内对象之间进行映射变换。

③ 语用分析。为确定真正含义,对表达的结构重新加以解释。

要进行语法分析,必须首先给出该语言的文法规则,以便为语法分析提供一个准则和依据。对于自然语言,人们已提出了许多种文法,例如,乔姆斯基提出的上下文无关文法就是一种常用的文法。

语言的文法一般用一组文法规则(称为产生式或重写规则)以及非终结符与终结符来定义和描述。例如,下面就是一个英语子集的上下文无关文法:

< sentence >::=< noun-phrase >< verb-phrase >

< noun-phrase >::=< determiner >< noun >

< verb-phrase >::=< verb >< noun-phrase >|< verb >

< determiner >::=the|a|an

< noun >::=man|student|apple|computer

< verb >::=eats|operats

这个文法有 6 条文法规则,它们是用 BNF 范式表示的。其中带尖括号的项为非终结符,第一个非终结符称为起始符,不带尖括号的项为终结符,符号"::="的意思是"定义为",符号"|"是"或者"的意思,而不带"|"的项之间是"与"关系。符号"::="也可以用箭头"→"表示。

有了文法规则,对于一个给定的句子,就可以进行语法分析,即根据文法规则来判断其是否合乎语法。可以看出,上面的文法规则实际上是非终结符的分解、变换规则。分解、变换从起始符开始,到终结符结束。所以,全体文法规则就构成一棵图 13-3 所示的与或树,我们称其为文法树。

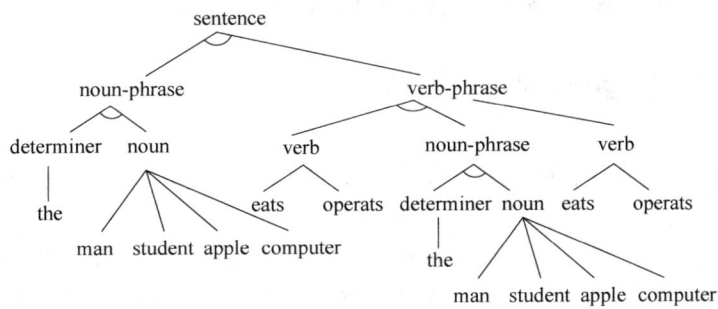

图 13-3 文法树

语义分析就是要识别一个语句所表达的意思。语义分析的方法很多,如运用格文法、语义文法等。这里仅介绍其中的语义文法。语义文法是进行语义分析的一种简单方法。所谓语义文法,就是在传统的短语结构文法的基础上,将名词短语、动词短语等不含语义信息的纯语法类别用所讨论领域的专门类别来代替。

下面就是一个语义文法的例子:
S→PRESENT the ATTRIBUTE of SHIP
PRESENT→what is│can you tell me
ATTRIBUTE→length│class
SHIP→the SHIPNAME│CLASSNAME class ship
SHIPNAME→Huanghe│Changjiang
CLASSNAME→carrier│submarine

这是一个舰船管理数据库系统自然语言接口的语义文法片段。可以看出,语义文法的重写规则与上下文无关文法的形式是类似的。但这里没有出现像名词短语和动词短语等语法类别,而是用了 PRESENT、ATTRIBUTE、SHIP 等专门领域中的类别。

13.2.2 复合句理解

简单句的理解不涉及句与句之间的关系,其过程是首先赋单词以意义,然后给整个语句赋予一种结构。而对于一组语句的理解,无论它是一个文章选段还是对话节录,句子之间都有相互关系。所以,对于复合句的理解,不仅要分析各个简单句,还要找出句子之间的关系。这些关系的发现,对于理解起着十分重要的作用。

句子之间的关系包括以下几种。

① 相同的事物,例如,小华有个计算器,小刘想用它,单词"它"和"计算器"指的是同一物体。

② 事物的一部分,例如,小林穿上她刚买的大衣,发现掉了一个扣子,"扣子"指的是"刚买的大衣"的一部分。

③ 行动的一部分,例如,王宏去北京出差,他乘早班飞机动身,乘飞机应看作"出差"的一部分。

④ 与行动有关的事物,例如,李明准备骑车去上学,但他骑上车子时,发现车胎没气了,李明的自行车应理解为是与他骑车去上学这一行动有关的事物。

⑤ 因果关系,例如,今天下雨,所以不能上早操,"下雨"应理解为"不能上早操"的原因。

⑥ 计划次序,例如,小张准备结婚,他决定再找一份工作干。

13.2.3 转化文法和转换网络

人们对自然语言句子的结构进行研究,发现同一个意思往往有许多不同的表示形式(说法)。

转换文法就是可把句子的一种结构转换为另一种结构的文法。转换文法是由基础和转换两部分组成的。基础部分是一个上下文无关文法,它产生句子的深层结构表示;转换部分是一个转换规则(重写规则)集,它负责句子结构的转换。转换文法的工作过程是:首先用上下文无关文法建立相应句子的深层结构,然后应用转换规则将深层结构转换为符合人们习惯的表层结构。图 13-4 给出了一条把主动句转换为被动句的转换规则。

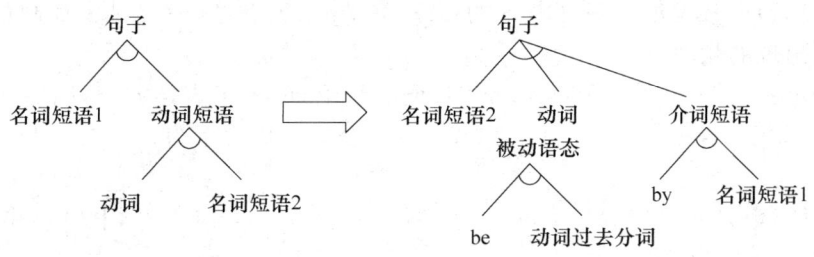

图 13-4 转换规则

转换网络(Transition Network)全称为状态转换网络。它是一种由节点和有向边(弧)组成的有向图。其中节点代表状态,有向弧代表从一个状态到另一个状态的转换。一个转换网络中一般有一个起始节点(代表起始状态),有一个或多个终止节点(代表终止状态)。一般节点用单线圆圈表示,终止节点用双线圆圈表示。

转换网络也是一种自然语言文法的表示形式,用它也可对所给句子进行语法分析。例如,13.2.1 节给出的上下文无关文法用状态转换网络表示就是图 13-5,图中 S_0 为起始节点,S_5 为终止节点。

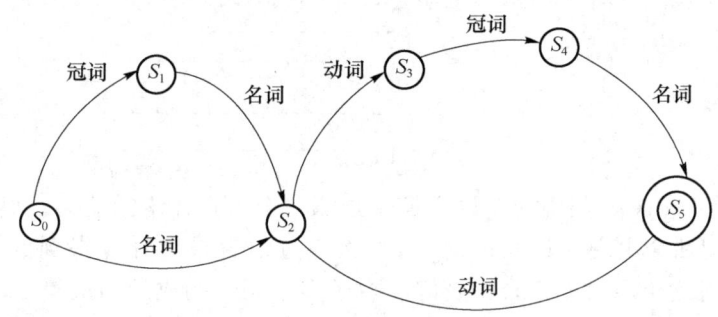

图 13-5 状态转换网络

需指出的是,上述的状态转换网络是最基本、最简单的状态网络,所以它的功能有限,也存在不少问题。于是,人们就对它不断进行改进,提出了递归转换网络(Recursive Transition Network,RTN)和扩充转换网络(Augmented Transition Network,ATN)等。特别是扩充转换网络已经成为书写自然语言文法的重要方法之一。

13.3 统计语言模型

13.3.1 语言模型

语言模型(Language Model,LM)在自然语言处理中占有重要的地位,它的任务是预测一个句子在语言中出现的概率。截至目前,语言模型的发展先后经历了文法规则语言模型、统计语言模型、神经网络语言模型。

1. 数学表示

一个语言模型通常构建为字符串 S 的概率分布 $p(s)$，这里 $p(s)$ 试图反映的是字符串 S 作为一个句子出现的频率。

对于一个由 m 个基元（"基元"可以为字、词或短语等，为了表述方便，以后我们只用"词"来通指）构成的句子 $s=w_1,w_2,\cdots,w_m$，其概率计算公式可以表示为

$$p(s) = p(w_1)p(w_2\mid w_1)p(w_3\mid w_1,w_2)\cdots p(w_m\mid w_1,\cdots,w_{m-1}) = \prod_{i=1}^{m} p(w_i\mid w_1,\cdots,w_{i-1})$$

(13-1)

其中，$p(w_i|w_1,w_2,\cdots,w_{i-1})$ 表示产生第 $i(1\leqslant i\leqslant m)$ 个词的概率是由已经产生的 $i-1$ 个词 $w_1,w_2,\cdots,w_{i-1}$ 决定的。如果能对这一项建模，那么只需把每个位置的条件概率相乘，就能计算出 $p(s)$。然而一般来说，这个参数量是巨大的，假设一门语言的词汇量为 V，对于句子 $s= w_1,w_2,\cdots,w_m$，所需参数数量为 V^m。

2. 评价指标

语言模型的常用评价指标是困惑度（perplexity），在一个测试数据上的 perplexity 越低，说明建模的效果越好。perplexity 的计算公式如下：

$$\begin{aligned}\text{perplexity}(s) &= p(w_1,w_2,\cdots,w_m)^{-\frac{1}{m}} \\ &= \sqrt[m]{\frac{1}{p(w_1,w_2,\cdots,w_m)}} \\ &= \sqrt[m]{\prod_{i=1}^{m}\frac{1}{p(w_i\mid w_1,\cdots,w_{i-1})}}\end{aligned}$$

(13-2)

简单来说，perplexity 值刻画的是语言模型预测一个语言样本的能力。例如，已经知道 $s=w_1,w_2,\cdots,w_m$ 这句话会出现在语料库之中，那么通过语言模型计算得到的这句话的概率越高，说明语言模型对这个语料库拟合得越好。对于多个句子构成的测试集 T，可以通过计算 T 中所有句子概率的乘积来计算困惑度，相应地，m 将替换为测试集中所有词的数量。

从上面的定义可以看出，perplexity 实际上是计算每一个词得到的概率倒数的几何平均，因此 perplexity 可以理解为平均分支系数（Average Branching Factor），即模型预测下一个词时的平均可选择数量。例如，考虑一个由 0~9 这 10 个数字随机组成的长度为 m 的序列，由于这 10 个数字出现的概率是随机的，所以每个数字出现的概率是 $\frac{1}{10}$。因此，在任意时刻，模型都有 10 个等概率的候选答案可选，于是 perplexity 就是 10，计算过程如下：

$$\text{perplexity}(s) = \sqrt[m]{\prod_{i=1}^{m}\frac{1}{\frac{1}{10}}} = 10$$

(13-3)

目前在 PTB（Penn Tree Bank）数据集上表现最好的语言模型的 perplexity 为 47.7，也就是说，平均情况下，该模型预测下一个词时，有 47.7 个词等可能地可以作为下一个词的合理选择。

在语言模型的训练中，通常采用 perplexity 的对数表达形式：

$$\log(\text{perplexity}(s)) = -\frac{1}{m}\sum_{i=1}^{m}\log p(w_i\mid w_1,\cdots,w_{i-1})$$

(13-4)

相比于乘积求平方根的方式，使用加法的形式可以加速计算，同时避免概率乘积数值过小而导致浮点数向下溢出的问题。

在数学上，log perplexity 可以看作真实分布（用测试语料中的取样代替，即认为在给定上文 $w_1, w_2, \cdots, w_{i-1}$ 的条件下，语料中出现词 w_i 的概率为 1，出现其他词的概率均为 0）与预测分布之间的交叉熵，这也是为什么在语言模型的优化中往往采用 cross-entropy loss 的原因。

3. 应用

语言模型可用于提升语音识别和机器翻译的性能。

例如，在语音识别中，给定一段"厨房里食油用完了"的语音，有可能会输出"厨房里食油用完了"和"厨房里石油用完了"这两个读音完全一样的文本序列。如果语言模型判断出前者的概率大于后者的概率，我们就可以根据相同读音的语音输出"厨房里食油用完了"的文本序列。

在机器翻译中，如果对英文"you go first"逐词翻译成中文的话，可能得到"你走先""你先走"等排列方式的文本序列。如果语言模型判断出"你先走"的概率大于其他排列方式的文本序列的概率，我们就可以把"you go first"翻译成"你先走"。

13.3.2 n-gram 模型

在统计语言模型中，最常用的是 n-gram 模型。

首先，由概率链式法则可以得到：

$$P(w_1, w_2, \cdots, w_n) = P(w_1) P(w_2 | w_1) \cdots P(w_n | w_1, w_2, \cdots, w_{n-1}) \tag{13-5}$$

如何计算每个词出现的条件概率？答案是极大似然估计（Maximum Likelihood Estimation，MLE），当样本数量足够大时，我们可以近似地用频率来代替概率，在这里就是要求我们的语料库要比较大，然后概率用数频数的方法来计算：

$$P(w_i | w_{i-1}) = \frac{P(w_{i-1} w_i)}{P(w_{i-1})} = \frac{C(w_{i-1} w_i)}{C(w_{i-1})} \tag{13-6}$$

$$P(w_i | w_{i-1} \cdots w_2 w_1) = \frac{P(w_1 \cdots w_{i-1} w_i)}{P(w_1 w_2 \cdots w_{i-1})} = \frac{C(w_1 w_2 \cdots w_i)}{C(w_1 w_2 \cdots w_{i-1})} \tag{13-7}$$

其中，$C(\cdot)$ 表示子序列在训练集中出现的次数。

对于任意长的自然语言语句，直接计算 $p(w_i | w_1 w_2 \cdots w_{i-1})$ 显然不现实。为了解决这个问题，我们引入马尔可夫假设（Markov Assumption），即假设当前词出现的概率只依赖前 $n-1$ 个词，可以得到

$$P(w_i | w_1 w_2 \cdots w_{i-1}) = P(w_i | w_{i-n+1} \cdots w_{i-1}) \tag{13-8}$$

基于上式，定义 n-gram 模型如下：

$$n = 1 \text{ unigram}: P(w_1, w_2, \cdots, w_n) = \prod_{i=1}^{n} P(w_i) \tag{13-9}$$

$$n = 2 \text{ bigram}: P(w_1, w_2, \cdots, w_n) = \prod_{i=1}^{n} P(w_i | w_{i-1}) \tag{13-10}$$

$$n = 3 \text{ trigram}: P(w_1, w_2, \cdots, w_n) = \prod_{i=1}^{n} P(w_i | w_{i-2}, w_{i-1}) \tag{13-11}$$

……

在上面的计算过程会有一个很严重的问题，那就是当我们的语料库有限，大概率会在实际预测的时候遇到我们没见过的词或短语，这就是未登录词（OOV），这样就会造成概率计算的公式中，分子或分母为 0，毕竟它们都只是频率。分子为 0 的话，整个句子的概率是连乘出来的结果，是 0；分母是 0 的话，数学上就根本没法计算了，这样的问题我们该怎么解决呢？有以

下几种方法。

① 平滑（Smoothing）：为每个 w 对应的频数增加一个很小的值，目的是使所有的 n-gram 概率之和为 1，使所有的 n-gram 概率都不为 0。常见的平滑方法为拉普拉斯平滑（Laplace Smoothing），也叫加一平滑（Add-one Smoothing）。

② Add-one：强制让所有的 n-gram 至少出现一次，只需要在分子和分母上分别做加法即可。这个方法的弊端是，大部分 n-gram 都是没有出现过的，很容易为它们分配过多的概率空间。

$$P(w_n | w_{n-1}) = \frac{C(w_{n-1}w_n)+1}{C(w_{n-1})+|V|} \tag{13-12}$$

③ Add-k：在 Add-one 的基础上做了一点小改动，原本是加 1，现在加上一个小于 1 的常数 k。其缺点是这个常数仍然需要人工确定，对于不同的语料库，k 可能不同。

$$P(w_n | w_{n-1}) = \frac{C(w_{n-1}w_n)+k}{C(w_{n-1})+k|V|} \tag{13-13}$$

13.3.3 神经网络语言模型

本节我们沿着时间维度，讲述基于神经网络的语言模型的演进过程（如图 13-6 所示）。

图 13-6 基于神经网络的语言模型演进图

1. NNLM

NNLM（Neural Network Language Model）在 Bengio 于 2003 年发表的"A Neural Probabilistic Language Model"中被提出。模型架构如图 13-7 所示。

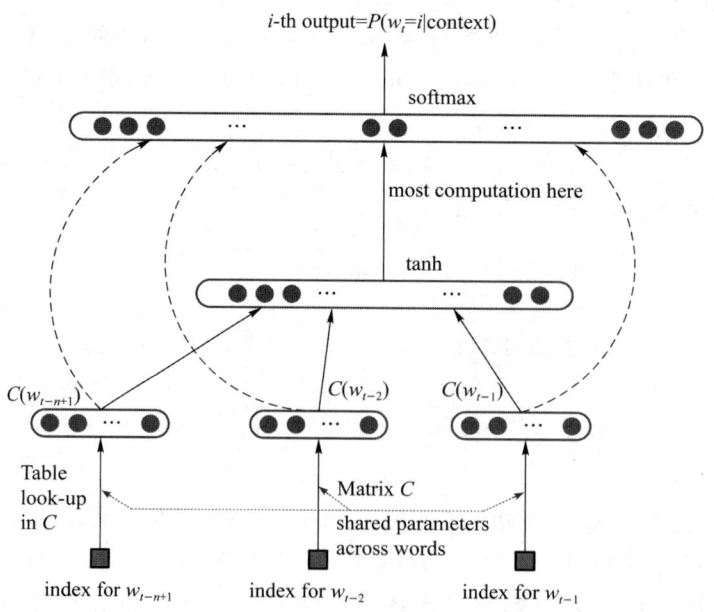

图 13-7 NNML 模型架构图

输入层：
- w_i 为词表中的词，C 是大小为 $|V| \times m$ 的参数矩阵，可将 w_i 映射至 $C(i) \in R^m$，后者是一个实值向量，可视作 w_i 的分布式特征向量表示。
- 输入 $x = (C(w_{t-1}), C(w_{t-2}), \cdots, C(w_{t-n+1}))$，将输入序列对应的所有向量进行拼接。

隐藏层：
- 隐藏单元个数为 h，参数包括 $H \in R^{h \times (n-1)m}, d \in R^h$，采用 tanh 作为激活函数。

输出层：
- 参数包括 $U \in R^{|V| \times h}, b \in R^{|V|}$，此外，若输入层和输出层之间存在连接，则还需要参数 $W \in R^{|V| \times (n-1)m}$。
- 输出层可表示为 $y = b + Wx + U\tanh(d + Hx)$。
- 最后通过 softmax 层。

NNLM 最大的贡献在于将 NN 引入 LM 中，在论文的未来展望部分，作者提到用 RNN 来替代当前的 MLP 结构可能会有更好的效果，这一点在后来的 RNNLM 中得到了验证。另外，Word Embedding(参数矩阵 C)作为 NNLM 的副产品，在后续的其他研究中起到了关键作用。

NNLM 的缺点在于，只能处理定长的序列，本质上还是遵从了马尔可夫假设，相当于一个使用神经网络编码的 n-gram 模型，无法解决长期依赖的问题。

2. RNNLM

RNNLM 在 Tomas Mikolov 于 2010 年发表的"Recurrent neural network based language model"中被提出。

RNNLM 可以处理变长序列，它的问题在于训练太慢，尤其对于现在动辄上千万甚至上亿的语料库，训练 RNNLM 几乎是一个不可能完成的任务。

目前有许多专门用于训练 RNNLM 的工具包，其对训练速度进行了各种优化，感兴趣的读者可自行了解。

3. word2vec

word2vec 在 Tomas Mikolov 于 2013 年发表的"Distributed Representations of Words and Phrases and their Compositionality"和"Efficient Estimation of Word Representations in Vector Space"中被提出。

在前面的内容中，我们提到基于 NN 的 LM 训练太慢，那么如果我们只想得到 Word Embedding，能否对模型进行简化呢？word2vec 就是这么做的。

word2vec 是一款专门用于计算 Word Embedding 的工具，其中提出了 2 个浅层的 NN 模型：CBOW(Continuous Bag-of-Words)、Skip-gram。为了进一步提升训练速度，word2vec 在模型的隐藏层到输出层引入了两种优化算法：层次化 softmax(Hierarchical Softmax)、负采样(Negative Sampling)。

层次化 softmax 本质上是为了解决"海量多分类(Massive Multi-label)"的问题，当待分类标签很多时，利用 Huffman 树，把 N 分类问题变成 $\log N$ 次二分类问题，复杂度从 $O(N)$ 降低到 $O(\log N)$。

负采样借鉴了 Noise Contrastive Estimation(NCE)的思想。普通的 softmax 计算量太大，是因为它把词典中所有其他非目标词都当作负例了。负采样则每次按照一定概率随机采样一些词当作负例，从而只需计算这些采样出来的负例，将原来的 N 分类问题变成了 K 分类问题,把词典大小对时间复杂度的影响变成了一个常数项,而改动又非常微小,不可谓不巧妙。

4. GloVe

GloVe 在 Jeffrey Pennington 等人于 2014 年发表的"GloVe:Global Vectors for Word Representation"中被提出。

GloVe 是一个基于全局词频统计(Count-based & Overall Statistics)的词表征(Word Representation)模型。它生成的词向量可以捕捉词之间的一些语义特性,如相似性(Similarity)、类比性(Analogy)等。

5. ELMo

ELMo(Embeddings from Language Models)在 AllenAI 于 2018 年发表的"Deep contextualized word representations"中被提出。

一个合格的语言模型,应该具备以下能力。

① 对词进行编码。

② 有效表征对应语言的语法和语义特性。

③ 对不同上下文环境下的词在编码上能够区分。

之前的语言模型如 GloVe/word2vec 只具备前两点,在第三点上遭到挑战。例如,根据不同的上下文,"苹果"一词可能指手机,也可能指水果,但是在 GloVe/word2vec 中,"苹果"只能得到一个静态的 Word Embedding,无法区分多义词的不同语义。多义词是自然语言中经常出现的现象,也是语言灵活性和高效性的一种体现。

为了解决多义词问题,ELMo 出现了,模型架构如图 13-8 所示。

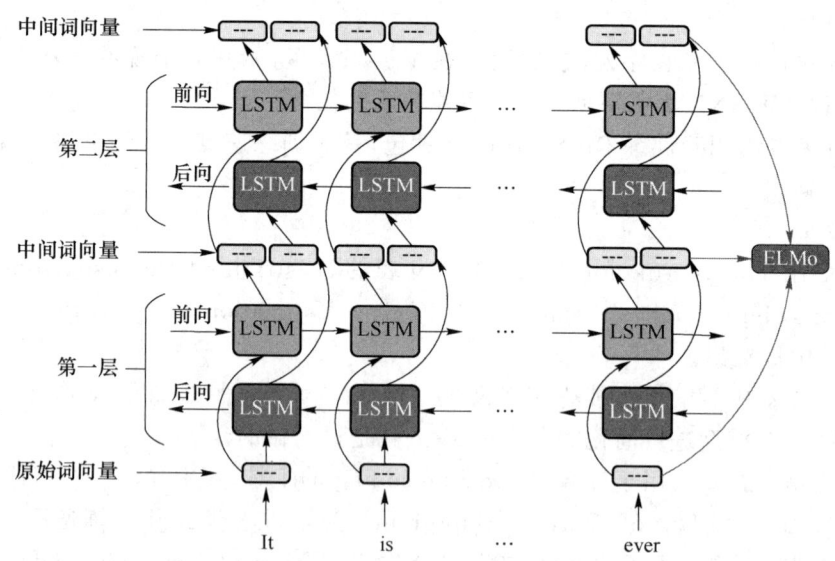

图 13-8 ELMo 模型构架

简单来说,ELMo 是从深层的双向语言模型(Deep Bidirectional Language Model)中的内部状态(Internal State)学习而来的。

ELMo 的基本输入单元为句子,每个词没有固定的词向量,需要根据词的上下文环境来动态产生当前词的词向量,有效捕捉语境信息,解决多义词问题。

输入层:基于 GloVe/word2vec 等方式得到的 Word Embedding,上下文无关(Context-independent),论文中采用了字符级别的 CNN-BIG-LSTM。

ELMo：对于一个词元，ELMO 会计算 $2L+1$ 个表示（输入的一个词元嵌入和前向、后向的 $2L$ 个表示）：

$$R_k = \{x_l^{LM}, \overrightarrow{h}_{k,j}^{LM}, \overleftarrow{h}_{k,j}^{LM} | j=1,\cdots,L\} = \{h_{k,j}^{LM} | j=0,\cdots,L\} \tag{13-14}$$

其中，$h_{k,0}^{LM}$ 是 token 层，$h_{k,j}^{LM} = [\overrightarrow{h}_{k,j}^{LM}; \overleftarrow{h}_{k,j}^{LM}]$ 表示 biLSTM 层。

在下游任务中，ELMo 将 R 中的所有层压缩成一个向量 $ELMo = E(R_k; \Theta_e)$。

在最简单的情况下，我们可以只使用最后一层，$E(R_k) = h_{k,L}^{LM}$。

更一般地，我们会计算所有层的加权和（权重是任务相关）：

$$ELMo_k^{task} = E(R_k; \Theta^{task}) = \gamma^{task} \sum_{j=0}^{L} s_j^{task} h_{k,j}^{LM} \tag{13-15}$$

其中，s^{task} 是 softmax 正则化权重（等同于层间的归一化处理），γ^{task} 是一个标量，可以让下游任务来对 ElMo 向量进行缩放。s_{task} 和 γ^{task} 均可在下游 NLP 任务中学习得到。

语言模型的双向体现在对句子的建模上：给定一个 N 个 token 的句子 $(t_1, t_2, \cdots, t_N)$。

前向语言模型：从历史信息预测下一个词，即从给定的历史信息 $(t_1, \cdots, t_{k-1})$ 建模下一 token t_k 的概率。

$$p(t_1, t_2, \cdots, t_N) = \prod_{k=1}^{N} p(t_k | t_1, t_2, \cdots, t_{k-1}) \tag{13-16}$$

对于一个 L 层的 LSTM，设其输入为 x_k^{LM}（token embedding），每一层都会输出一个依赖上下文的表示 $\overrightarrow{h}_{k,j}^{LM}$，LSTM 的最后一层的输出为 $\overrightarrow{h}_{k,L}^{LM}$，该输出会在 softmax 层被用来预测下一个 token t_{k+1}。

后向语言模型：从未来信息预测上一个词，即从给定的未来 $(t_{k+1}, t_{k+2}, \cdots, t_N)$ 建模上一个 token t_k 的概率。

$$p(t_1, t_2, \cdots, t_N) = \prod_{k=1}^{N} p(t_k | t_{k+1}, t_{k+2}, \cdots, t_{k-1}) \tag{13-17}$$

对于一个 L 层的 LSTM，设其输入为 x_k^{LM}（token embedding），每一层都会输出一个依赖上下文的表示 $\overleftarrow{h}_{k,j}^{LM}$，LSTM 的最后一层的输出为 $\overleftarrow{h}_{k,L}^{LM}$，该输出会在 softmax 层被用来预测上一个 token t_{k-1}。

双向语言模型是前向、后向的一个综合，通过两个方向的对数极大似然估计来完成：

$$\sum_{k=1}^{N} (\log p(t_k | t_1, \cdots, t_{k-1}; \Theta_x, \overrightarrow{\Theta}_{LSTM}, \Theta_s) + \log p(t_k | t_{k+1}, \cdots, t_N; \Theta_x, \overleftarrow{\Theta}_{LSTM}, \Theta_s)) \tag{13-18}$$

其中，Θ_x 是 token embedding，Θ_s 代表 softmax 层的参数，这两部分参数在前向、后向两个方向上共享。

6. GPT

GPT（Generative Pre-Training）在 OpenAI 于 2018 年发表的 "Improving Language Understanding by Generative Pre-Training" 中被提出。模型结构如图 13-9 所示。

模型主体采用了 Transformer 的 Decoder（去除了中间的一个 sub-layer：Multi-Head Attention），训练目标是单向语言模型（根据上文预测下文），存在 Mask 机制。在论文中，作者采用的模型配置为：12 层 Transformer，768 维的 Embedding 向量（Positional Embedding 是在模型中训练得到），序列长度为 512，Batchsize 为 64，Attention Heads 个数为 12，Positionwise FFN 中间线性层的维度为 3 072。

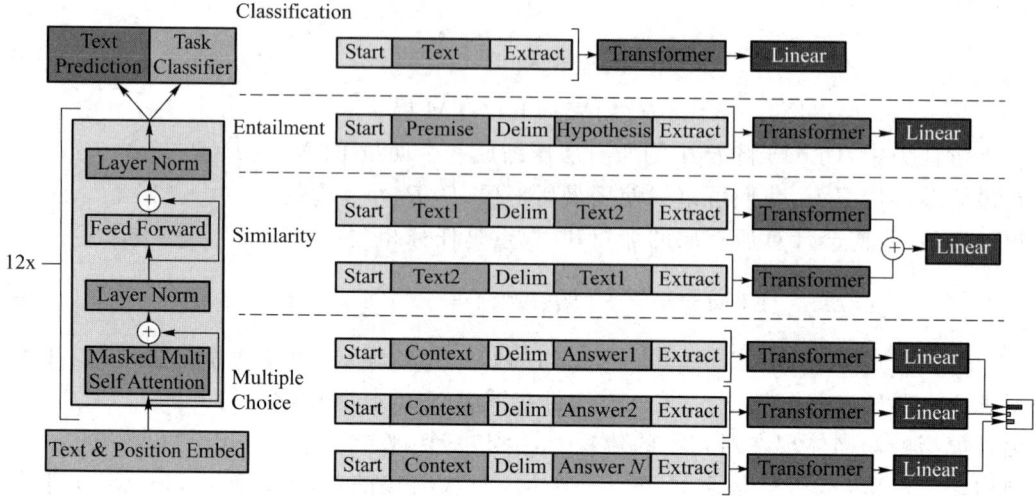

图 13-9　GPT 模型结构图

模型的核心思想在于通过结合 Unsupervised Pre-training 和 Supervised Fine-tuning，进而为 NLU（Natural Language Understanding）任务提供一种普适的半监督学习方式：在 Unsupervised Pre-training 阶段，对海量无标注语料进行语言模型的学习，生成预训练模型；在 Supervised Fine-tuning 阶段，利用特定任务的标注语料对预训练模型做微调，以完成对特定任务的适配。当然，在 Fine-tuning 阶段，需要对模型的输入层、输出层进行针对性改造，但是无须调整模型主体架构，因此可以以极小的成本将模型应用到各个特定任务。

(1) Pre-training

对于包含 tokens $u=\{u_1,\cdots,u_n\}$ 的未标注语料，根据语言模型的目标极大化以下似然函数：

$$L_1(u)=\sum_i \log P(u_i \mid u_{i-k},\cdots,u_{i-1};\Theta) \tag{13-19}$$

其中，k 是上下文窗口大小。

Transformer 的输入、输出如下：

$$h_0=UW_e+W_p \tag{13-20}$$

$$h_l=\text{transformer}_{\text{block}}(h_{l-1}) \quad \forall l\in[1,n] \tag{13-21}$$

$$P(u)=\text{softmax}(h_n W_e^T) \tag{13-22}$$

其中，$U=(u_{-k},\cdots,u_{-1})$ 为上文 tokens，n 是 Transformer 的层数，W_e 是 Token Embedding 矩阵，W_p 是 Positional Embedding 矩阵。

(2) Fine-tuning

对于特定任务的标注数据集 C，其中每条数据包含输入 Tokens 序列 $x^1,\cdots,x^m$ 和 label y，输入经过预训练模型后，得到 Transformer 最后一层的输出 h_l^m（x^m 对应的解码输出），再经过一个额外的线性层去预测 y：

$$P(y|x^1,\cdots,x^m)=\text{softmax}(h_l^m W_y) \tag{13-23}$$

优化目标为下式最大化：

$$L_2(C)=\sum_{(x,y)} \log P(y \mid x^1,\cdots,x^m) \tag{13-24}$$

另外,在 Fine-tuning 阶段将语言模型的优化目标加进来会有以下好处:①增强泛化能力;②加速收敛。因此,最终的优化目标调整为:

$$L_3(C) = L_2(C) + \lambda L_1(C) \tag{13-25}$$

其中,λ 是权重参数。

在整个 Fine-tuning 阶段,额外新增的参数仅为 W_y 和输入形式转换过程中采用的分隔符的 Embedding。

(3) Task-specific input transformations

对于文本分类任务,可以直接采用我们上述所说的架构。对于其他具有结构化输入的任务,如文本蕴涵、语义相似度、问答等,由于上述架构仅支持序列输入,因此需要对这些任务的结构化输入进行改造,将其转换为序列输入形式。不同任务的改造方式具体可以参考模型架构图的右侧部分。

7. BERT

BERT(Bidirectional Encoder Representations from Transformers)在 Google 于 2018 年发表的 "BERT: Pre-training of Deep Bidirectional Transformers for Language Understanding"中被提出。模型结构如图 13-10 所示。

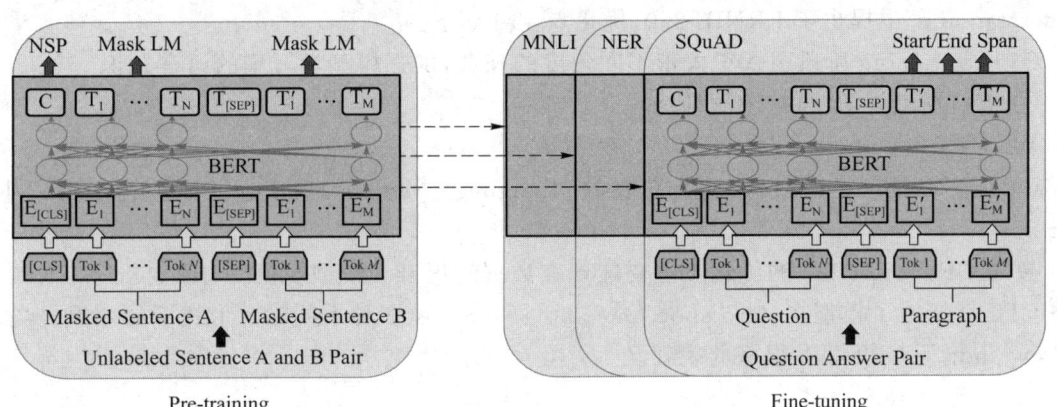

图 13-10 BERT 模型结构图

和 GPT 一致,BERT 也采用两阶段的训练方式:Pre-training、Fine-Tuning。然而,二者在细节上存在许多差异,BERT 在多项任务的效果上也要优于 GPT。

8. GPT-2

GPT-2 在 OpenAI 于 2019 年发表的 "Language Models are Unsupervised Multitask Learners"中被提出。

相较于 GPT,GPT-2 的优化点主要如下:提升训练数据的数量、质量、广泛度(from WebText)。

具体地,GPT-2 将所有问题建模为 $p(\text{output} \mid \text{input}, \text{task})$,即生成式任务,这就和 Pre-training 阶段的语言模型保持了一致,在解决不同的问题时,task 通过相应的引导符来体现。例如,在"阅读理解"任务中,引导符为"A:";在摘要任务中,引导符为"TL;DR:";在翻译任务中,引导符为"="。GPT-2 是一个基于语言建模的文本生成器,由于语言建模的通用性,它能够在多个任务上提升表现。但是从目前的实验结果来看,有效提升的任务的类型并不包括诸如阅读理解、机器翻译、文本摘要等。GPT-2 的主要贡献在于,表明了语言模型和无监督学习在 NLP 领域的潜力，一个模型解决多个 NLP 任务是可行的。

9. ERNIE

ERNIE 在 Baidu 于 2019 年发表的"ERNIE：Enhanced Representation through Knowledge Integration"中被提出。ERNIE 在 BERT 的基础上做了一些改进。

① 采用 multi-stage 的 masking 策略：Basic-Level Masking（字粒度）、Phrase-Level Masking（短语粒度）、Entity-Level Masking（实体粒度），有助于模型学习海量文本中的先验语义知识，增强模型语义表示能力。

② 预训练阶段采用更丰富的多源语料：中文 wiki、百度百科、百度新闻、百度贴吧。

③ 利用百度贴吧的对话数据进行 DLM(Dialogue Language Model)任务的训练。

BERT 在中文语料上预训练采用的是字粒度，ERNIE 沿用了这一做法，至于为什么不采用词粒度，推测可能有以下几个原因。

① 词表会增大。

② 中文需要分词，产生对分词工具的依赖：大规模语料上，分词效果未必好（领域外新词问题显著），导致信息损失，进一步使得模型效果可能被分词器性能卡住。

此外，同年 Baidu 于"ERNIE 2.0：A Continual Pre-Training Framework for Language Understanding"中提出了 ERNIE 2.0，优化点主要如下。

① Pre-training 阶段引入了大量不同角度的任务，加强模型学习到的语言知识。

② 支持增量学习，可持续预训练。

10. GPT-3

GPT-3 在 OpenAI 于 2020 年发表的"Language Models are Few-Shot Learners"中被提出。

较之 GPT-2，GPT-3 的优化点主要体现在数据量提升和模型规模提升上。

GPT-3 探讨了模型在 Zero-shot、One-shot、Few-shot 3 种不同输入形式下的效果，实验证明 Few-shot 下 GPT-3 有很好的表现。

第 14 章
数据可视化技术

计算机与信息技术经历了半个多世纪的发展,给人类社会带来了巨大的变化。人类社会已经由工业化时代迈入信息化时代。现代社会人们可以以更快速、更方便、更廉价的方式获取和存储数据,数据及其信息量都以指数方式增长。

海量数据对数据分析工具提出了更高的要求,例如,数据的收集、数据的存储、数据的抽取与挖掘、数据的可视化分析等都需要很好的数据工具,尤其是数据的可视化技术,它能够将各种统计分析结果进行直观的呈现,否则理解这些数据或者寻找数据所蕴含的意义与规律是非常困难的。

14.1 数据可视化技术的发展

14.1.1 可视化技术的发展历程

随着现代科技的发展,可视化技术的发展大概分为 5 个阶段:先计算机时代、计算机读表时代、计算机读图时代、基于 GIS 的图形交互时代、大数据时代,如图 14-1 所示。

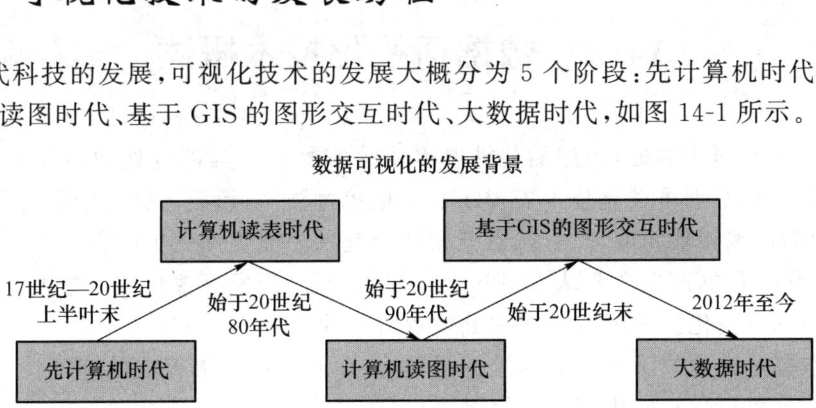

图 14-1 数据可视化的发展历程

17 世纪到 20 世纪 80 年代之前,数据可视化主要以手工绘制为主,例如,前文提及的多功能条形图和线图(Multifunction Bar and Line Graphs)被用于绘制寿命和死亡率的统计图。在我国古代,使用等高线图来绘制地形图,用于军事作战。计算机的出现彻底地改变了数据分析工作。美国微软公司最先将表格数据进行了可视化处理,从此诞生了 Excel 图表数据处理工具。20世纪90年代,数据可视化进入了读图时代。数据图形可视化通常有3种解决方案:第一种是传统表格可视化软件厂商提供的图表控件,其基本上能解决用户的核心需求;第二种是独立图表控件,它需要将基本代码集成到企业信息系统中去;第三种是图表可视化软件,也就是现在称为BI的工具。其中很重要的一个新的发展是地理信息可视化技术,地理信息可视化是运用图形学、计算机图形学和图像处理技术,将地学信息输入、处理、查询、分析以及预测的结果和数据以图形符号、图标、文字、表格、视频等可视化形式显示并进行交互的理论、方法和技术。

14.1.2 数据可视化表示

一维数据可视化主要指一组连续的数据表达了数据随某个维度变化的规律。例如,某一列随时间变化的数据如图14-2所示。

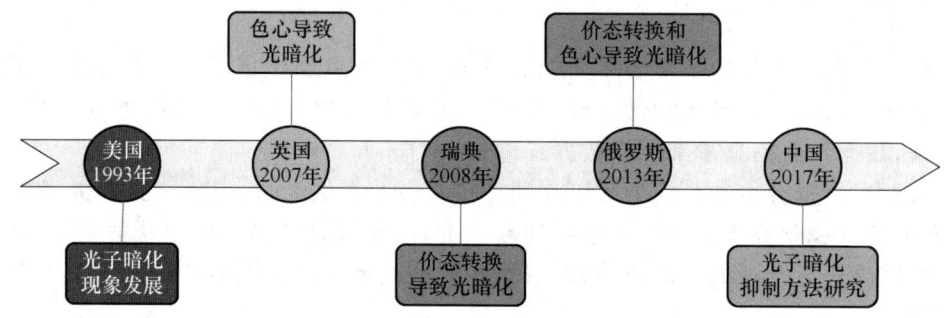

图14-2 光子暗化研究时间节点图

二维数据可视化技术一般需要在两个维度上呈现数据变化的规律。例如,确定一个城市的地理位置需要知道城市的经度和纬度数据。若同时用不同半径的圆表示城市面积的大小,用不同的颜色表示城市人口的多少,则被视作多维数据可视化。也就是说,含有3个及以上属性的数据的可视化称为多维数据可视化。

14.2 数据可视化技术概述

由于数据庞杂,对于数据,人们需要抽取需要的信息并对其进行处理与计算,才能使用和呈现这些数据,因此数据可视化技术需要结合数据挖掘技术,形成可视化的数据挖掘系统。数据可视化与数据挖掘相辅相成,只有两者紧密结合起来才能发挥完美的作用。

数据可视化与数据挖掘主要从以下几个方面相结合,形成可视化数据挖掘。

① 运用数据可视化技术展示数据挖掘过程得到的结果。

② 运用数据可视化技术补充数据挖掘过程,加深对数据挖掘算法的理解。

③ 运用数据可视化技术决定数据挖掘过程,主要决定采用什么样的挖掘算法或者决定选用数据的哪一部分。

④ 对数据可视化的结果而不是原数据集运用数据挖掘算法,这样能够发现一些难以一眼辨识的数据模式。

14.2.1 数据分析方法

在日常数据分析中,尤其是业务分析中,常用的分析方法主要有六大类,熟练地交叉使用这六大类基本方法,80%的日常数据分析问题都能解决。

1. 多维分析

所谓多维分析,就是细分分析,做多维分析首先要明确两个方向:维度和指标。指标指的是用来记录关键流程的、衡量目标的单位或方法,如 DAU、留存率、转化率等。维度指的是观察指标的角度,如时间、来源渠道、地理位置、产品版本维度等。多维分析就是在多个维度拆解、观察对比维度细分下的指标,将一个综合指标进行细分,从而发现更多问题。

2. 趋势分析

有对比才有分析,有对比数据才能产生意义,所以对比分析在实际数据分析中是非常重要的一种手段。最常用的对比分析是基于时间的对比分析。基于时间的对比分析主要是指同一指标在不同时间周期的对比,主要分为同比、环比和定基比,如图 14-3 所示。

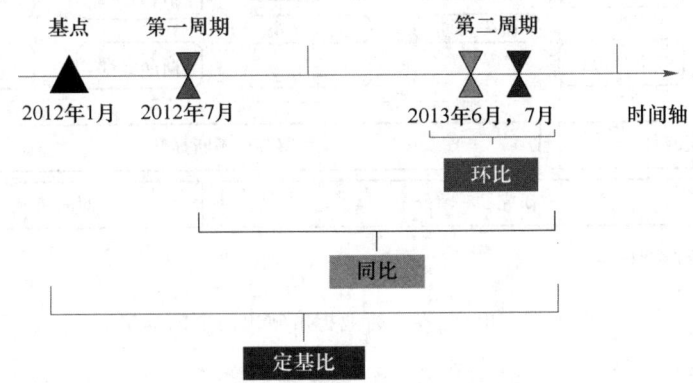

图 14-3 基于时间的对比分析法

环比是指与相邻的上一周期做对比,周期可以是时、日、周、月、季、年等。比如,周环比指的是本周与上一周的对比。同比是指两个周期同一个时间点的比较,目的是追踪周期性的变化。定基比是指和指定的时间基点对比。

举个数据例子:2017 年 10 月的月同比指的是 2017 年 10 月和 2016 年 10 月做对比,而 2017 年 10 月的月环比指的是 2017 年 10 月和上一周期 2017 年 9 月做对比。

3. 转化分析法

转化分析也叫作漏斗分析,主要是分析产品流程或关键节点的转化效果,常借助漏斗图展现转化效果。漏斗图是一种外形类似漏斗的可视化图表,利用该方法可以直观地追踪产品的整体流程,追踪业务的转化路径,追踪不同生命阶段下的用户群体表现。

4. 公式拆解法

所谓公式拆解法,就是对目标变量用已知公式进行拆解,从而快速找到影响目标变量的因素。公式拆解法没有固定的标准,对于一个目标变量,在不同的场景下或者说为解决不同的问题,需要利用公式拆解的细致程度也不一样。图 14-4 所示为电商/零食行业最常用的拆解解决问题的框架,为提升销售额,在实际解决问题中都要细化到广告拉新、用户分析、商品分析等层面。

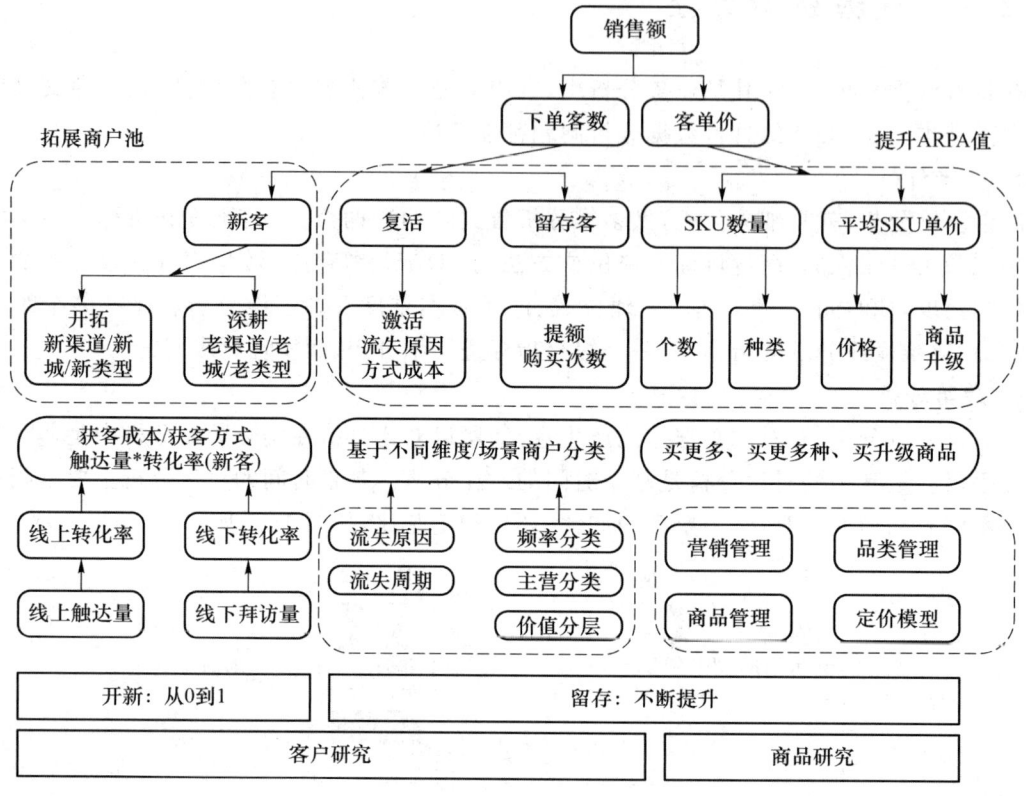

*ARPA：每客户平均收益。

图 14-4　电商/零食行业拆解解决问题的框架

5．综合评估法

综合评估法是将多个指标综合成一个指标评估的方法。这种方法是非常常见的，如蚂蚁信用分、微博热度、游戏战绩排名等都是基于综合评估法实现的。评估过程是通过一些特殊的方法，按指标的重要性对多指标加权，多个指标的评估是同时完成的，而非逐个完成的。在多指标整合进行综合评估的过程中，会涉及权重的设定。综合评估法生成的综合指标不再是单纯意义上的单个指标的意思，而是多个指标的综合反映。因此，对于综合评估法，赋权是非常重要的环节。而赋权的方法可分为两类：主观评估法和客观评估法。客观评估法是指变异系数、熵分析、主成分分析等；主观评估法是指层次分析法、专家赋权等。

6．结构化分析法

所谓结构化分析，其实就是逻辑树和 MECE 的结合使用。逻辑树是麦肯锡推广的思考问题的工具，就是将目标问题看作树一层一层拆解，最左边是树根（目标/问题的起点），向右是将某已知问题的影响层当成已知问题的树枝，每多一个影响层，则添加一个树枝，直到列出已知问题的所有影响层为止。且各逻辑树枝之间的关系需要"相互独立、完全穷尽"（MECE）。

结构化分析是非常好用的一种方法，它能将问题层层有序拆解，有助于思路清晰，同时可以将复杂问题由繁化简。虽说结构化分析非常好用，但是构建一个完美的框架（逻辑树）可不是一件容易的事。一般构建结构框架有两种方法：自下而上和自上而下。

（1）自下而上

自下而上的意思是：先头脑风暴罗列可能的影响因素，再对罗列的影响因素进行归类、分解形成框架，如图 14-5 所示。

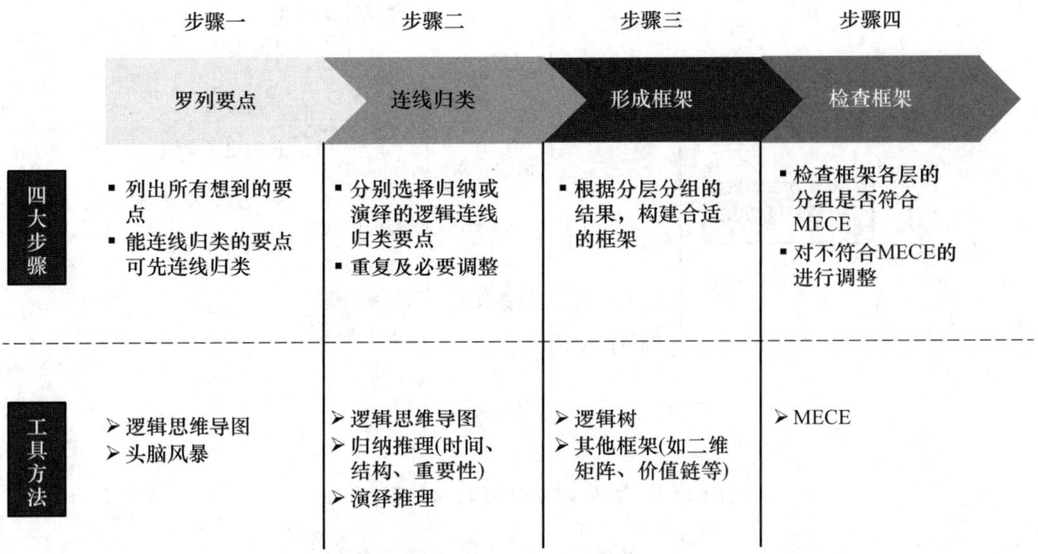

步骤一
步骤二
步骤三
步骤四
罗列要点
连线归类
形成框架
检查框架
四大步骤
▪ 列出所有想到的要点
▪ 能连线归类的要点可先连线归类
▪ 分别选择归纳或演绎的逻辑连线归类要点
▪ 重复及必要调整
▪ 根据分层分组的结果，构建合适的框架
▪ 检查框架各层的分组是否符合MECE
▪ 对不符合MECE的进行调整
工具方法
➢ 逻辑思维导图
➢ 头脑风暴
➢ 逻辑思维导图
➢ 归纳推理(时间、结构、重要性)
➢ 演绎推理
➢ 逻辑树
➢ 其他框架(如二维矩阵、价值链等)
➢ MECE

图 14-5　自下而上构建框架的步骤

下面以一个应用场景来举例说明：如何赚 100 万元？

第一步：罗列要点，如图 14-6 所示。

奖金
买房
做副业
基本工资
找有钱的他
如何赚100万元
买股票
写文章赚稿费
跳槽
买基金

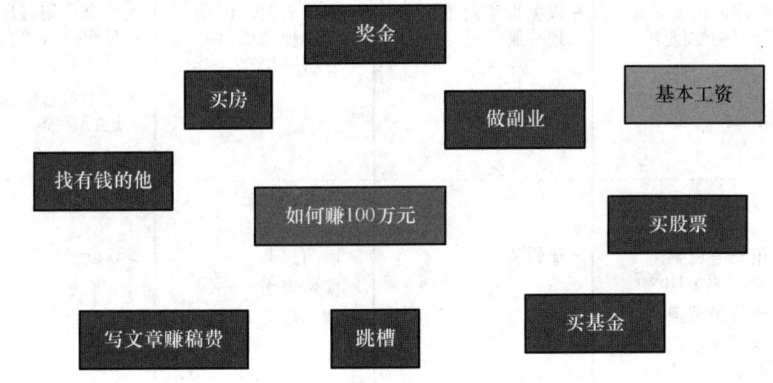

图 14-6　罗列要点

第二步：连线归类，一般是从时间、结构、重要性 3 个维度进行归类。

第三步：形成框架，如图 14-7 所示。

第四步：检查是否有重复和遗漏。

（2）自上而下

自上而下的意思是：已经有可套用解决的框架，将需要解决的问题按照框架拆解，最后形成针对目标问题的结构框架。现有的成熟框架特别多，如 4P、4C、SWOT、PEST、5W2H 等。图 14-8 所示为自上而下构建框架的步骤。

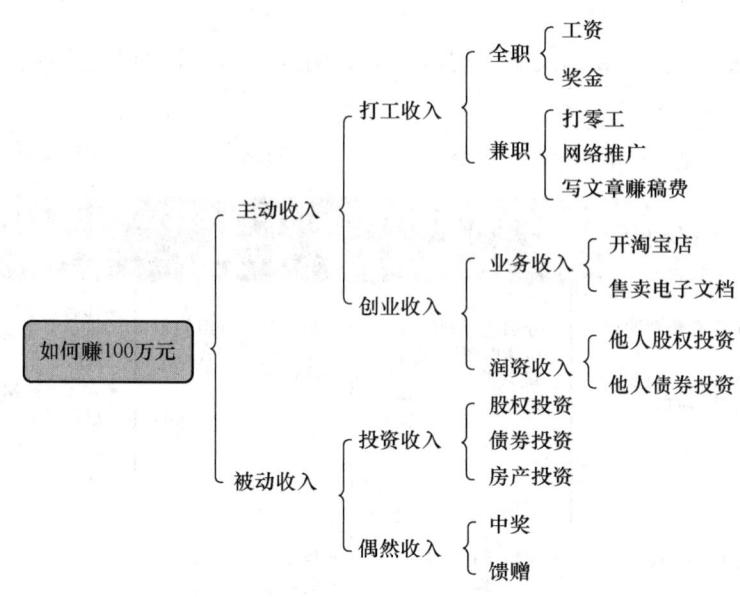

图 14-7　如何赚 100 万元的逻辑框架图

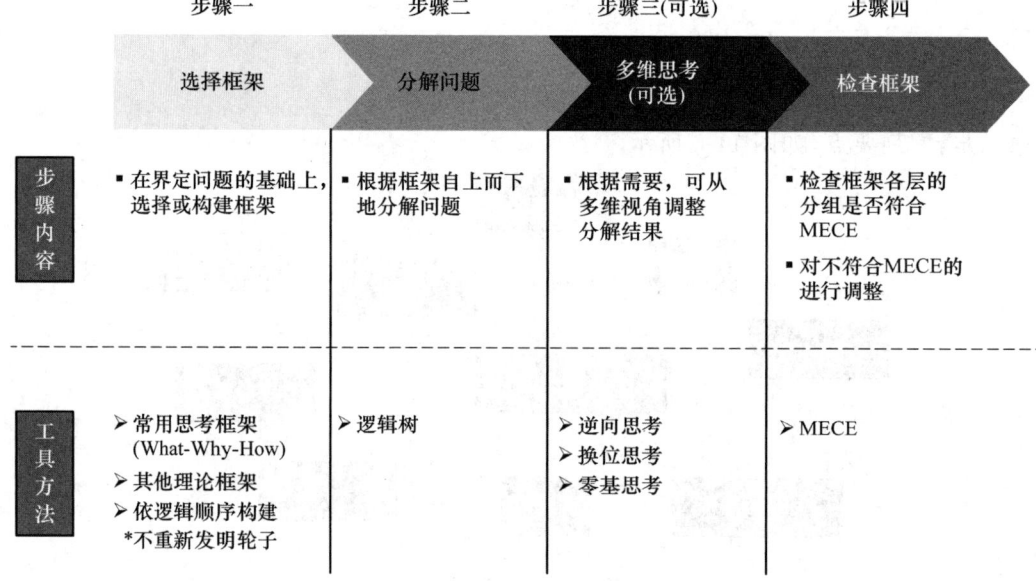

图 14-8　自上而下构建框架的步骤

14.2.2　数据可视化工具

1. Excel 数据分析工具

数据分析是理性工作,某项因素对结果是否有影响、有多大影响都需要用数据说话。各项因素对结果的影响可以使用 Excel(图 14-9)的相关系数工具来分析,通过对比各项因素的相关系数来判断客观的影响力度。

第14章 数据可视化技术

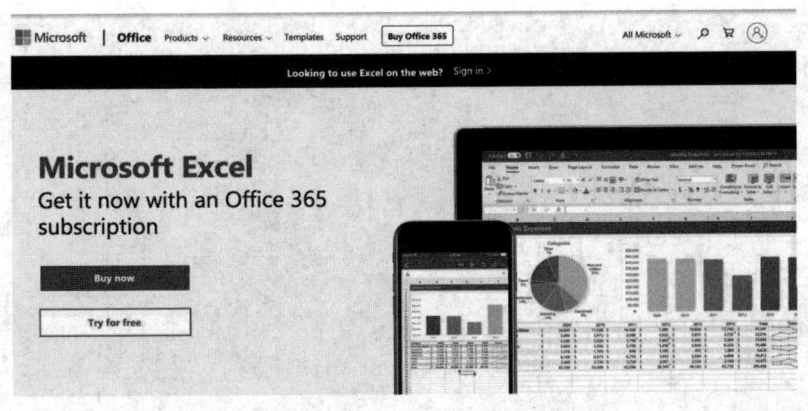

图 14-9　Excel 数据分析工具

Excel 具备多种强大功能,如创建表单、数据透视表、VBA 等。Excel 系统如此庞大,确保了用户可以根据自己的需求分析数据。

2. Power BI 数据分析可视化工具

Power BI(图 14-10)有 3 种授权方式:Power BI Free、Power BI Pro 以及 Power BI Premium。与 Tableau 一样,免费版的功能也不完整,但是对于个人用户来说基本够用。Power BI 的数据分析功能强大。它的 PowerPivot 和 DAX 语言让用户以类似于在 Excel 中编写公式的方式来进行复杂的高级分析。

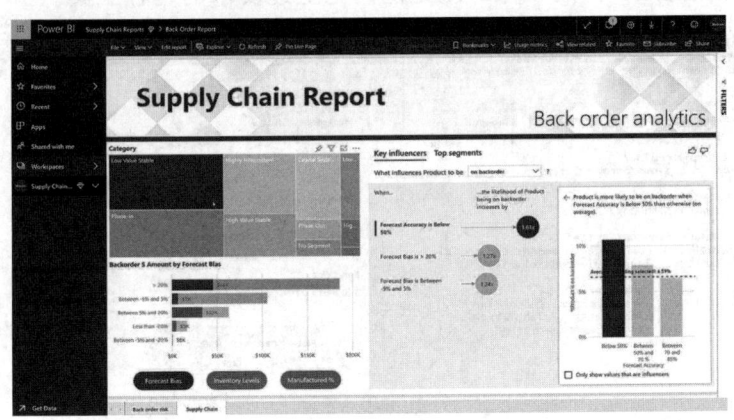

图 14-10　Power BI 数据分析可视化工具

3. FineReport 应用数据分析工具

FineReport(图 14-11)是一款简单、高效、智能的报表工具。利用它,可快速搭建企业级 Web 报表平台。其功能如下:对各业务板块进行主题数据分析,如财务分析、销售分析、生产分析等;轻松整合多源数据,形成全局数据视野,实现企业数据化智慧运营;基于强大的填报功能,可构建各种数据应用,如考勤系统、点餐应用等;快速搭建企业专属的移动数据应用,随时随地掌握数据,提升办公效率;将炫酷的数据大屏发布到各场景中展示,如监控中心、会展中心等。

FineReport 之所以独特在于它的自助服务数据分析非常适合企业用户。用户只需简单的拖放操作,就可以设计各种样式的报告,并轻松构建数据决策分析系统。

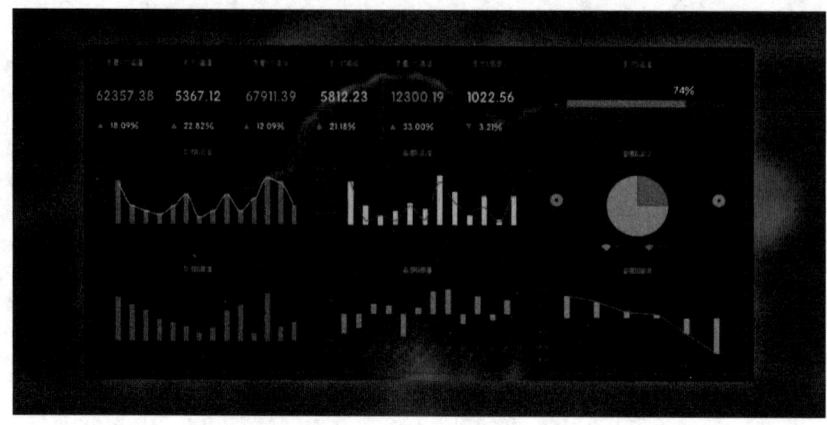

图 14-11　FineReport 应用数据分析工具

4. R&Python 语言工具

随着互联网的发展以及大批海量数据的到来，之前传统的依靠 SPSS、SAS 等可视化工具实现数据挖掘建模的方式已经越来越不能满足日常需求。依据美国对数据科学家（Data Scientist）的要求，想成为一名真正的数据科学家，编程实现算法以及编程实现建模是必要条件。目前很多从事数据挖掘工作的人大多都是非计算机专业的，其编程基础较薄弱，所以找到一门快速上手而又高效的编程语言是至关重要的，好的工具和编程语言可以起到事半功倍的效果。R&Python 语言工具（图 14-12）就是能满足上述要求的一种工具。

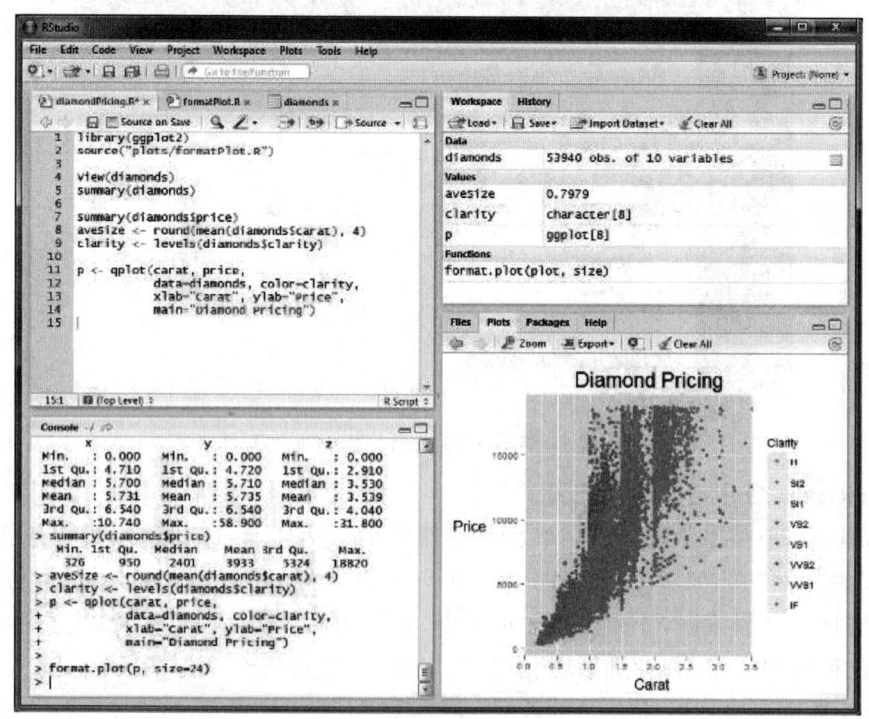

图 14-12　Rsudio 软件界面

5. SPSS 数据分析工具

SPSS(图 14-13)是世界上最早采用图形菜单驱动界面的统计软件,它最突出的特点就是操作界面极为友好,输出结果美观漂亮。它将几乎所有的功能都以统一、规范的界面展现出来,使用 Windows 的窗口方式展示各种管理和分析数据方法的功能,其对话框展示出各种功能选择项。用户只要掌握一定的 Windows 操作技能,精通统计分析原理,就可以使用该软件为特定的科研工作服务。

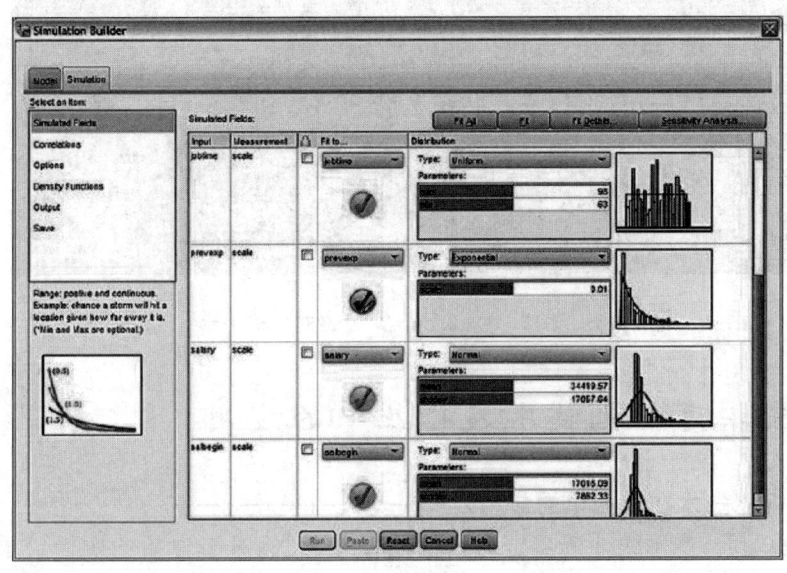

图 14-13　SPSS 软件界面

6. MySQL 数据库工具

MySQL(图 14-14)是一种关系型数据库,所谓的关系型数据库是建立在关系模型基础上的数据库,通俗来讲,这种数据库由多个表组成,表与表之间存在一定的关系。

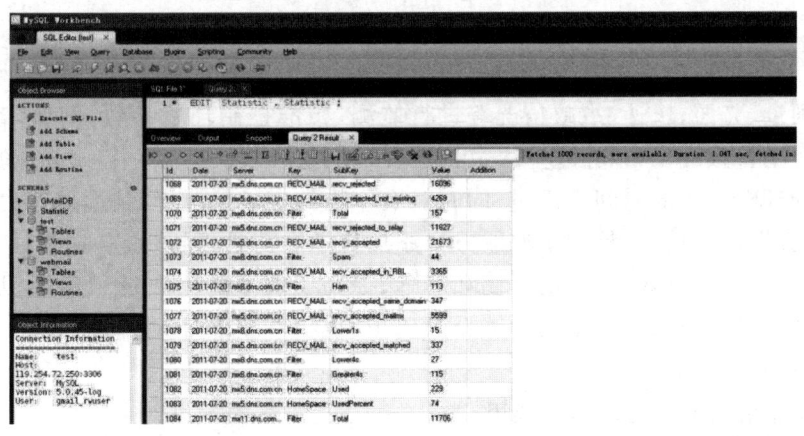

图 14-14　MySQL 数据库工具

7. Datahoop 算法数据分析平台

Datahoop 算法数据分析平台(图 14-15)让数据分析的操作更简单,不必再频繁切换各个工具即可轻松完成数据加工、数据预处理、数据建模、数据可视化等多种操作。Datahoop 算法数据分析平台集成了数据分析领域的经典算法,可直接调用这些算法,每个算法还配有使用说明。

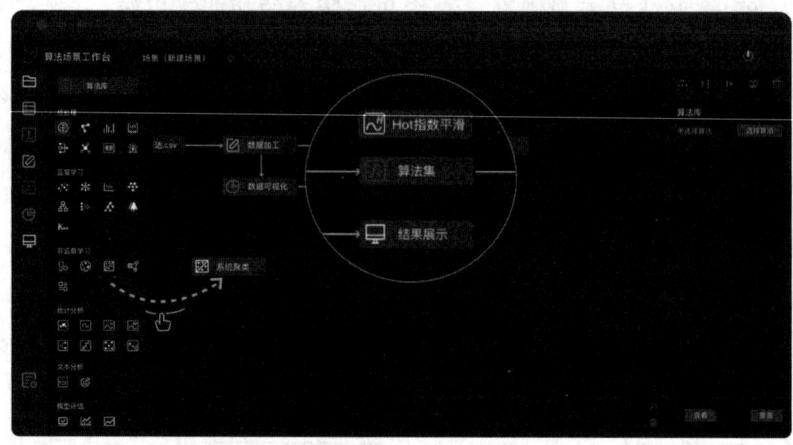

图 14-15　Datahoop 算法数据分析平台

14.2.3　数据可视化技术在行业中的应用

1. 数据可视化技术在农业中的应用

随着时代的发展,我国农业逐步走向科技化管理,人们对于食品的质量要求也越来越高。对于我国现如今的大规模农业生产,智慧农业数据可视化系统起到了至关重要的作用。

智慧农业数据可视化是现代新型科技农业技术,以三维的形式生动呈现现代化农业的工作流程,其中包含了对农业的生产要求、规划布局和生产要素流通情况等。不仅如此,智慧农业数据可视化系统还提供了精确的生产数据、农业生产管理规划、产品质量检查、农业问题解决服务系统等,使得中国农业生产发展的效率和数据细节标准化不断加强,大大提升了中国农业的发展优势。

智慧农业数据可视化系统有着精确的生产管理,利用全面远程监控,对农业环境的温度、空气湿度、降雨量、光照、风速、虫蚁情况等进行监测,精准控制环境参数,例如,若环境温度过高,则系统会产生警报提示,以让农业人员快速发现问题并解决问题。智慧农业数据可视化系统记录农作物施肥、浇水的时间和用量,同时对农作物的生长情况、生长周期作出科学的分析,可对生产量进行提前预估,并检测土壤成分和添加化学农药是否超标,实时地对培育、质检、生产和运输数据信息进行有效、准确的存储和管理,提高了农业的生产量和质量,及时消减了各种风险带来的问题和损失,减轻了农业人员的负担,也提升了农业生产效率和品质质量,形成了高效率的现代农业产业。

2. 数据可视化技术在交通中的应用

首先,在交通方面,我们最常用的就是地图。百度地图(图 14-16)、高德地图等在我们的日常生活中使用率非常高。最常用的功能就是导航,正是因为导航功能的大范围使用,才催生了自驾、租车等行业。导航依托的正是地理信息的数据可视化。在一个二维地图里,坐标点是分经度和纬度的,而这个经度和纬度就是我们确定一个地点的数据,如果知道它们就可以清楚地定位这个地点,而这个过程就是数据可视化的过程。导航功能是把很多经度和纬度的点数据集合在一起,进行层层计算,从而得出从 A 点到 B 点怎么走最省时、距离最短。这些都是数据可视化在日常交通方面的应用。我们所有的行为、所有的信息都会产生数据,将这些数据有机地结合在一起,并进行分析,提取出对我们有用的信息,这就是数据可视化。

图 14-16　百度地图界面

很多司机都会收听交通频道,了解具体路况,从而避免拥堵。那么交通频道的人是如何知道拥堵的呢？在他们的系统中心,有一块监控大屏,这块大屏会实时展示全市各个地方的交通路况,如图 14-17 所示。

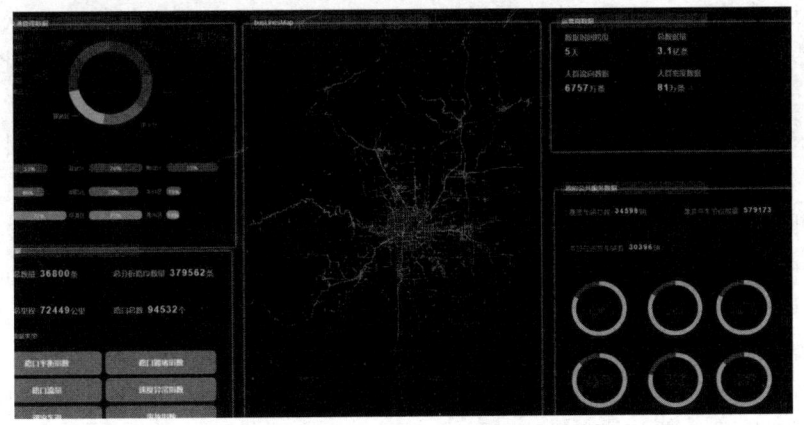

图 14-17　实时路况图

有了实时路况图,如何调度车辆、指挥交通就比较容易了,从而实现了全市的统一调度,这就是数据可视化给我们带来的改变。

3. 数据可视化技术在医疗中的应用

随着我国医疗事业的不断发展，医疗信息数据也在不断变化，为了快速找寻数据下的信息和规律，数据可视化逐步向医疗数据的分析与研究方向延伸。智慧医疗数据可视化系统把一系列病况数据转换为图、表等形式展现，使数据更加直观。其以这种"数据可视化"的方式，将我们不易理解、复杂的数据以图形化的形式进行准确的表达。

4. 数据可视化技术在气象中的应用

早在17世纪80年代，英国科学家埃德蒙·哈雷凭借大量的数据绘制了世界上第一张载有海洋盛行风分布的气象图，以地图为依托，对信风的分布状况做了全球性的统计分析，并将分布状态生动地展现在世人面前，这也是有史可依的最早的气象数据可视化案例。

如今，气象数据可视化已经发展到了全新的时代。气象数据信息已经实现了以地图为载体的全面可视化展示，文字描述变成了辅助信息，图形可以更直观地传达不同地理区划内各类气候的历史资料和实时的天气实况、预报数据。

我国气象部门在天气预报和自然灾害的监测预警上，也在利用可视化技术不断进行实践和探索。由广东气象局探测数据中心建设的气象业务网在这方面取得了很大的突破。

对于气象数据可视化，如果数据源不够丰富，那么可视化手段就显得苍白无力，气象服务效果也必然会大打折扣。数据可视化需要以受众的需求为出发点寻找有价值的数据源，并且以点连线、以线带面，进行多维空间的信息补充和挖掘，这样才能在此基础上谈及可视化表达。

而丰富的数据源通常来自"天地空海"不同地理空间的气象观测站，数据量极其庞大，因此需要解决数据处理效率的问题。广东省气象业务网利用Smartbi来采集并处理大规模的多源数据，Smartbi充当"数据中台"的角色，很好地解决了数据处理效率的问题。

有了丰富的数据源，就可以进行多源资料分析。可随意叠加台站基本信息、实况观测、实况融合、雷达卫星、预报产品、数值预报等各类多源资料，进行任意组合分析。

长期以来，气象数据可视化对饼状图、柱状图、表格图等传统图形图表的使用率是最高的。不可否认，此类图形图表是数据可视化的鼻祖，在很多时候也是最清晰有效的。但是，在可视化技术飞速发展的当下，一方面，传统图形图表已经跟不上用户多样化的信息获取脚步；另一方面，相对单一的可视化表达方式也无法满足气象数据分析过程中越来越深入化、专业化的解读需要。

因此，广东省气象探测数据中心基于Smartbi大数据分析平台和武汉兆图科技GIS平台，并依托气象业务网项目研发的可视化引擎，实现了气象数据的多样可视化表达与分析。其支持散点图、色斑图、等值线面、流场图、流线图等多种可视化效果。

气象数据可视化技术与数据分析紧密关联。从用户需求出发，恰当的数据切入点和多样化的数据分析让气象数据变得更有价值，也是提升整体可视化效果的途径之一。对丰富的气象数据进行深入探索，要表达的内容本身对可视化方式的要求就会提高，从而带动可视化效果的进一步改善，这样的思路已经在广东省气象业务网上得到了验证。其可视化引擎提供多种分析工具，包括多屏对比分析、图形图表分析、交互联动等，为气象领域应用提供了较好的支撑服务。

气象数据可视化的创新对气象信息的传播将起到弥足轻重的促进作用。目前，气象业务网在广东省气象局各部门已经得到广泛应用，系统运行稳定，日访问量不断增加，效果显著。未来，随着应用的进一步推广，气象业务网必将发挥更大的作用。

14.3 GIS 技 术

14.3.1 简介

地理信息系统(Geographic Information System,GIS)技术是多学科交叉的产物,它以地理空间为基础,采用地理模型分析方法,实时提供多种空间和动态的地理信息,是一种为地理研究和地理决策服务的计算机技术系统。其基本功能是将表格型数据(无论它是来自数据库、电子表格文件的还是直接在程序中输入的)转换为地理图形显示,用户可对显示结果进行浏览、操作和分析。其显示范围可以从洲际地图到非常详细的街区地图,显示对象包括人口、销售情况、运输线路以及其他内容。

GIS 是一种特定的十分重要的空间信息系统。它是在计算机硬件、软件系统支持下,对整个或部分地球表层(包括大气层)空间中的有关地理分布数据进行采集、存储、管理、处理、分析、显示和描述的技术。

14.3.2 环境应用

1. 农林业

在我国,从 20 世纪 80 年代中期开始,GIS 技术就被应用于农业领域,从国土资源决策管理、区域农业规划、粮食流通管理与粮食生产辅助决策到农业生产潜力研究、农作物估产研究、区域农业可持续发展研究、农用土地适宜性评价、农业生态环境监测、基于 GPS 和 GIS 的精细农业信息处理系统研究等,都取得了很好的成绩,一些研究成果直接应用于农业生产,取得了很大的经济效益。随着 GIS 理论的产生、发展以及方法和技术的成熟,其在农业领域的应用也逐步深入。

林业生产领域的管理决策人员要面对各种数据,如林地使用状况、植被分布特征、立地条件、社会经济等,这些数据既有空间数据又有属性数据,对这些数据进行综合分析并及时找出解决问题的合理方案,借用传统方法不是一件容易的事,而利用 GIS 方法却能轻松自如。

社会经济在迅速发展,森林资源的开发、利用和保护需要随时跟上经济发展的步伐,掌握资源动态变化,及时做出决策就显得异常重要。常规的森林资源监测从资源清查到数据整理成册再到制订经营方案,需要的时间长,造成经营方案和现实情况不相符。这种滞后现象势必造成管理方案不合理,甚至无法接受。利用 GIS 就可以完全解决这一问题,及时掌握森林资源及有关因子的空间时序的变化特征,进而对症下药。

林业 GIS 就是将林业生产管理的方式和特点融入 GIS 之中,形成一套为林业生产管理服务的信息管理系统,以减少林业信息处理的劳动强度,节省经费开支,提高管理效率。

2. 土地资源

GIS 技术最初在土地资源开发与管理上的应用主要是土地利用现状调查、城镇地籍调查图件和属性数据的存储、查询等管理工作等,基本上没有数据的空间分析及其他决策功能。随着技术的不断发展,在土地科学中的应用主要包括土地评价工作(土地的适宜性或多宜性评价、土地的生产潜力评价、土地持续利用评价、城市地价评估、耕地地价评价等)、土地利用规划(包括土地利用总体规划、土地利用多目标规划)、土地利用与土地覆被现状分类与制图,以及土地利用与土地覆被动态监测。

为了查清我国的土地资源,特别是耕地资源,国务院于1984年正式布置开展全国土地资源调查。此次调查历时15年,采用以航空为主、航天为辅的遥感技术,结合大比例尺地形图,实行全野外调查。在土地利用图件编制、数据量算汇总与空间分析等方面,GIS技术发挥了重要作用。通过土地资源详查,初步摸清了我国土地资源的家底,为全国土地利用规划、土地开发与管理提供了科学基础。

从1996年开始,国家科委、国家土地管理局和农业部实施"全国基本农田保护与监测"工作。GIS成为全国土地利用动态遥感监测数据库建设的核心支撑技术,主要用于管理与分析矢量数据(土地利用年度变化信息)、栅格数据(遥感影像、DEM等)和属性数据。

在国土资源部统一规划和组织下,在新一轮国土资源大调查纲要和实施方案的部署和安排下,以1∶1万比例尺为主的县(市)级土地利用数据库建设工作于1999年9月在数字国土工程中立项,1999年10月正式启动。其中GIS技术在数据库管理与数据挖掘方面具有不可替代的优势。

3. 灾害预警

从国内外发展状况看,地理信息系统技术在重大自然灾害和灾情评估中有广泛的应用领域。从灾害的类型看,它既可用于火灾、洪灾、泥石流、雪灾和地震等突发性自然灾害,又可应用于干旱灾害、土地沙漠化、森林虫灾和环境危害等非突发性事故。

由联合国环境署、联合国人居中心与国家环保总局共同支持的"长江流域洪水易损性评价"首次全面地从多因子、全方位对洪水灾害进行了综合研究与评估,改变了传统防洪观念,为未来洪水灾害控制提供了新的思路,报告明确指出了哪些区域可合理开发,哪些区域需进行严格保护,针对性强,对洞庭湖区产业结构调整、避洪农业发展、水资源开发利用、生态环境保护、土地利用与规划布局有现实意义,为地方政府及相关部门编制环境、社会和经济发展规划,以及政策制定与措施实施等提供了科学依据。

14.3.3 主要问题

不可否认,GIS的应用还存在诸多问题,主要表现以下方面。

① 数据来源与数据质量难以保证(数据来源广泛,但数据质量不高)。资源与环境问题涉及土壤学、环境学与地理学等各个学科领域,其影响因素复杂,要求数据量大且质量高。然而由于仪器设备以及人力物力的限制,许多数据难以获取。而且现有数据往往由于数据来源不一、数据格式各异、年代不同等原因造成土地资源与生态环境数据质量难以保证,特别是数据格式不一,使各地区的数据难以共享,严重影响了GIS的应用。同时,地理信息系统最基本的特点是每个数据项都有空间坐标,而传统的人工采集与野外调查数据空间定位能力差,并且往往以点代面,不可避免地带来了各种误差。因此,数据来源与数据质量一直是GIS技术真正解决资源与环境问题的一个"瓶颈"。

② 应用水平低。资源环境管理型地理信息系统还停留在简单的资源浏览查询、制图及简单分析的水平,而真正意义上的资源环境合理配置、决策支持方面的专业应用系统仍十分缺少。

③ GIS 的功能没有充分发挥出来。受管理者的认识水平、基础数据、模型方法欠缺等方面的限制,GIS 的空间分析功能在资源环境管理中没有充分展现出来。

④ 标准规范不统一、数据共享程度低。由于资源环境管理的专业性比较强,在相应 GIS 建立的过程中技术标准、数据交换标准、元数据标准等方面存在着很大的差别,使不同的信息系统之间难以共享数据。

⑤ 集成化程度低。许多资源环境管理 GIS 功能相对单一,系统结构开发性差,没有实现与全球定位系统、遥感信息的集成应用,难以满足现代资源环境管理向集成化、综合化方向发展的需要。

14.3.4 发展趋势

GIS 技术是一门综合性的技术,它的发展与地理学、地图学、摄影测量学、遥感技术、数学和统计科学、信息技术等有关学科的发展是分不开的。GIS 的发展可分为 4 个阶段:第一个阶段是初始发展阶段,20 世纪 60 年代世界上第一个 GIS 系统由加拿大测量学家 R. F. Tomlison 提出并建立,主要用于自然资源的管理和规划;第二个阶段是发展巩固阶段,20 世纪 70 年代计算机硬件和软件技术的飞速发展,尤其是大容量存储设备的使用,促使 GIS 朝实用的方向发展,不同专题、不同规模、不同类型的各具特色的地理信息系统在世界各地纷纷付诸研制,如美国、英国、德国、瑞典和日本等国对 GIS 的研究都投入了大量的人力、物力和财力;第三个阶段是推广应用阶段,20 世纪 80 年代 GIS 逐步走向成熟,在全世界范围内全面推广,应用领域不断扩大,并与卫星遥感技术结合,开始应用于全球性的问题,这个阶段涌现出一大批 GIS 软件,如 ARC/INFO、GENAMAP、SPANS、MAPINFO、ERDAS、Microstation 等;第四个阶段是蓬勃发展阶段,20 世纪 90 年代,随着地理信息产品的建立和数字化信息产品在全世界的普及,GIS 成为确定性的产业,并逐渐渗透到各行各业,成为人们生活、学习和工作不可缺少的工具和助手。

地理信息系统的研制与应用在我国虽然起步较晚,但发展势头迅猛。我国 GIS 的发展可分为 3 个阶段。第一个阶段从 1970 年到 1980 年,为准备阶段,主要经历了提出倡议、组建队伍、培训人才、组织个别实验研究等阶段。机械制图和遥感应用为 GIS 的研制和应用做了技术和理论上的准备。第二个阶段从 1981 年到 1985 年,为起步阶段,完成了技术引进、数据规范和标准的研究、空间数据库的建立、数据处理和分析算法及应用软件的开发等环节,对 GIS 进行了理论探索和区域性的实验研究。第三个阶段从 1986 年到 2013 年,为初步发展阶段,我国 GIS 的研究和应用进入有组织、有计划、有目标的阶段,逐步建立了不同层次、不同规模的组织机构、研究中心和实验室。GIS 研究逐步与国民经济建设和社会生活需求相结合,并取得了重要进展和实际应用效益,主要表现在 4 个方面。

① 制定了国家地理信息系统规范,解决了信息共享和系统兼容问题,为全国地理信息系统的建立做好了准备。

② 应用型 GIS 发展迅速。

③ 在引进的基础上扩充和研制了一批软件。

④ 开始出版地理信息系统理论、技术和应用等方面的书籍,设立了地理信息系统专业,培养了大批人才,并积极开展国际合作,参与全球性地理信息系统的讨论和实验。在科技部等国家有关部门的组织和大力支持下,国产 GIS 基础软件开发工作取得了重要进展,出现了一批

GIS 高技术企业，开发出了较为成熟的国产 GIS 软件，如 MapGIS、GeoStar、CityStar、SuperMap、MapEngine、GROW 等，并形成了一定的产业规模。这些国产 GIS 软件以较高的性价比打破了国外 GIS 软件对我国市场的垄断，有力地促进了我国地理信息系统技术的发展。这些年，GIS 技术在我国得到了广泛应用，其应用范围从传统的城市规划、土地利用、测绘、环境保护、电力、电信、减灾防灾等领域渗透到矿产资源调查、海洋资源调查与管理等各方面，取得了丰硕的成果和巨大的经济效益。当前，国家有关部门正逐步将 GIS 嵌入电子政务系统中。

随着计算机和信息技术的快速发展，GIS 技术得到了迅猛发展。GIS 系统正朝着专业化、大型化、社会化方向不断发展。GIS 的"专业化"体现在针对特定行业或领域，提供深度定制化的功能和解决方案；大型化体现在系统和数据规模两个方面；社会化则要求 GIS 要面向整个社会，满足社会各界对有关地理信息的需求，简言之就是开放数据、简化操作、面向服务，通过网络实现数据乃至系统之间的完全共享和互动。下面我们从地理信息系统技术角度来讨论和分析当前 GIS 的相关技术及其发展趋势。

（1）空间信息的获取、处理与交换

地理空间数据是 GIS 的血液，构建和维护空间数据库是一项复杂、工作量巨大的工程，它包括数据的获取、校验，规范化、结构化处理，数据维护等过程。GIS 处理的数据对象是空间对象，有很强的时空特性，获取数据的手段及数据的形式复杂多样。获取数据的基本方式有野外全站仪平板测量、GPS 测量、室内地图扫描数字化、数字摄影测量、从遥感影像进行目标测量和数据转换等。这些获取技术已基本成熟。同时，空间数据也具有很强的时效性，不同的空间数据必须进行周期不等的数据更新维护，空间数据库中数据的准确性、及时性、完整性是实现 GIS 应用系统价值的前提基础。空间数据维护往往涉及跨部门、跨行业的多种数据格式和多种数据类型的大量数据，提供有效的空间数据编辑更新手段是当前亟待解决的一个重要课题。

（2）空间数据的管理

空间数据模型刻画了现实世界中空间实体及其相互间的联系，它为空间数据的组织和空间数据库的设计提供了基本的方法。因此，空间数据模型的研究对设计空间数据库和发展新一代 GIS 系统起着举足轻重的作用。在 GIS 中与空间信息有关的信息模型有 3 个，即基于对象/要素（Feature）的模型、场（Field）模型以及网络（Network）模型。GIS 基础软件平台的研制和应用系统的设计开发一直沿用这 3 种空间数据模型，但这些模型在空间实体间的相互关系及其时空变化的描述与表达、数据组织、空间分析等方面均有较大的局限性，难以满足新一代 GIS 基础软件平台和应用系统发展的要求。

14.3.5 相关技术

GIS 处理和分析地理数据的能力使其区别于其他信息系统。尽管没有什么硬性的规则来给这些信息系统分类，但下面的讨论可以帮助读者区分 GIS、桌面制图、CAD、遥感、GPS、DBMS 技术。

1. 桌面制图

桌面制图系统用地图来组织数据和用户交互。这种系统的主要目的是产生地图：地图就是数据库。大多数桌面制图系统只有极其有限的数据管理、空间分析以及个性化能力。桌面制图系统在桌面计算机上操作，如 PC、Macintosh 以及小型 UNIX 工作站。

2. CAD

CAD 即计算机辅助设计(Computer Aided Design),它利用计算机及其图形设备帮助设计人员进行设计工作。常用的 CAD 软件有 AutoCAD 与 MicroStation 等。

GIS 与 CAD 有许多相似点,例如两者都有坐标体系,都能描述和处理图形数据及其空间关系。因此,两者都可以完成城市规划的制图工作。就目前而言,国内规划制图采用的工具基本上都是 CAD。

3. 遥感和 GPS

遥感是一门使用传感器对地球进行测量的科学和技术,如飞机上的照相机、全球定位系统(GPS)的接收器等。这些传感器以图像的格式收集数据,并为利用、分析和可视化这些图像提供专门的功能。由于它缺乏强大的地理数据管理和分析作用,所以不能叫作真正的 GIS。

4. DBMS

DBMS 即数据库管理系统,是一种操纵和管理数据库的大型软件,用于建立、使用和维护数据库。它对数据库进行统一的管理和控制,以保证数据库的安全性和完整性。

DBMS 是一个能够提供数据录入、修改、查询的数据操作软件,具有数据定义、数据操作、数据存储与管理、数据维护、通信等功能,且能够允许多用户使用。另外,数据库管理系统的发展与计算机技术的发展密切相关。近年来,计算机网络逐渐成为人们生活的重要组成部分。为此,若要进一步完善计算机数据库管理系统,技术人员就应当不断创新、改革计算机技术,并不断拓宽计算机数据库管理系统的应用范围,从而真正促进计算机数据库管理系统技术的革新。

14.4 虚拟现实、增强现实数据交互与呈现技术

虚拟现实技术(Virtual Reality,VR)是仿真技术的一个重要方向,是仿真技术与计算机图形学、人机接口技术、多媒体技术、传感技术、网络技术等多种技术的集合,是一个富有挑战性的交叉技术前沿学科和研究领域。

VR 主要包括模拟环境、感知、自然技能和传感设备等方面。模拟环境是由计算机生成的、实时动态的三维立体逼真图像。感知是指理想的 VR 应该具有一切人所具有的感知。除计算机图形技术所生成的视觉感知外,还有听觉、触觉、力觉、运动等感知,甚至还包括嗅觉和味觉等,也称为多感知。自然技能是指人的头部转动、眼睛、手势或其他人体行为动作,由计算机来处理与参与者的动作相适应的数据,对用户的输入作出实时响应,并分别反馈到用户的五官。传感设备是指三维交互设备。

增强现实(Augmented Reality,AR)也被称为扩增现实(中国台湾地区)。它是一种将真实世界信息和虚拟世界信息"无缝"集成的新技术,是把原本在现实世界的一定时间、空间范围内很难体验到的实体信息(视觉、声音、味道、触觉等信息),通过计算机等科学技术,模拟仿真后再叠加,将虚拟的信息应用到真实的世界,被人类感官所感知,从而实现超越现实的感官体验。真实的环境和虚拟的物体实时地叠加到了同一个画面或空间同时存在。

14.4.1 9种AR/VR交互方式

1. 动作捕捉

用户想要获得完全的沉浸感,真正"进入"虚拟世界,动作捕捉系统是必须的。

目前市面上可参考的专门针对 VR 的动作捕捉系统主要有 PercepTIon Neuron,其他的要么是昂贵的商用级设备,要么是"雾件"(意为在开发完成前就开始进行宣传的产品,也许宣传的产品根本就不会问世)。这样的动作捕捉设备只会在特定的超重度的场景中使用,因为其有固有的易用性门槛,需要用户花费比较长的时间穿戴和校准才能够使用。相比之下,Kinect 这样的光学设备在某些对于精度要求不高的场景中会被应用。

2. 触觉反馈

这里主要是指按钮和震动反馈,这就是下面要提到的一大类——虚拟现实手柄。

目前三大 VR 头显厂商 Oculus、索尼、HTC Valve 都不约而同地采用了虚拟现实手柄作为标准的交互模式:两手分立的、6 个自由度空间跟踪的(3 个转动自由度、3 个平移自由度)带按钮和震动反馈的手柄。这样的设备显然是用来进行一些高度特化的游戏类应用的(以及轻度的消费应用),这也可以视作一种商业策略,因为 VR 头显的早期消费者应该基本是游戏玩家。

这样高度特化/简化的交互设备的优势显然是能够非常自如地在诸如游戏等应用中使用,但是它无法适应更加广泛的应用场景。

3. 眼球追踪

提起 VR 领域最重要的技术,眼球追踪技术绝对值得被从业者们密切关注。

Oculus 创始人帕尔默·拉奇就曾称其为"VR 的心脏",因为它对于人眼位置的检测,能够为当前所处视角提供最佳的 3D 效果,使 VR 头显呈现出的图像更自然,延迟更小,这些都能大大增加可玩性。同时,因为眼球追踪技术可以获知人眼的真实注视点,从而得到虚拟物体上视点位置的景深,所以眼球追踪技术被大部分 VR 从业者认为将成为解决虚拟现实头盔眩晕病问题的一个重要技术突破。但是,尽管众多公司都在研究眼球追踪技术,但仍然没有一家的解决方案令人满意。

4. 肌电模拟

关于肌电模拟技术,我们通过一个 VR 拳击设备 Impacto 来说明。Impacto 结合了触觉反馈和肌肉电刺激精确模拟实际感觉。

具体来说,Impacto 设备分为两部分。一部分是震动马达,能产生震动感,这个在一般的游戏手柄中可以体验到;另一部分,也是最有意义的部分,是肌肉电刺激系统,通过电流刺激肌肉收缩运动。两者的结合能够给人们带来一种错觉,误以为自己击中了游戏中的对手,因为这个设备会在恰当的时候产生类似真正拳击的"冲击感"。

5. 手势跟踪

使用手势跟踪作为交互可以分为两种方式:第一种是使用光学跟踪,如 Leap MoTIon 和 NimbleVR 这样的深度传感器;第二种是将传感器戴在手上的数据手套。

这两种方式各有优劣,可以预见未来这两种手势跟踪在很长一段时间内会并存,用户在不同的场景(以及不同的偏好)使用不同的跟踪方式。

6. 方向追踪

方向追踪除了可以用来瞄点，还可以用来控制用户在 VR 中的前进方向。不过，如果用方向追踪调整方向的话很可能会有转不过去的情况，因为用户不总是坐在能够 360°旋转的转椅上的，可能很多情况下都会受空间限制。

7. 语音交互

在 VR 中海量的信息淹没了用户，他不会理会视觉中心的指示文字，而是环顾四周不断地发现和探索。如果这时给出一些图形上的指示，就会干扰他们在 VR 中的沉浸式体验，所以最好的方法就是使用语音，和他们正在观察的周遭世界互不干扰。这时如果用户和 VR 世界进行语音交互，会更加自然，而且它是无处不在、无时不有的，用户不需要移动头部和寻找它们，在任何方位、任何角落都能和它们交流。

8. 传感器

传感器能够帮助人们与多维的 VR 信息环境进行自然地交互。人们进入虚拟世界不仅仅是想坐在那里，他们希望能够在虚拟世界中到处走走看看，比如万向跑步机，目前 Virtuix、Cyberith 和国内的 KAT 都在研发这种产品。然而体验过的人都反映，这样的跑步机实际上并不能够提供接近于真实移动的感觉，目前体验并不好。还有的想法是使用脚上的惯性传感器用原地走代替前进，如 StompzVR。而戴上全身 VR 套装 Teslasuit，可以切身感觉到虚拟现实环境的变化，比如可感受到微风的吹拂，甚至在射击游戏中还能感受到中弹的感觉。

9. 一个真实的场地

造出一个与虚拟世界的墙壁、阻挡和边界等完全一致的可自由移动的真实场地，比如超重度交互的虚拟现实主题公园 The Void 就采用了这种途径，它是一个混合现实型的体验，把虚拟世界构建在物理世界之上，让使用者能够感觉到周围的物体并使用真实的道具，如手提灯、剑、枪等，中国媒体称之为"地表最强娱乐设施"。

14.4.2 VR 关键技术

1. 动态环境建模技术

虚拟环境的建立是虚拟现实技术的核心内容。动态环境建模技术的目的是获取实际环境的三维数据，并根据应用的需要，利用获取的三维数据建立相应的虚拟环境模型。三维数据的获取可以采用 CAD 技术（有规则的环境），而更多的环境则需要采用非接触式的视觉建模技术，两者的有机结合可以有效地提高数据获取的效率。

2. 实时三维图形生成技术

三维图形的生成技术已经较为成熟，其关键是如何实现"实时"生成。为了达到实时的目的，至少要保证图形的刷新率不低于 15 帧/秒，最好高于 30 帧/秒。在不降低图形的质量和复杂度的前提下，如何提高刷新频率将是该技术的研究内容。

3. 立体显示和传感器技术

虚拟现实的交互能力依赖于立体显示和传感器技术的发展。现有的虚拟现实还远远不能满足系统的需要，例如，数据手套有延迟长、分辨率低、作用范围小、使用不便等缺点；虚拟现实设备的跟踪精度和跟踪范围也有待提高，因此有必要开发新的三维显示技术。

4. 应用系统开发工具

虚拟现实应用的关键是寻找合适的场合和对象，即如何发挥想象力和创造力。选择适当的应用对象可以大幅度地提高生产效率、减轻劳动强度、提高产品开发质量。为了达到这一目的,必须研究虚拟现实的开发工具,如虚拟现实系统开发平台、分布式虚拟现实技术等。

5. 系统集成技术

由于虚拟现实中包括大量的感知信息和模型,因此系统的集成技术起着至关重要的作用。集成技术包括信息的同步技术、模型的标定技术、数据转换技术、数据管理模型、识别和合成技术等。

14.4.3 AR 关键技术

1. 跟踪注册技术

为了实现虚拟信息和真实场景的无缝叠加,要求虚拟信息与真实环境在三维空间位置中进行配准注册。这包括使用者的空间定位跟踪和虚拟物体在真实空间中的定位两个方面的内容。而移动设备摄像头与虚拟信息的位置需要相对应,这就需要通过跟踪技术来实现。跟踪注册技术首先检测需要"增强"的物体特征点以及轮廓,跟踪物体特征点自动生成二维或三维坐标信息。跟踪注册技术的好坏直接决定着增强现实系统的成功与否,常用的跟踪注册方法有基于跟踪器的注册、基于机器视觉的跟踪注册、基于无线网络的混合跟踪注册 3 种。

2. 显示技术

增强现实显示系统是比较重要的内容,为了能够得到较为真实的与虚拟相结合的系统,使得实际应用便利程度不断提升,使用色彩较为丰富的显示器是其重要基础。显示器包含头盔显示器和非头盔显示设备等,其中,透视式头盔能为用户营造出虚拟与现实融合的情境。在实际操作中,该系统的工作原理与虚拟现实领域的沉浸式头盔有较高的相似性。该系统将与使用者交互的接口和图像等元素整合,借助微型摄像机拍摄外部环境图像,通过真实有效的环境应用,使计算机图像在经过有效处理后,能与虚拟和真实环境融合,实现两者图像的叠加。光学透视头盔显示器则是在用户眼前安装半透半反光学合成器,使其与真实环境充分融合。真实场景可通过半透镜呈现给用户,满足用户的操作需求。

3. 虚拟物体生成技术

增强现实技术的目标是使得虚拟世界的相关内容在真实世界中得到叠加处理,在算法程序的应用基础上,促使物体动感操作有效实现。当前虚拟物体的生成是在三维建模技术的基础上实现的,能够充分体现出虚拟物体的真实感,在对增强现实动感模型研发的过程中,需要能够全方位地展示出物体对象。在虚拟物体生成的过程中,自然交互是比较重要的技术内容,在具体实施过程中,自然交互技术能够为增强现实技术的有效应用提供有力支持,助力更精准地实现信息注册,利用图像标记实时监控外部输入信息内容,使得增强现实信息的操作效率能够提升,并且在用户进行信息处理的时候,可以有效实现信息内容的加工,提取其中有用的信息内容。

4. 交互技术

与在现实生活中不同,增强现实是将虚拟事物在现实中的呈现,而交互就是为虚拟事物在现实中更好地呈现做准备,因此想要等到更好的 AR 体验,交互就是重中之重。

5. 合并技术

增强现实的目标是将虚拟信息与输入的现实场景无缝结合在一起,为了增加 AR 使用者的现实体验,要求 AR 具有很强的真实感。为了达到这个目标不单单要考虑虚拟事物的定位,还要考虑虚拟事物与真实事物之间的遮挡关系以及具备 4 个条件：几何一致、模型真实、光照一致和色调一致，四者缺一不可，任何一个条件的缺失都会导致 AR 效果的不稳定，从而严重影响 AR 的体验。

14.5 平台技术

14.5.1 D3

D3 即 Data-Driven Documents。D3.js 是一个基于数据驱动的 JavaScript 库，用于操作文档对象模型。D3.js 是一个动态的、交互式的在线数据可视化框架，用于大量网站。D3.js 由 Mike Bostock 编写，作为早期的可视化工具包 Protovis 的继承者而创建。

14.5.2 Date-V

Data-V 是阿里云的一款数据可视化应用搭建工具，组件库基于 Vue（React 版），主要用于构建大屏（全屏）数据展示页面（即数据可视化），具有多种类型组件可供使用。

14.5.3 ECharts

ECharts 是一个使用 JavaScript 实现的开源可视化库，涵盖各行业图表，满足各种需求。ECharts 遵循 Apache-2.0 开源协议，免费商用，兼容当前绝大部分浏览器（IE8/9/10/11、Chrome、Firefox、Safari 等）及多种设备，可随时随地任性展示。其提供了常规的折线图、柱状图、散点图、饼图、K 线图，用于统计的盒形图，用于地理数据可视化的地图、热力图、线图，用于关系数据可视化的关系图、treemap、旭日图，用于多维数据可视化的平行坐标，用于 BI 的漏斗图、仪表盘，并且支持图与图之间的混搭。

14.5.4 Beiyoucharts

数据可视化系统 BeiYouCharts 分为数据地图、图集工具、数据分析、专业定制、个人作品五大模块。图 14-18 所示为 BeiYouCharts 系统功能模块。

BeiYouCharts 系统采用标准 MVC 模式框架。其中，前端页面展示层（View 层）基于 HTML5、JavaScript、CSS3 以及各类前端插件构建，负责将数据以直观、交互性强的界面呈现给用户，实现良好的用户体验。BeiYouCharts 系统后端包含数据访问接口层、数据逻辑操作层和数据访问层 3 个部分，这 3 个部分组成 Controller 层。View 层和 Controller 层之间通过 HTTP 请求数据访问接口层，当访问层获得请求时，会发送服务请求至逻辑操作层，而逻辑操作层获得请求时，则会发送 Data 请求到数据访问层。此时，访问层需要通过 SQL 请求底层数据库，也就是访问 Model 层。数据库经过查询后，发送一个 Data 响应到访问层，访问层获得数据后会进行 Data 处理，并将其发送到操作层，操作层得到数据后，会发送服务响应到接口层。获得响应的接口层将会发送 HTTP 请求并将数据发送给前端展示层。

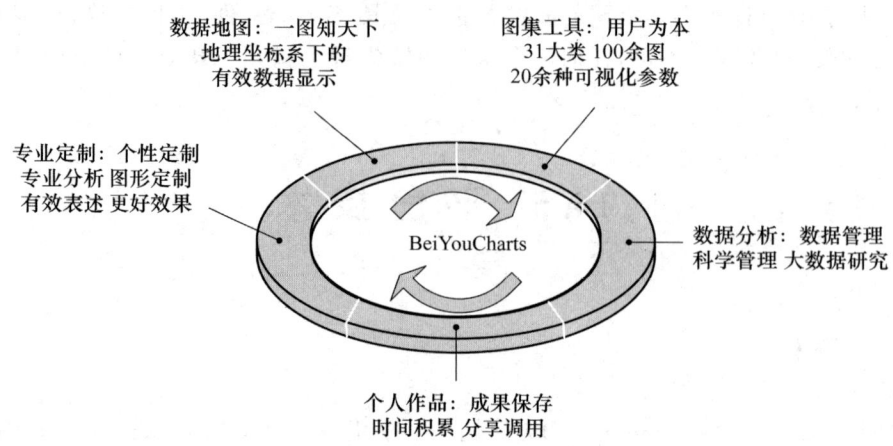

图 14-18 BeiYouCharts 系统功能模块

14.6 可视化平台示例

图 14-19 展示了综合指数分析平台。

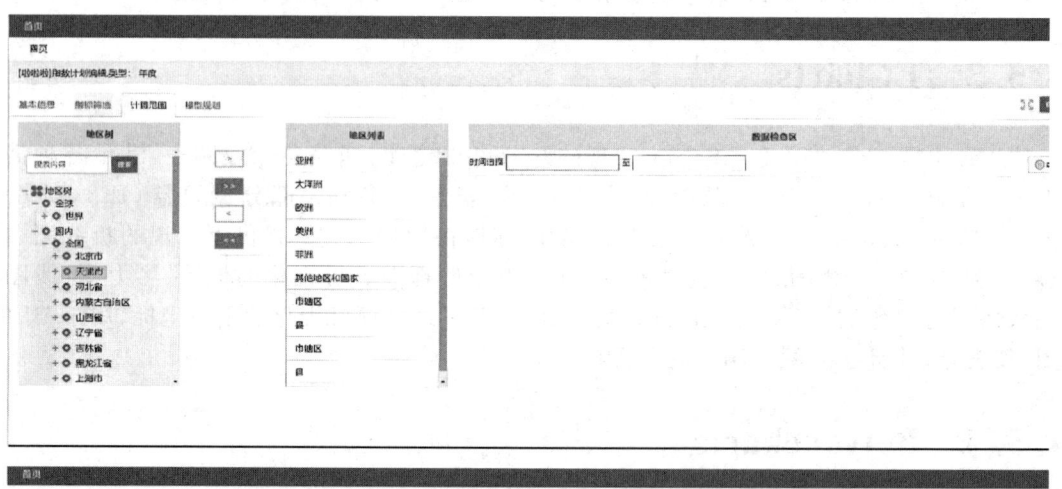

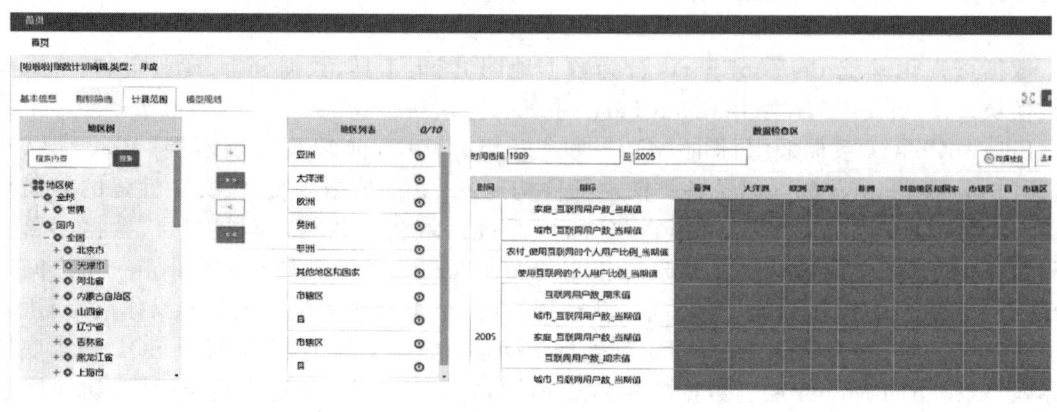

图 14-19 综合指数分析平台展示

综合指数分析平台主要包括以下五大功能模块。

① 数据指标降维：对系统内指标的三级维度结构进行降维处理，统一封装成一维维度数据。

② 数据筛选：对系统内数据的时间、地区、来源、主题和单位进行选择。

③ 方案和模型搭建：对选择组合的数据结构进行调用，形成用户需要的方案和模型。

④ 计划构建：对用户所设定的方案和模型进行选择，确定所需要执行的计划。

⑤ 定时任务执行：用户根据计划来自主设定该计划任务的执行时间。

图 14-20 所示为综合指数分析平台的系统构成。

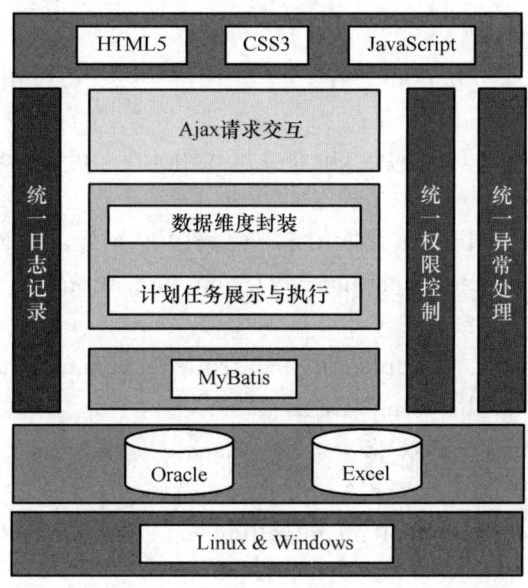

图 14-20　综合指数分析平台的系统构成

前端使用 HTML、CSS 和 JavaScript 构建前端系统，前端和后端使用 Ajax（Asynchronous JavaScript and XML，异步的 JavaScript 和 XML）进行请求交互，其主要解决前后端之间的异步交互问题。后端使用 Java 构建后端系统，在主体系统之外构建统一日志处理功能、统一权限控制功能、统一异常处理功能，使整体系统更加高效。主体系统主要实现数据维度封装和计划任务展示与执行功能。后端系统与数据库交互使用 MyBaits 框架，主要替代 JDBC 代码以及设置参数和获取结果集的工作。数据库主要使用 Oracle，以 Excel 辅助。Oracle 数据库系统是美国 Oracle 公司（甲骨文）提供的以分布式数据库为核心的一组软件产品，是非常流行的客户/服务器（Client/Server）或 B/S 体系结构的数据库。图 14-21 所示为综合指数分析平台的系统优化算法。

优化方法总结	
数据库优化	SQL以及索引优化
	分割表——数据分区
	建立缓存机制——Redis
	数据分批处理
	使用临时表和中间表
业务分析优化	数据挖掘——完整数据的抽样分析
	相关算法——递归
	数据指标降维

图 14-21　综合指数分析平台系统优化算法

参 考 文 献

[1] Minsky M L, Papert S. Perceptrons: an introduction to computational geometry[M]. The MIT Press, 1991.

[2] Brooks R A. Elephants don't play chess[J]. Robotics and Autonomous Systems, 1990, 6(1-2):3-15.

[3] 新华网思客. 麦肯锡:中国人工智能的未来之路[J]. 财经界, 2017(19):1.

[4] Shannon C E. A Mathematical theory of communication[J]. Bell Systems Technical Journal, 1948, 27(4):623-656.

[5] Cox M, Ellsworth D. Application-controlled demand paging for out-of-core visualization[C]//Visualization. IEEE, 1997.

[6] Bryson S, Kenwright D, Cox M, et al. Visually exploring gigabyte data sets in real time[J]. Communications of the Acm, 1999, 42(8):82-90.

[7] Laney D. 3-D data management: controlling data volume, velocity, and variety[J]. META Group Research Note, 2001, 6:70.

[8] Manyika J, Chui M, Brown B, et al. Big data: the next frontier for innovation, competition, and productivity[R]. McKinsey Global Institute, 2011.

[9] Rosenblatt F. The perceptron: a probabilistic model for information storage and organization in the brain[J]. Psychological review, 1958, 65(6):386.

[10] Rosenblatt F. Principles of neurodynamics: perceptrons and the theory of brain mechanisms[M]. Washington, D. C. : Spartan Books, 1962.

[11] Rumelhart D E, Hinton G E, Williams R J. Learning representations by back propagating errors[J]. Nature, 1986, 323(6088):533-536.

[12] Yih W, He X, Meek C. Semantic parsing for single-relation question answering[C]// Proceedings of the 52nd Annual Meeting of the Association for Computational Linguistics (Volume 2: Short Papers). 2014:643-648.

[13] Dong L, Wei F, Zhou M, et al. Question answering over freebase with multi-column convolutional neural networks[C]//Proceedings of the 53rd Annual Meeting of the Association for Computational Linguistics and the 7th International Joint Conference on Natural Language Processing (Volume 1: Long Papers). 2015:260-269.

[14] Lehmann J, Isele R, Jakob M, et al. Dbpedia—a large-scale, multilingual knowledge base extracted from wikipedia[J]. Semantic web, 2015, 6(2):167-195.

[15] Yu Y, Hasan K S, Yu M, et al. Knowledge base relation detection via multi-view

matching[C]//European Conference on Advances in Databases and Information Systems. Springer, Cham, 2018: 286-294.

[16] Yin W, Yu M, Xiang B, et al. Simple question answering by attentive convolutional neural network[J]. arXiv preprint arXiv:1606.03391, 2016.

[17] Xiong W, Hoang T, Wang W Y. Deeppath: a reinforcement learning method for knowledge graph reasoning[J]. arXiv preprint arXiv:1707.06690, 2017.

[18] Yang D, He J, Qin H, et al. A graph-based recommendation across heterogeneous domains[C]// Acm International. ACM, 2015.

[19] Passant A. Dbrec—music recommendations using DBpedia[C]//International semantic web conference. Springer, Berlin, Heidelberg, 2010: 209-224.

[20] Catherine R, Cohen W. Personalized recommendations using knowledge graphs: a probabilistic logic programming approach[C]//Proceedings of the 10th ACM conference on recommender systems. 2016: 325-332.

[21] Wang W Y, Mazaitis K, Cohen W W. Programming with personalized pagerank: a locally groundable first-order probabilistic logic[C]//Proceedings of the 22nd ACM international conference on Information & Knowledge Management. 2013: 2129-2138.

[22] Zhang F, Yuan N J, Lian D, et al. Collaborative knowledge base embedding for recommender systems[C]//Proceedings of the 22nd ACM SIGKDD international conference on knowledge discovery and data mining. 2016: 353-362.

[23] Wang H, Wang N, Yeung D Y. Collaborative deep learning for recommender systems[C]//Proceedings of the 21th ACM SIGKDD international conference on knowledge discovery and data mining. 2015: 1235-1244.

[24] Grover A, Leskovec J. Node2vec: scalable feature learning for networks[C]//Proceedings of the 22nd ACM SIGKDD international conference on Knowledge discovery and data mining. 2016: 855-864.

[25] Palumbo E, Rizzo G, Troncy R. Entity2rec: learning user-item relatedness from knowledge graphs for top-n item recommendation[C]//Proceedings of the eleventh ACM conference on recommender systems. 2017: 32-36.

[26] 温有奎, 徐国华, 等. 知识元挖掘[M]. 西安: 西安电子科技大学出版社, 2005.

[27] Andre E, Brett K, Novoa R A, et al. Dermatologist-level classification of skin cancer with deep neural networks[J]. Nature, 2017, 542(763): 115-118.

[28] Zhang K, Liu X, Shen J, et al. Clinically applicable AI system for accurate diagnosis, quantitative measurements, and prognosis of COVID-19 Pneumonia using computed tomography[J]. Cell, 2020, 181(6): 1423-1433.

[29] Bernardo J M, Smith A F M. Bayesian theory[M]. New York: Wiley, 1994.

[30] Webb A R, Copsey K D. Statistical pattern recognition[M]. 3rd ed. Hoboken: John Wiley & Sons, 2011.

[31] Rosenblatt F. A probabilistic model for visual perception[J]. Acta Psychologica, 1959, 15(5): 296-297.

[32] Vapnik V N. The Nature of statistical learning theory[M]. 2nd ed. New York: Springer-Verlag, 2000.

[33] Vapnik V. Statistical learning theory[M]. New York: Wiley-Interscience, 1998.

[34] Yoshua Bengio, et al. A neural probabilistic language model[J]. Journal of Machine Learning Research, 2003, 3: 1137-1155.

[35] Mikolov T, Karafiát M, Burget L, et al. Recurrent neural network based language model[C]//INTERSPEECH 2010. Makuhari: ISCA, 2010: 1045-1048.

[36] Mikolov T, Sutskever I, Kai C, et al. Distributed representations of words and phrases and their compositionality[C]// arXiv. arXiv, 2013.

[37] Mikolov T, Chen K, Corrado G, et al. Efficient estimation of word representations in vector space[J]. arXiv preprint, 2013, arXiv:1301.3781.

[38] Pennington J, Socher R, Manning C. Glove: global vectors for word representation [C]// Conference on Empirical Methods in Natural Language Processing. 2014.

[39] Peters M E, Neumann M, Iyyer M, et al. Deep contextualized word representations [J]. arXiv preprint, 2018, arXiv:1802.05365.

[40] Radford A, Narasimhan K. Improving language understanding by generative pre-training[EB/OL]. (2018-06-11)[2025-02-27]. https://cdn.openai.com/research-covers/language-unsupervised/language_understanding_paper.pdf.

[41] Devlin J, Chang M W, Lee K, et al. BERT: Pre-training of deep bidirectional transformers for language understanding [J]. arXiv preprint, 2018, arXiv: 1810.04805.

[42] Radford A, Wu J, Child R, et al. Language models are unsupervised multitask learners[EB/OL]. (2019-02-14)[2025-02-27]. https://cdn.openai.com/better-language-models/language_models_are_unsupervised_multitask_learners.pdf.

[43] Sun Y, Wang S, Li Y, et al. ERNIE: enhanced representation through knowledge integration[J]. arXiv preprint, 2019, arXiv:1904.09223.

[44] Sun Y, Wang S, Li Y, et al. ERNIE 2.0: a continual pre-training framework for language understanding[C]// 2020:8968-8975.

[45] Brown T B, Mann B, Ryder N, et al. Language models are few-shot learners[J]. arXiv preprint, 2020, arXiv:2005.14165.